简明工程制图

（第二版）

马惠仙　钱自强　蔡祥兴　主编

華東理工大學出版社
EAST CHINA UNIVERSITY OF SCIENCE AND TECHNOLOGY PRESS
·上海·

图书在版编目(CIP)数据

简明工程制图/马惠仙,钱自强,蔡祥兴主编.—2版.—上海：华东理工大学出版社,2017.7

ISBN 978-7-5628-5124-0

Ⅰ.①简…　Ⅱ.①马…　②钱…　③蔡…　Ⅲ.①工程制图-高等学校-教材　Ⅳ.①TB23

中国版本图书馆 CIP 数据核字(2017)第 160784 号

策划编辑 / 徐知今
责任编辑 / 徐知今
出版发行 / 华东理工大学出版社有限公司
地址：上海市梅陇路 130 号,200237
电话：021-64250306
网址：www.ecustpress.cn
邮箱：zongbianban@ecustpress.cn
印　　刷 / 常熟华顺印刷有限公司
开　　本 / 787 mm×1092 mm　1/16
印　　张 / 16　插页 1
字　　数 / 382 千字
版　　次 / 2007 年 9 月第 1 版
2017 年 7 月第 2 版
印　　次 / 2017 年 7 月第 1 次
定　　价 / 38.00 元

第二版前言

《简明工程制图》(第一版)2007年出版至今已满10年,该教材在使用中获得了很好的教学效果,针对少学时工程制图课程少而精的教学要求,达到了培养学生阅读基本工程图样和具有一定空间想象能力的要求。但随着时间的推移,教材中的许多内容已明显陈旧,已不能满足当今工程制图教学的需求。故作者对全书做了整体性的修订,主要表现在以下方面:

(1) 本书在编写中对传统的画法几何内容做了大幅删减,重点突出绘图和读图方面的内容;

(2) 全面修改采用了新颁布的国家标准和行业标准,使得教学图样能符合当前的标准和要求;

(3) 在计算机绘图部分,系统介绍了最新的AutoCAD2017版本;

(4) 进一步体现了轻化工、生物工程、食品等专业特色,在介绍一般机械装配图的同时还介绍了相关的化工设备图;

(5) 与新标准相关性较强的零件图一章,做了较为全面的修改。

本书的修订工作由马惠仙主持,钱自强、蔡祥兴对修订工作也提出了建议和意见。限于作者水平,书中难免有缺点和错误,敬请广大读者批评指正。

编　者

2017年6月

前　言

本书是根据全国高等工业学校工程制图课程教学指导委员会制订的“工程制图”课程教学基本要求，在我校多年来对少学时工程制图教学的改革和实践的基础上，以培养学生阅读和绘制工程图样的基本能力以及一定的空间想象能力为目标而编写的。适用于高等学校轻化工、工科及理科专业的少学时（36～48学时）工程制图教学。教师在教学时，可根据专业特点、教学时数、教学方法的不同，对内容及顺序作适当的筛选和调整。

为处理好传统内容与现代技术、理论教学与技能训练的关系，本书在编写中体现了以下特点：

(1) 对传统的画法几何内容做了大幅删减，重点突出绘图和读图方面的内容；

(2) 全部采用新颁布的国家标准和相关行业标准，在计算机绘图部分介绍了最新的AutoCAD 2007版本；

(3) 体现了轻化工、生物工程、食品等专业特色，在介绍一般机械装配图的同时还介绍了相关的化工设备图。

本书在考虑系统性的前提下，各章内容相对独立，另编有《简明工程制图习题集》供配套使用。

参加本书编写工作的有钱自强（第2、3章）、蔡祥兴（第4、8、9章）、马惠仙（第1、5、6、7章）。

本书在编写中，参考了国内外有关教材和标准，在此一并表示感谢。

限于编者水平，书中难免存在缺点和错误，敬请广大读者批评指正。

编　者

2007年7月

目　录

1 制图的基本知识

工程图样是设计和制造机器、设备等的重要技术文件，为便于生产和技术交流，对图样的内容、格式、画法、尺寸标注等都必须作统一规定。《技术制图》和《机械制图》国家标准是工程界重要的技术基础标准，在绘制和阅读工程图样时必须严格遵守。

1.1 制图国家标准的基本规定

1.1.1 图纸幅面和格式(GB/T 14689—2008)

绘制图样时，应优先采用表 1-1 中规定的基本幅面。表 1-1 中符号含义见图 1-1、图 1-2。

表 1-1 图纸基本幅面代号和尺寸

幅面代号	A0	A1	A2	A3	A4
$B\times L$	841×1 189	594×841	420×594	297×420	210×297
e	20		10		
c	10			5	
a	25				

在图纸上必须用粗实线画出图框线，图框格式分为不留装订边和留装订边两种，分别如图 1-1、图 1-2 所示。但应注意，同一产品的图样只能采用一种格式。

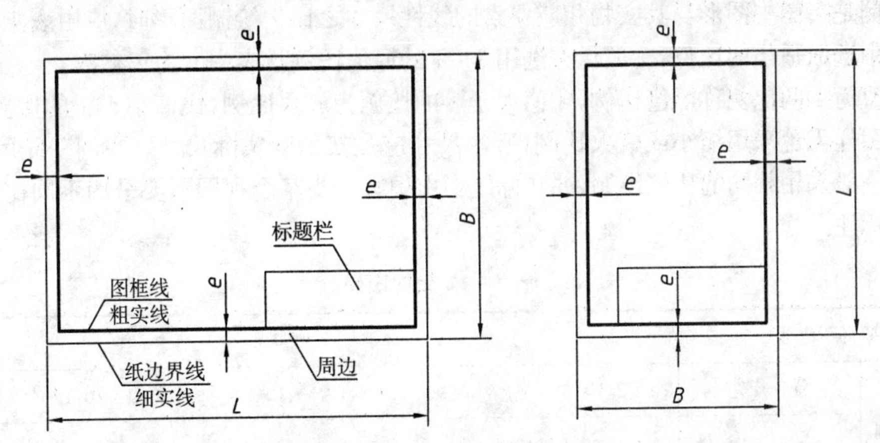

图 1-1 不留装订边的图框格式

每张图上都必须有标题栏，标题栏的位置位于图纸的右下角。看图方向与看标题栏的方向一致。标题栏的格式、内容和尺寸在 GB/T 10609.1—2008 中作了规定，本教材建议采用图 1-3 所示的简化标题栏。

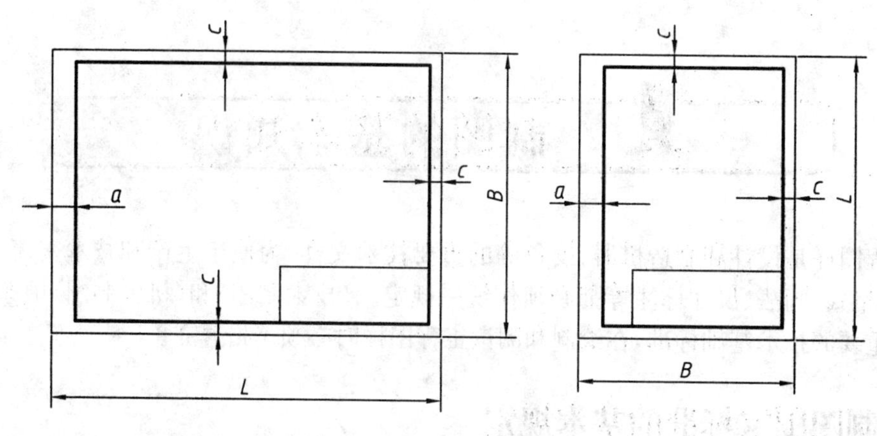

图 1－2　留装订边的图框格式

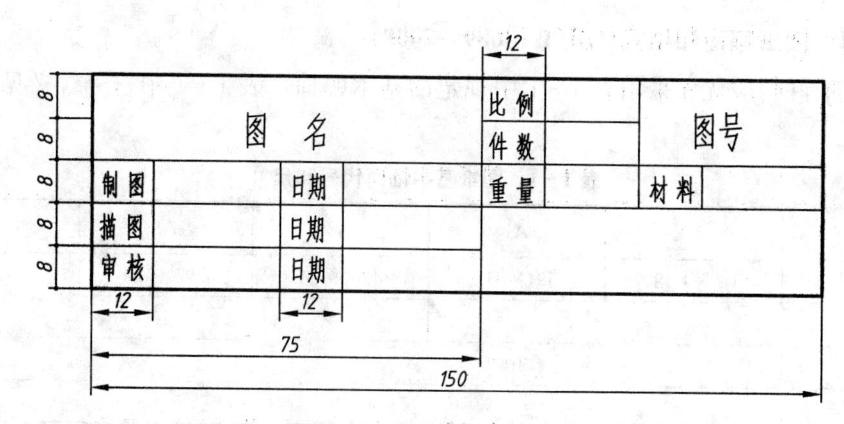

图 1－3　简化标题栏格式

1.1.2　比例(GB/T 14690—1993)

比例是指图中图形与其实物相应要素的线性尺寸之比。绘制图形时，应由表 1－2 规定的系列中选取适当的比例，一般优先选用 1∶1 的原值比例。表中 n 为正整数。

比值为 1 的比例称原值比例，比值大于 1 的比例为放大比例，比值小于 1 的比例为缩小比例。图样无论采用缩小或放大比例，所注尺寸应是实物的实际尺寸。在同一张图样上的各图形一般采用相同的比例绘制，并在标题栏中填写。当某个视图需要采用不同比例时，必须另行标注。

表 1－2　绘图比例

原值比例		1∶1		
缩小比例	优　先	1∶2,1∶2×10^n；	1∶5,1∶5×10^n；	1∶10,1∶10×10^n
	必要时采用	1∶1.5,1∶1.5×10^n； 1∶4,1∶4×10^n；	1∶2.5,1∶2.5×10^n； 1∶6,1∶6×10^n	1∶3,1∶3×10^n
放大比例	优　先	5∶1,5×10^n∶1；	2∶1,2×10^n∶1；	1×10^n∶1
	必要时采用	4∶1,4×10^n∶1；	6∶1,6×10^n∶1	

1.1.3　字体(GB/T 14691—1993)

国家标准规定图样中书写的字体必须做到：字体工整、笔画清楚、间隔均匀、排列整齐。

字体号数即字体的高度(用 h 表示)，分为：1.8 mm，2.5 mm，3.5 mm，5 mm，7 mm，10 mm，14 mm，20 mm 8 种。

汉字应写成长仿宋体，高度不应小于 3.5 mm，字宽一般为 $h/\sqrt{2}$。

字母和数字按笔画宽度情况分为 A 型(笔画宽度 b 为字高的 1/14)和 B 型(笔画宽度 b 为字高的 1/10)两种。同一图样上，只允许选一种形式的字体。

字母和数字可书写成正体或斜体。斜体字头向右倾斜，与水平基准线成 75°。在同一张图纸上用作指数、分数、注脚、极限偏差等的数字和字母一般应采用小一号的字体。汉字、字母和数字的示例见图 1-4。

10号汉字

字体工整笔画清楚间隔均匀排列整齐

7号字

横平竖直注意起落结构均匀填满方格

图 1-4　各种字体示例

1.1.4　图线(GB/T 4457.4—2002)

机械制图《图样画法　图线》的国家标准规定了绘制图样时，可采用 15 种基本线型。并规定：

(1) 机械工程图样上采用的图线分粗、细两种，其宽度比例为 2∶1。

(2) 图线宽度 d 的推荐系列为 0.13 mm，0.18 mm，0.25 mm，0.35 mm，0.5 mm，0.7 mm，1 mm，1.4 mm，2 mm。粗线宽度应根据图形的大小和复杂程度在 0.5～2 mm 之间选择。优先采用 0.7 mm 和 0.5 mm 的粗线宽度。同一图样中的同类图线的宽度应基本保持一致。

(3) 虚线、点画线及双点画线的线段长度和间隔应大致相等。

(4) 点画线的首末两端是线段而不是短画，并超出图形轮廓 2～5 mm。

(5) 当细点画线和双点画线长度较短如小于 8 mm 时，可用细实线代替。

(6) 点画线相交处应是画，而不能是点和间隔。如图 1-5 所示。

(7) 当虚线直线处于粗实线的延长线上时，在连接处应留有间隙，除此之外，连接处应相交。当虚线圆弧与虚线直线相切时，虚线圆弧应画到切点，而虚线直线应留有间隙。如图 1－5 所示。

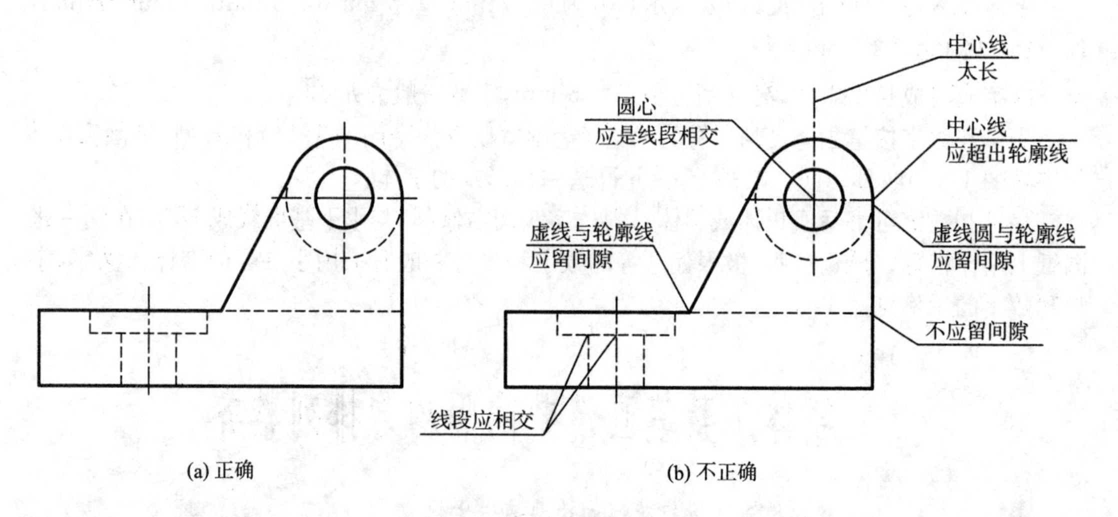

图 1－5　图线的画法

当几种线条重合时，应按粗实线、虚线、点画线的优先顺序画出。

表 1－3 列出了绘制工程图样时常用的八种图线的名称、代号、图线形式、宽度及主要用途。图线应用见图 1－6。

表 1－3　图线的种类及应用

名称	代号	形　　式	宽度	主 要 应 用
粗实线	A		d	可见轮廓线
细实线	B		0.5d	尺寸线、尺寸界线或引出线 剖面线 重合断面的轮廓线
波浪线	C			断裂处的边界线 视图和剖视图的分界线
双折线	D			断裂处的边界线 局部剖视图的分界线
虚　线	F	1　4		不可见轮廓线
细点画线	G	15–20　3		轴线、对称中心线 轨迹线
粗点画线	J		d	限定范围表示线
双点画线	K	15–20　4	0.5d	相邻辅助零件的轮廓线 可动零件的极限位置的轮廓线

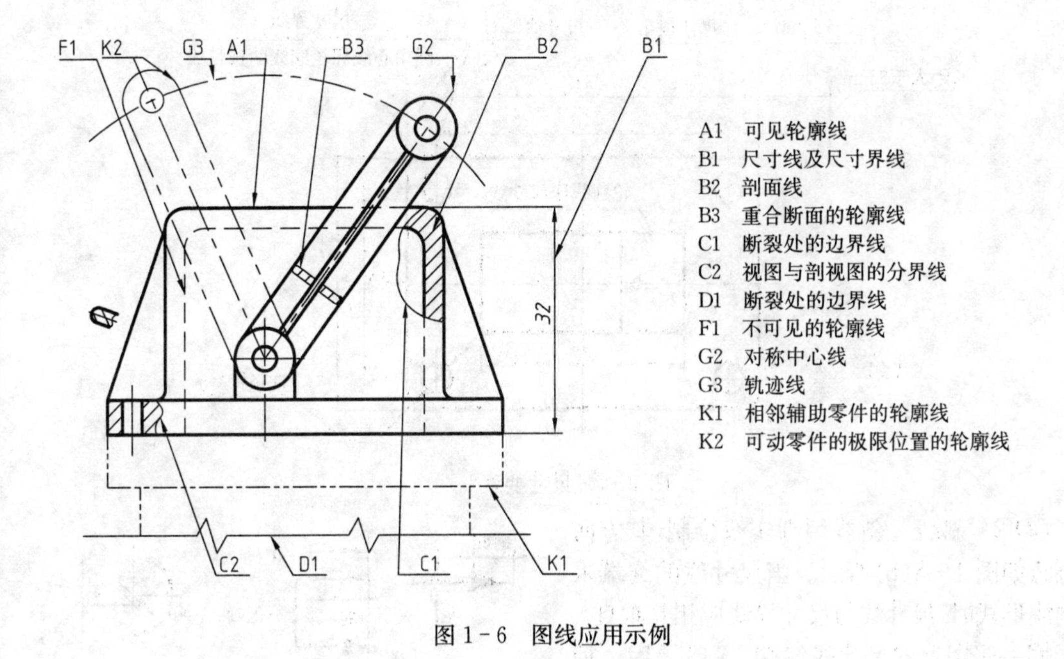

图 1-6 图线应用示例

1.1.5 尺寸标注(GB/T 4458.4—2003)

机件的大小是以图样上标注的尺寸数值为制造和检验依据的，所以标注尺寸时，应严格遵照国家标准的有关尺寸注法的规定，做到正确、完整、清晰、合理。

1. 基本规则

(1) 机件的真实大小应以图样上所注的尺寸数值为依据，与图形的大小、绘图的精确度无关。

(2) 图样(包括技术要求和其他说明)中的尺寸，以毫米为单位时，不需标注计量单位的代号或名称，如采用其他单位，则必须注明相应的计量单位的代号或名称。

(3) 图样中所标注的尺寸，为该图样的最后完工尺寸，否则应另加说明。

(4) 机件的每一尺寸，一般只标注一次，并应标注在反映该结构最清楚的图形上。

2. 尺寸要素

完整的尺寸一般由尺寸界线、尺寸线和尺寸数字三个要素组成。

1) 尺寸界线

尺寸界线用细实线绘制，并应由图形的轮廓线、轴线或对称中心线处引出。也可以利用轮廓线、轴线或对称中心线作尺寸界线。尺寸界线必须超越尺寸线 2～5 mm，如图 1-7 所示。

2) 尺寸线

尺寸线用细实线绘制，不能用其他图线代替，也不得与其他图线重合或画在其延长线上。应尽量避免尺寸线与尺寸线或尺寸界线相交。尺寸线终端用箭头或 45°细斜线两种形式表示。

(1) 箭头 箭头指向尺寸界线并与其接触，且不得超出尺寸界线或留空缺。箭头形式如图 1-8(a)所示，其中宽度 d 为粗实线的宽度。在同一张图样上箭头的大小应基本一致。

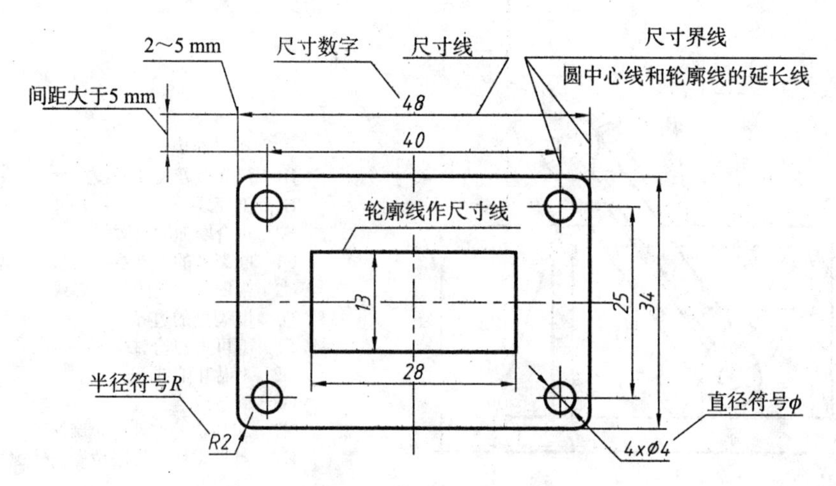

图 1-7　尺寸要素

(2) 45°斜线　斜线用细实线绘制，其方向和画法如图 1-8(b)所示。当尺寸线的终端采用斜线形式时，尺寸线与尺寸界线应相互垂直。

同一张图上的尺寸线终端，一般采用一种形式。

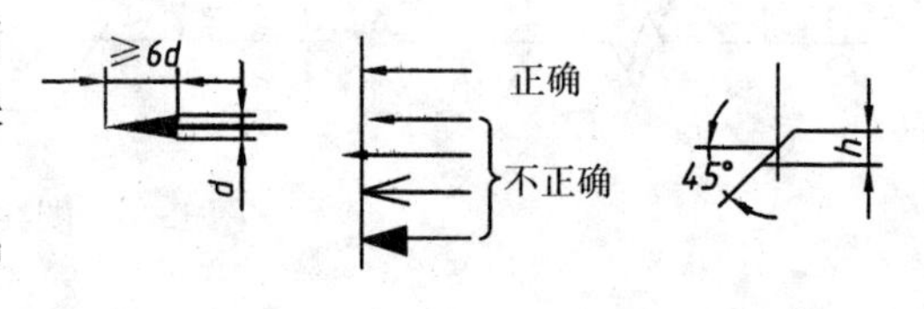

图 1-8　尺寸线终端形式

3) 尺寸数字

尺寸数字表示所注尺寸的数值，线性尺寸数字水平标注时应标注在尺寸线的上方，垂直标注时应标注在尺寸线的左方。特殊情况时也允许标注在尺寸线的中断处。尺寸数字不能被任何图线所通过，否则必须将该图线断开，使数字能清晰地表现出来。如图 1-7 中所示将穿过尺寸数字 28 的中心线打断。

3. 尺寸注法

1) 线性尺寸

线性尺寸数字的方向，一般应采用图 1-9(a)所示的方向标注。并尽可能避免在图示 30°范围内标注尺寸，当无法避免时可按图 1-9(b)所示的形式标注。

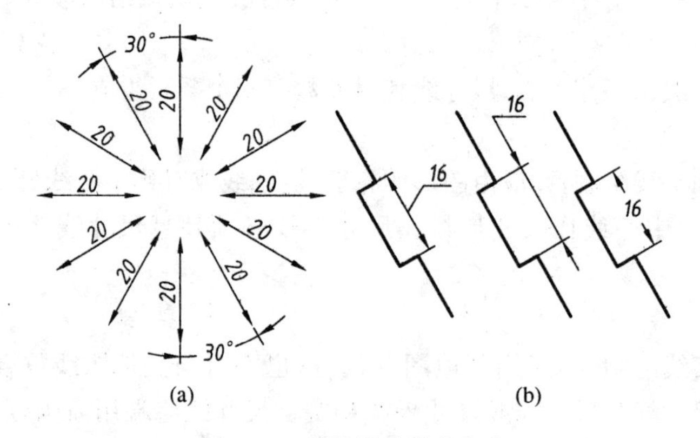

图 1-9　线性尺寸数字方向

尺寸线必须与所标注的线段平行。当有几条平行的尺寸线时，大尺寸要注在小尺寸的外侧，以避免尺寸线与尺寸界线相交。

2) 圆及圆弧的尺寸

圆或大于半圆的圆弧应标注直径尺寸，并在数字前面加注符号“ϕ”，尺寸线必须通过圆心。当尺寸线一端无法画出箭头时，尺寸线要超出圆心一段。见图 1－10(a)。等于或小于半圆的圆弧应标注半径尺寸，并在数字前加注符号“R”，尺寸线从圆心开始，箭头指向轮廓，见图 1－10(b)。当圆弧半径过大，或在图纸范围内无法标出圆心位置时，可按图 1－10(c)形式标注；不需要标出圆心位置时，可按图 1－10(d)形式标注。

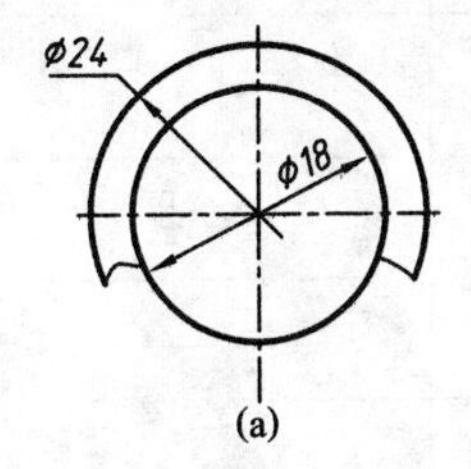

(a)

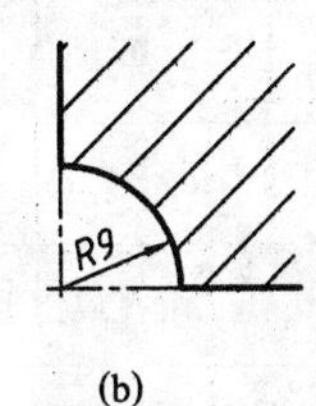

(b)

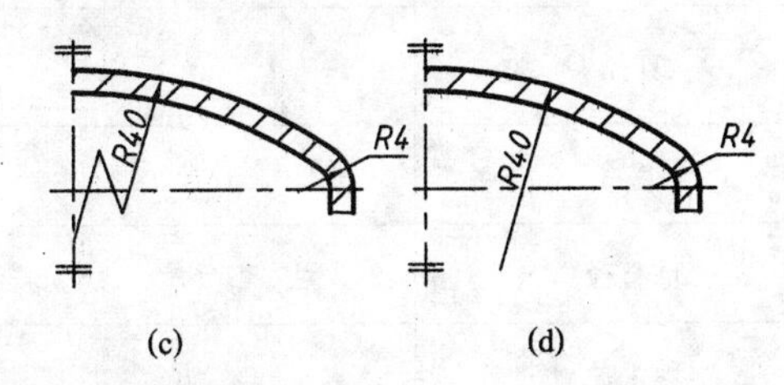

(c) (d)

图 1－10 圆及圆弧尺寸的注法

3) 球形尺寸

标注球面直径或半径时应分别在符号“ϕ”、“R”前加注符号“S”，如图 1－11(a)所示。在不至于引起误解的情况下可省略符号“S”，如图 1－11(b)螺钉头部的球面尺寸。

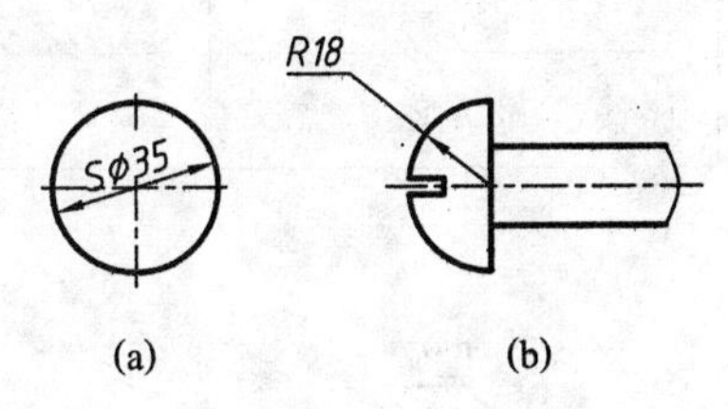

(a) (b)

图 1－11 球形尺寸标注

4) 角度

标注角度的尺寸界线应沿径向引出，尺寸线应画成圆弧。标注角度的尺寸数字一律写成水平方向，一般注写在尺寸线的中断处，必要时可写在尺寸线的上方或外侧，也可引出标注，如图 1－12 所示。

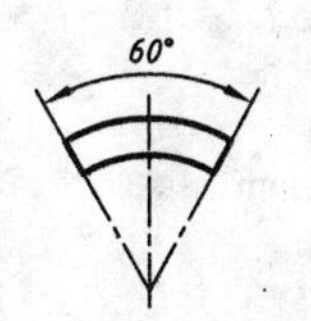

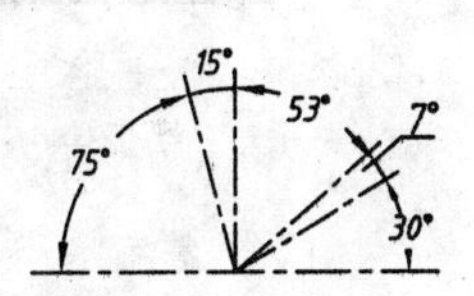

图 1－12 角度尺寸标注

5) 小尺寸

在没有足够的位置画箭头或标注数字时，可将箭头或数字布置在外面。几个小尺寸连续标注时，中间的箭头可用斜线或圆点代替。如图 1－13 所示。

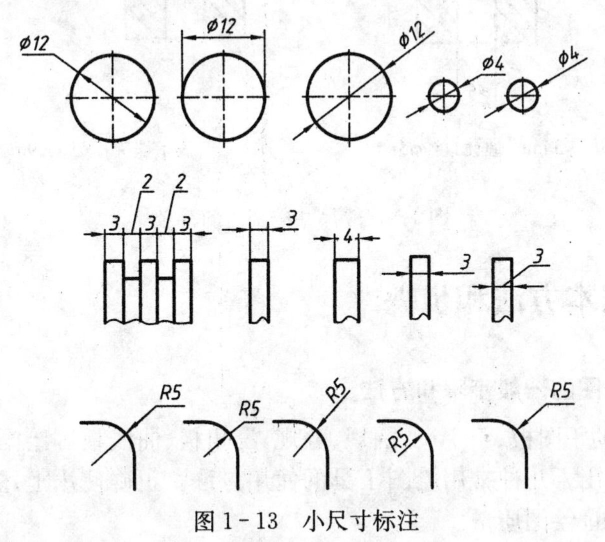

图 1－13 小尺寸标注

6）尺寸数字前的符号

在标注某些特定形状形体的尺寸时，为了使标注既简单又清楚，常在尺寸数字前注出特定的符号和缩写词。常见的符号和缩写词见表 1－4。具体图例见图 1－14。

表 1－4 常见的符号和缩写词

名　称	符号或缩写词	名　称	符号或缩写词
直径	ϕ	45°倒角	C
半径	R	深度	↧
球直径	$S\phi$	沉孔或锪平	⌴
球半径	SR	埋头孔	⌵
厚度	t	均布	EQS
正方形	□		

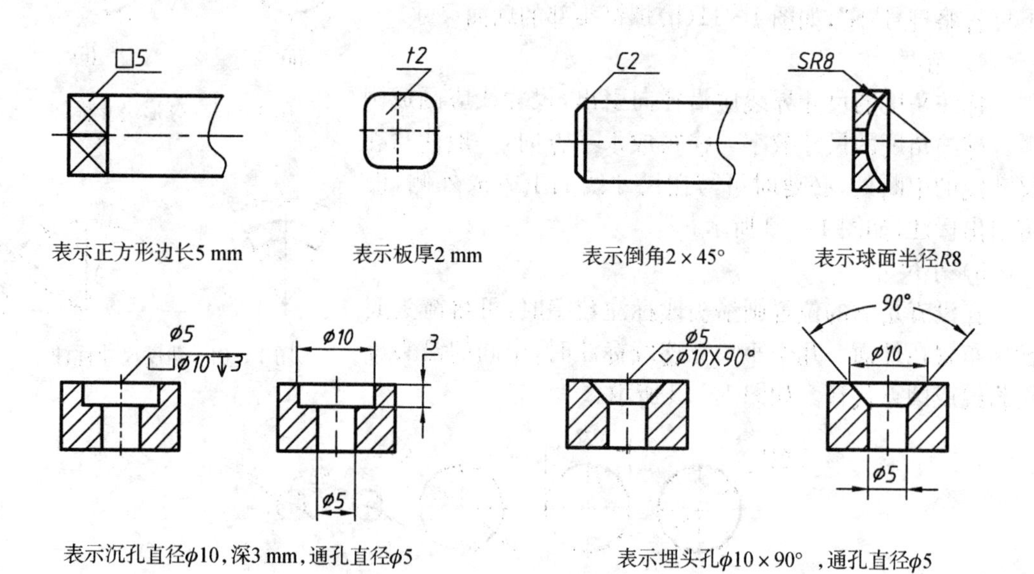

图 1－14 尺寸数字前的符号

1.2 制图的基本方法和步骤

1.2.1 手工绘图的一般步骤和方法

手工绘图是借助于图板、丁字尺、圆规、分规、三角板、曲线板等绘图工具绘制图样的一种方法。表 1－5 列出了几种常用绘图工具的使用方法。正确使用上述工具和仪器既能提高绘图速度，又能保证绘图质量。

表 1-5 常用的绘图工具及其使用方法

名称	图例	说明
铅笔	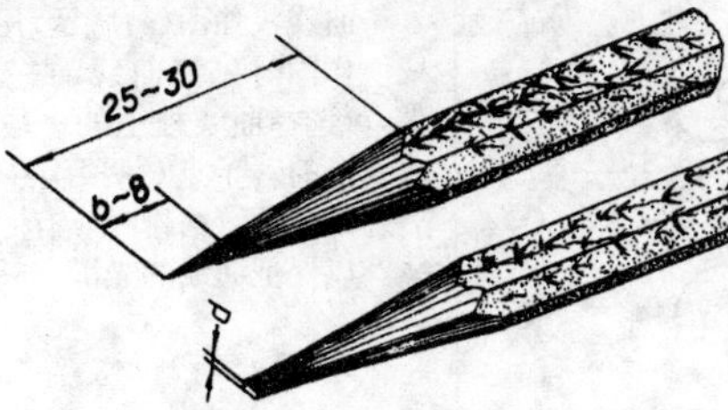 25~30 6~8 d	绘图铅笔铅芯的硬、软度分别用符号“H”和“B”表示。“HB”为硬软适中铅芯。绘图时一般用“H”或“2H”画底稿，用“B”或“2B”加深，“HB”用以书写字体。铅笔削成圆锥形。加深时也有削成铲状的，见左图
图板及丁字尺	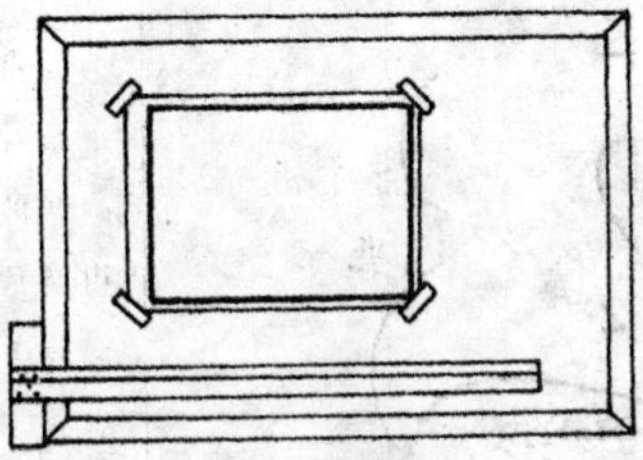 (a)  (b) 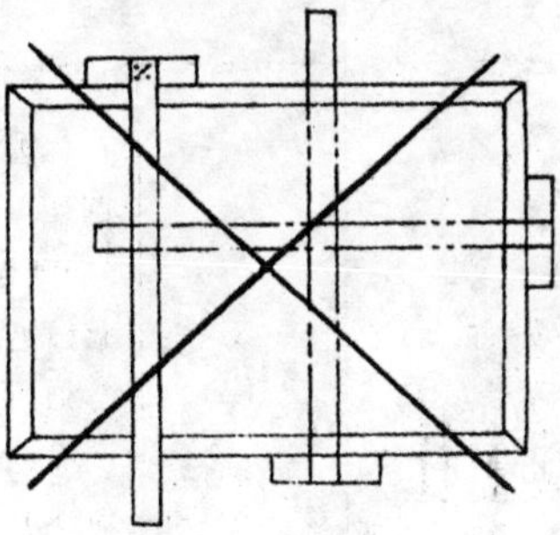 (c)	绘图板用以铺放、固定图纸，表面应平坦、光滑，工作导边(左边)要求平直，见图(a)； 丁字尺用以画水平线。使用时，尺头要紧靠图板左侧工作导边。左手按住尺身，右手执笔，自左向右画水平线，见图(b)。左手推动尺头沿图板导边上、下滑动，可画一系列水平的平行线； 图(c)所示使用丁字尺的方法是错误的(因为图板的相邻边不一定互相垂直)
三角板	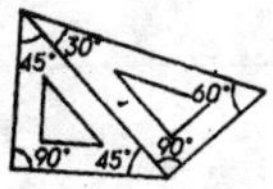 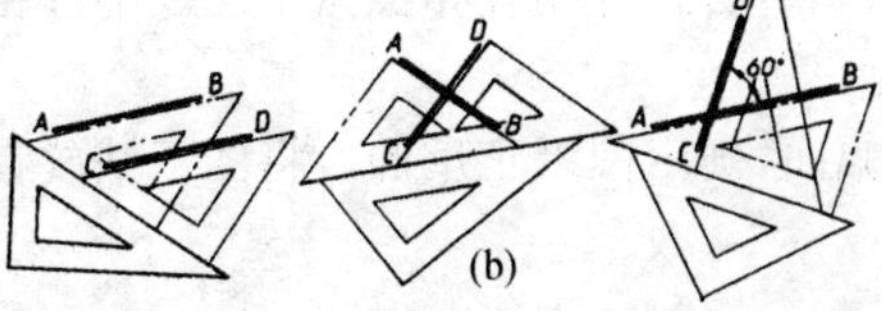 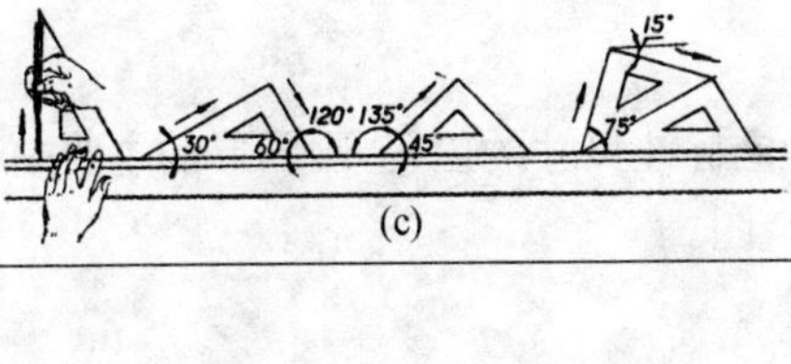 45° 30° 60° 90° 45° 90° (a) A B C D (b) 30° 60° 120° 135° 45° 15° 75° (c)	一副三角板有两块，见图(a)与丁字尺配合使用，可画垂直线或15°倍数的倾斜线以及它们的平行线，见图(b)； 用一副三角板配合使用，也可作已知线的平行线、垂直线和成15°倍数的相交线，见图(c)

续　表

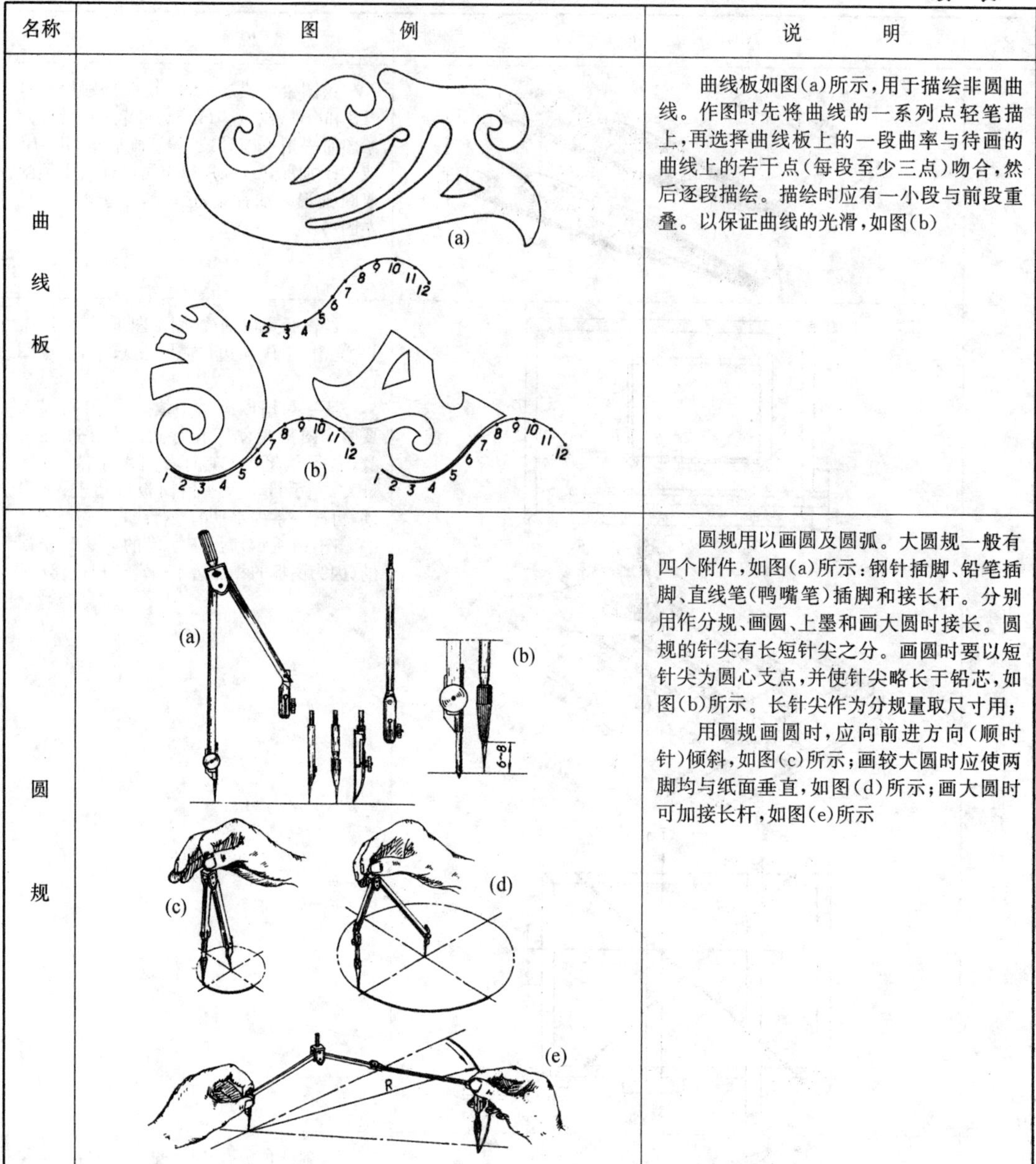

名称	图　例	说　明
曲线板	(a) (b)	曲线板如图(a)所示,用于描绘非圆曲线。作图时先将曲线的一系列点轻笔描上,再选择曲线板上的一段曲率与待画的曲线上的若干点(每段至少三点)吻合,然后逐段描绘。描绘时应有一小段与前段重叠。以保证曲线的光滑,如图(b)
圆规	(a) (b) (c) (d) (e)	圆规用以画圆及圆弧。大圆规一般有四个附件,如图(a)所示:钢针插脚、铅笔插脚、直线笔(鸭嘴笔)插脚和接长杆。分别用作分规、画圆、上墨和画大圆时接长。圆规的针尖有长短针尖之分。画圆时要以短针尖为圆心支点,并使针尖略长于铅芯,如图(b)所示。长针尖作为分规量取尺寸用; 用圆规画圆时,应向前进方向(顺时针)倾斜,如图(c)所示;画较大圆时应使两脚均与纸面垂直,如图(d)所示;画大圆时可加接长杆,如图(e)所示

1) 绘图前的准备工作

(1) 准备工具:准备好所需的绘图工具和仪器,并用软布擦拭干净。削好铅笔及圆规上的笔芯。

(2) 固定图纸:按图形大小选择图纸幅面,确定图纸正反面。将图纸铺放在图板的左上方,使图纸上边与丁字尺的工作边平齐。

2) 画底图

(1) 画图框和标题栏。

(2) 根据图形大小布置好图面,充分考虑标注尺寸的位置,画图形的主要中心线和轴线。

(3) 画图形的主要轮廓线,逐步完成全图。

(4) 画尺寸界线、尺寸线。

3) 加深

底稿经校核，擦去多余的图线，按线型要求加深全部图线。加深时应用力均匀使图线浓淡一致。图线修改时可用擦图片控制线条修改范围。加深图线一般按下列原则进行：

(1) 加深所有圆和圆弧，先小后大；

(2) 自上而下加深所有水平的粗线；

(3) 自左至右加深所有垂直的粗线；

(4) 自左上方开始加深所有倾斜的粗线；

(5) 按加深粗线的顺序加深细线；

(6) 画箭头，注出尺寸数字，书写技术要求，填写标题栏。

1.2.2　一些常用的几何作图方法

机件的轮廓形状是多种多样的，但在技术图样中，表达它们各部位结构形状的图形，都是由直线、圆和其他一些曲线所组成的平面几何图形。绘制图样时常会遇到等分线、等分圆、作正多边形、画斜度和锥度、圆弧连接、绘制非圆曲线等几何作图问题。本节用图示方法简要介绍常用几何作图的方法及步骤。

1. 等分线段及角度

通常可用圆规、三角板等工具等分已知线段和角度。其作图方法见图 1－15。

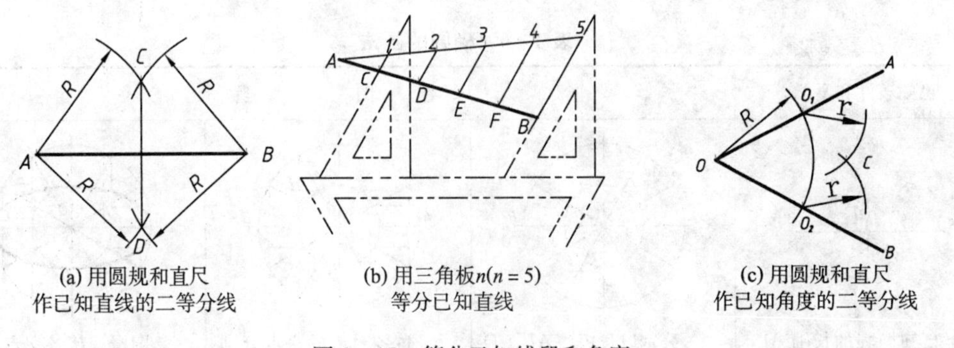

(a) 用圆规和直尺作已知直线的二等分线　(b) 用三角板 $n(n=5)$ 等分已知直线　(c) 用圆规和直尺作已知角度的二等分线

图 1－15　等分已知线段和角度

2. 内接六边形

已知外接圆，画正六边形的步骤如图 1－16 所示。

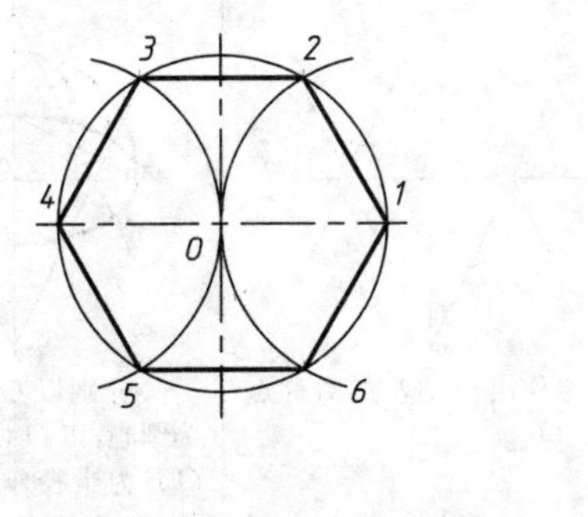

(a) 用圆规作图

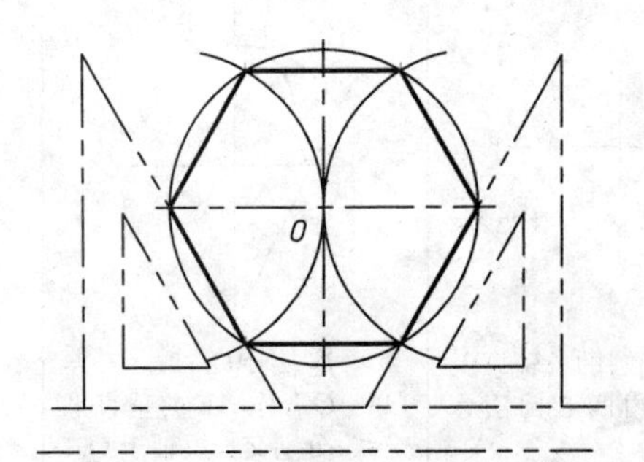

(b) 用三角板作图

图 1－16　正六边形的作图步骤

3. 斜度与锥度

斜度是指一直线对另一直线或一平面对另一平面的倾斜程度。其大小用该两直线或平面间的夹角的正切来表示。在制图中一般用 1∶n 表示斜度大小。

锥度是指正圆锥的底圆直径与其高度之比。圆锥台的大、小端的两圆直径之差与其高度之比。在制图中一般用 1∶n 表示锥度大小。

斜度与锥度符号的画法及标注方法见图 1-17 所示,图 1-17 中 h 为字高。标注时应注意斜度、锥度符号的方向与斜度、锥度的实际倾斜方向一致。

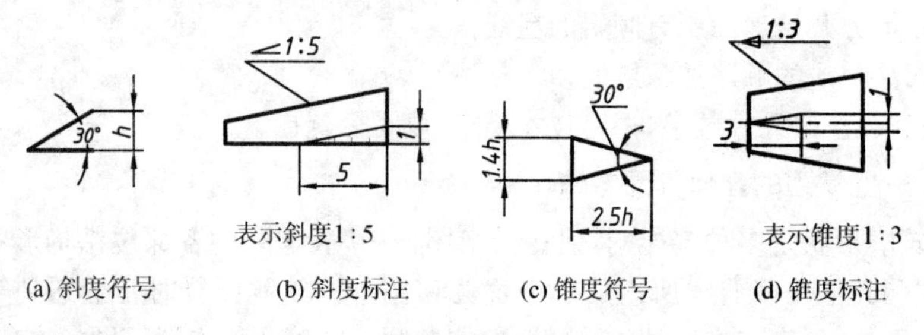

表示斜度1∶5　　表示锥度1∶3

(a) 斜度符号　(b) 斜度标注　(c) 锥度符号　(d) 锥度标注

图 1-17　斜度与锥度的画法及标注

4. 椭圆曲线的画法

椭圆的画法有多种,常用的精确画法为同心圆法,近似画法为四心圆弧法,这两种画法的作图步骤见表 1-6。

表 1-6　椭圆的画法

已知条件和要求	作　图　步　骤		
已知椭圆的长轴 AB、短轴 CD,用同心圆法作椭圆	分别以长短轴 AB、CD 为直径作同心圆,过圆心作若干直线分别与两圆周相交	过各对应的交点分别作垂直、水平线,并使其相交	圆滑连接各交点,即得椭圆
已知椭圆的长轴 AB、短轴 CD,用四心圆法作椭圆	连接 AC,取 $CE=OA-OC$,作 AE 的垂直平分线;分别交长短轴于 O_1、O_2 点	作出 O_1、O_2 的对称点 O_3、O_4	分别以 O_1、O_2、O_3、O_4 为圆心,以 O_1C、O_3D、O_2A、O_4B 为半径作圆弧光滑连接,交点 K、K_1、N_1、N 就是四段圆弧的切点。这四段圆弧构成近似椭圆

5. 圆弧连接

圆弧连接是指用已知半径的圆弧光滑地连接两已知线段(直线或圆弧),其中起连接作用的圆弧称为连接圆弧。为了正确地画出连接圆弧,必须确定:

(1) 连接圆弧的圆心位置;

(2) 连接圆弧与已知线段的切点。

表 1-7 列出了圆弧连接的几种常见情况。

表 1-7 圆弧连接的作图步骤

连接形式	画法	作图步骤
用圆弧连接两直线	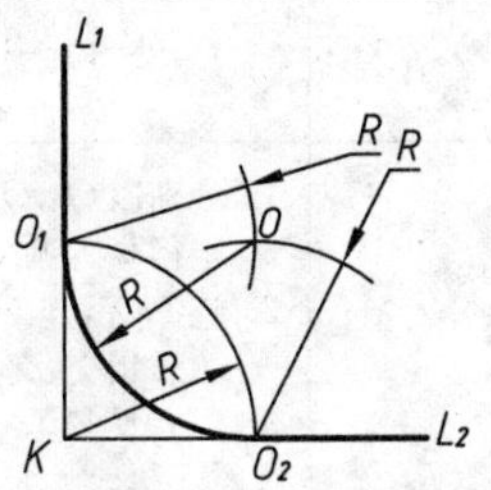 已知两垂直直线 L_1,L_2 和连接圆弧半径 R	1. 以 L_1,L_2 两直线交点 K 为圆心、R 为半径画圆弧,交 L_1,L_2 于 O_1,O_2 点; 2. 以 O_1,O_2 为圆心、R 为半径画圆弧交于 O 点; 3. 以 O 为圆心、R 为半径画圆弧;O_1,O_2 即为与已知直线的切点
	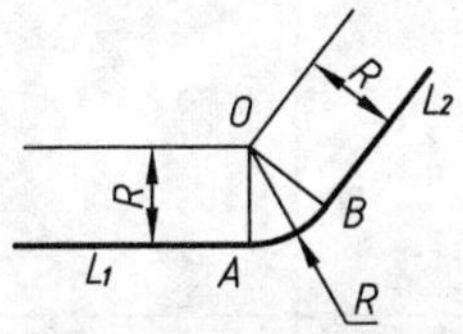 已知两相交直线 L_1,L_2 和连接圆弧半径 R	1. 分别作与直线 L_1,L_2 相距为 R 的平行线,交于 O 点; 2. 由 O 向直线 L_1,L_2 作垂线,垂足 A、B 即为连接圆弧与已知直线的切点; 3. 以 O 为圆心、R 为半径在 A、B 间画圆弧
用圆弧连接已知直线和圆弧	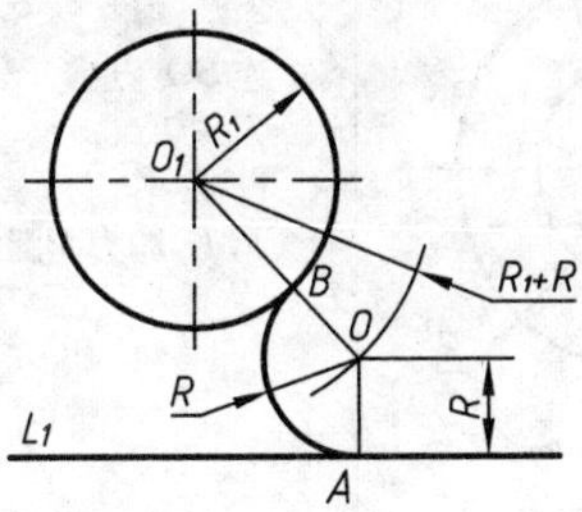 已知圆弧(半径 R_1、圆心 O_1)、直线 L 和连接圆弧半径 R	1. 作与直线 L 相距为 R 的平行线; 2. 以 O_1 为圆心、R_1+R 为半径画圆弧,交平行线于 O 点; 3. 由 O 向直线 L 作垂线,得垂足 A;连 OO_1,交已知圆弧于 B 点,点 A、B 即为切点; 4. 以 O 为圆心、R 为半径在 A、B 间画圆弧
用圆弧连接两已知圆弧 与两已知圆弧外切	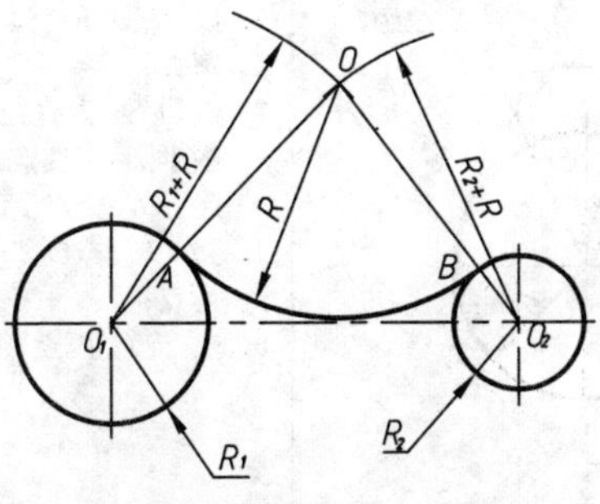 已知两圆弧半径为 R_1,R_2,圆心为 O_1,O_2;并已知连接圆弧半径 R	1. 分别以 O_1,O_2 为圆心,R_1+R 和 R_2+R 为半径画圆弧交于 O 点; 2. 连 OO_1、OO_2 与两已知圆弧相交,交点 A、B 即为切点; 3. 以 O 为圆心、R 为半径在 A、B 间画圆弧

续　表

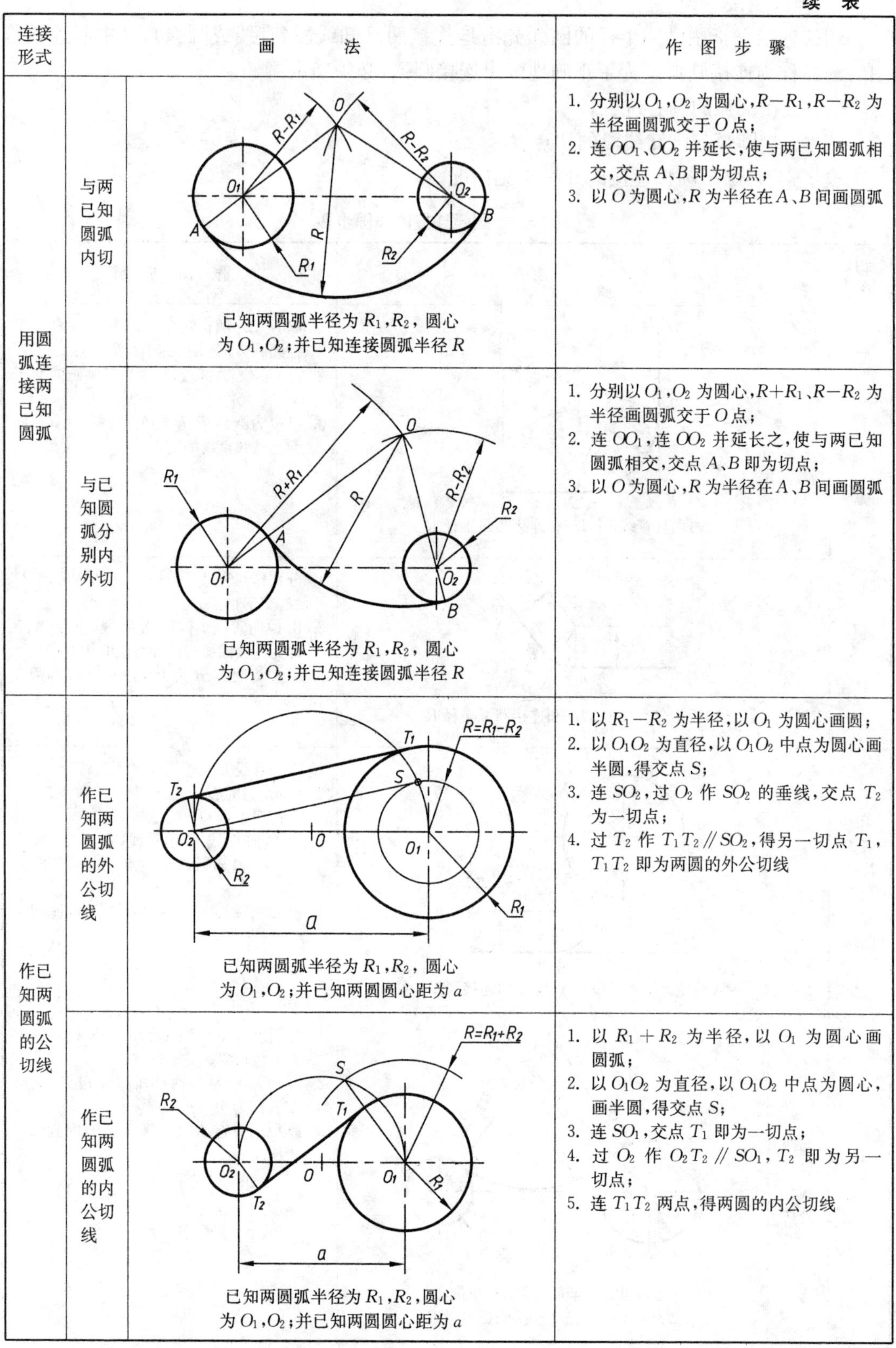

连接形式		画　　法	作 图 步 骤
用圆弧连接两已知圆弧	与两已知圆弧内切	已知两圆弧半径为 R_1,R_2，圆心为 O_1,O_2;并已知连接圆弧半径 R	1. 分别以 O_1,O_2 为圆心,$R-R_1$,$R-R_2$ 为半径画圆弧交于 O 点; 2. 连 OO_1、OO_2 并延长,使与两已知圆弧相交,交点 A、B 即为切点; 3. 以 O 为圆心,R 为半径在 A、B 间画圆弧
	与已知圆弧分别内外切	已知两圆弧半径为 R_1,R_2，圆心为 O_1,O_2;并已知连接圆弧半径 R	1. 分别以 O_1,O_2 为圆心,$R+R_1$、$R-R_2$ 为半径画圆弧交于 O 点; 2. 连 OO_1,连 OO_2 并延长之,使与两已知圆弧相交,交点 A、B 即为切点; 3. 以 O 为圆心,R 为半径在 A、B 间画圆弧
作已知两圆弧的公切线	作已知两圆弧的外公切线	已知两圆弧半径为 R_1,R_2，圆心为 O_1,O_2;并已知两圆圆心距为 a	1. 以 R_1-R_2 为半径,以 O_1 为圆心画圆; 2. 以 O_1O_2 为直径,以 O_1O_2 中点为圆心画半圆,得交点 S; 3. 连 SO_2,过 O_2 作 SO_2 的垂线,交点 T_2 为一切点; 4. 过 T_2 作 $T_1T_2 \parallel SO_2$,得另一切点 T_1,T_1T_2 即为两圆的外公切线
	作已知两圆弧的内公切线	已知两圆弧半径为 R_1,R_2,圆心为 O_1,O_2;并已知两圆圆心距为 a	1. 以 R_1+R_2 为半径,以 O_1 为圆心画圆弧; 2. 以 O_1O_2 为直径,以 O_1O_2 中点为圆心,画半圆,得交点 S; 3. 连 SO_1,交点 T_1 即为一切点; 4. 过 O_2 作 $O_2T_2 \parallel SO_1$,T_2 即为另一切点; 5. 连 T_1T_2 两点,得两圆的内公切线

1.2.3　平面图形的尺寸分析和画图步骤

平面图形中各个几何图形及图线的形状、大小和相对位置是根据所标注的尺寸确定的。要正确地绘制图形，必须通过所标注的尺寸分析弄清楚各几何图形及图线之间的位置关系。

1. 平面图形的尺寸分析

平面图形中的尺寸，按其作用可分为定形尺寸和定位尺寸两种。

1) 定形尺寸

用以确定平面图形中各线段形状和大小的尺寸称为定形尺寸。如确定圆及圆弧大小的直径或半径尺寸、确定线段长短及方向的长度和角度尺寸等。如图 1－18 中的长度 14、半径 $R5$、直径 $\phi20$ 等尺寸。

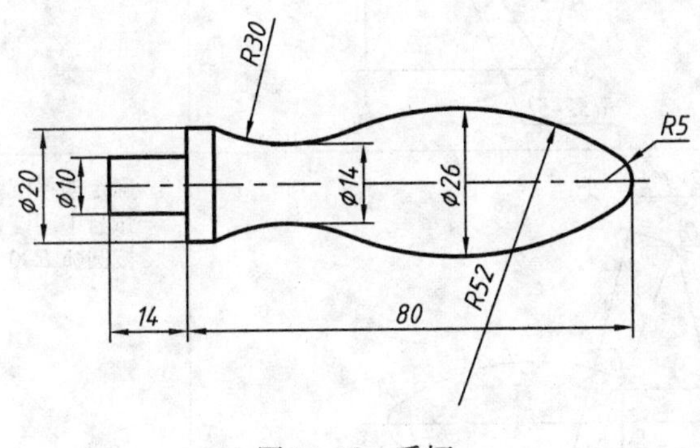

图 1－18　手柄

2) 定位尺寸

用以确定平面图形中各线段相对位置的尺寸称为定位尺寸。对于平面图形，一般都应标注出长宽两个方向的定位尺寸。如图 1－18 中，$R5$ 的圆心位置可由尺寸(80－5)在中心线上确定、$R52$ 的圆心在与中心线相距(52－26/2)的平行线上，因此尺寸 80、$\phi26$ 为定位尺寸。

注意：图形中起连接作用的圆弧，不注定位尺寸。如图 1－18 中 $R30$。

2. 平面图形的线段分析

平面图形中的各段图线，根据其所注尺寸的具体情况可分为已知线段、中间线段和连接线段。

(1) 已知线段　根据所注的定形尺寸和定位尺寸，可以直接绘出的线段称“已知线段”，如图 1－18 中长度为 14 的直线、半径为 $R5$ 的圆弧等。

(2) 中间线段　定形尺寸或定位尺寸不齐全，需要根据它与相邻线段的连接关系绘出的线段称“中间线段”。如图 1－18 中的 $R52$ 圆弧，它的定位尺寸不全，需由它与 $R5$ 圆弧相切的条件补足。

(3) 连接线段　只有定形尺寸、没有定位尺寸，两端都要根据它与相邻线段的连接关系绘出的线段称“连接线段”。如图 1－18 中的 $R30$ 圆弧，一端与 $\phi20$ 直线的端点相连，另一端与 $R52$ 圆弧相切。

3. 平面图形的画图步骤

手工绘制平面图形的作图步骤为：先画已知线段或圆弧，再画中间线段或中间圆弧，最后画出各连接线段。表 1－8 以图 1－18 所示的手柄为例具体说明了平面图形的绘图步骤。

表 1-8　手柄作图步骤

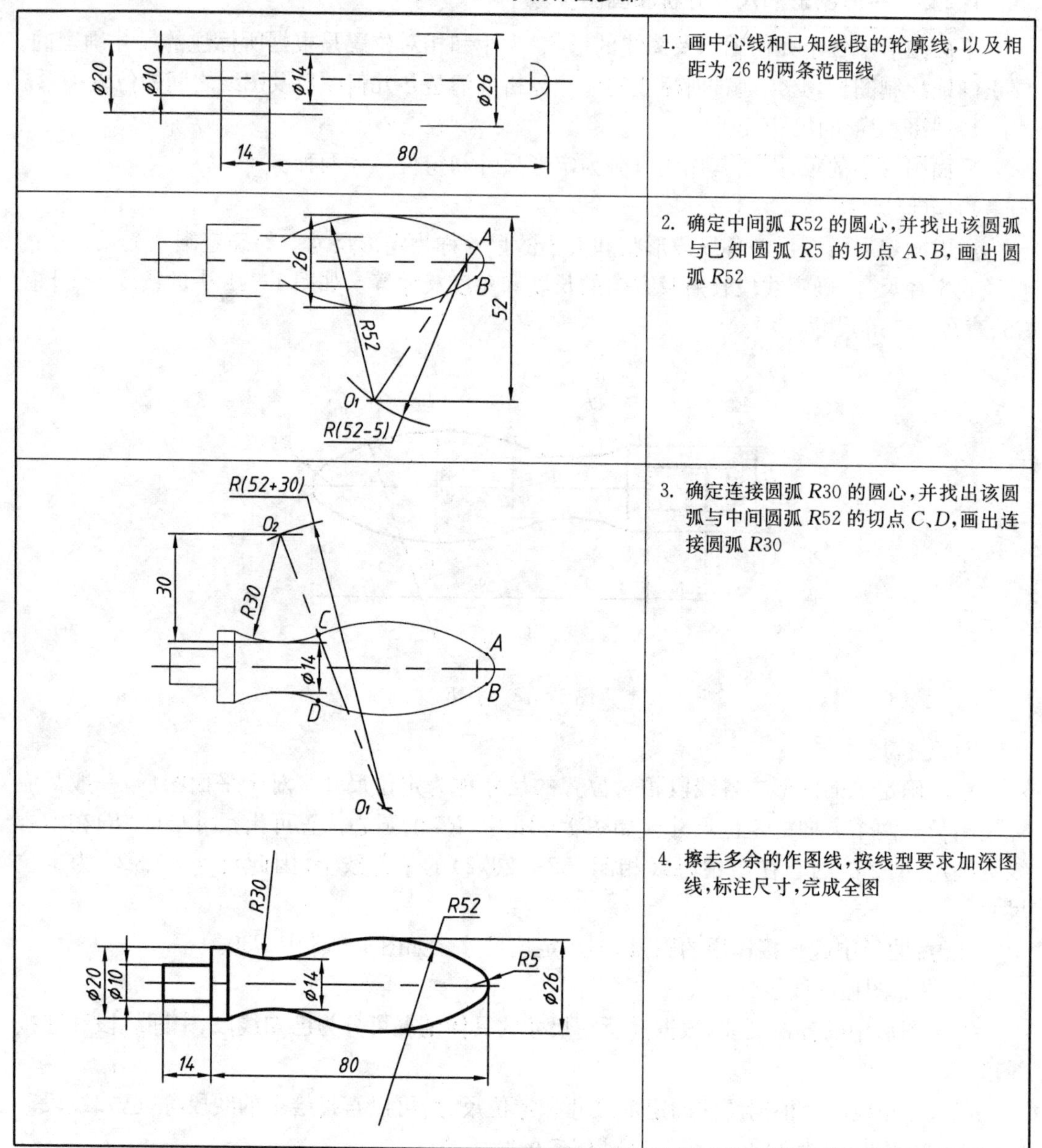

图	作图步骤
	1. 画中心线和已知线段的轮廓线，以及相距为 26 的两条范围线
	2. 确定中间弧 $R52$ 的圆心，并找出该圆弧与已知圆弧 $R5$ 的切点 A、B，画出圆弧 $R52$
	3. 确定连接圆弧 $R30$ 的圆心，并找出该圆弧与中间圆弧 $R52$ 的切点 C、D，画出连接圆弧 $R30$
	4. 擦去多余的作图线，按线型要求加深图线，标注尺寸，完成全图

4. 平面图形尺寸标注示例

图 1-19 为几种平面图形的尺寸标注示例。在标注尺寸时应注意以下几点。

(1) 水平与垂直方向对称的图形，应选择对称中心线为基准，并与基准成对称地标注相应的定位尺寸。如图 1-19。

(2) 在同一方向有两个或两个以上的尺寸需要标注时应使小尺寸在内，大尺寸在外，以避免尺寸线和其他尺寸界线相交。如图 1-19(a)。

(3) 在同一圆周上的不连续圆弧，应标注直径，如图 1-19(b)(c)中的 $\phi18$、$\phi30$。

(4) 两个或多个相同的圆，一般只标注一次，并在前加注该圆的数量，如图 1-19(a)(b)中的 $2\times\phi4$、$4\times\phi3$；但是相同的圆角结构的半径只标注一次，且不注数量。如图 1-19 中 R_3、R_4、R_2。

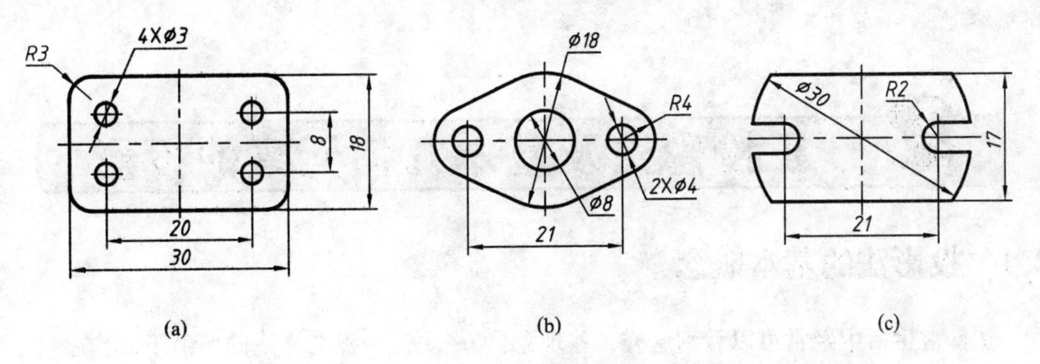

图 1-19 常见平面图形的尺寸

复习思考题

1-1 图纸幅面共有几种？彼此尺寸关系如何？

1-2 根据图示尺寸按比例 1∶2 抄绘题图 1-2，并标注尺寸。

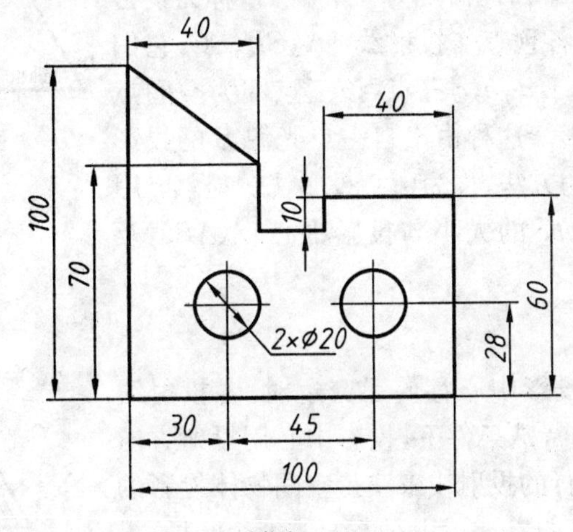

题图 1-2

1-3 根据图示尺寸按比例 1∶1 画出平面图形。

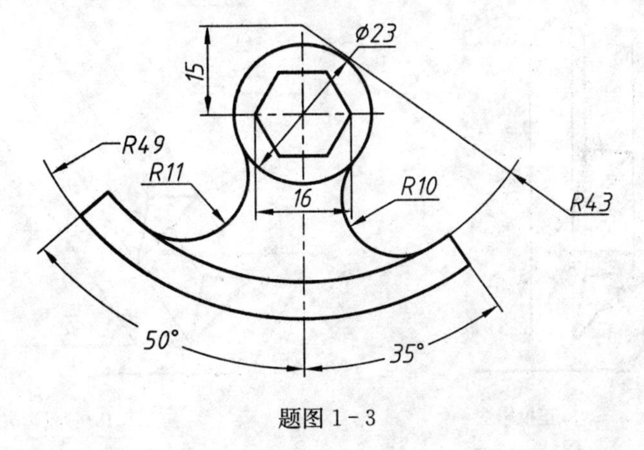

题图 1-3

1-4 已知椭圆长轴 60、短轴 40，用四心圆法作图。

2 正投影法及基本几何元素的投影

2.1 投影法的基本概念

在日常生活中经常可以看到这样一些现象，如一块三角板在光线的照射下，会在地面上出现它的影子，见图2-1。投影的方法就是从自然现象中抽象出来并随着生产的发展而趋成熟。常用的投影法有中心投影法和平行投影法。

2.1.1 中心投影法

把图2-1所示的投影现象抽象为图2-2的情况，即将光源视为一个点S，称为投影中心；由光源发射出来的光线称为投射线(如SA、SB、SC)；地面视为一平面H，称为投影面。自点S过$\triangle ABC$的各顶点作投射线SA、SB、SC，它们的延长线与H面分别交于a，b，c三点，该三点即为空间点A、B、C在H面上的投影。这种由出自一点光源S的投影线来获得空间物体投影的方法，称为中心投影法。显然，用中心投影法得到投影$\triangle abc$的大小与投影中心、$\triangle ABC$及投影面三者的距离有关。

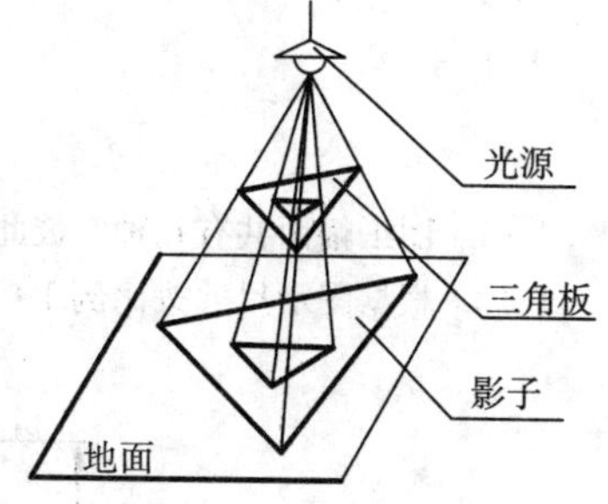

图2-1 投影现象

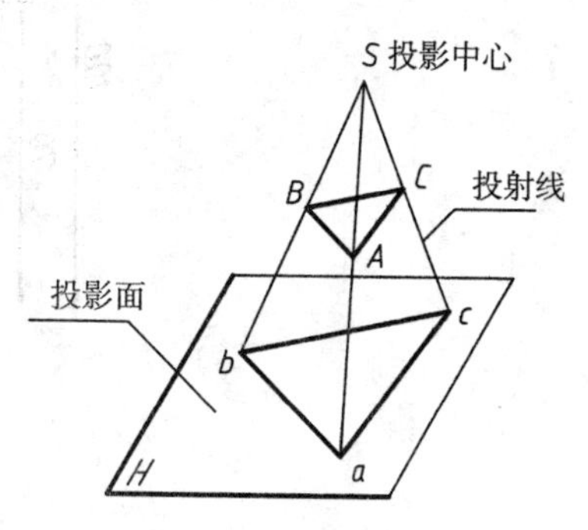

图2-2 中心投影法

2.1.2 平行投影法

将中心投影法中的投影中心移向无穷远时，各投射线就成为互相平行，在这种特殊条件下，投影中心用投射方向S来表示，这种由相互平行的投射线来获得空间物体投影的方法称为平行投影法，见图2-3。用平行投影法得到的投影$\triangle abc$大小与$\triangle ABC$到投影面的距离无关。

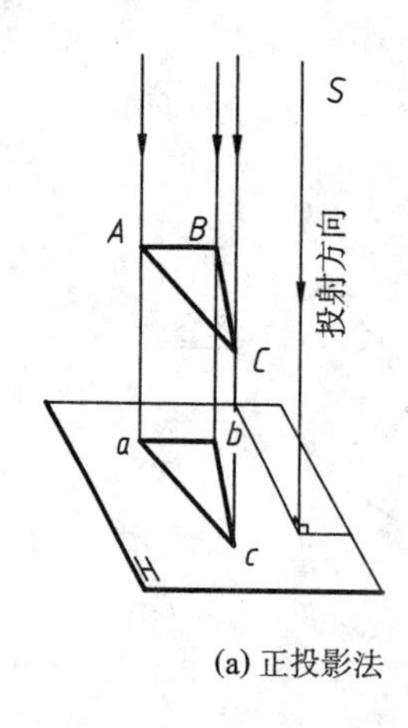

(a) 正投影法

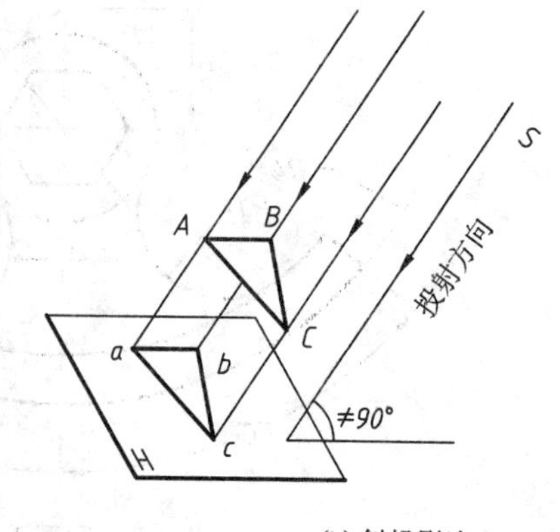

(b) 斜投影法

图2-3 平行投影法

平行投影法根据投射方向 S 与投影面 H 的倾角不同，又可分为：

(1) 正投影法—— 投射方向 S 垂直于投影面，如图 2-3(a)所示；

(2) 斜投影法—— 投射方向 S 倾斜于投影面，如图 2-3(b)所示。

由于正投影法容易表达物体的真实形状和大小，便于度量，作图又简便，国家标准规定："机件的图形按正投影法绘制。"

2.2 正投影的投影特性

用正投影法绘制的图样，具有以下基本投影特性：

(1) 实形性 当物体上的平面(或直线)与投影面平行时，投影反映实形，见图 2-4(a)；

(2) 积聚性 当物体上的平面(或直线)与投影平面垂直时，投影积聚为一条线(或一个点)，见图 2-4(b)；

(3) 类似性 当物体上的平面(或直线)与投影平面倾斜时，投影变小了(或变短了)，但投影的形状仍与原来形状类似，见图 2-4(c)。

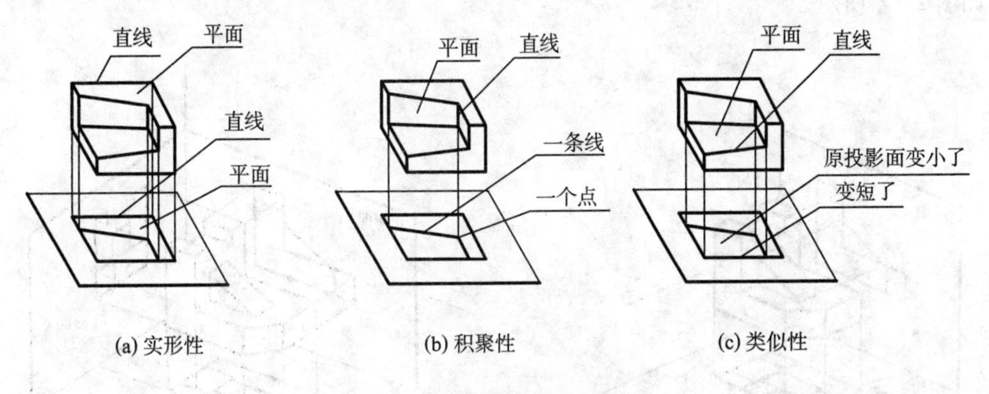

图 2-4 正投影的基本特性

2.3 多面正投影体系的建立和投影规律

2.3.1 单一正投影不能完全确定物体的形状和大小

用正投影法表达空间物体时，当投射方向和投影面的位置确定后，物体的投影将是唯一的，如图 2-5。但物体的一个投影不能完全确定它在空间的位置和形状，如图 2-5 中物体的 A、B 表面平行于投影面 V，其投影反映了 A、B 表面的实形；而 D 表面垂直于该投影面，其投影积聚为一条直线段，C 表面倾斜于该投影面，其投影边数不变但面积变小了，两个面的真实形状和大小都无法确定，另外 A、B 两平面相对投影面的距离，A、C 两平面之间的夹角等信息在投影图上也未得到反映。

为克服正投影法这种局限性，在绘制工程图样时通常采用与物体长、宽、高方向相对应的几个互相垂直的投影面，构成一个多面的正投影体系。通过从不同方向向多个投影面进行投射得到的图样，组合起来全面正确地反映物体的真实形状、大小和各部分相对位置等信息。

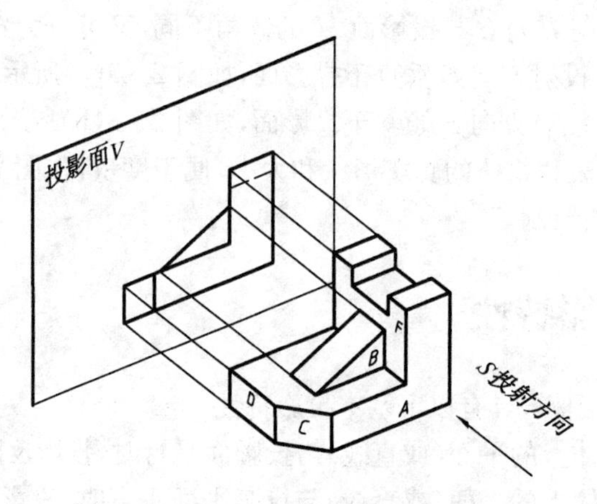

图 2-5　物体的单面投影

如增设投影面 H 垂直于投影面 V，然后从上向下对物体作正投影，在 H 投影面上就反映了 A、B 两平面相对 V 投影面的距离，A、C 两平面的夹角及 D 平面沿 S_2 投影方向的尺度，如图 2-6 所示。

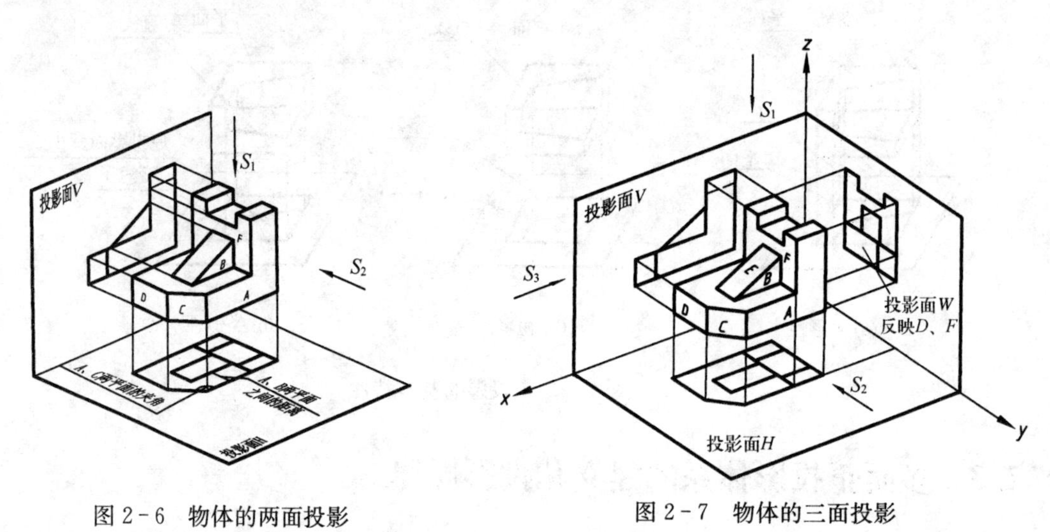

图 2-6　物体的两面投影　　图 2-7　物体的三面投影

同理，为了表达 D、F 面的实形，可再增设一投影面 W 与 V、H 投影面两两垂直，然后从左向右对物体作正投影，如图 2-7 所示。在 W 投影面上就反映出 D、F 两平面的真实形状与大小。经仔细分析可知，V、H、W 各面投影互相补充了单一投影所缺的那一维信息。有的面如 C、E 两矩形平面，虽然在各个投影面上都不反映实形，但将三个投影联系起来看，矩形面的边长在不同的投影中得到了反映，因此这两个面的实形也是确定的。

2.3.2　三投影面体系及各视图间的关系

1. 三投影面体系的建立及视图的形成

三投影面体系是工程上表达空间物体常用的。在图 2-7 所示的三投影面体系中，正面竖立的投影面称为正立投影面，简称正面，用 V 表示；水平设置的投影面称为水平投影面，简称水平面，用 H 表示；侧面直立的投影面称为侧立投影面，简称侧面，用 W 表示。各投影面之间的交线称为投影轴，其中 V 面与 H 面的交线称为 X 投影轴；H 面与 W 面的交线称为 Y

投影轴；V 面与 W 面的交线称为 Z 投影轴。三条投影轴的交点称为原点 O。

将物体置于观察者和投影面之间，分别向三个投影面投射，所得到投影称为视图。国家标准规定：由前向后投影在 V 投影面上所得的视图，称为主视图；由左向右投影在 W 投影面上所得的视图，称为左视图；由上向下投影在 H 投影面上所得的视图，称为俯视图。

为了将三个视图表达在同一平面上，规定 V 面不动，H 面绕 X 轴向下旋转 90°，W 面绕 Z 轴向右旋转 90°，如图 2-8 所示。通过上述各投影面的旋转即可在同一平面上获得三个视图，如图 2-9 所示。

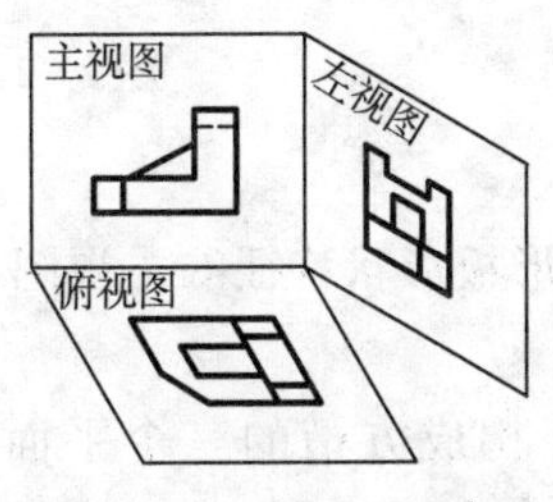

图 2-8 三面视图的展开

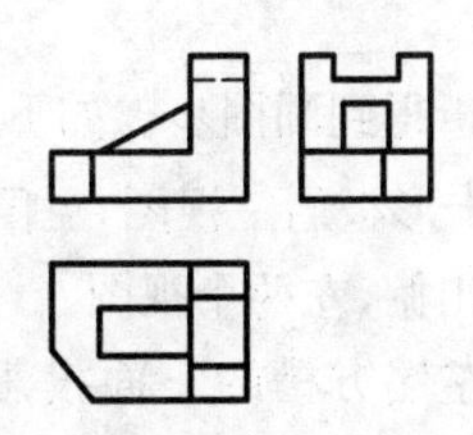

图 2-9 物体的三面视图

当三个基本视图按图 2-9 配置时一律不标注视图名称，由于投影面可以无限扩大，故其边界均省略不画。为了使图形清晰，也不必画出投影图之间的连线。通常视图间的距离可根据图纸幅面、尺寸标注等因素来确定。

2. 三面视图间的投影规律和位置关系

由图 2-10 所示物体三个视图可以看出，如将 X、Y、Z 三个投影轴的方向分别规定为长度、宽度和高度方向。当置于投影体系中的物体，其长、宽、高尺寸方向与 X、Y、Z 轴一致时，主视图反映了物体的长和高；俯视图反映了物体的长和宽；左视图反映了物体的高和宽。由于在投影过程中物体与各投影面的位置保持不变，故物体的长度方向在主、俯两个视图中是一致的，物体的宽度方向在俯、左两个视图中是一致的，物体的高度方向在主、左两个视图中是一致的。这样三个视图之间的投影关系可概括为：主、俯视图长对正；主、左视图高平齐；俯、左视图宽相等，也就是所谓的“三等规律”。用视图表达物体时，从局部到整体都必须严格遵循这一规律。

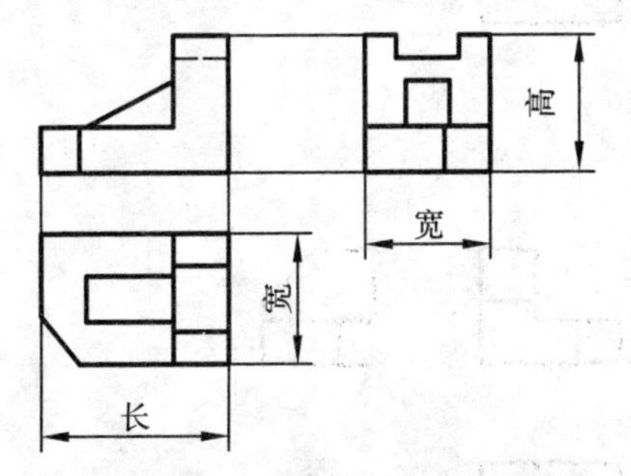

图 2-10 三面视图之间的投影规律

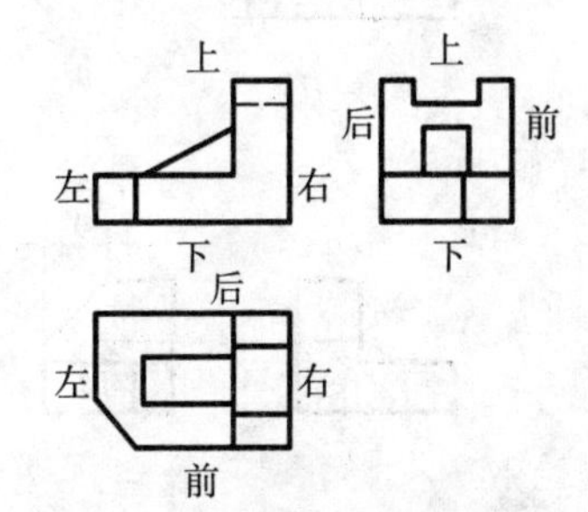

图 2-11 三面视图的方位关系

另外，在三个视图中也反映出物体各部分的空间位置，其中主视图反映物体上下和左右位置关系；俯视图反映物体左右和前后位置关系；左视图反映物体上下和前后位置关系，见图 2-11。特别要指出的是：在俯、左视图中，凡靠近主视图一侧均表示物体的后方，远离主视图一侧均表示物体的前方。

3. 三面视图的绘制方法

绘制物体的三面视图是用正投影法表达空间物体的一种基本训练,也是掌握视图间投影规律的必要途径。下面举例说明三面视图的绘制过程。

【例 2-1】 画出如图 2-12 所示物体的三视图。

1) 分析

该物体是在┘形板的左端中部开了一个方槽,右边切去一角后形成的。

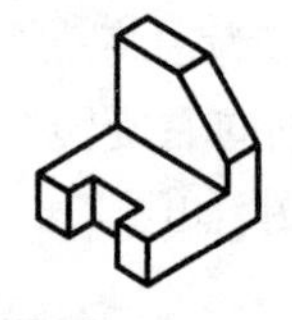

图 2-12 物体的直观图

2) 画图

根据分析得到画图步骤如下,参见图 2-13。

(1) 画┘形板的三视图,见图 2-13(a)。先画反映┘形板形状特征的主视图,然后根据投影规律画出俯、左两个视图。

(2) 画左端方槽的三面投影,见图 2-13(b)。由于构成方槽的三个平面的水平投影都积聚成直线,反映了方槽的形状特征,所以应先画出水平投影,然后根据投影关系画出主、左视图上的投影。按国家标准规定,其在主视图上投影轮廓线不可见,应用虚线绘制。

(3) 画前边切角的投影,见图 2-13(c)。由于被切角后形成的平面垂直于侧面,所以应先画出其侧面投影,再画正面和水平投影。根据侧面投影画水平投影时应注意量取尺寸的起点和方向。

(4) 完成所有视图的轮廓线后,去除各投影间的联系线,按规定线型的粗细加深,见图2-13(d)。

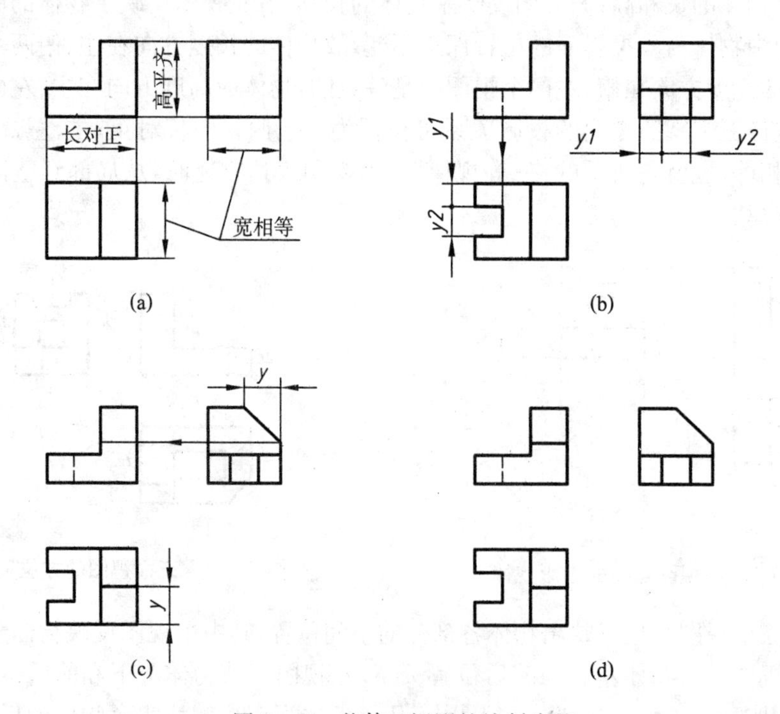

图 2-13 物体三视图的绘制步骤

2.4　基本几何元素的投影

工程上的物体从几何角度分析，都可以看成由点、线（直线或曲线）、面（平面或曲面）所组成。对点、线、面等几何元素的投影特性的分析和讨论，有助于进一步掌握物体的投影规律。

2.4.1　点的投影

1. 点的三面投影及其展开

点是构成空间物体最基本的几何元素，一般体现为物体上棱线和棱线的交点、棱面的顶点等，如图 2-14 所示物体上的 A、B 点。将点 A 单独取出，置于由 V 面、H 面、W 面组成的三投影面体系中，分别向各投影面投影，就得到了它的三个投影。按规定空间点用大写字母表示，其投影用小写字母表示，H 面上投影不加撇，V 面上投影加一撇，W 面上投影加二撇。由此，空间点 A 的三个投影分别表示为 a、a'、a''，如图 2-15(a)所示。

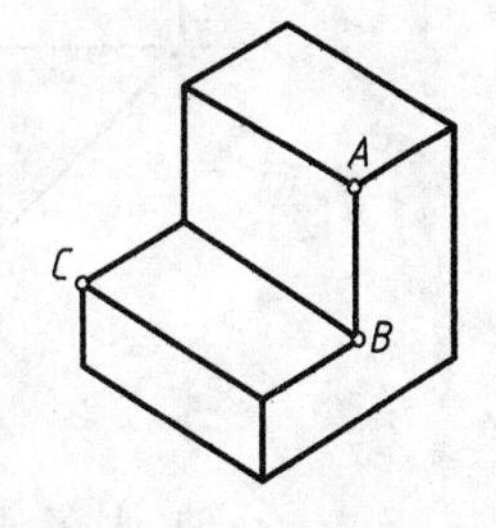

图 2-14　物体上的点

按上一节介绍的投影面展开方法，将三个投影展平在同一平面上，见图 2-15(b)，去除投影面的框线和标记，保留 X、Y、Z 投影轴，就得到了 A 点的三面投影图，见图 2-15(c)。

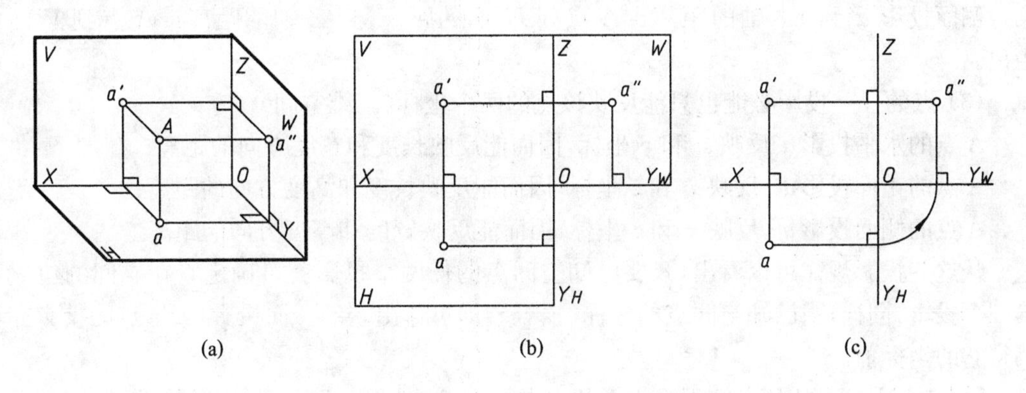

图 2-15　一点的三面投影

2. 点的直角坐标和投影规律

若将相互垂直的三投影面体系看作是笛卡儿直角坐标系，则 V、H、W 三个面就分别成为坐标面，X、Y、Z 三条投影轴对应为坐标轴，三轴的交点 O 为坐标原点。如图 2-16 所示，空间点 A 的坐标值在投影图上的增值正方向规定为：X 坐标自原点 O 向左，Y 坐标自原点 O 向下（或自原点 O 向右），Z 坐标自原点 O 向上。由此空间点 A 的位置，亦可用 $A(x、y、z)$三个坐标来确定。

对点的三面投影图分析，可得出如下的投影规律。

(1) 点的两个投影的连线必垂直于相应投影轴（坐标轴）。即

$aa' \perp X$ 轴；

$a'a'' \perp Z$ 轴；

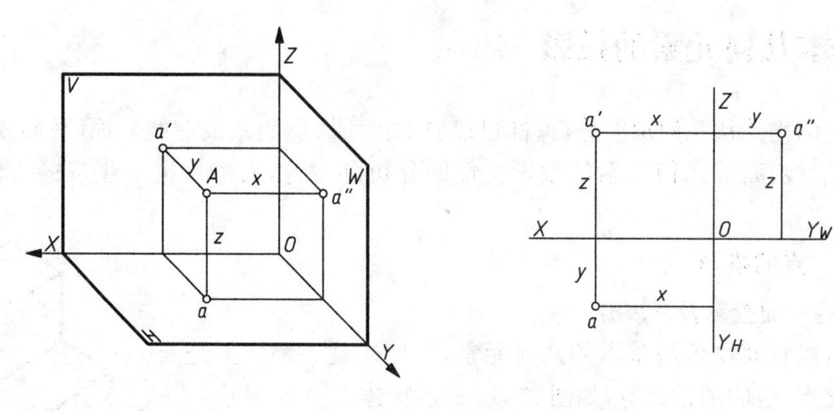

图 2-16　点的直角坐标

$aa''\perp Y$ 轴(因 Y 轴分成两侧,故分别 $\perp Y_H$ 轴和 $\perp Y_W$ 轴)。

(2) 点的投影到相应投影轴的距离反映空间该点到相应投影面的距离,即

水平投影 a 到 X 轴的距离 $=A$ 点到 V 面的距离,到 Y_H 轴的距离 $=A$ 点到 W 面的距离;

正面投影 a' 到 X 轴的距离 $=A$ 点到 H 面的距离,到 Z 轴的距离 $=A$ 点到 W 面的距离;

侧面投影 a'' 到 Y_W 轴的距离 $=A$ 点到 H 面的距离,到 Z 轴的距离 $=A$ 点到 V 面的距离。

(3) 点的任一投影必能也只能反映该点的两个坐标(二维空间)。

A 点的水平投影 a 反映 x 和 y 坐标,因而能反映长度和宽度方向的距离;

A 点的正面投影 a' 反映 x 和 z 坐标,因而能反映长度和高度方向的距离;

A 点的侧面投影 a'' 反映 y 和 z 坐标,因而能反映宽度和高度方向的距离。

从这些投影规律可以看出,只要已知空间点的任两个投影就可确定它在空间的位置和第三个投影;同样,当已知空间点的坐标(x、y、z)即可作出它的三面投影,知道点的投影亦可测得它的坐标值。

【例 2-2】 已知 B 点的正面投影和水平投影,见图 2-17(a),试求其侧面投影。

解　(1) 从 b' 作 Z 轴的垂线,并延长之,见图 2-17(b);

(2) 从 b 作 Y_H 轴的垂线得 b_{Y_H},用 45°分角线或圆弧将 b_{Y_H} 移至 b_{Y_W}(使 $Ob_{Y_H}=Ob_{Y_W}$),然后从 b_{Y_W} 作 Y_W 轴的垂线,同 b' 与 Z 轴的垂线相交,得到 b'',见图 2-17(c)。

【例 2-3】 已知空间点 C 的坐标为(12,10,15),试作其三面投影图。

解　(1) 作 X,Y,Z 轴得原点 O,然后在 OX 轴上自 O 向左量取 $x=12$,再由该点向下沿 Y_H 轴量取 $y=10$,即得 C 点的水平投影 c,见图 2-18(a);

(2) 由 OZ 轴向上量取 $z=15$,沿 OX 轴向左量取 $x=12$,求得 C 点的正面投影 c',见图 2-18(b);

(3) 由 OZ 轴向上量取 $z=15$,沿 OY_W 轴向右量取 $y=10$,得 C 点的侧面投影 c'',见图2-18(c)。

在作点的第三个投影时,亦可在已求得两个投影的基础上,利用点的投影规律作图求

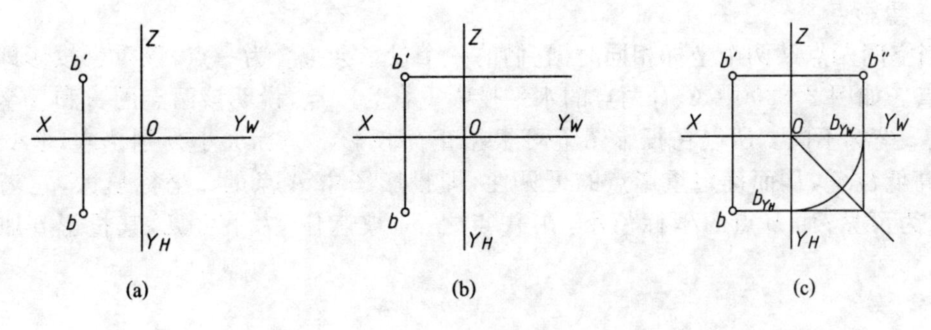

图 2-17　由点的两投影求第三投影

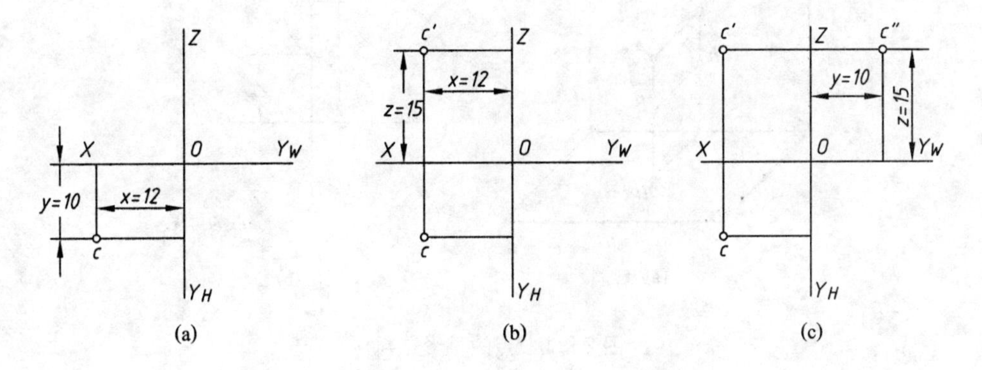

图 2-18　根据点的坐标作其三面投影

出，参见例 2-2。

3. 两点的投影及重影点

1）两点的相对位置

空间两点处于同一个三投影面体系中，其上下、左右和前后的位置关系，可以由两点的同一方向坐标大小来判断。如图 2-19 所示空间两点 A、C，可以看出，在 X 轴方向 $x_C > x_A$，C 点在 A 点左方，距离为 Δx；在 Y 轴方向 $y_C < y_A$，C 点在 A 点后方，距离为 Δy；在 Z 轴方向 $z_C < z_A$，C 点在 A 点下方，距离为 Δz。

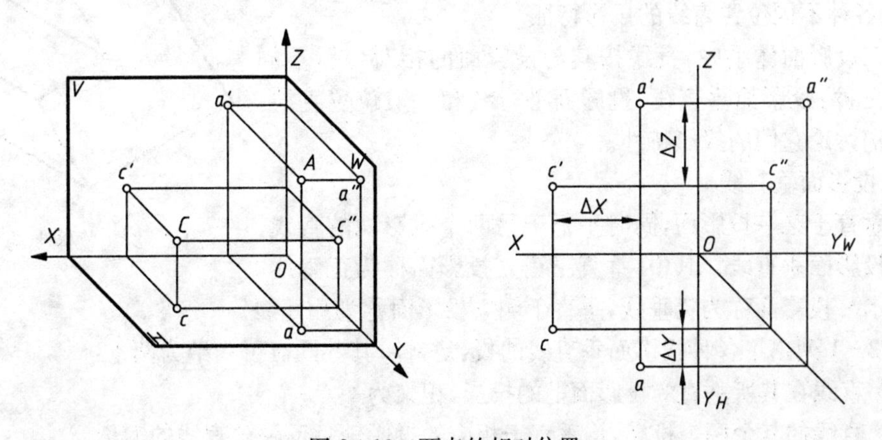

图 2-19　两点的相对位置

2) 重影点

当空间两点某两个坐标相同时,它们的一个投影会重合为一点,该重合投影即称为重影点。如图 2-20 中 A、B 两点的水平投影重合为一点,说明该两点的 x 和 y 坐标相同,但 z 坐标不同。所以在投影图上可根据正面投影 z 坐标大小判别出空间 A、B 两点的高低位置,从而确定重影点的可见性,即投影图中 A 点的 z 坐标值大,它离观察者近,为可见;而 B 点的坐标值小,在 A 点之下,被遮住,为不可见,其投影 b 加括号表示。

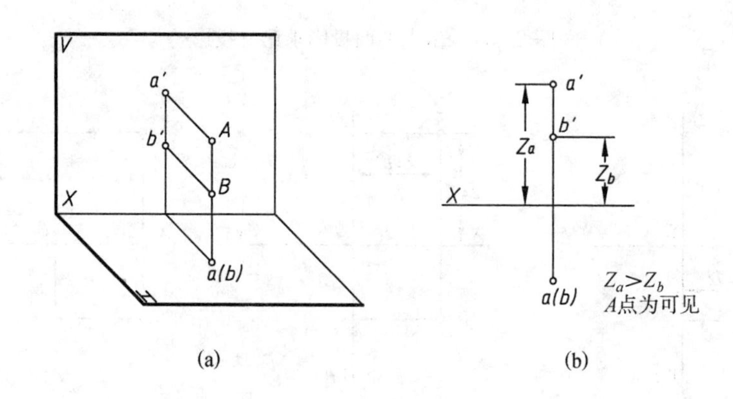

图 2-20 点的重影点判别

同理,空间两点其正面投影重合为一点,则 y 坐标值大的点为可见点;而侧面投影重合为一点,则 x 坐标值大的点为可见点。

2.4.2 直线的投影

空间物体上直线一般体现为面与面的交线,如图 2-21 所示的 AB 线。除特殊情况外,直线的投影仍然是直线。由初等几何可知,两点决定一直线,因此,在作一条直线的三面投影时,只需作出该直线上两点的三面投影,然后将同面投影相连,也就唯一确定了直线的各个投影。

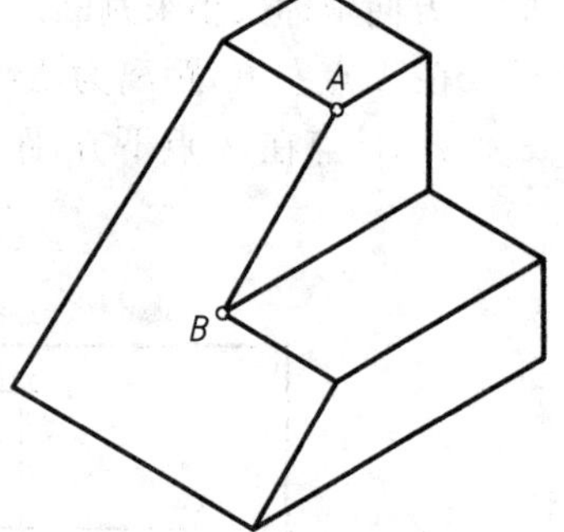

图 2-21 物体上的直线

1. 各种不同位置直线的投影特征

在三投影面体系中,直线按其与投影面的相对位置不同可分为三种:投影面垂直线、投影面平行线和一般位置直线。下面分别讨论它们的投影特性。

1) 投影面垂直线

凡垂直于某一投影面,同时平行于另两个投影面的直线,统称为投影面垂直线。其中,垂直于正立投影面称为正垂线,垂直于水平投影面称为铅垂线,垂直于侧立投影面称为侧垂线。

表 2-1 列出了各种投影面垂直线的投影特性,其共同点可归纳为两条:

(1) 直线在其所垂直的投影面上的投影,积聚为一点;

(2) 直线的其余两个投影,均垂直于相应的投影轴且反映该直线的实长。

表 2-1　投影面垂直线的投影特性

	正垂线	铅垂线	侧垂线
物体上垂直线举例	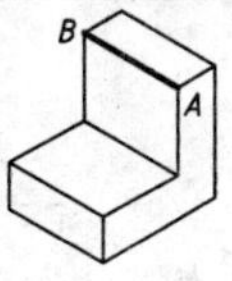	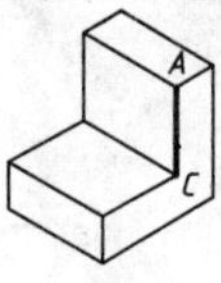	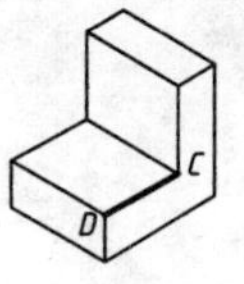
视图	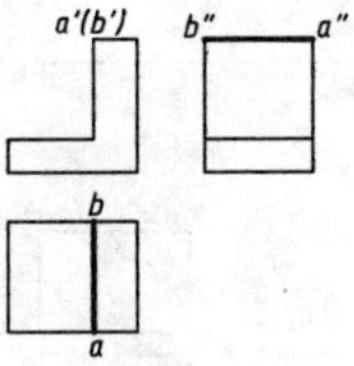	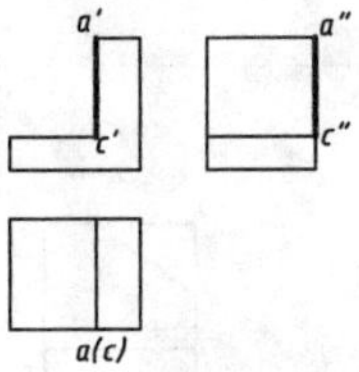	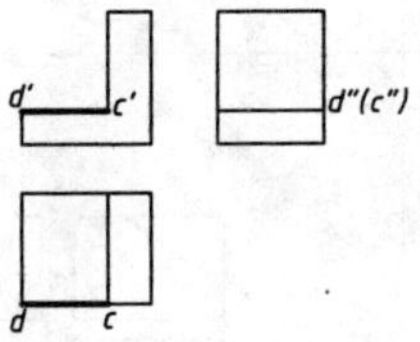
投影图	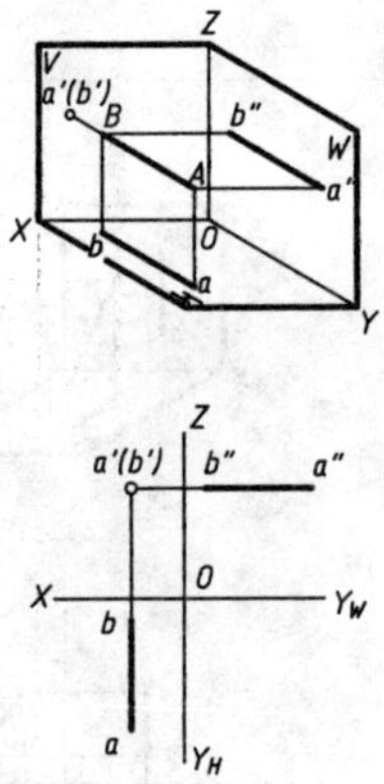	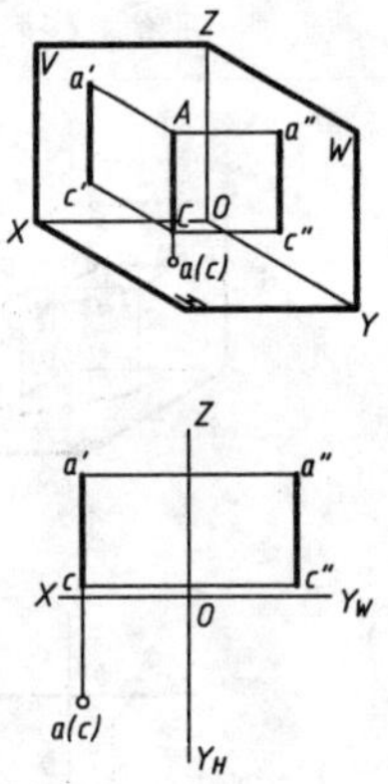	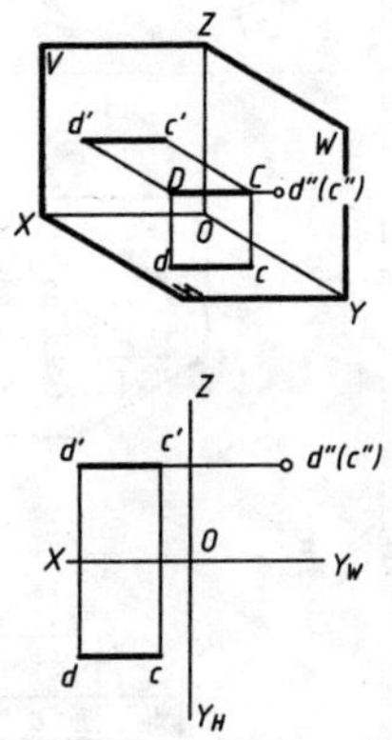
投影特性	1. 正面投影 $a'b'$ 积聚为一点； 2. 水平投影 $ab \perp OX$，侧面投影 $a''b'' \perp OZ$，并反映实长	1. 水平投影 ac 积聚为一点； 2. 正面投影 $a'c' \perp OX$，侧面投影 $a''c'' \perp OY_W$，并反映实长	1. 侧面投影 $d''c''$ 积聚为一点； 2. 正面投影 $d'c' \perp OZ$，水平投影 $dc \perp OY_H$，并反映实长

2）投影面平行线

凡平行于某一投影面，同时倾斜于另两个投影面的直线，统称为投影面平行线。其中，平行于正立投影面称为正平线，平行于水平投影面称为水平线，平行于侧立投影面称为侧平线。

表 2-2 列出了各种投影面平行线的投影特性，其共同点可归纳为两条。

(1) 直线在其所平行的投影面上的投影，反映实长且反映与另两个投影面的真实夹角。按规定，直线与水平面（H 面）的夹角用 α 表示，与正面（V 面）的夹角用 β 表示，与侧面（W 面）的夹角用 γ 表示。

(2) 直线的其余两个投影,均为缩短了的直线且平行于相应的投影轴。

表 2－2　投影面平行线的投影特性

	正平线	水平线	侧平线
物体上平行线举例	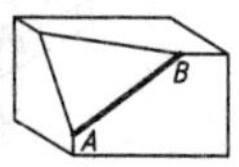	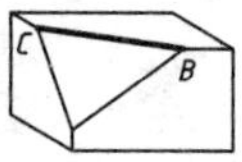	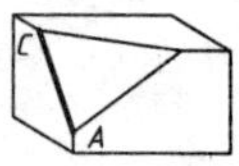
视图	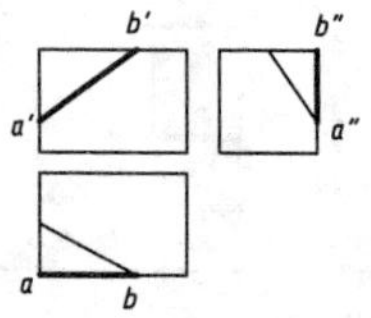	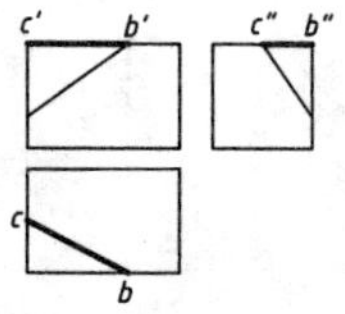	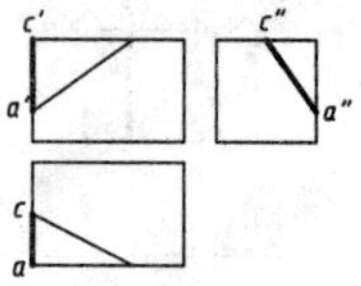
投影图	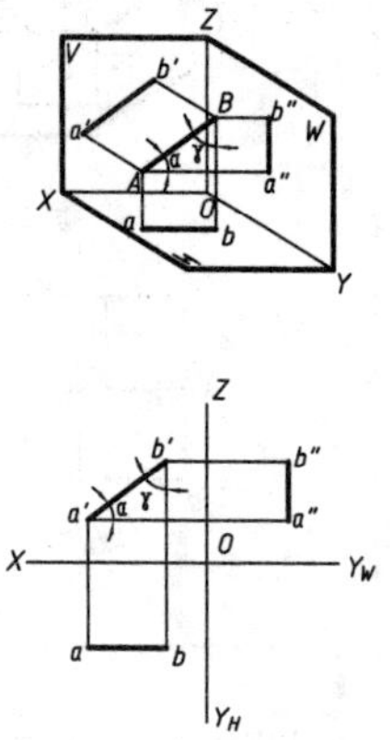	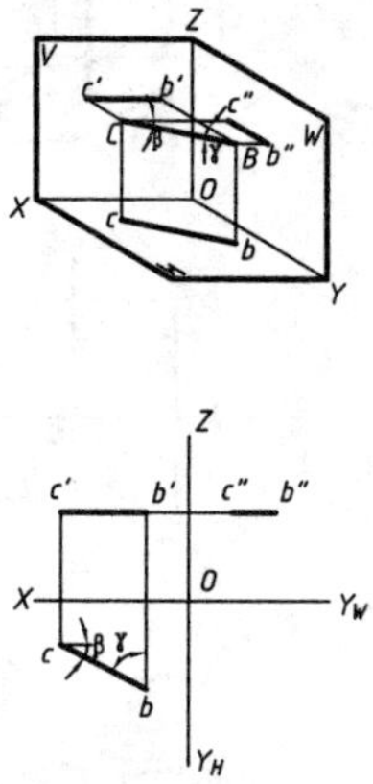	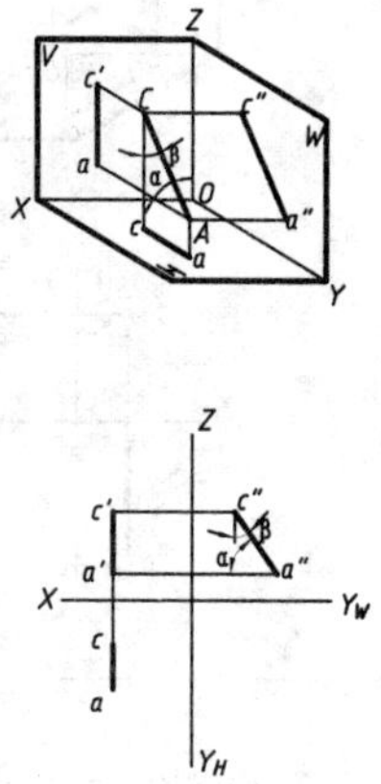
投影特性	1. 正面投影 $a'b'$ 反映实长及其对 H 面的真实夹角 α,对 W 面的真实夹角 γ; 2. 水平投影 $ab /\!/ OX$ 轴,侧面投影 $a''b'' /\!/ OZ$ 轴	1. 水平投影 cb 反映实长及其对 V 面的真实夹角 β,对 W 面的真实夹角 γ; 2. 正面投影 $c'b' /\!/ OX$ 轴,侧面投影 $c''b'' /\!/ OY_W$ 轴	1. 侧面投影 $c''a''$ 反映实长及其对 H 面的真实夹角 α,对 V 面的真实夹角 β; 2. 正面投影 $c'a' /\!/ OZ$ 轴,水平投影 $ca /\!/ OY_H$ 轴

3) 一般位置直线

既不垂直也不平行于任一投影面的直线称为一般位置直线。如图 2－22 所示,其投影既不积聚为一点,也不反映实长,三个投影均为与投影轴倾斜的缩短的直线,且不反映其与任一投影面间的真实夹角。

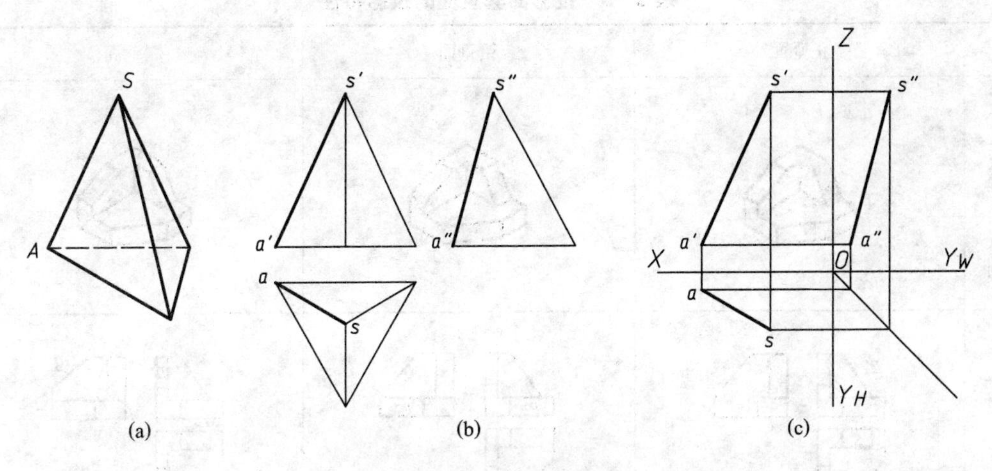

图 2-22 一般位置直线

2.4.3 平面的投影

空间物体上的平面在三投影面体系中的投影，是由围成该平面的点、线等几何元素的同面投影所确定的，因此，在投影图中可以用下面任一组几何元素的投影表示平面，如图 2-23 所示。

(1) 不在同一直线上的三点；(2) 一直线和线外一点；(3) 两平行直线；(4) 两相交直线；(5) 任意的平面图形(如三角形、圆等)。从图 2-23 中可见，各种表示法可以相互转化，而其中不在同一直线上的三点是决定平面位置的基本几何元素组。

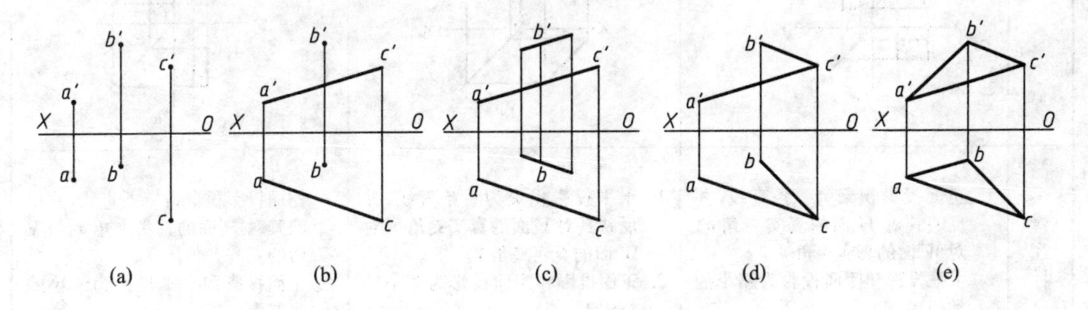

图 2-23 表示平面的各种几何元素组

1. 各种不同位置平面的投影特性

在三投影面体系中，物体上平面根据其相对于投影面的位置不同，同样可以分为三类：(1) 投影面垂直面；(2) 投影面平行面；(3) 投影面倾斜面。前两类平面称为特殊位置平面，后一类平面称为一般位置平面。下面分别讨论它们的投影特性。

1) 投影面垂直面

凡垂直于一个投影面，而与另两个投影面倾斜的平面，统称为投影面垂直面。其中，垂直于正面(V 面)的称为正垂面，垂直于水平面(H 面)的称为铅垂面，垂直于侧面(W 面)的称为侧垂面。

表 2-3 列出了各种投影面垂直面的投影特性。

表 2-3 投影面垂直面的投影特性

	正垂面	铅垂面	侧垂面
物体上垂直面举例	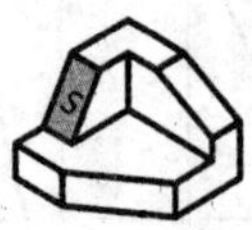		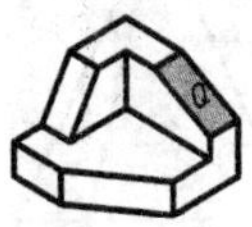
视图	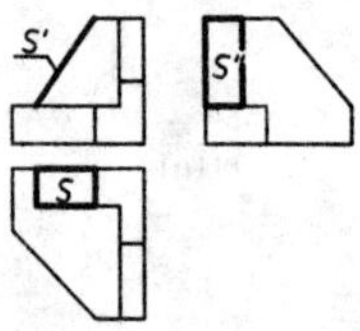	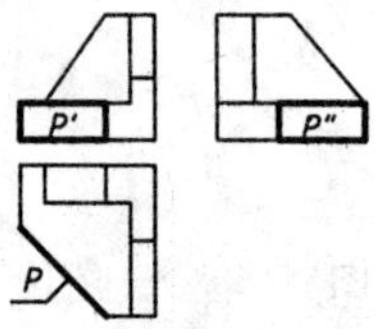	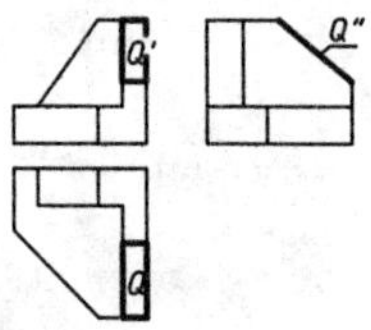
投影图	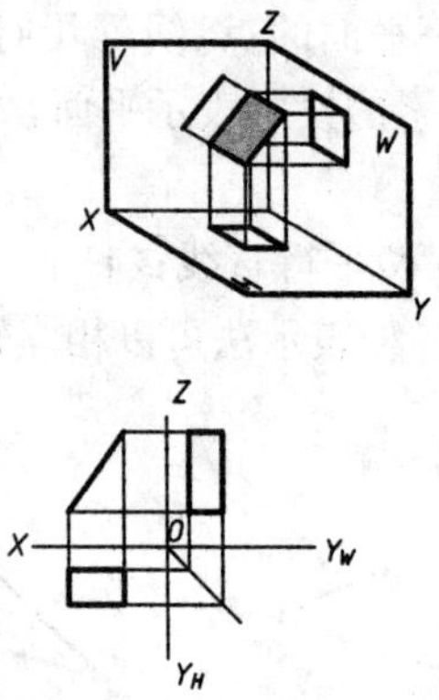	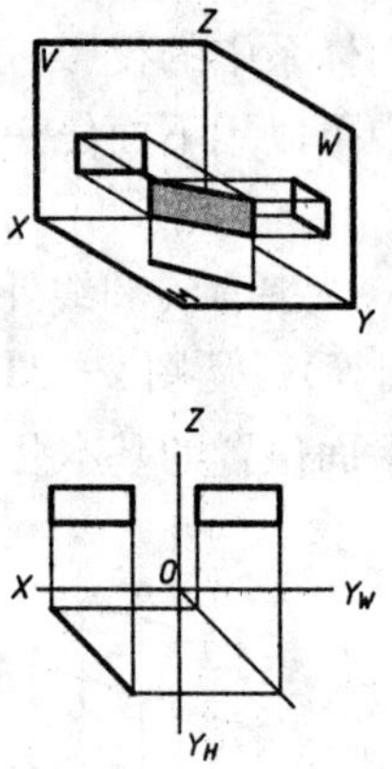	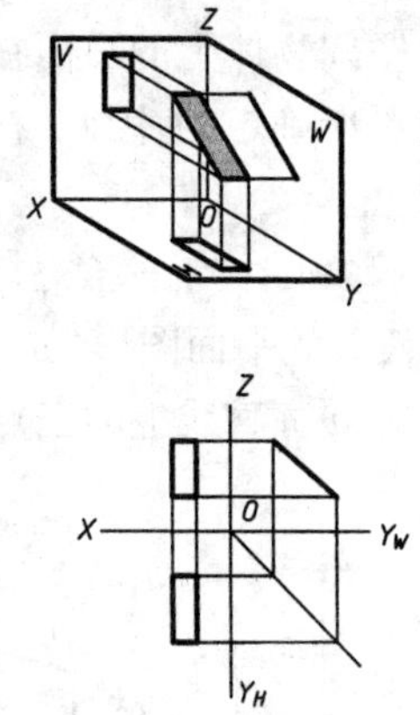
投影特性	1. 正面投影积聚为一条直线，并反映其对 H 面的真实夹角 α，对 W 面的真实夹角 γ。 2. 水平投影和侧面投影为缩小的类似形	1. 水平投影积聚为一条直线，并反映其对 V 面的真实夹角 β，对 W 面的真实夹角 γ。 2. 正面投影和侧面投影为缩小的类似形	1. 侧面投影积聚为一条直线，并反映其对 H 面的真实夹角 α，对 V 面的真实夹角 β。 2. 正面投影和水平投影为缩小的类似形

它们的共同投影特性可归纳为两点：

(1) 平面在所垂直的投影面上的投影，积聚成一条直线，该直线与两投影轴的夹角分别反映该平面与相应投影面的真实夹角；

(2) 平面的另两个投影均为小于实形的类似形。

2) 投影面平行面

凡平行于一个投影面，同时垂直于另两个投影面的平面，统称为投影面平行面。其中，平行于正面(V 面)的称为正平面，平行于水平面(H 面)的称为水平面，平行于侧面(W 面)的称为侧平面。

表 2-4 列出了各种投影面平行面的投影特性。

表 2-4　投影面平行面的投影特性

	正平面	水平面	侧平面
物体上平行面举例	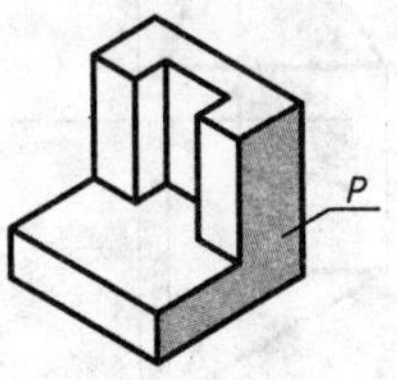	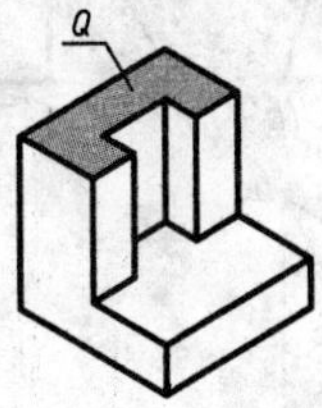	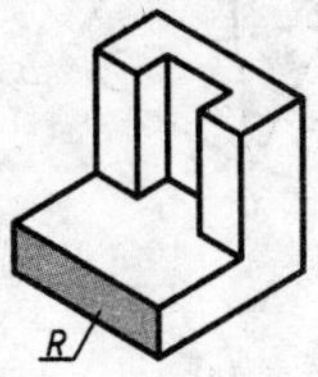
视图	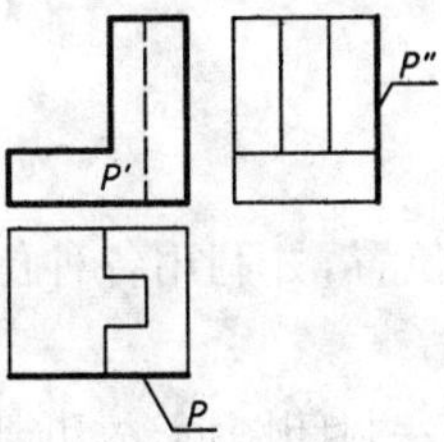	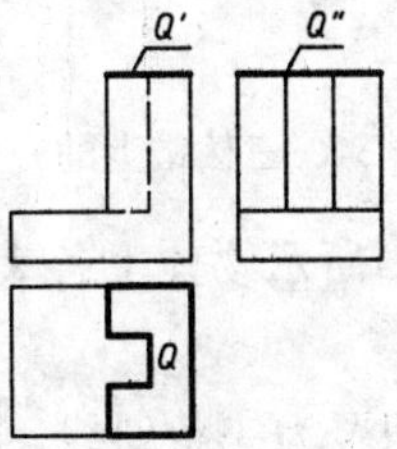	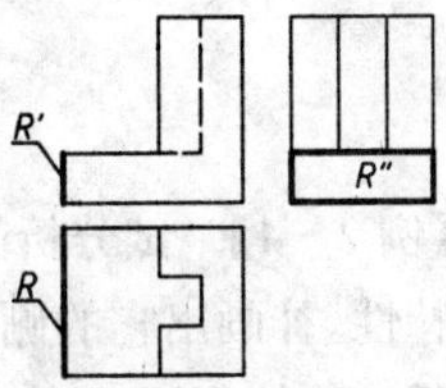
投影图	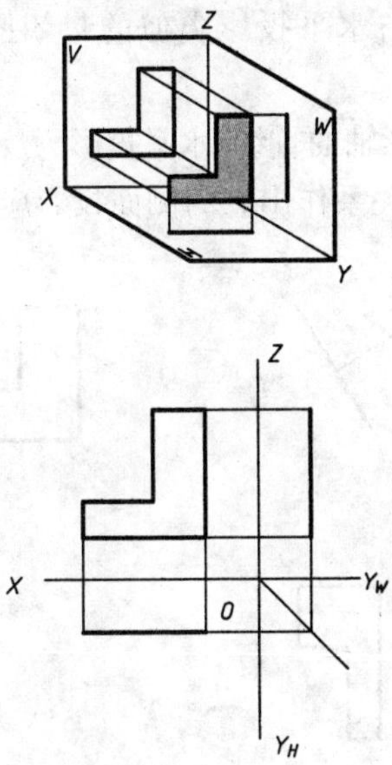	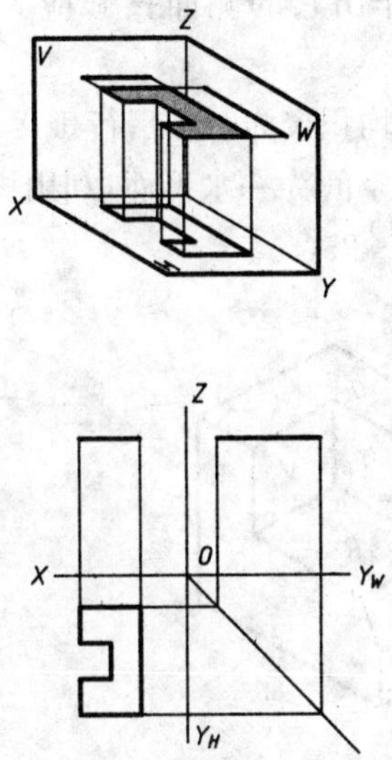	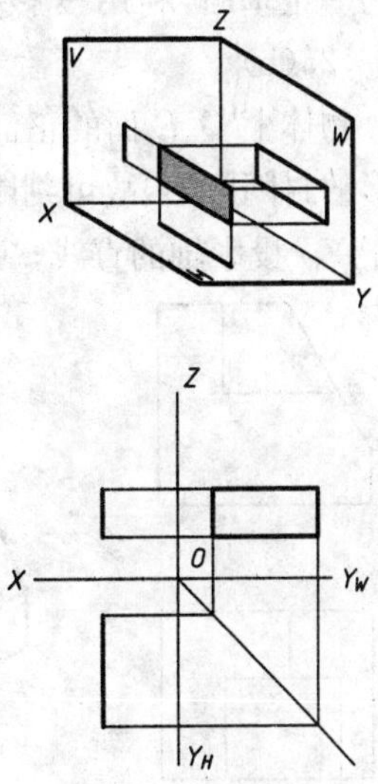
投影特性	1. 正面投影反映 P 面的真实形状。 2. 水平投影积聚成一条线，且平行于 OX 轴；侧面投影积聚成一条线，平行于 OZ 轴	1. 水平投影反映 Q 面的真实形状。 2. 正面投影积聚成一条线，且平行于 OX 轴；侧面投影积聚成一条线，平行于 OY_W 轴	1. 侧面投影反映 R 面的真实形状。 2. 正面投影积聚成一条线，且平行于 OZ 轴；水平投影积聚成一条线，平行于 OY_H 轴

它们的共同投影特性可归纳为两点：

(1) 平面在所平行的投影面上的投影，反映该平面的实形；

(2) 平面的另两个投影均积聚成直线，且分别平行于相应的投影轴。

3) 一般位置平面

凡同时倾斜于三个投影面的平面，称为一般位置平面。由图 2-24(c)的投影图，可归纳其投影特性为三点：(1) 三个投影均不反映平面实形；(2) 三个投影均没有积聚性；(3) 三个投影均为小于原形的类似形。

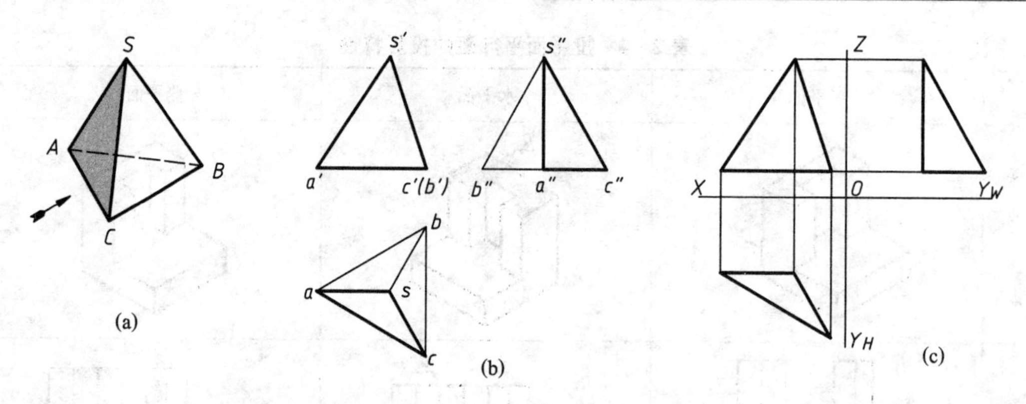

(a) (b) (c)

图 2-24 三棱锥上的一般位置平面

【例 2-4】 试分析图 2-25(a)所示物体上各表面的空间位置,并利用各种位置平面的投影特性,补画出它的侧面投影。

解 物体上 P 面的正面投影积聚为一条斜线,水平投影为一封闭图形,故可判断它在空间为一正垂面,利用投影关系作出它的侧面投影应为一与水平投影类似的封闭图形,见图2-25(b)。

物体上 Q、R 面的正面投影均积聚为一条平行于 X 投影轴的直线,水平投影为反映平面实形的封闭图形,故可判断它在空间为一水平面,利用投影关系作出它的侧面投影应为一平行于 Y_W 投影轴的直线,见图 2-25(c)。

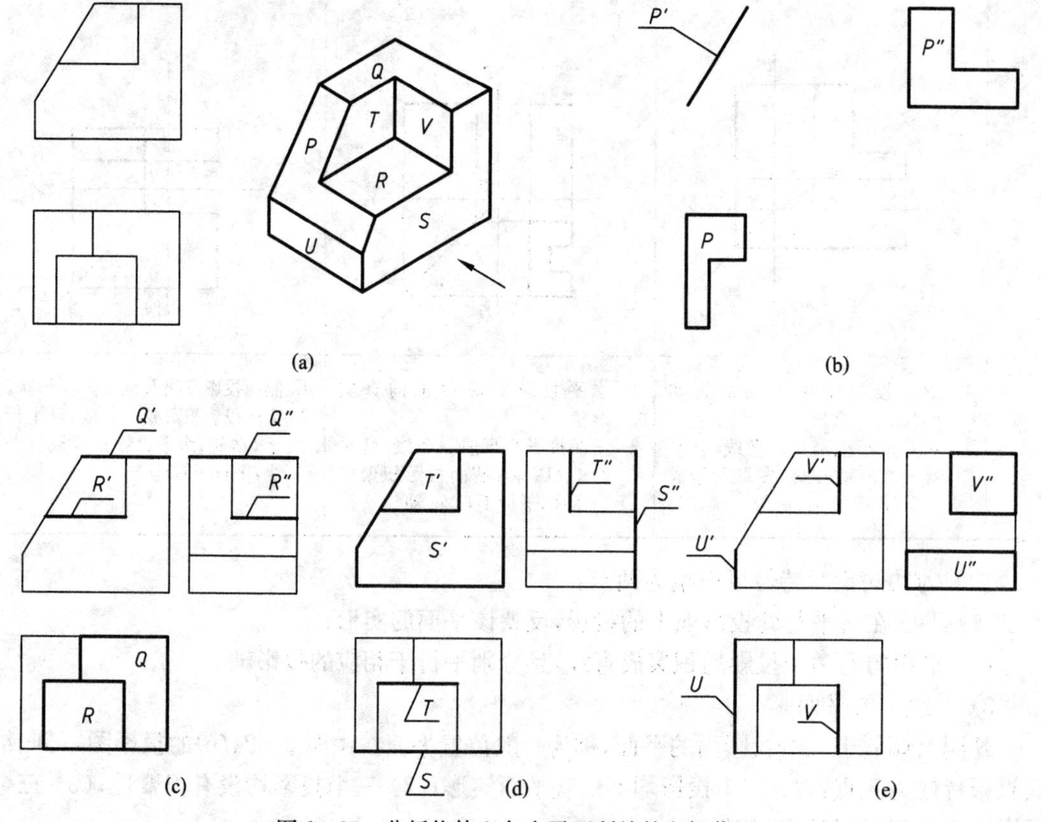

(a) (b) (c) (d) (e)

图 2-25 分析物体上各个平面所处的空间位置

物体上 S、T 面的正面投影为反映平面实形的封闭图形，水平投影均积聚为一条平行于 X 投影轴的直线，故可判断它在空间为一正平面，利用投影关系作出它的侧面投影应为一平行于 Z 投影轴的直线，见图 2-25(d)。

物体上 U、V 面的正面投影均积聚为一条平行于 Z 投影轴的直线，水平投影均积聚为一条平行于 Y_H 投影轴的直线，故可判断它在空间为一侧平面，利用投影关系作出它的侧面投影应为反映平面实形的封闭图形，见图 2-25(e)。

2.4.4 回转曲面的投影

工程上有许多物体是由曲面或曲面和平面组合而成的。为了正确地表达这些包含曲面的形体，必须熟悉曲面的投影及其表面取点、线的方法。下面以使用最广泛的回转曲面为例讨论其投影特性和有关的作图方法。

1. 回转曲面的形成特点

凡是由母线(直线或曲线)绕一轴线回转一周形成的曲面，统称为回转曲面。母线在运动中的任一位置称为素线。常见的回转曲面有圆柱面、圆锥面、球面等。其中，圆柱面和圆锥面的母线是直线，称为直线面；球面的母线为曲线，称为曲线面。图 2-26 为三种常见回转曲面的形成过程。

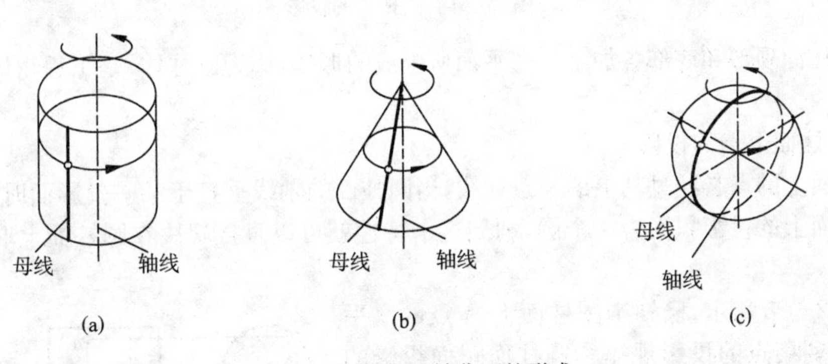

图 2-26 常见回转曲面的形成

由图 2-26 可见，回转曲面的共同特点是：母线上任意点的运动轨迹均为一个垂直于回转轴的圆，也称纬圆。因此，回转曲面可以看成是一系列素线或纬圆的集合。

回转曲面的表面是光滑无棱的，故在画回转曲面的投影图时，必须按不同的投影方向，把确定该曲面范围的轮廓素线画出，这种轮廓素线同时也是曲面在投影图上可见不可见的分界线，所以又称为转向轮廓素线。

2. 圆柱面及其面上点的投影

1) 圆柱面的投影

如图 2-27(a)所示，将圆柱面置于三投影面体系中，向各投影面进行投影。由图2-27(b)所示的三个投影可知，由于其轴线垂直于水平投影面，故圆柱面上所有平行轴线的素线也垂直于水平投影面，此时圆柱面的水平投影为一圆周，即圆柱面上所有点线的水平投影均积聚在该圆周上。圆柱面的正面投影为一矩形，其中 $a'b'$ 和 $a'_1b'_1$ 分别为圆柱面顶圆和底圆的投影；$a'a'_1$ 和 $b'b'_1$ 分别为圆柱面最左和最右两条素线，即是圆柱面在正立投影面上的投影轮廓线；整个矩形表示前后半个圆柱面的投影，前半个可见，后半个与之重合，为不可见。圆柱面的侧面投影亦为一矩形，但它的投影轮廓线 $c''c''_1$ 和 $d''d''_1$ 分别为圆柱面最前和最后两条素线，该矩形表示左右半个圆柱面的投影，左半个可见，右半个与之重合，为不可见。

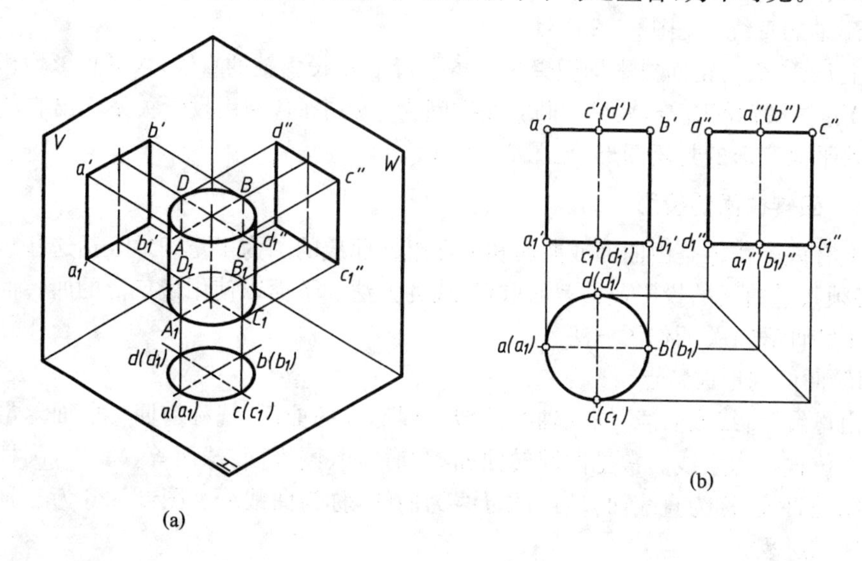

图 2－27　圆柱面的投影

在圆柱面顶部和底部各加上一圆平面所围成的形体，称为圆柱体，是工程物体中常见的形体。

2）圆柱面上点的投影

圆柱面上的点必经过其上的一条素线，当圆柱面的轴线垂直于某一投影面时，则圆柱面在该投影面上的投影积聚为一个圆，利用这个特性就可以直接解决在圆柱面上取点的作图问题。

如图 2－28 所示，已知半圆柱面上 A 点的水平投影 a，可利用点的投影规律和圆柱面正面投影的积聚性先求出 a'，然后由已知两投影求得侧面投影 a''。

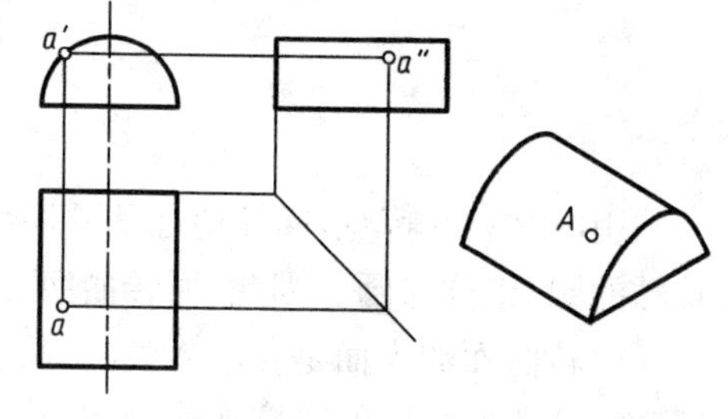

图 2－28　圆柱面上取点

3. 圆锥面及其面上点的投影

1）圆锥面的投影

图 2－29 为一轴线垂直于水平面的圆锥面的投影图。它的正面投影为一等腰三角形，$s'a'$ 和 $s'b'$ 是圆锥面最左和最右两条素线，即是圆锥面在正立投影面上的投影轮廓线；整个三角形表示前后半个圆锥面，其中后半个面与前半个面重合，且为不可见。它的侧面投影亦为一等腰三角形，$s''c''$ 和 $s''d''$ 是圆锥面上最前和最后两条素线，即是圆锥面在侧立投影面上的投影轮廓线；整个三角形表示左右半个圆锥面，其中左半个面与右半个面重合，且为不可见。水平投影为一个圆，但由于圆锥面无积聚性，此圆涵盖了整个圆锥面的投影。

2）圆锥面上点的投影

圆锥面的任一投影都没有积聚性，在其上作点的投影，要借助于辅助线，方法有以下两种。

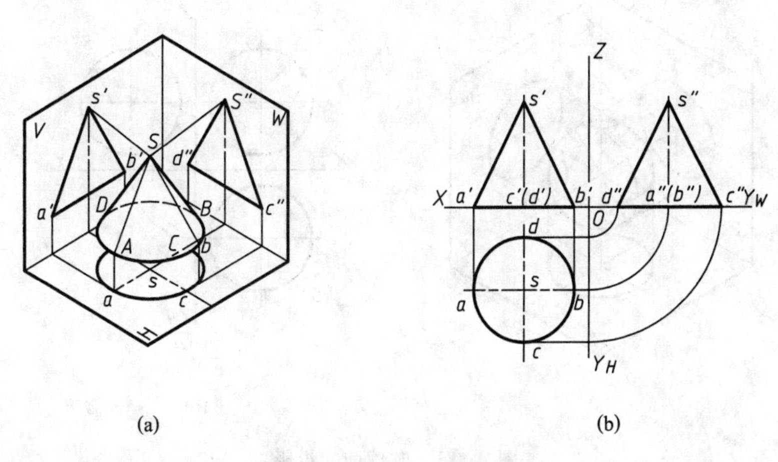

(a)　　(b)

图 2-29　圆锥面的投影

(1) 素线法　如图 2-30(a)所示,在圆锥面上过点 K 及锥顶 S 作辅助素线 SA,然后求出辅助线的各个投影,最后根据直线上点的投影关系就可求出 K 点的各个投影。

(2) 纬圆法　如图 2-30(b)所示,在圆锥面上过点 K 作一纬圆,该纬圆必垂直于圆锥面的轴线。先求出纬圆的各个投影,然后根据纬圆上点的投影关系即可求出 K 点的各个投影。

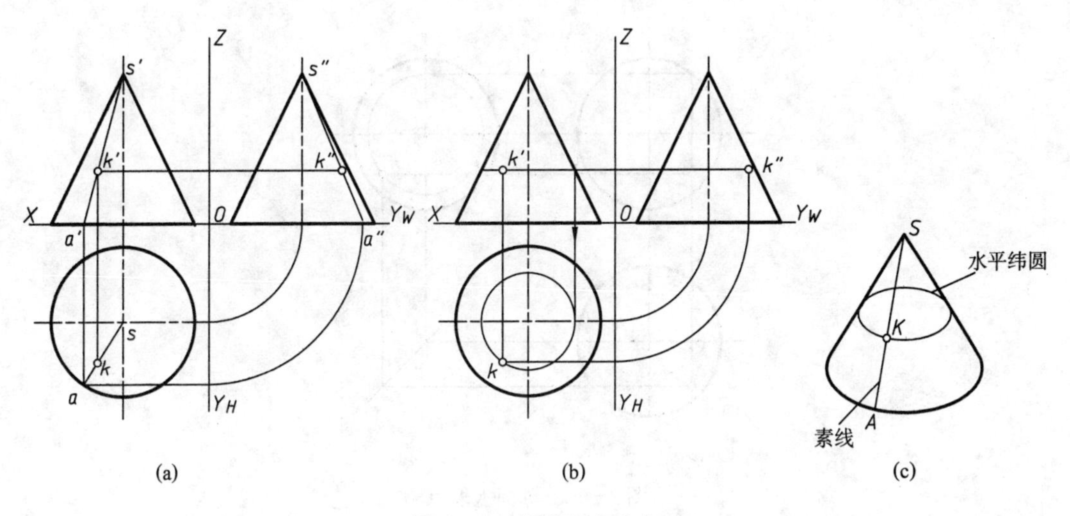

(a)　　(b)　　(c)

图 2-30　圆锥面上取点

4. 圆球面及其面上点的投影

1) 圆球面的投影

圆球面在三投影面体系中的投影是三个直径相等的圆,见图 2-31,但它们分别代表了圆球面在三个不同投影方向上的最大轮廓的投影。如水平投影,它的投影轮廓圆 s 是空间上下两半球面的分界圆,它的正面投影和侧面投影分别为过球心的水平线 s' 和 s''。正面投影的轮廓圆为空间前后两半球面的分界圆,侧面投影的轮廓圆为空间左右两半球面的分界圆,它们的对应投影位置请读者自行分析。

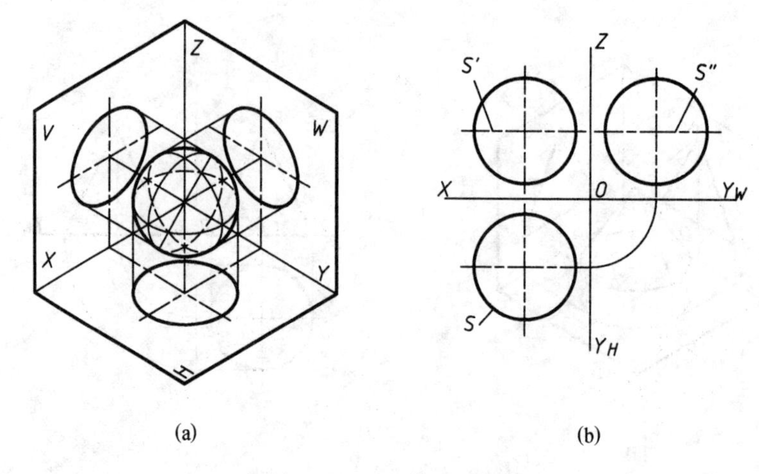

图 2-31 圆球面的投影

2) 圆球面上点的投影

圆球面的任何投影均没有积聚性,所以一般利用平行于投影面的辅助圆来求球面上点的投影。如图 2-32 所示,过球面上 K 点作一平行于侧面的辅助圆,该圆在主视图和俯视图上的投影均为一直线,左视图上为圆的实形。当求出辅助圆的各个投影后,就能根据辅助圆上点的投影关系求出 K 点的各个投影。由于球的特殊性,也可以用平行于正面或水平面的辅助圆来求点的投影,其结果完全一致,请读者自行分析和试做。

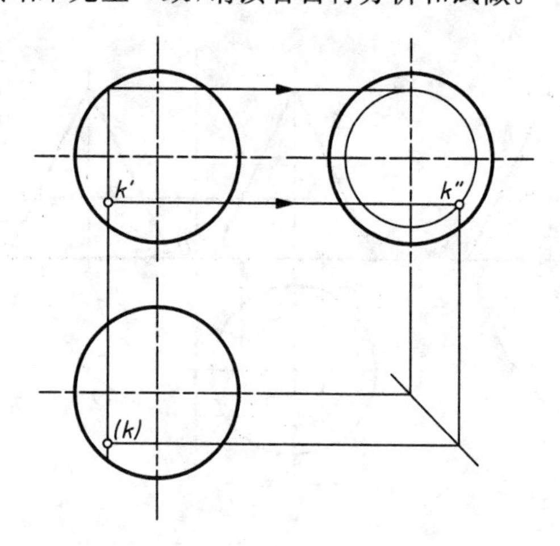

图 2-32 球面上取点

5. 回转面上线的投影

解决回转面上线的投影问题时,可在线上取若干个点,按上述各种不同回转面求取点的方法求得所取点的各个投影,然后将同面投影上各点的投影光滑相连就得到了线的投影,但要注意判别可见性,可见部分用粗实线,不可见部分用虚线。具体作图过程请参看下面的例题。

【例 2-5】 已知圆锥面上 AB 线的正面投影,试求其水平投影和侧面投影(图 2-33)。

解 (1) 由图 2-33 可知,AB 线不是圆锥面上的素线,故在空间并非直线,而是曲线的投影,因此要求另两个投影不能简单地求出 A、B 两端点的同面投影相连,而必须在已知投影上取若干点，分别求出另两个投影后光滑连接得到。这里在已知投影上取 a'、$1'$、$2'$、$3'$、b' 五点。

(2) AB 线上的 A、B 两点均在圆锥面的特殊位置上，其中 A 点在最左轮廓素线上，根据该素线在各投影中的位置，可直接求得 a、a''；B 点在圆锥的底圆上，根据底圆的投影也可很容易地找到它的投影 b、b''，见图 2 - 33(a)。

(3) 过锥顶作锥面上的两条素线分别使它们通过 $1'$ 点和 $3'$ 点，如图 2 - 33(b)，然后利用素线的水平投影和侧面投影，分别求得Ⅰ点和Ⅲ点的相应投影 1、$1''$ 和 3、$3''$。

(4) 如图 2 - 33(c)，过 $2'$ 点作水平纬线，在水平投影上获得相应的圆，在此圆周上求得 2 点，在侧面投影上的最前轮廓素线上得 $2''$ 点。

(5) 光滑连接 A、Ⅰ、Ⅱ、Ⅲ、B 各点的水平和侧面投影，即为所求的圆锥面上 AB 线的水平投影和侧面投影。在侧面投影中，以最前轮廓素线上的 $2''$ 点为分界点，$2''3''b''$ 线段为不可见，用虚线连接，见图 2 - 33(d)。

(6) 本题将已知的 $a'b'$ 线段作为在圆锥的前半个面上来求解。如果考虑 $a'b'$ 线段在后半个面上重合，则应在水平投影和侧面投影上画出在后半个面上相对称的投影。

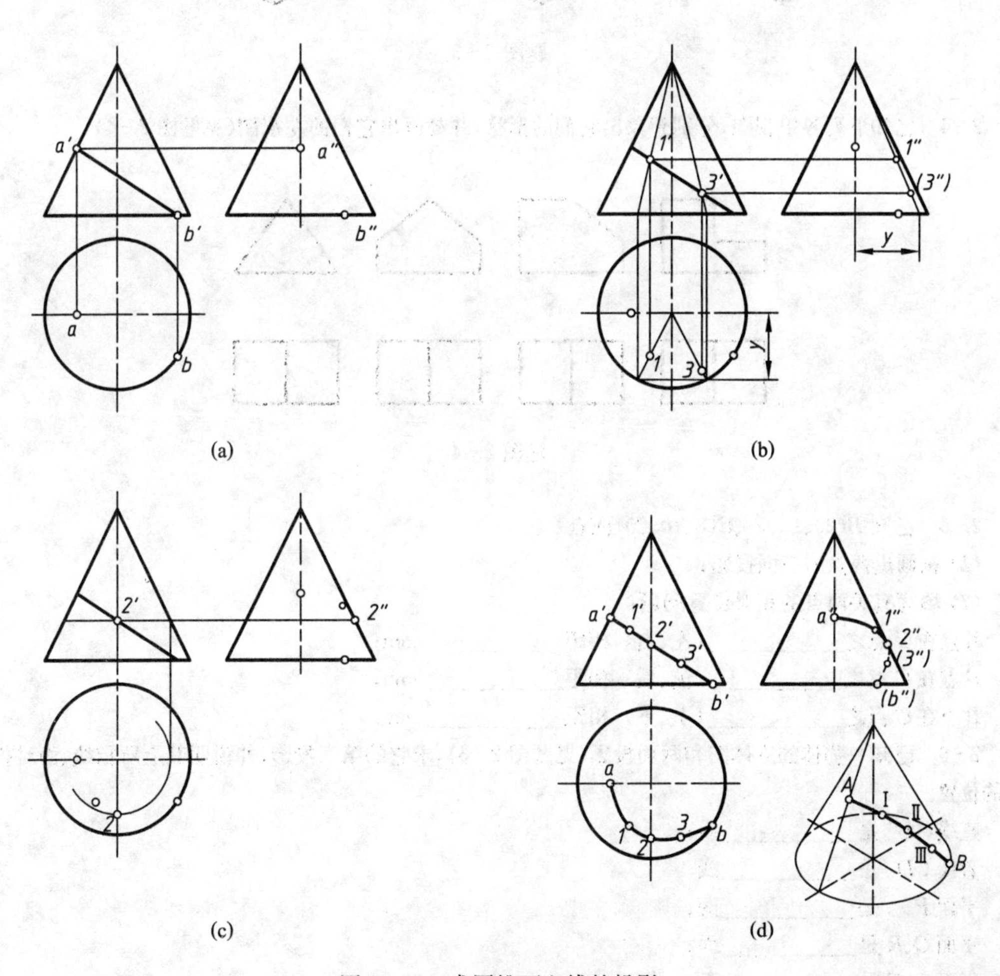

图 2 - 33 求圆锥面上线的投影

复习思考题

2-1 正投影法主要有哪些投影特性?

2-2 正投影的各个基本视图反映哪些投影规律?

2-3 画出题图 2-3 所示物体的三个视图,并分析它们的异同。

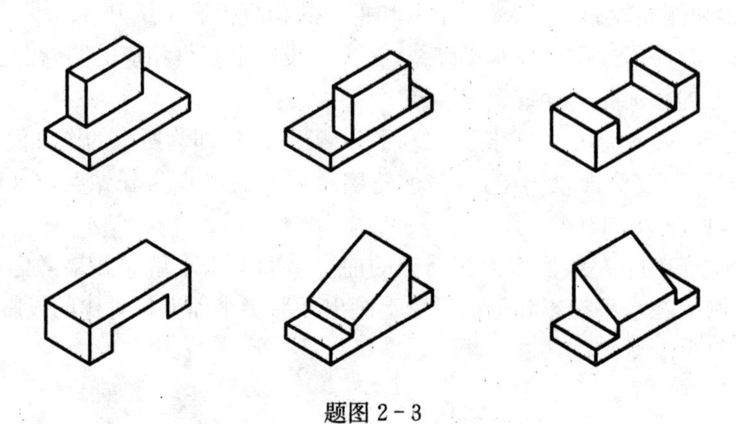

题图 2-3

2-4 已知下列各组视图,分别想象出它们的形状,并补画出它们的左视图(见题图 2-4)。

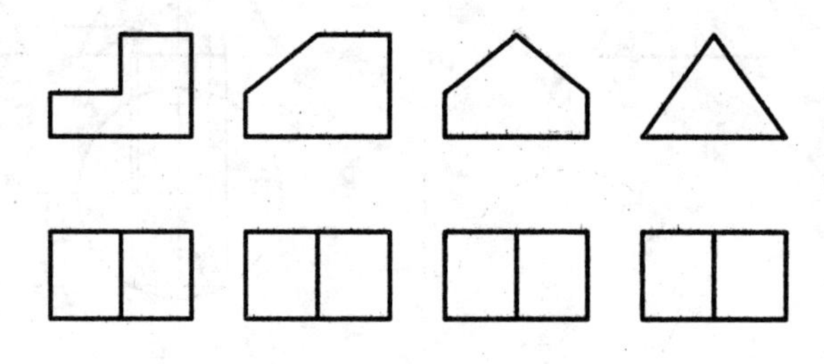

题图 2-4

2-5 已知 B(20、15、5)、C(8、10、20)两点,

(1) 试画出两点的三面投影;

(2) 填写有关两点的相对位置问题:

B 点在 C 点之____________(左、右),相距____________ mm;

B 点在 C 点之____________(前、后),相距____________ mm;

B 点在 C 点之____________(上、下),相距____________ mm。

2-6 已知一物体的立体图和两面投影(见题图 2-6),求它的第三投影,并说明其上所指线、面对投影面的位置。

直线 AB 是____________线;

直线 CD 是____________线;

平面 P 是____________面;

平面 Q、R 是____________面;

平面 S、T 是____________面。

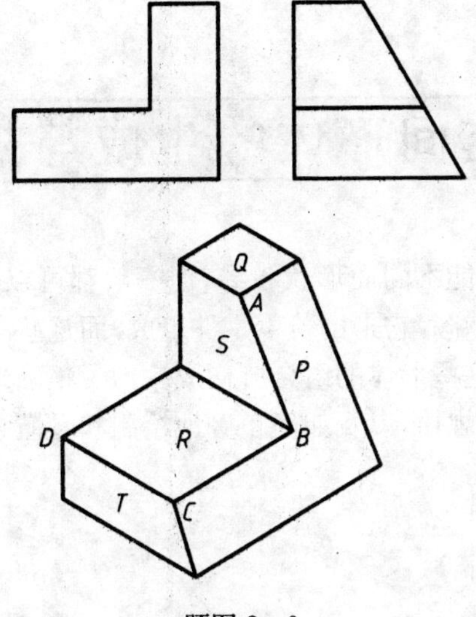

题图 2-6

2-7 已知球体的两投影，求作第三投影以及立体表面上各点的三面投影。

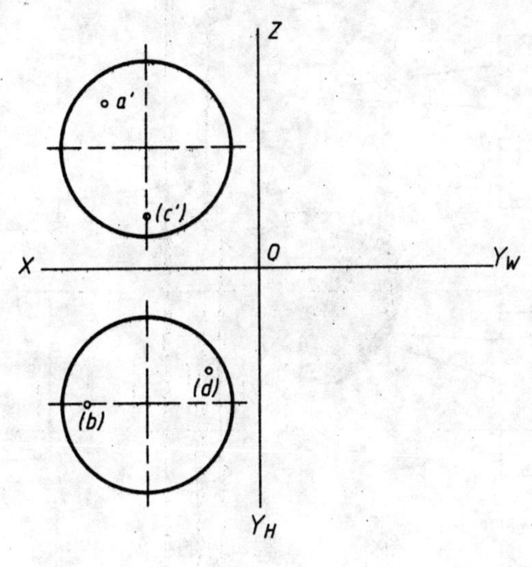

题图 2-7

2-8 试区别图示三种投影图所表示的曲面，分别求出表面上 A 点的水平投影(见题图 2-8)。

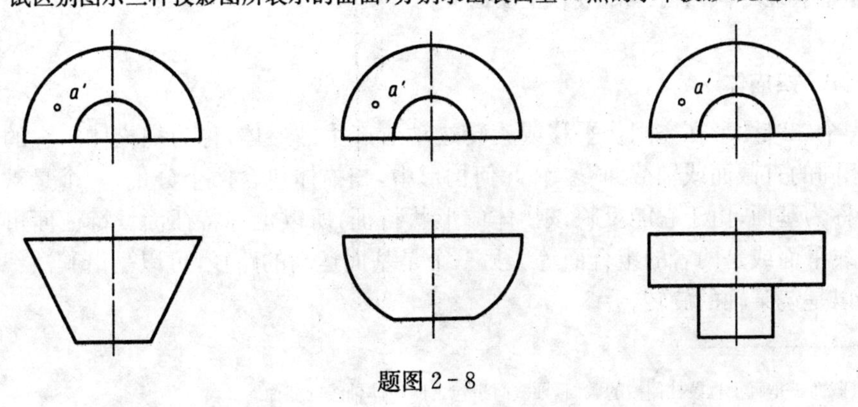

题图 2-8

3 空间形体的生成与视图表达

工程上的各种机件因功能不同而形状各异，但一般都可以分析成是由一些几何形体组合而成。如图 3-1 所示的球阀，它是由若干零件组成，而这些零件则由棱柱、棱锥、圆柱、圆锥、球及圆环等几何形体或这些形体的组合所构成。为了正确地表达这些空间形体，这一章我们将着重介绍形体的形成规律，以及如何正确地绘制和看懂它们的图样。

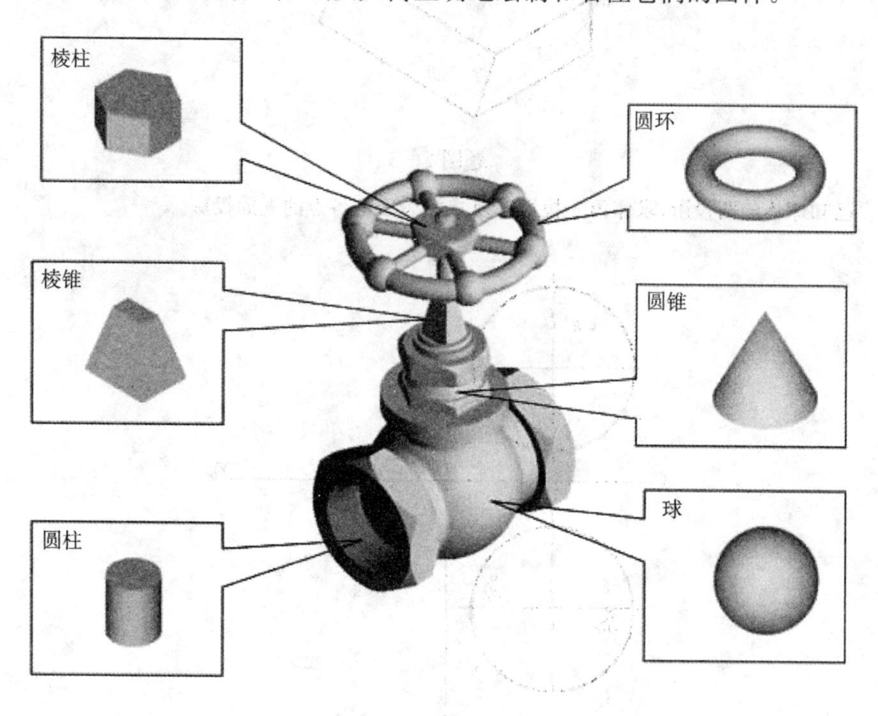

图 3-1　工程机件的抽象

3.1　简单形体的生成与视图表达

3.1.1　扫描体

由一个二维图形在空间作平移或旋转运动所产生的形体，称为扫描体。它的主要特征是具有相同的直截面或轴截面①。在几何构形中，扫描体包含两个分量，一个是被运动的二维图形，称为基面；由于它能反映该物体的形状特征，所以也称特征面。特征面可以是直线平面、曲线平面或是两者的组合面等。另一个是基面运动的路径，可以是沿其法线方向的平移，亦可以是绕某轴的旋转。

① 直截面指垂直于直棱柱侧棱的截面，轴截面指包含回转体轴线的截面。

1. 拉伸形体

具有一定边界形状的基面沿其法线方向平移一段距离，被其扫过的空间所构成的形体称为拉伸体。如图 3 - 2 中的物体均可视为拉伸形体。

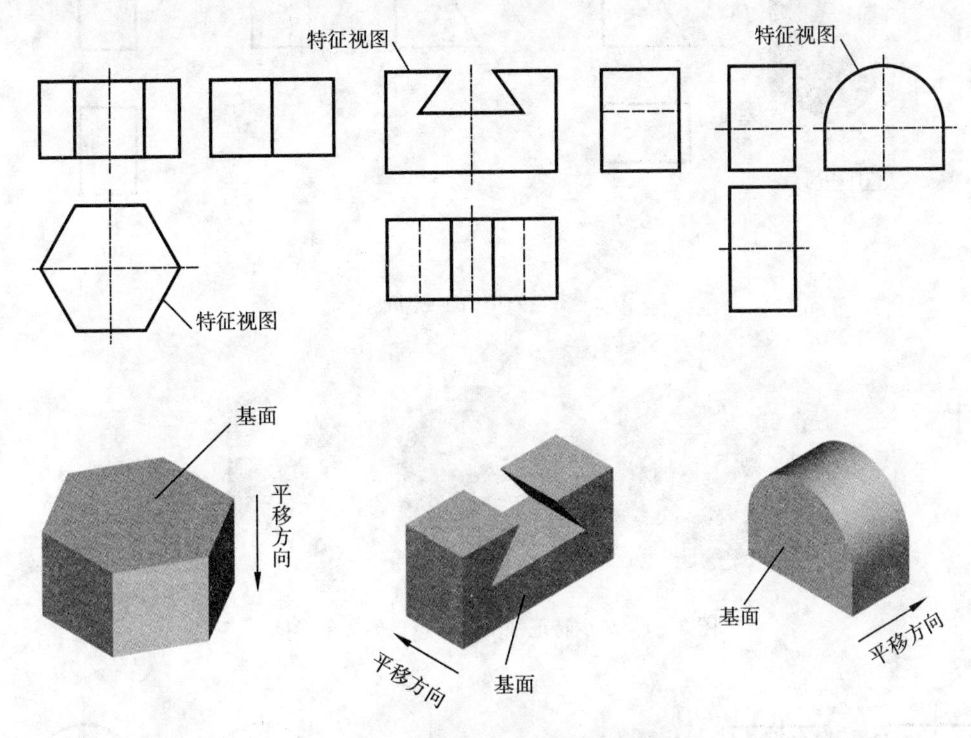

图 3 - 2　拉伸体的形成及其视图

从这些形体可概括出拉伸体的形体特征为：具有两个特征面的等厚物体。其三个视图的特点是一个视图反映拉伸体基面的主要特征，是特征视图，该视图为一任意多边形的封闭线框。其他两个视图为单个或多个相邻矩形的虚、实线框，是一般视图。

通过分析可知，拉伸形体由基面形状和拉伸距离两方面确定，故只要采用包含特征视图在内的任意两个视图就能完全确定其形状。如图 3 - 3(a)所示的三棱柱为一拉伸形体，其主视图反映了基面实形——三角形，俯视图反映了拉伸方向及距离，亦可采用如图 3 - 3(b)所示的主、左视图来加以表达。但如果用图 3 - 3(c)所示方案，虽然也用了两个视图，由于主、俯视图均不反映基面实形，不能确定三棱柱是其唯一形状，它也可以是图 3 - 4 所示的各种物体。

2. 回转形体

回转体可认为是由一个基面绕该基面上的某一轴线旋转一周被其扫过的空间所形成的形体。常见的回转体有圆柱体①、圆锥体和球体等。如图 3 - 5(a)所示圆柱体是以矩形边为轴线，该矩形面绕轴旋转一周扫过的空间而构成；图 3 - 5(b)所示圆锥体是以直角三角形的直角边为轴线，该直角三角形绕轴旋转一周扫过的空间而构成；而图 3 - 5(c)所示球体是以半圆的直径边为轴线，该半圆绕轴旋转一周扫过的空间而构成。

---

①　作为特例，圆柱体亦可看成是一个基面为圆平面沿法线方向平移一段距离所形成的拉伸体。

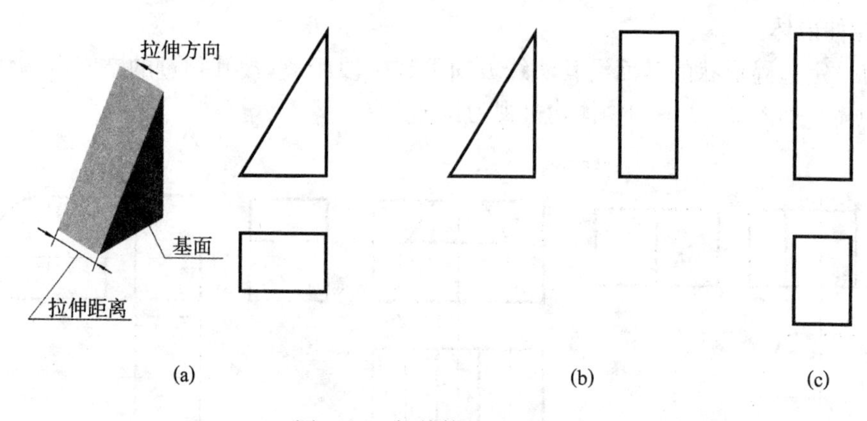

图 3-3 拉伸体的视图表达

图 3-4 缺少特征视图时可想象的各种形体

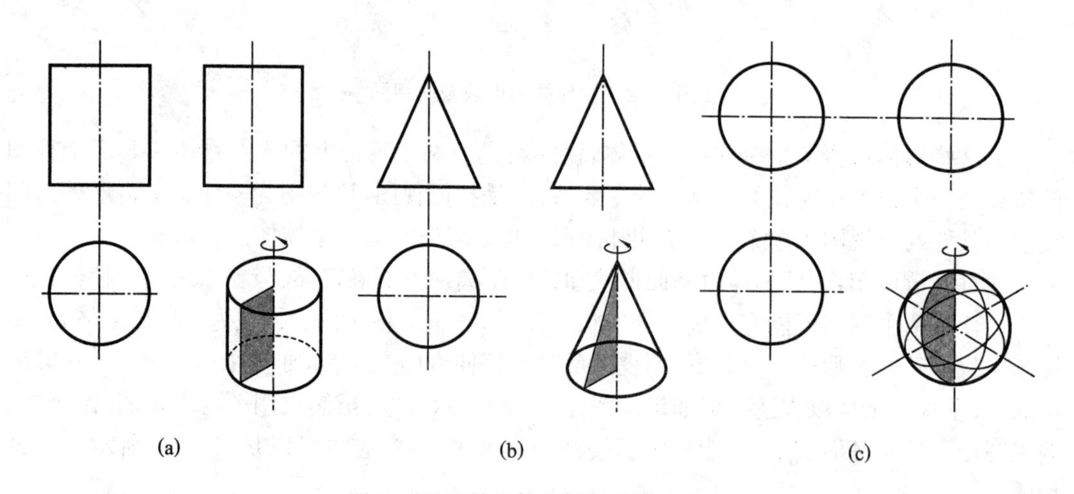

图 3-5 回转形体的形成及视图表达

回转体的形体特征为:其表面由光滑曲面形成,无明显棱线,垂直其回转轴所作截面形状均为圆。其三个视图特点一般是,一个视图(在垂直轴线的投影面上)为圆,其他两个视图(在平行轴线的投影面上)是全等的图形。

由分析可知,回转体同样由基面形状和运动路径两个方面所确定,故在表达这类形体时,所用视图应以确定回转轴位置、基面形状以及运动路径为前提。对圆柱体、圆锥体来说,由于回转轴与基面是唯一的,所以它们的最少视图数是两个,通常由主视图反映基面形状,另一个视图反映运动路径。而球体由于其回转轴和基面不是唯一的(见图 3-5(c)),因此最少需由三个视图才能完全确定其形状。

3.1.2　非扫描体

非扫描体是一类异于扫描体的形体，它们无明显的形成规律。由于形体外形总可以看成由表面围成，对于非扫描体而言，可把重点放在表达形体的表面上，如果把形体各个表面表达清楚，则由这些表面所围成的空间形体也就随之确定了。

1. 类拉伸体

有相互平行的棱线，但无基面的棱柱称为类拉伸体。沿棱线方向投影此类棱柱时，棱柱各个侧面在相应投影面上的投影都积聚为直线，与拉伸形体基面的视图有相同的性质，如图3-6所示。由于此类形体实际上可以看成是拉伸体被切割的结果，故其最少视图数也是两个，但必须包含棱面有积聚性投影的视图。

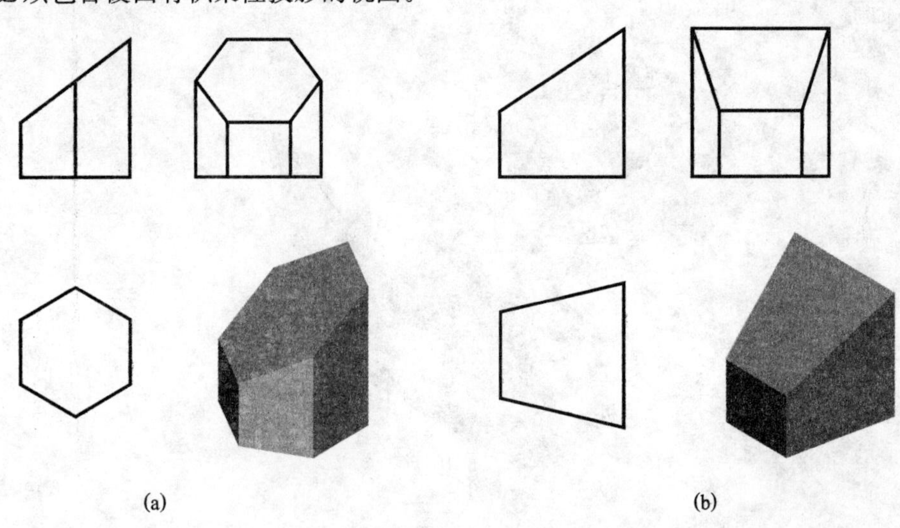

图3-6　类拉伸体立体图及其视图

2. 棱锥体

棱锥体也是非扫描体。如图3-7所示分别为三棱锥和四棱锥的立体图及三面视图。

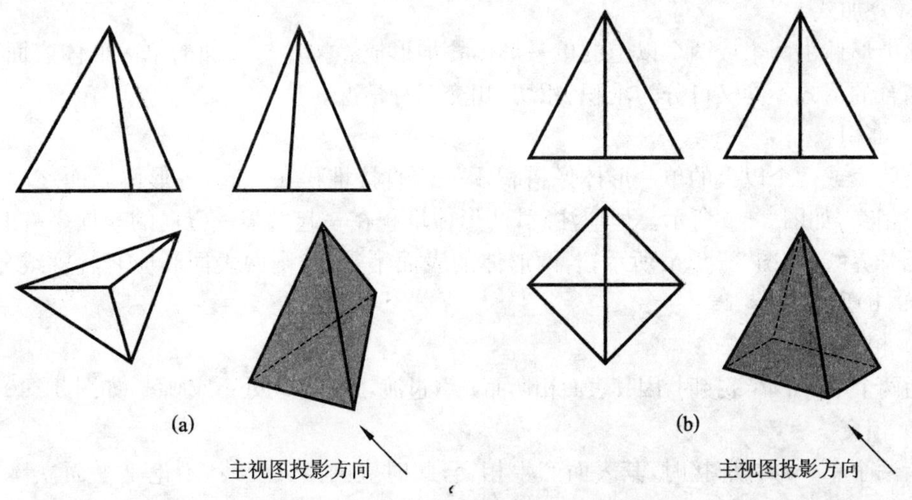

图3-7　棱锥的立体图及三面视图

棱锥体的三个视图特点是,一个视图反映棱锥底面的主要特征,是特征视图,该视图为一任意多边形的封闭线框,内包含各条棱边及锥顶的投影。其他两个视图为单个或多个相邻三角形的线框,是一般视图。

通过分析可知,棱锥体由底面形状和其高度两方面确定,故采用包含特征视图在内的任意两个视图就能确定其形状。通常以主视图反映棱锥的高度,另一个视图反映锥底形状特征。

3.2 形体的组合与视图表达

工程上的物体经过分析,都可以想象为由若干单一形体组合而成。如图 3-8 所示的物体,就可分析成由底板、竖板、肋板三部分组成,其中底板上开有两个圆柱孔,竖板上挖了一个半圆柱槽。

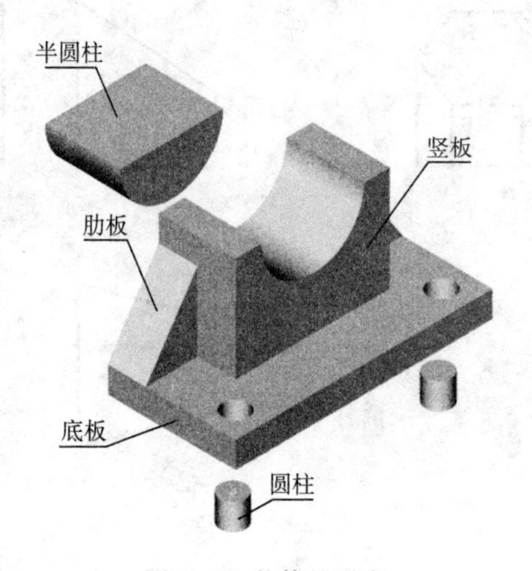

图 3-8 物体的形成

3.2.1 形体的组合方式

形体的组合方式可分析为叠加和切割两类。

1. 叠加式

此类形体由两个或两个以上的单一形体叠加形成。按参与叠加的单一形体表面之间的相互结合的形式不同又可分为堆积、相切、相交三种情况。

1) 堆积

由两个或两个以上的单一形体像搭积木一样直接堆积在一起,各形体表面之间不发生相切或相交,如图 3-9 所示。但应注意,两形体堆积在一起后某一方向的表面平齐时,两表面间无分界线,如图 3-9(a)所示;若两形体的表面不平齐,则两表面间应有轮廓线分界,如图 3-9(b)所示。

2) 相切

指两个单一形体邻接时,因其表面相切而光滑过渡,此时相切处不应画线,如图 3-10 所示。

3) 相交

指两个单一形体邻接时,其表面产生相交,此时应画出其交线,不论是平面立体与曲面立体相交还是曲面立体与曲面立体相交均是如此,见图 3-11。

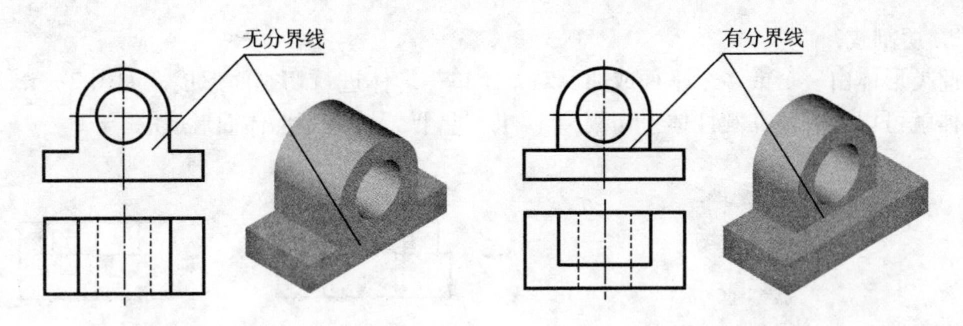

图 3-9　堆积式形体

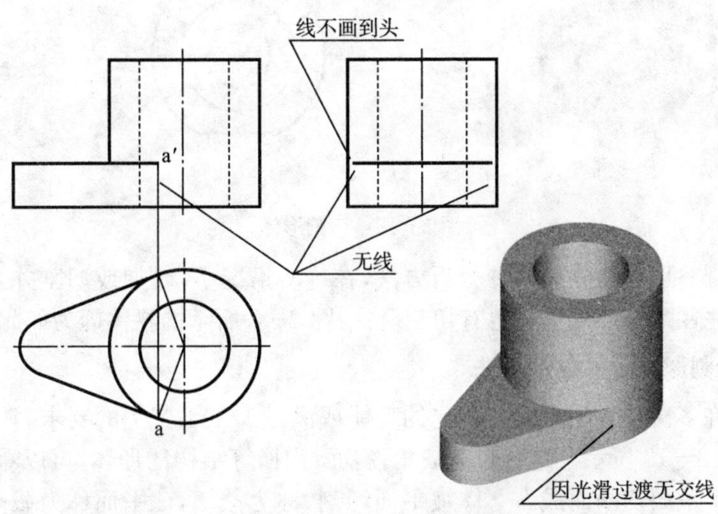

图 3-10　相切形体

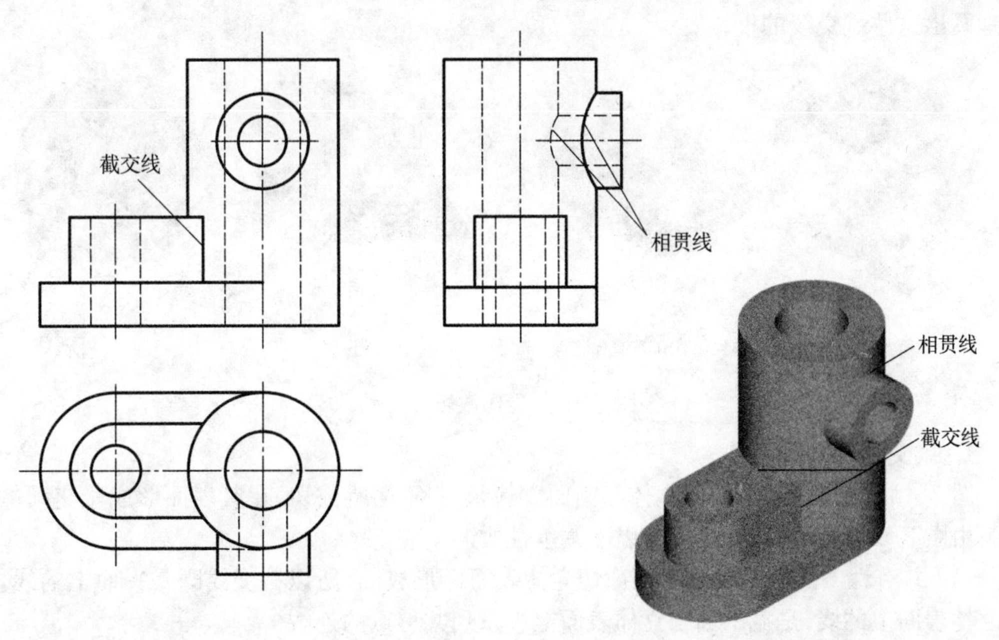

图 3-11　相交形体

2. 切割式

此类形体由一个或多个平面或曲面对某个单一形体进行切割而形成。如图 3 - 12 所示的物体就可以看成是在圆柱体上切割掉Ⅰ,Ⅱ,Ⅲ,Ⅳ,Ⅴ,Ⅵ等形体而形成的。

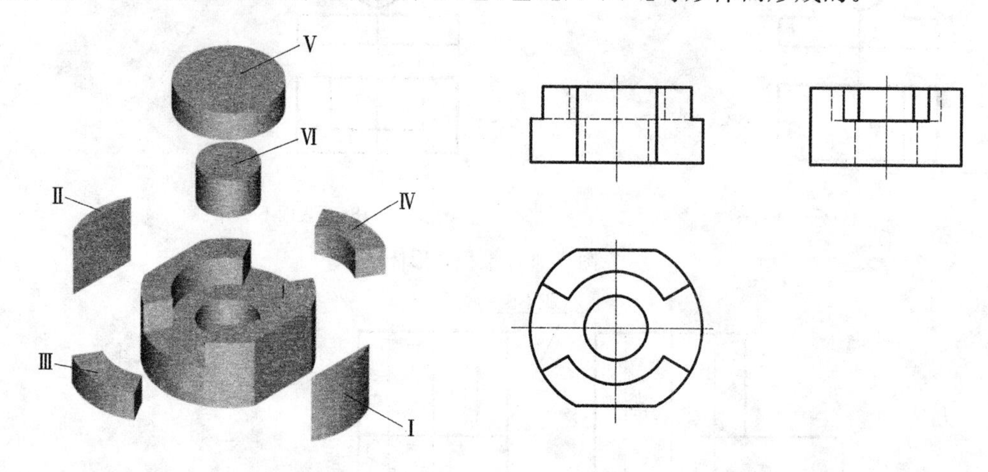

图 3 - 12 切割形体

叠加和切割是形成物体的两种分析方法,在许多情况下,叠加或切割并无严格界限,同一物体的形成往往既有叠加形式也有切割形式,图 3 - 8 所示的物体即为如此。

3.2.2 切割形体上交线的画法

工程上的许多机件为了完成其一定的功能或满足加工工艺上的要求,常具有不完整的形体结构,如图 3 - 13 所示。这些带有缺角、斜面、沟槽等结构的形体,可以看作是完整的立体被一个或多个平面切割而成。立体被平面切割,称为截切,该平面称为截平面,截平面与立体表面产生的交线称为截交线。在工程图样中,为了清楚地表达零件的结构形状,要求正确地画出这些截交线的投影。

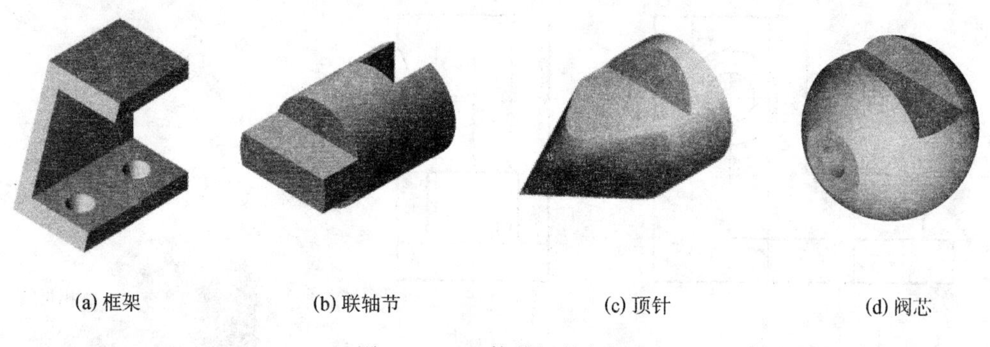

(a) 框架 (b) 联轴节 (c) 顶针 (d) 阀芯

图 3 - 13 立体截切的实例

1. 截交线的性质

图 3 - 14 分别表示了平面立体与曲面立体被平面 P 所截切,在其表面形成截交线的例子。由图 3 - 13 可知,截交线具有以下基本性质。

(1) 共有性 因截交线是平面截切立体表面而形成的,所以截交线既是平面上的线,又是立体表面上的线,是截平面与立体表面上一系列共有点的连线。

(2) 封闭性 由于立体表面具有一定的范围,所以截交线必定为封闭的平面图形(如平面折线，见图 3 - 14(a)；平面曲线，见图 3 - 14(b)；或是直线与曲线的组合，见图 3 - 14(c))。

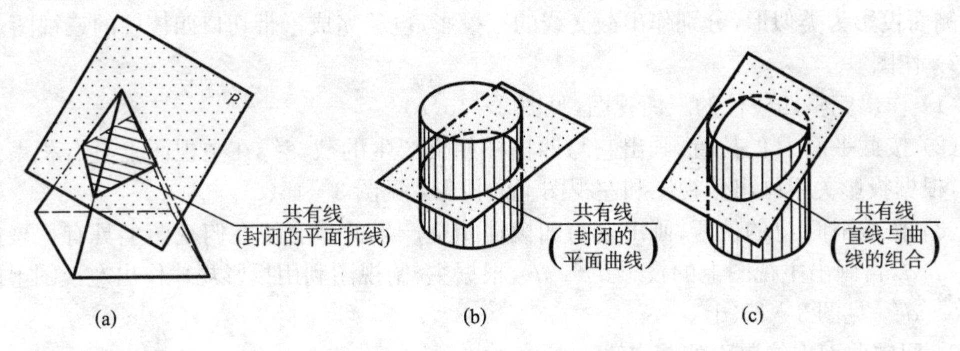

图 3 - 14　截交线的性质

由上述截交线的性质可知，我们只要设法使截平面有一个投影处于积聚性的位置，就能使得截交线的一个投影为已知。将已知投影分解为若干点，利用在平面或曲面上取点的方法，就可求出截交线的其他投影，这种求解截交线投影的方法称为表面取点法。下面结合实例介绍其应用。

2. 平面立体的截交线

平面立体的截交线是封闭多边形，多边形的边数取决于平面立体的形状和截平面与立体的相对位置。多边形的顶点，就是截平面与平面立体上棱线的交点；多边形的边，就是截平面与平面立体表面的交线。因此求平面立体的截交线实质是求这些交点和交线的问题。

【例 3 - 1】　试画出图 3 - 15(a)所示带切口四棱柱的三视图。

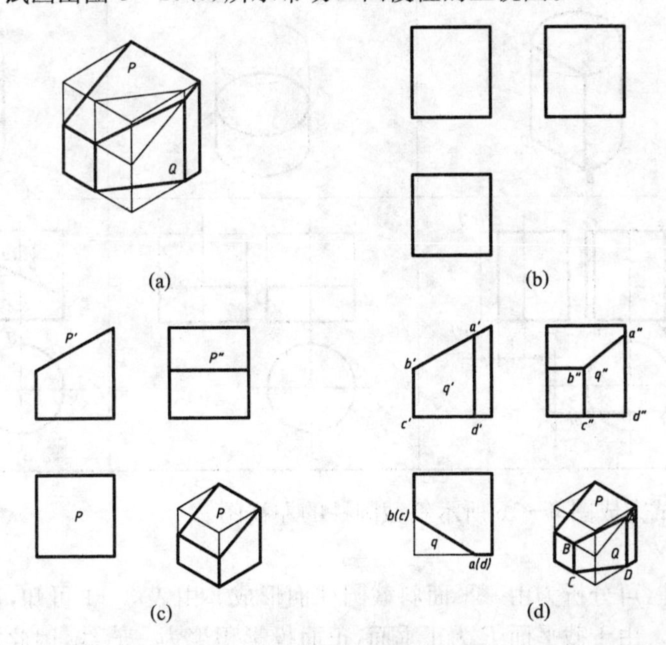

图 3 - 15　完成带切口四棱柱的三视图

解　1) 分析

四棱柱上的切口可看成由一个正垂截平面 P 与一个铅垂截平面 Q 切割而成。正垂截平面 P 与四棱锥相交时，截交线为矩形，其正面投影积聚为一条线，水平投影和侧面投影为类似形；铅垂截平面 Q 与四棱锥相交时，截交线为四边形，其水平投影积聚为一条线，正面投影和侧面投影为类似形，分别作出截交线的三投影，也就完成了带切口四棱柱的三视图。

2) 作图

(1) 作出完整四棱柱的三面视图，见图 3-15(b)。

(2) 按截平面 P 的位置，画出它与四棱柱相交产生的截交线在主视图上具有积聚性的投影，根据投影关系画出俯视图和左视图上的投影，见图 3-15(c)。

(3) 按截平面 Q 的位置，画出它与四棱柱相交产生的截交线在俯视图上具有积聚性的投影 $abcd$，再画出主视图上的投影 $a'b'c'd'$，根据主、俯视图利用投影规律作出左视图上的投影 $a''b''c''d''$，见图 3-15(d)。

3. 回转曲面立体表面的截交线

平面与回转曲面立体表面的截交线根据回转体自身的形状和截平面与回转体轴线的相对位置两个因素，可能是一条封闭的平面曲线，也可能是曲线和直线组合的平面图形或多边形。下面结合几种常见的回转体分别进行讨论。

1) 圆柱表面的截交线

平面与圆柱表面的截交线，因平面对圆柱的相对位置不同，可归纳成三种形状，矩形、圆、椭圆。见表 3-1。

表 3-1　平面与圆柱相交的截交线

截平面位置	平行于轴线	垂直于轴线	倾斜于轴线
截交线形状	矩形	圆	椭圆
立体图	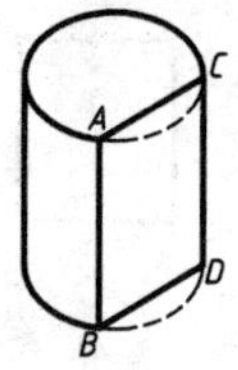	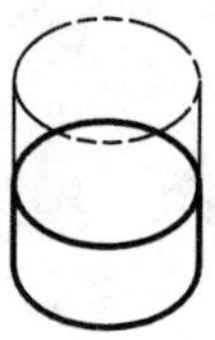	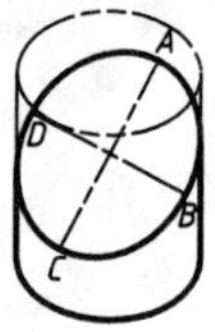
投影图	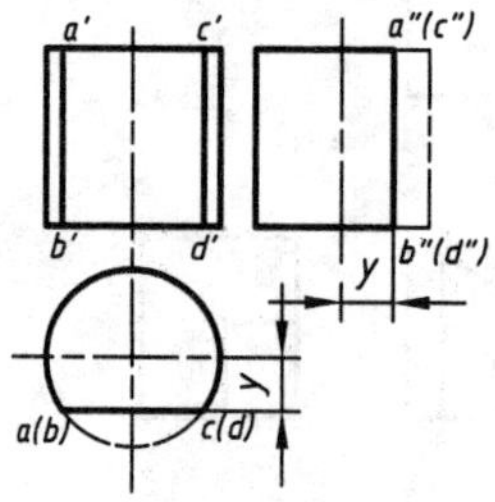	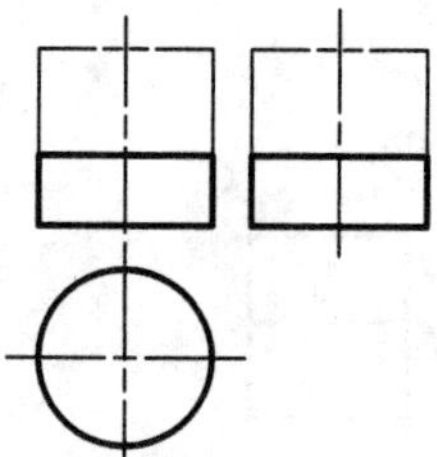	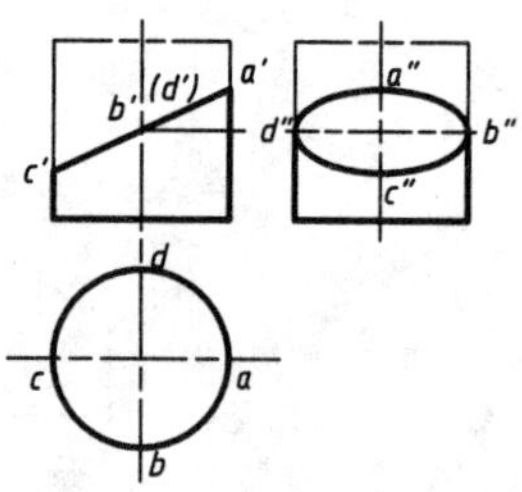

【例 3-2】 试完成图 3-16 所示斜截圆柱的左视图。

解　1) 分析

图示截头圆柱，可分析为由一平面斜截圆柱而形成。由表 3-1 可知，截平面倾斜于轴线，截交线为椭圆。由于截平面 P 为正垂面，正面投影积聚为一直线，因此该平面与圆柱表面截交线的正面投影与其重合；截交线的水平投影重合在圆上；侧面投影为椭圆，可利用圆柱表面定点的方法求得若干点的投影后光滑连接。

2) 作图

(1) 将截交线的已知正面投影分解为若干点。其中Ⅰ，Ⅱ是截交线上最高点和最低点，

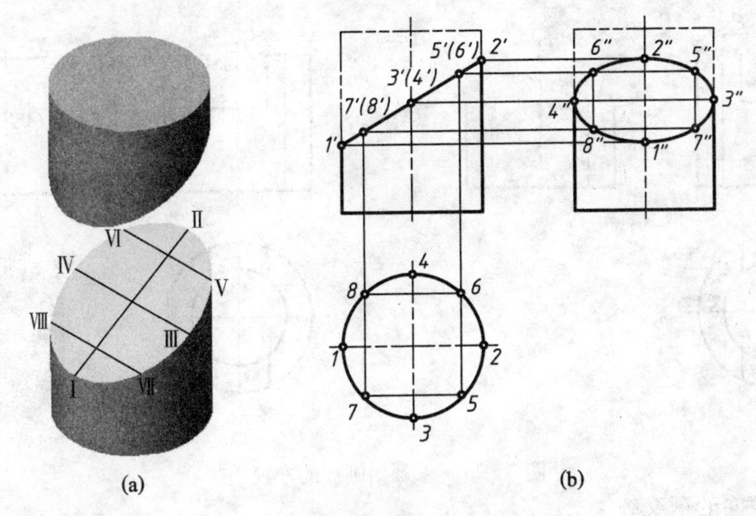

图 3－16　截头圆柱表面交线的画法

亦是最左点和最右点；Ⅲ，Ⅳ分别位于圆柱表面侧面投影的转向素线 SC，SD 上，也是最前点和最后点，见图 3－16(b)。这些特殊点应优先确定，以保证所作截交线的主要形状特征。Ⅴ、Ⅵ、Ⅶ、Ⅷ点为一般点，可保证所作截交线的准确性。

(2) 求出各点的未知投影。其中Ⅰ，Ⅱ，Ⅲ，Ⅳ点因在特殊位置上可利用投影关系直接求出其侧面和水平投影，见图 3－16(b)；一般点Ⅴ、Ⅵ、Ⅶ、Ⅷ四点则可通过圆柱表面定点的方法先求出其水平投影，再利用投影关系求出侧面投影，见图 3－16(b)。

(3) 用曲线板顺次光滑连接各点的同面投影，即为所求的截交线，见图 3－16(b)。

(4) 判别可见性。可见部分用粗实线连接，不可见部分用虚线连接。在图示情况下，截交线的水平投影和侧面投影均为可见。

(5) 补全轮廓线。当回转体被平面切割后其转向轮廓线将发生变化，存在部分应予以画出，如左视图中圆柱的左、右两半圆柱面的转向轮廓线只剩下 3″、4″以下的部分。

以上的解题步骤也是求回转体截交线投影的一般步骤。当截交线所占范围较小或其上特殊点较多时，也可省略一般点。

【例 3－3】 试完成图 3－17 所示开槽圆筒的左视图。

解　1) 分析

圆筒上所开方形槽可看成是两个侧平面 P_1、P_2 与一个水平面 Q 切割圆筒而形成的。其中 P_1 和 P_2 面对称且平行于圆筒的轴线，它们与圆筒内外表面的截交线均是直线。Q 面垂直于圆筒的轴线，它与圆筒的截交线是与圆筒内外径相同的部分圆周。

2) 作图

在完整圆筒的左视图的基础上，逐步求出截平面与圆筒内外表面交线的投影。

如平面 P_2 与圆筒外表面的交线是ⅠA 和ⅡB，它们可在俯视图上直接确定其位置并量取宽度，求出其在左视图上的位置；P_2 与圆筒内表面的交线是ⅢC 和ⅣD，同样可在俯视图上量取其宽度大小而在左视图上画出。平面 P_1 和 P_2 对称，故在左视图中交线的投影重合。平面 Q 为水平面，它与圆筒内外表面交线在俯视图中投影为两段圆弧，在左视图中的积聚为直线，因被圆孔截成两部分，且有部分不可见，在图中表示为两段虚线 $a''c''$，$d''b''$。应该注意的是，由于圆筒上部内外表面的最前和最后轮廓线被切掉，在左视图中应予以擦去。完成后的三个视图如图 3－17(b)所示。

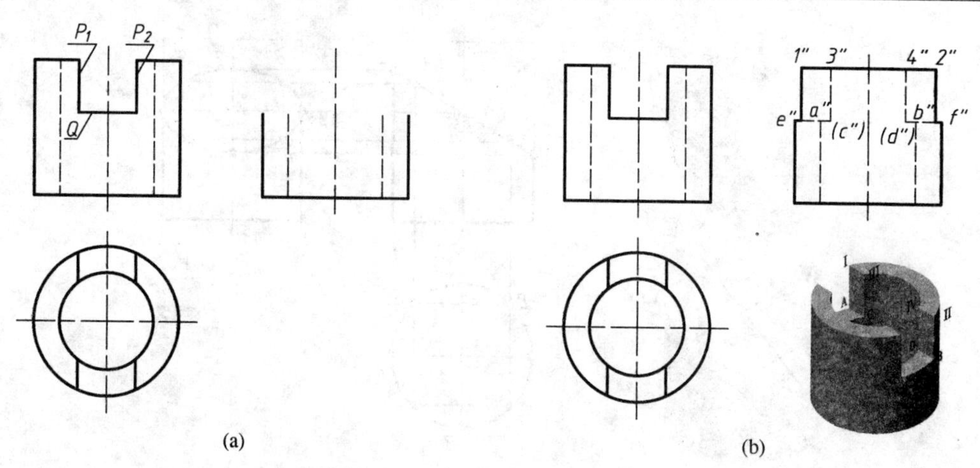

图 3 - 17　求开槽圆筒的左视图

2）圆锥表面的截交线

圆锥被平面截切时，因两者相对位置不同，它们的截交线形状有五种，详见表 3 - 2。当截交线是椭圆、抛物线或双曲线时，可根据圆锥面上点的投影作图方法，作出截交线上一系列点的投影，再光滑连成截交线的投影。

表 3 - 2　平面与圆锥相交的截交线

截平面位置	过圆锥顶点	垂直于轴线($\theta=90°$)	倾斜于轴线($\theta>\alpha$)
截交线形状	三角形	圆	椭圆
立体图			
投影图			

截平面位置	平行于一条素线($\theta=\alpha$)	平行于二条素线或轴线($\theta=0°$或$\theta<\alpha$)
截交线形状	抛物线	双曲线
立体图		
投影图		

3）圆球表面的截交线

平面截切球时，不论截平面位置如何，截交线形状均为圆，所不同的是当截平面相对于投影面的位置不同时，截交线的投影形状会不同，见表 3－3。

表 3－3　平面与球相交的截交线

截平面位置	投影面平行面	投影面垂直面
截交线形状	圆	圆
立体图		
投影图		

【例 3－4】 如图 3－18，已知球阀阀芯的主视图，试画全其俯视图和左视图。

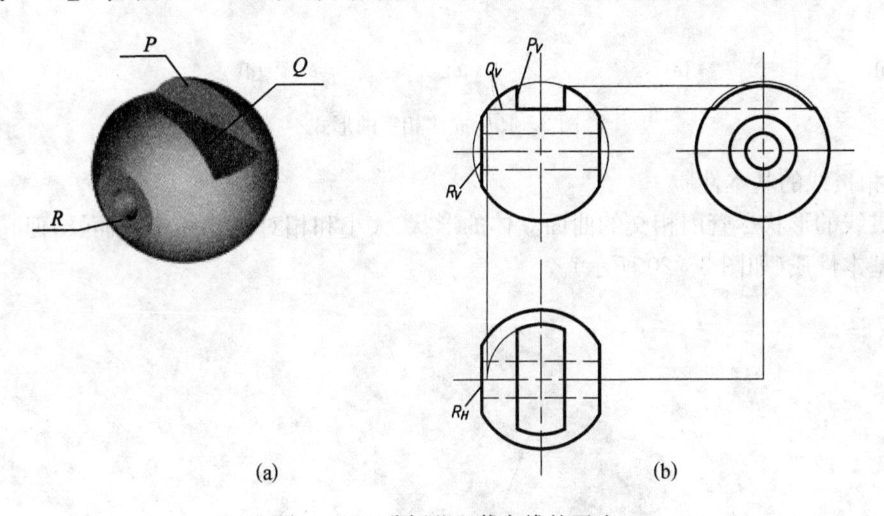

图 3－18　球阀芯上截交线的画法

解　1）分析

球阀阀芯的主体为球，其中央有一圆孔，左右两端被侧平面 R 所截，截交线为平行侧面的圆。球体上部开一凹槽，凹槽可以看成由两侧平面 P 和一个水平面 Q 截切球体而成。P 面与球的截交线是平行于侧面的两段圆弧。Q 面与球的截交线为前后两段水平圆弧。

2）作图

先画两侧平面 R 与球的截交线，它在左视图中的投影反映截交线圆的实形，圆的直径大小是主视图上 R 面与球轮廓线相交投影的长度，其在俯视图中投影积聚为直线。

再画凹槽两侧平面 P 与球的截交线，它在左视图中投影反映截交线圆弧实形，圆周弧的半径是以主视图上把 P 面的投影延长至与球体轮廓线相交的线段长度的一半,其俯视图上的投影同样积聚为直线。

最后画出凹槽底面 Q 与球的截交线,因 Q 面为水平面,其俯视图上投影反映两段圆弧的实形,该圆弧直径大小是以在主视图上把 Q 面投影延长至与球体轮廓线相交的线段的长度,其左视图上的投影积聚为直线。由截切形成的不可见部分必须用虚线表示清楚。

3.2.3 相交立体表面交线的画法

在工程中,经常会遇到一些由两个或多个立体相交形成的机件,如图 3-19 所示。两个立体相交称为相贯,由立体相交而形成的表面交线称为相贯线。为了清晰地表示出这些机件的各部分形状和相对位置,在图上必须正确绘出相交部分的相贯线。下面着重讨论两圆柱体相贯线的性质及作图方法。

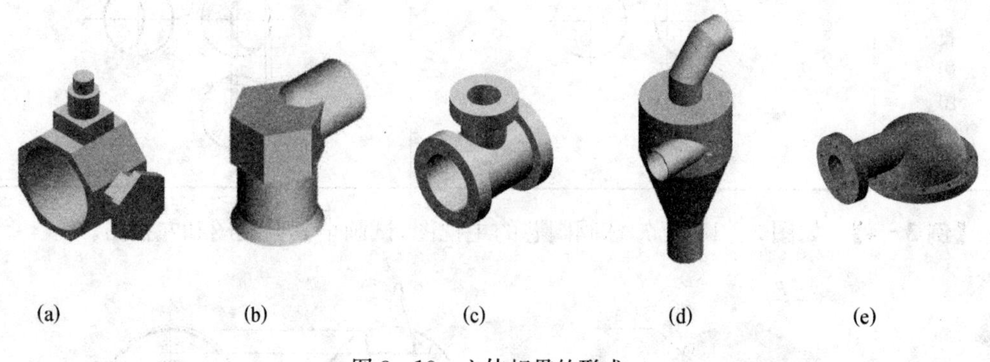

图 3-19 立体相贯的形式

1. 相贯线的基本性质

相贯线的形状尽管因相交的曲面立体的形状、大小和相对位置的不同而异,但它们都具有以下基本性质(如图 3-20 所示)。

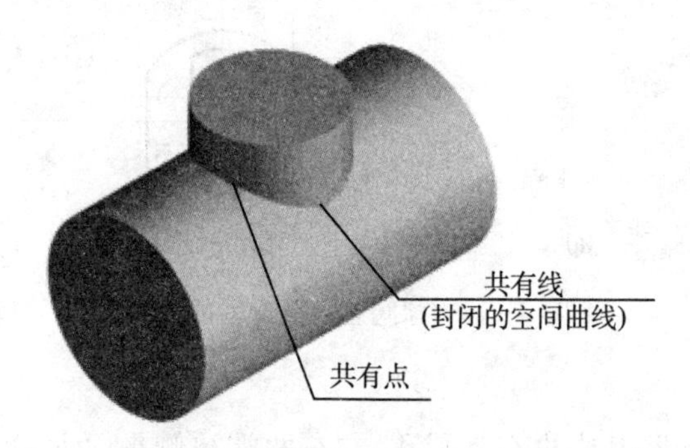

图 3-20 相贯线的基本性质

(1) 由于相贯立体表面是封闭的并占有一定的空间范围,因此曲面立体的相贯线一般是封闭的空间曲线,特殊情况下,可以是平面曲线或直线。

(2) 相贯线是两相贯立体表面的共有线,是由两立体表面上一系列共有点所组成的。

2. 正交两圆柱的相贯线

两圆柱轴线垂直相交在机件上是最常见的结构,就相贯的性质而言,可以有图 3-21 所示三种情况：(1) 外表面与外表面相交(两实心圆柱相交)，见图 3－21(a)；(2) 外表面与内表面相交(圆柱孔与实心圆柱相交)，见图 3－21(b)；(3) 两个内表面相交(两圆柱孔相交)，见图 3－21(c)；但它们的相贯线形状和作图方法都是相同的。

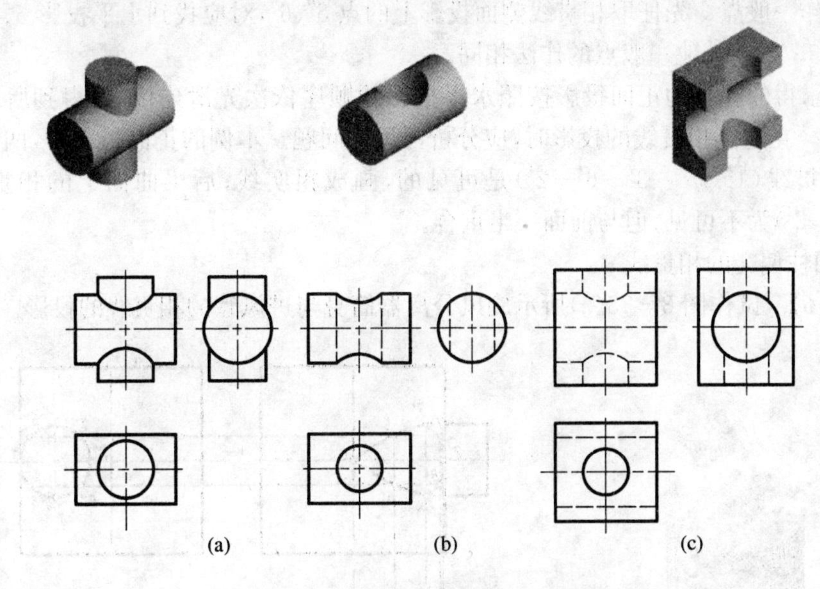

图 3－21　两圆柱正交的几种类型

【例 3－5】　试作图 3－22 所示两正交圆柱相贯线的投影。

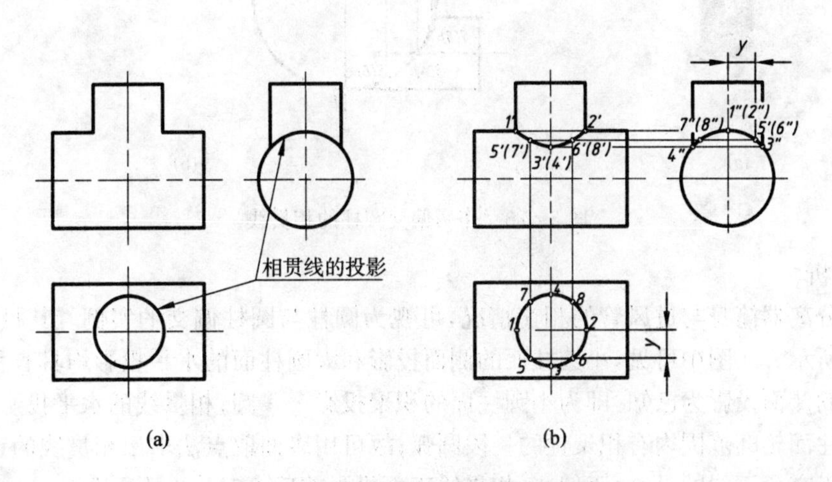

图 3－22　求作两正交圆柱的相贯线

解　1) 分析

由图可知，这是直径不同、轴线垂直相交的两圆柱相交，相贯线为一封闭的、前后左右对称的空间曲线，见图 3－20。小圆柱轴线垂直水平投影面，所以小圆柱表面的水平投影具有积聚性，相贯线的水平投影即在此圆周上。大圆柱的轴线垂直于侧立投影面，其表面在侧面上投影具有积聚性，相贯线的侧面投影也一定和大圆柱的侧面投影的圆周重合，是与小圆柱共有的一段。因此只需求出相贯线的正面投影。

2）作图

（1）求作特殊点　根据相贯线的已知侧面投影确定最高点的投影 1″、2″和最前、最后点的投影 3″、4″，对应找到水平投影 1、2、3、4，根据点的投影规律求出正面投影 1′、2′、3′、(4′)。

（2）求作一般点　先任取相贯线侧面投影上的点 5″、6″，对应找到水平投影 5、6，然后求出正面投影 5′、6′。其他一般点的作法相同。

（3）将求得的各点的正面投影按照水平投影的顺序依次光滑连接，即得到所求相贯线的正面投影。在连接相贯线的投影时，应分析可见性问题。本例的正面投影中，两圆柱前半曲面上的相贯线（1′—5′—3′—6′—2′）是可见的，画成粗实线；后半曲面上的相贯线（1′—7′—4′—8′—2′）为不可见，但与前面一半重合。

3. 两圆柱偏交的相贯线

【例 3-6】 试作图 3-23(a)所示旋风分离器筒身与进风管的相贯线的投影。

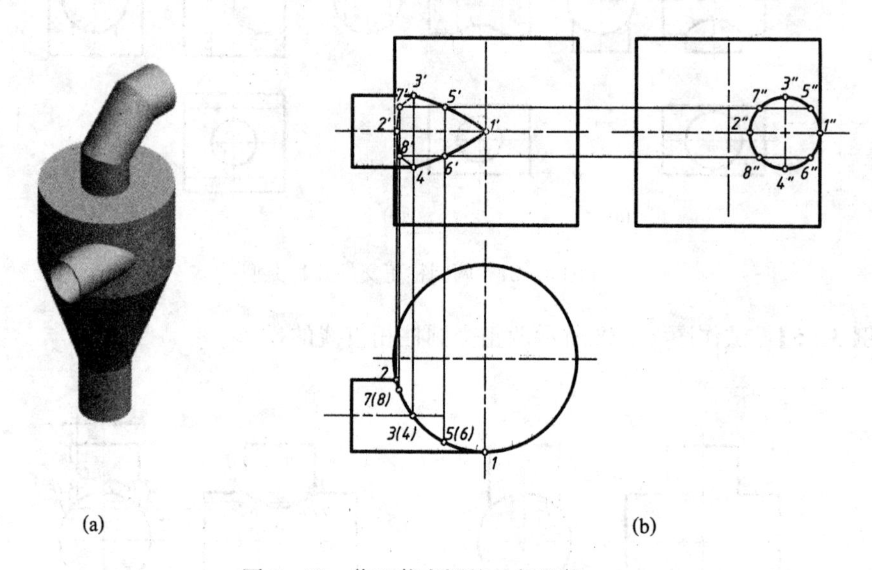

图 3-23　作两偏交圆柱的相贯线

1）分析

旋风分离器筒身与进风管的相交情况，可视为圆柱与圆柱偏交的实例。其投影图如图 3-23(b)所示。从图中可见，小圆柱面的侧面投影和大圆柱面的水平投影均具有积聚性，因此相贯线的侧面投影为已知，即为小圆柱面的积聚投影——圆；相贯线的水平投影是大圆柱面与小圆柱面轮廓范围内有积聚性的一段圆弧；故可用表面取点法求出相贯线的正面投影。与两圆柱正交所不同的是，由于偏交，相贯线正面投影前后不对称也不重合。

2）作图

（1）作特殊点　在已知的侧面投影和相应的水平投影上定出点Ⅰ、Ⅱ、Ⅲ、Ⅳ的投影 1″、2″、3″、4″和 1、2、3、4。其中Ⅰ、Ⅱ点分别为相贯线上的最右、最左点，同时也是最前、最后点；Ⅲ，Ⅳ点分别为相贯线上的最高、最低点，也是相贯线正面投影可见和不可见部分的分界点。根据投影规律作出这些点的正面投影。

（2）作一般点　为作图准确，在已知的侧面投影和相应的水平投影上再定出Ⅴ、Ⅵ、Ⅶ、Ⅷ四个一般点的投影 5″、6″、7″、8″和 5、6、7、8。同样根据投影规律作出其正面投影。

(3) 判别可见性，连接各点投影　按照侧面投影上各点的顺序，光滑连接各点的正面投影，其中 3′—7′—2′—8′—4′一段因在小圆柱的后半个曲面上，为不可见，应画成虚线。

(4) 补齐轮廓线　直立大圆柱正面投影左端轮廓线被小圆柱遮住的一段应画虚线，而小圆柱正面投影上的轮廓线应画至 3′,4′点。

4. 几种回转体相交的特殊情况

(1) 两等径圆柱轴线相交且共切于球时，相贯线为两个相同形状的椭圆。当该两圆柱轴线所决定的平面平行于某投影面时，则两椭圆在该投影面上的投影为相交的两直线段(且与相应轮廓线的交点连接)，如图 3-24(a)所示。

(2) 两轴线相互平行的圆柱相交时，其相贯线为平行于轴线的两直线段，如图 3-24(b)所示。

(3) 圆柱与球相交且轴线通过球心时，相贯线为垂直于圆柱轴线的圆，当圆柱轴线平行或垂直投影面时，其投影积聚成一条直线或投影为圆，见图 3-24(c)。这种特性同样可推广到其他回转体的同轴相交，见图 3-24(d)。

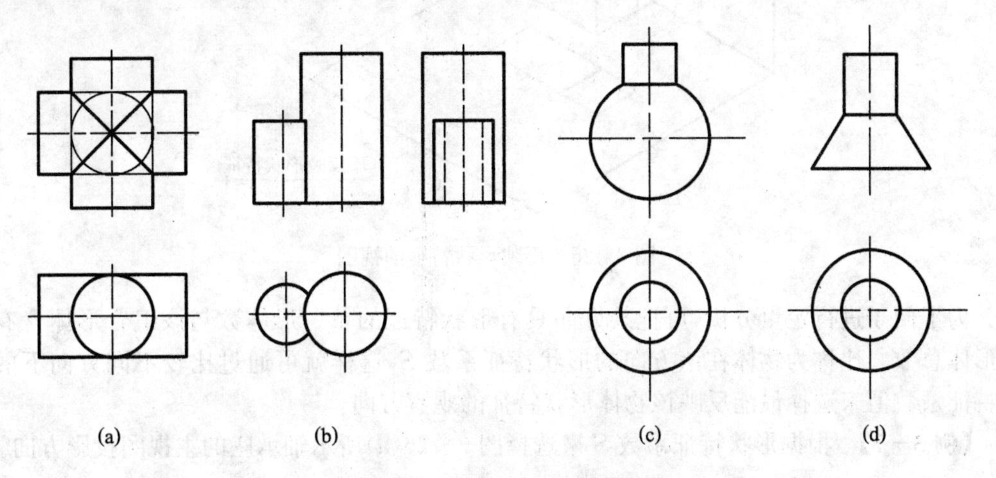

图 3-24　回转体相交的特殊情况

3.2.4　形体的视图表达及其画法

1. 形体分析的概念

为了准确、清晰、合理地表达工程上的各类物体，通常在绘制图样前需要对所画对象进行认真分析，即将一个物体假想为由若干个单一形体所组成，并了解它们各自的形状、各部分之间的相对位置、组合方式和表面连接关系等，这就是所谓的形体分析方法。

2. 视图的选择

表达空间物体时，应在形体分析的基础上，注意选好物体的安放位置、主视图投影方向及视图的数量。

1) 安放位置

画视图时，物体一般可按自然位置放平，同时尽量使物体的主要表面平行或垂直于投影面，以便在视图上能更多地反映表面实形或具有积聚性，从而使视图清晰、绘制方便。

2) 主视图的投影方向

在表达空间物体时，合理地选择视图非常重要，而主视图的选择又是关键，它要求能够充分反映物体的形状特征。下面就从定性定量角度分别来讨论这个问题。

所谓形状特征是指能反映物体形成的基本信息,例如拉伸形体的基面,回转形体的含轴面等。因此形状特征是相对观察方向而言的,如图 3-25 所示的物体,从前向后观察,反映了物体的形状特征,而从上向下看就不体现其形状特征了。

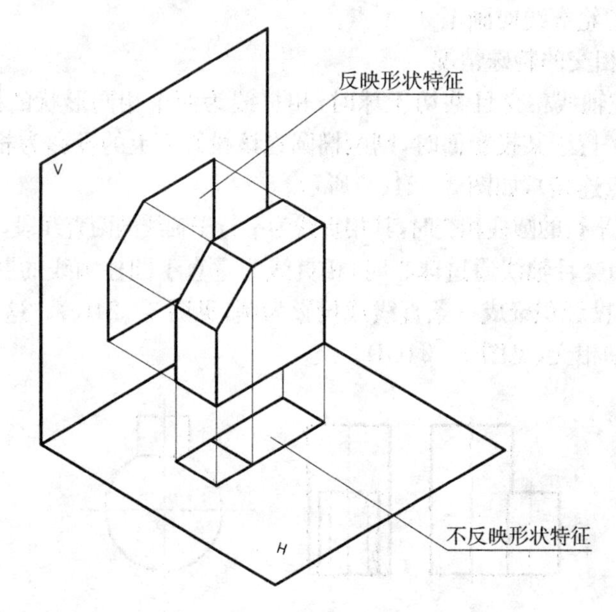

图 3-25 反映形状特征的视图

为了便于进行定量分析,可把某方向具有形状特征的单一形体数与该组合形体含有单一形体总数之比称为物体在该方向的形状特征系数 S,这样就可通过比较不同方向下的形状特征系数值来选择最能反映该物体形状特征的观察方向。

【例 3-7】 根据形状特征系数 S 来选择图 3-26(a)所示轴承座的主视图投影方向。

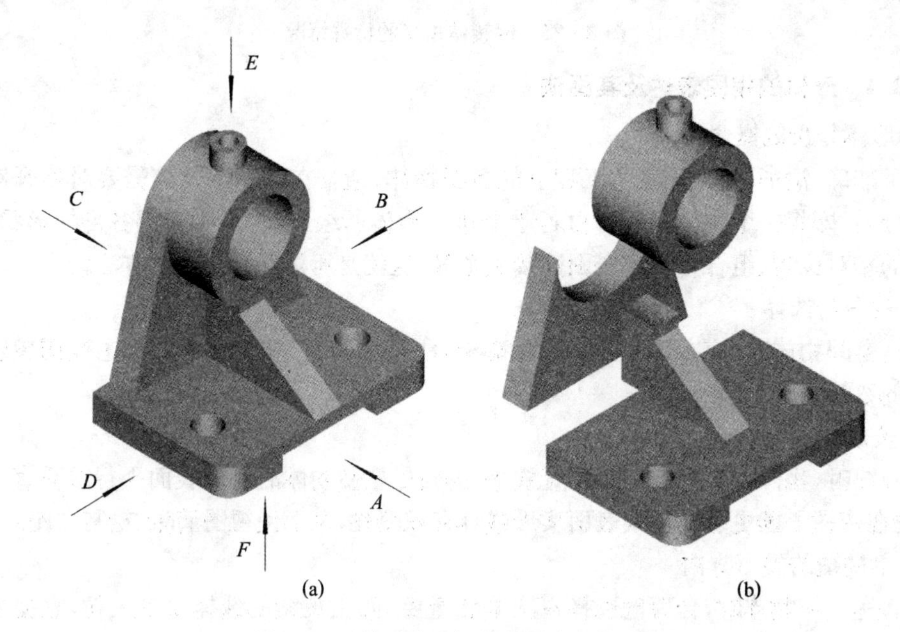

图 3-26 轴承座主视图投影方向的选择

解　由图 3-26(b)可知，轴承座可分析为由五个单一形体组合而成。在 A,B,C,D,E,F 六个观察方向中，含独立信息的方向只有三个。在 $A,C;B,D;E,F$ 三对具有重复信息的方向中，选可见面多的那个方向作为计算 S 的方向，经分析选 A,B,E 三个方向进行计算。

从 A 向看，支承板、轴承为拉伸体，凸台为回转体，均具有形状特征，故得 $S_A=3/5$；从 B 向看，肋板为拉伸体，凸台、轴承为回转体同样反映形状特征，故得 $S_B=3/5$；从 E 向看，轴承为回转体，凸台为拉伸体，故得 $S_E=2/5$。

经比较 $S_A=S_B>S_E$，由此可知 A 向、B 向均可选作主视图投影方向，而 E 向不宜做主视图投影方向。

3）视图数的确定

为使形体的表达简洁明了，所选的视图数应尽可能少。最少视图数是指在不考虑用标注尺寸的方法辅助表达形体的条件下，完整、唯一地表达形体所需的视图数量。从形体生成的角度来看，当其形成的规律确定以后，该形体的形状也就随之确定。因此表达形体所需的最少视图数可以从确定形体生成规律所需的最少视图这个角度来考虑。下面从如何确定组合形体的最少视图数方面作一个分析。

根据第 3.1 节的叙述，组合形体的最少视图数取决于不同方向的特征面个数，即在所选定的各视图中能否包容所有单一形体的特征视图。如图 3-27(a)所示形体由两个拉伸体组成，凹形块由凹形基面(即特征面)沿 A 向拉伸而成，三角形板由三角形基面沿 B 向拉伸而成，因此必须采用 A,B 两个方向对应的视图才可以确定其形状，故其最少视图为两个，如图 3-27(b)所示。

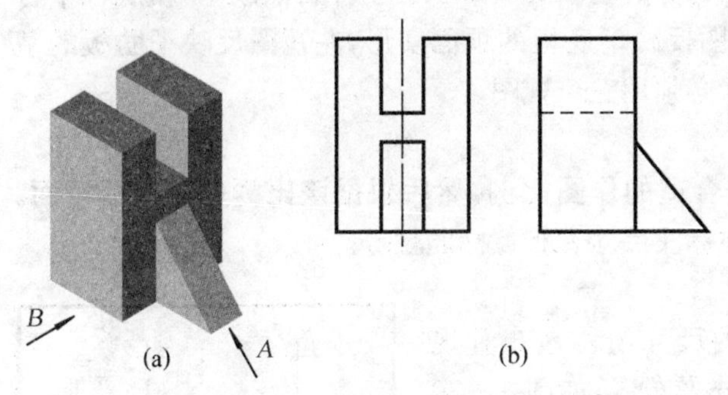

图 3-27　由两个拉伸体组成物体的最少视图

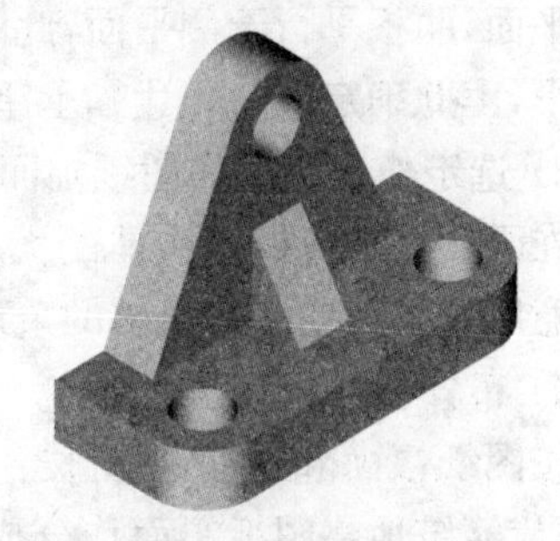

图 3-28　由特征面不在同一投影面上的拉伸体组成的物体

而图 3-28 所示形体至少三个视图才能唯一确定其形状，因为组成该形体的三个单一形体处于不同投影面上的特征面有三个，请读者自行分析。

4）视图方案的优化

在确定一个形体的表达方案时，除了选择合适的主视图、尽可能少的视图数量外，还应从看图和画图方便的角度，考虑使视图上不可见的信息减少。为了使这三方面要求得到合理的统一，就要求对整体表达方案进行优化，其中视图数与可见性的矛盾需经权衡比较后加以选择。如对图 3-29 所示形体采用的三种表达方法经过比较后可知：

图 3-29(a)主视图投影方向不能最好反映形状特征，且视图数多；图 3-29(b)主视图投影方向合理，视图数也减少了，但左视图上不可见信息多；而图 3-29(c)符合视图优化原

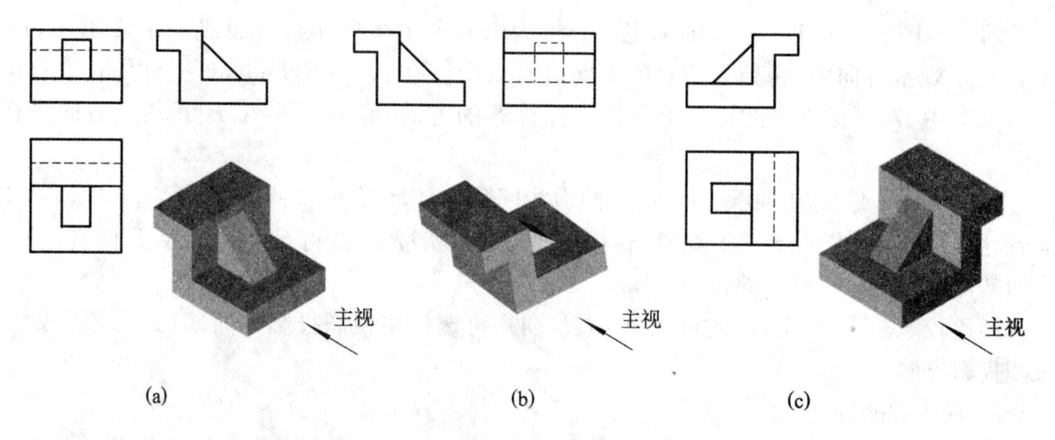

图 3－29 形体表达方案比较

则，即主视图较好反映了物体的形状特征，视图数为最少，且视图中不可见信息减少。

3. 视图绘制的步骤

下面以图 3－26 所示轴承座为例，说明画视图的一般步骤。

1) 分析形体

轴承座可分析为由轴承、凸台、肋板、支承板和底板五个形体组成。其中，轴承和凸台均为回转体，肋板和支承板均为拉伸体。

2) 选定视图

由例 3－7 分析可知该形体可选择 A 向或 B 向作主视图的投影方向，现选定 A 向投影作主视图，它反映了轴承、凸台、支承板三部分的基面真实形状。物体自然放平，使底板平行于水平面，肋板平行于侧平面，此时俯视图反映了底板的顶面实形，左视图反映了肋板的基面实形，由此确定清楚表达轴承座的形状必须用三个视图。

3) 选定作图比例和图纸幅面

在画图之前应根据物体的大小选定合适的作图比例，然后根据该比例选定图纸幅面。应注意所选幅面要留有足够的余地，以便标注尺寸和布置标题栏等。

4) 布置视图

按图纸幅面和三个视图长、宽、高的尺寸匀称地布置视图，不应笼统地将图纸幅面均分成四部分来布置，如图 3－30 为不好的布置。

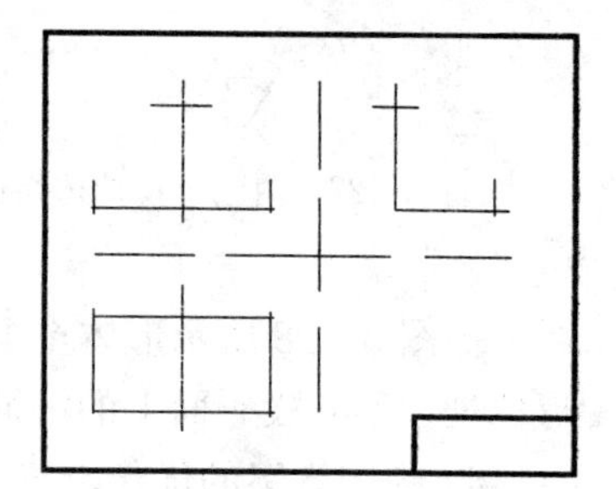

图 3－30 图面布置不好的方法

5) 画轴承座的一组视图(见图 3－31)

(1) 画出中心线和底板的轮廓线，见图 3－31(a)；

(2) 画出圆筒，注意从投影为圆的视图着手画，见图 3－31(b)；

(3) 画出支承板和肋板，注意相交处交线的作图，见图 3－31(c)；

(4) 画出凸台，注意凸台和圆筒相交处相贯线的作图，见图 3－31(d)；

(5) 画出底板上小孔、圆角和下部开槽的投影，见图 3－31(e)；

(6) 校核无误后，按制图标准中的线型要求加深轮廓线完成作图，见图 3－31(f)。

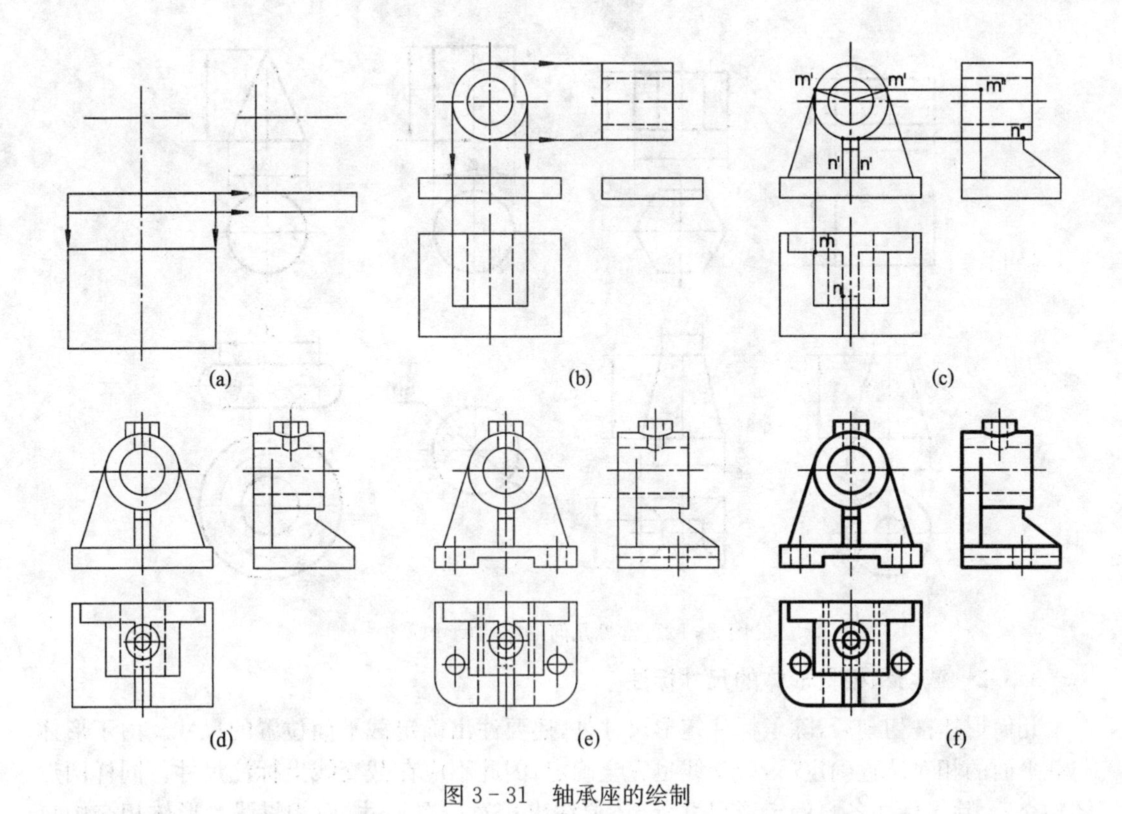

图 3-31　轴承座的绘制

3.3　形体的尺寸标注

前面介绍了工程上各类形体的生成及其视图表达。但是，视图只能表示出物体的形状，要确定物体上各部分的真实大小及相对位置，必须注上尺寸。在实际生产中，就是根据视图上所注尺寸数值来进行加工制造的。为此在标注尺寸时，应做到以下几点。

(1) 正确　不仅要求注写的尺寸数值正确，而且要求尺寸注写要符合国家标准《机械制图》中有关尺寸标注的规定。

(2) 完整　尺寸必须注写齐全，包括物体上各组成部分三个方向形状的大小和相对位置，不允许遗漏，一般也不应重复。

(3) 清晰　尺寸布置要整齐，同一部分的各个方向尺寸注写要相对集中，便于看图。

(4) 合理　标注的尺寸必须考虑能满足设计和制造工艺上的要求。

其中有关尺寸注法的规定在第 1 章中作了介绍，尺寸标注的合理性问题因涉及机械设计及加工的有关知识，将在零件图一章中再作介绍。本节主要讨论尺寸标注的完整和清晰两个问题。

3.3.1　几何形体的尺寸标注

由于工程上各类物体都可以看成是由若干个几何形体组成的，要掌握组合形体的尺寸标注，必须先熟悉和掌握几何形体的尺寸标注方法。图 3-32 表达了一些常见几何形体的定形尺寸标注方法。

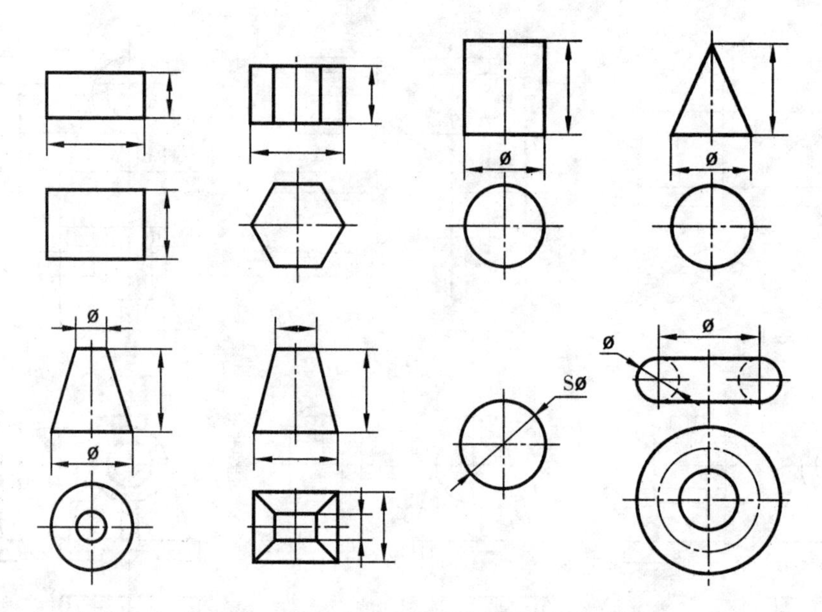

图 3-32　常见几何形体的尺寸标注

3.3.2　截切和相贯形体的尺寸标注

几何形体被切割后，除了标注定形尺寸外，还要注出确定截平面位置的尺寸。由于形体与截平面的相对位置确定后，截交线也完全确定，因此不应在截交线上标注尺寸。同样两形体相交后，除了标注各自的定形尺寸外，还要注出相对位置尺寸，而相贯线是形体相交中自然形成的，因此也不应在相贯线上标注尺寸。图 3-33 显示了一些常见截切和相贯形体的尺寸注法。

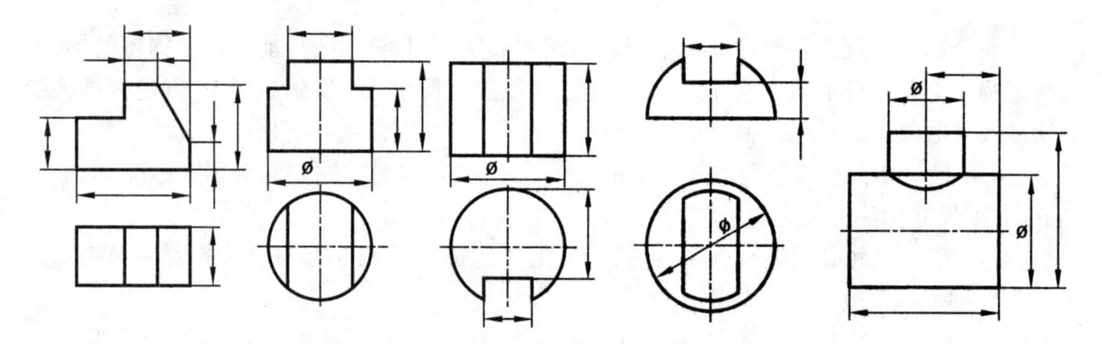

图 3-33　常见截切和相贯形体的尺寸注法

3.3.3　组合形体的尺寸标注

在标注组合形体的尺寸时，一般也要采用形体分析的方法。即将形体首先分解为若干个单一几何形体，然后标注反映这些单一形体大小的定形尺寸，确定这些单一形体间相对位置的定位尺寸以及表示该形体整体大小的总体尺寸。在标注定位尺寸时，尺寸度量的起点称为尺寸基准。形体在标注尺寸时一般有三个方向(长度方向、宽度方向和高度方向)的尺寸基准。尺寸基准的确定既与物体的形状有关，亦与该物体的作用、工作位置以及加工制造要求有关，通常选用底平面、端面、对称平面及主要回转体的轴线等作为尺寸基准。这部分内容在零件图中将再作进一步介绍。

下面以图 3 - 34 所示的轴承盖为例，具体说明组合体尺寸标注的方法。

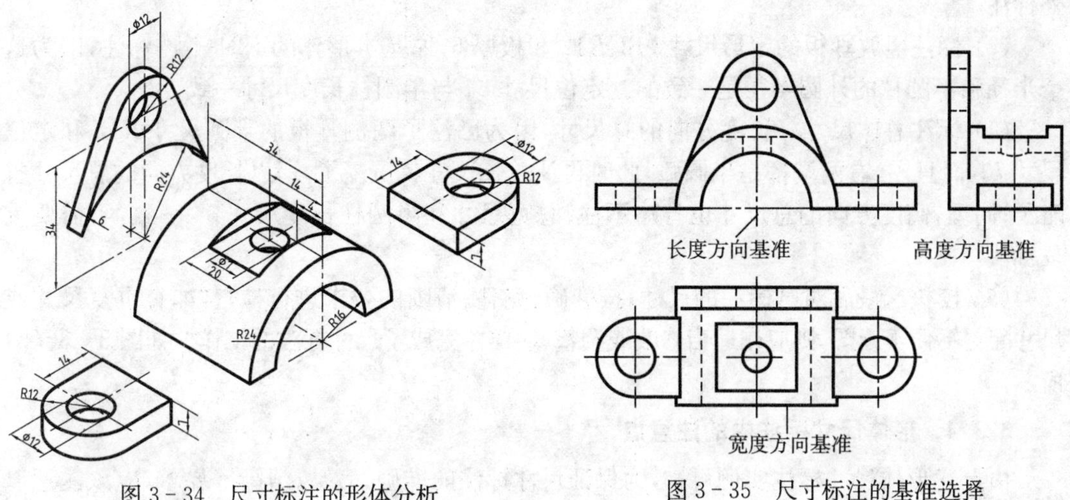

图 3 - 34　尺寸标注的形体分析　　　图 3 - 35　尺寸标注的基准选择

1）形体分析

将轴承盖分析成如图 3 - 34 所示的各个部分组成。

2）选定尺寸基准

轴承盖左右对称，以此对称平面作为长度方向的尺寸基准；以轴承盖中半圆柱的前端面作为宽度方向的尺寸基准；以轴承盖的底平面作为高度方向的尺寸基准。如图 3 - 35 所示。

3）逐个标注出各基本形体的定形尺寸及它们的定位尺寸

(1) 标注半圆柱的定形尺寸 $R24$、$R16$ 和长度尺寸 34；半圆柱上凹槽宽度定形尺寸 20，长度尺寸不注，由加工自然形成凹槽的定位尺寸 4 和 21；凹槽中小圆孔定形尺寸 $\phi7$ 和它的定位尺寸 14。如图 3 - 36(a)所示。

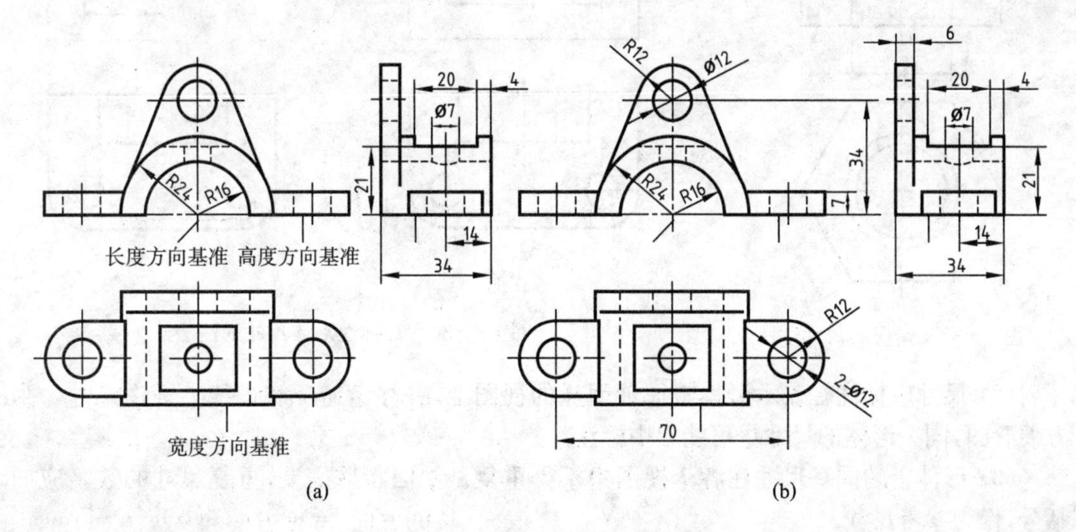

图 3 - 36　组合体的尺寸标注

(2) 标注左、右对称的两耳板的定形尺寸 $R12$(只需注一个)、$2\times\phi12$ 和板厚尺寸 7，耳板形体中的尺寸 14 此时不应标注，因为当耳板位置确定后，这个长度是自然形成的。然后标注两耳板的定位尺寸 70 和 14,其中尺寸 14 和 ϕ7 小圆在宽度方向的定位尺寸重合,不再另外标注。

(3) 标注竖放耳板的定形尺寸 ϕ12、R12 和板厚 6,原基本形体的 R24 不再标注,因为这个半径和半圆柱的外圆半径是一致的。定位尺寸 34 与半圆柱长度尺寸一致。

(4) 标注总体尺寸　长度方向的总尺寸,因为已注了两侧耳板的半圆尺寸 R12 和定位尺寸 70,而且左、右两端都是半圆弧,此时再注总长尺寸就重复了,所以长度方向的总尺寸省略了;同理,高度方向的总尺寸也省略不注;总宽尺寸和半圆柱长度尺寸 34 一致,不需要重复标注。

(5) 校核　最后对已标注的尺寸,按准确、完整、清晰的要求进行检查,如有重复尺寸或尺寸配置不便于读图,则应作适当修改或调整,这样才完成了尺寸标注的工作。如图 3-36(b)所示。

3.3.4　形体尺寸标注中的注意点

由上述形体尺寸标注实例可知,为保证尺寸标注的准确、完整、清晰等要求,应该注意以下几点。

(1) 标注尺寸必须在形体分析的基础上,按分解的各组成形体定形和定位,切忌片面地按视图中的线框或线条来标注尺寸,如图 3-37 中的注法都是错误的。

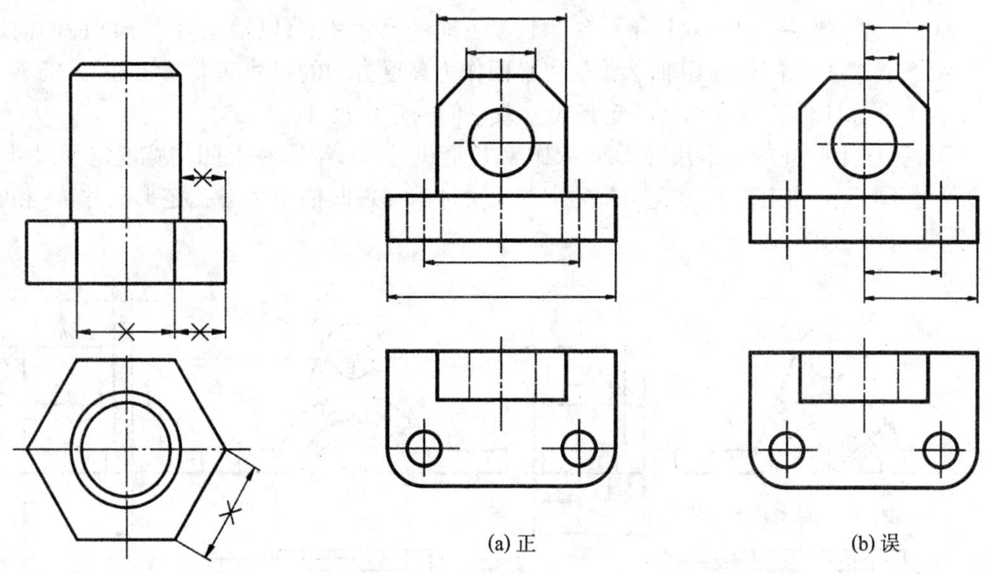

(a) 正　　(b) 误

图 3-37　错误的尺寸注法　　图 3-38　对称性形体尺寸的注法

(2) 尺寸应标注在表示形体特征最明显的视图上,并尽量避免在虚线上标注尺寸。为方便看图,同一形体的尺寸尽可能集中标注。

(3) 形体上的同一尺寸在各个视图中不得重复。如因特殊需要,重复尺寸的数字应加括号,作为参考尺寸。

(4) 形体上的对称性尺寸,应以对称中心线为尺寸基准,标注全长。图 3-38(a)(b)显示了正、误注法的比较。

(5) 当形体的总体轮廓由曲面组成时,总体尺寸只能注到该曲面的中心轴线位置,同时加注该曲面的半径，如图 3－39(a)所示，而图 3－39(b)为错误注法。

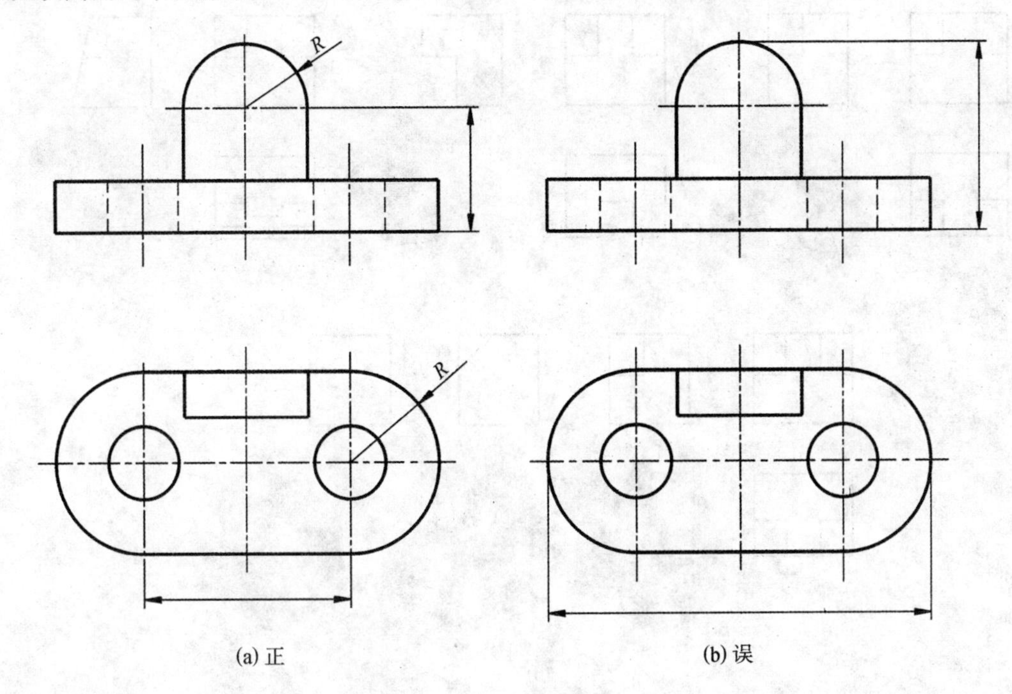

图 3－39　轮廓为曲面的尺寸注法

3.4　视图的阅读

绘图是应用投影的方法将空间形体表示在平面上，读图则是根据投影规律由平面上的视图想象出空间形体的实际形状，所以也可以说，读图是绘图的逆过程。要正确、迅速地读懂视图，应当通过不断的读图实践，以提高对形体的想象能力。此外，掌握读图的基本知识和读图的方法，对于培养读图能力是有利的。

3.4.1　读图的基本知识

1. 弄清各视图间的投影关系，几个视图应联系起来看

一个视图一般是不能确定物体形状的，有时两个视图也不能确定物体的形状。如图3－40(a)所示的几个物体，虽然它们的主视图是相同的，但由于俯视图、左视图不同，形状差别很大；图 3－40(b)所示的物体，虽然主、俯视图均相同，由于左视图不同，它们的形状同样是各不相同的。

因此，在读图时应把几个视图联系起来看，才能想象出物体的正确形状。当一个物体由若干个单一形体组成时，还应根据投影关系准确地确定各部分在每个视图中的对应位置，然后几个投影联系想象，以得出与实际相符的形状，如图 3－41(a)所示，否则结果将与真实形状大相径庭，见图 3－41(b)。

2. 熟悉几何形体的投影特征

由于任何物体都可以看成是由若干几何形体组合而成，为了便于看懂图样，应该对一些常见的几何形体如棱柱、棱锥、圆柱、圆锥、球等的投影特征非常熟悉，一看到视图，就能想象

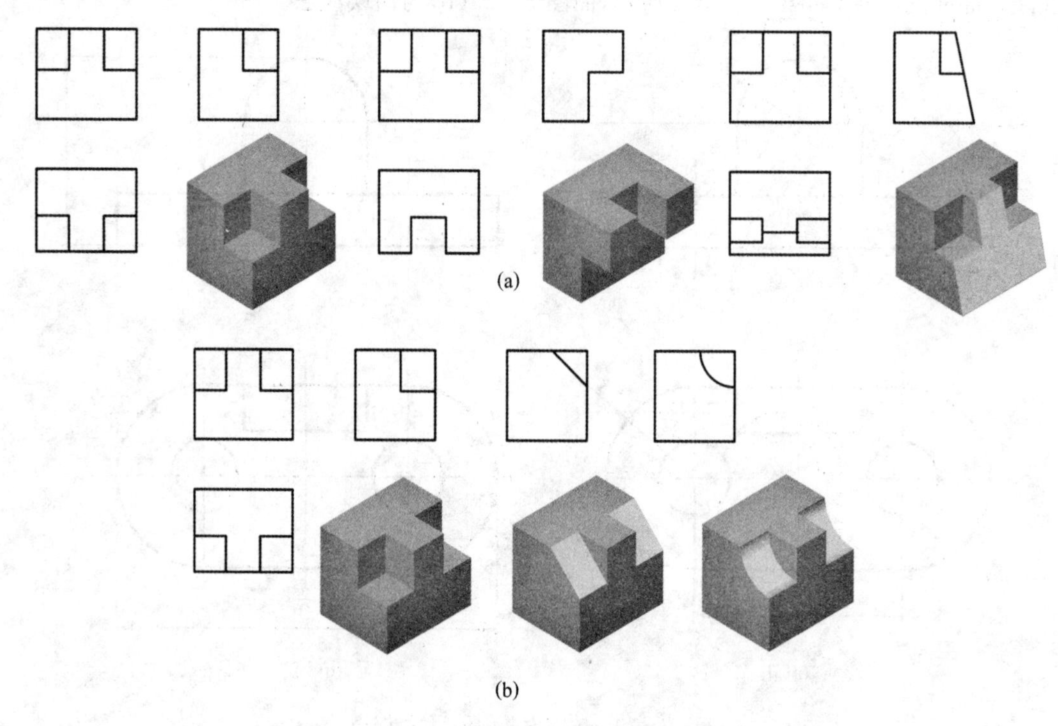

图 3-40　一个或两个视图相同的不同物体

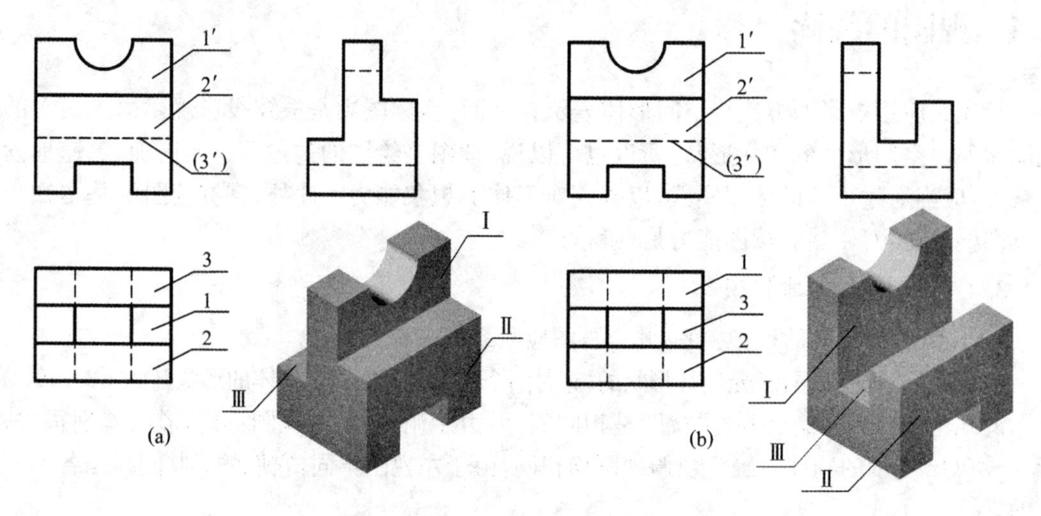

图 3-41　视图间联系正、误的两种结果

出它们的空间形状及安放位置，不仅对完整的形体，对不完整形体也应如此。图 3-42 示出了一些常见的不完整曲面形体及其视图。

3. 认清视图中线条和线框的含义

视图是由线条组成的，线条又组成一个个封闭的“线框”。因此识别视图中线条及线框的空间含义，也是读图的基本知识。由基本几何元素的投影特征分析可知：视图中的轮廓线(实线或虚线，直线或曲线)可以有三种含义(见图 3-43)：

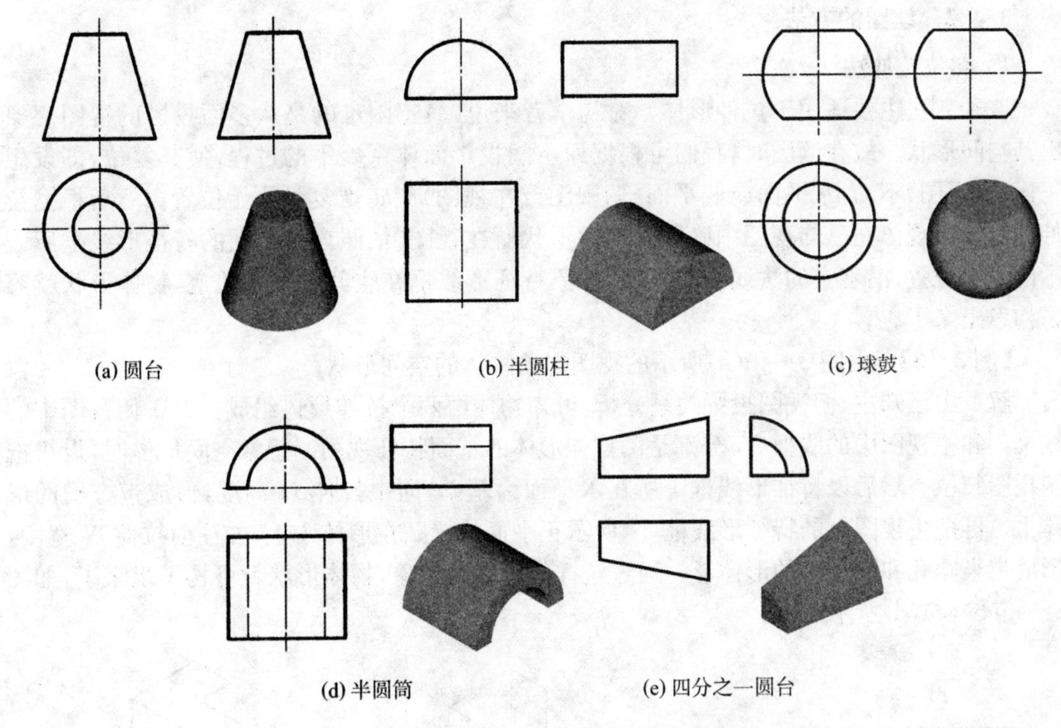

(a) 圆台　(b) 半圆柱　(c) 球鼓

(d) 半圆筒　(e) 四分之一圆台

图 3-42　常见的几种不完整曲面体及其视图

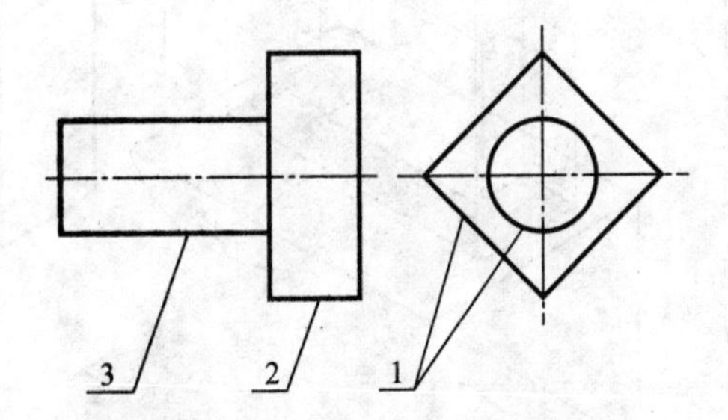

图 3-43　视图中线条的各种含义

(1) 表示物体上具有积聚性的平面或曲面；

(2) 表示物体上两个表面的交线；

(3) 表示曲面的轮廓素线。

视图中的封闭线框可以有以下四种含义(见图 3-44)：

(1) 表示一个平面；

(2) 表示一个曲面；

(3) 表示平面与曲面相切的组合面；

(4) 表示一个空腔。

视图中相邻两个线框必定是物体上相交的两个表面，如图 3-44 中的 1 和 2 平面；或同向错位的两个表面的投影，如图 3-44 中的 3 和 1、2 平面。

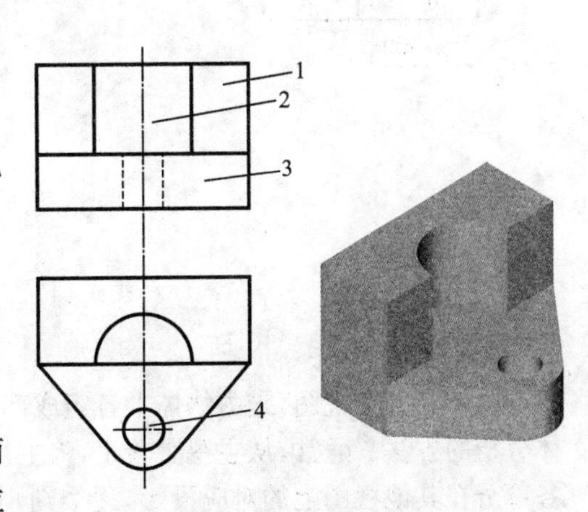

图 3-44　视图中线框的各种含义

3.4.2 读图的方法

1. 归位拉伸法

这种方法主要适用于拉伸形体。对初学者来说,最感困难的是从多面投影的视图想象出其空间形状。故在读图时,我们可根据原空间投影面体系展平的过程,使其复位,即设想正面(主视图)不动,水平面或侧平面(俯视图或左视图)旋转恢复到原始位置。然后根据拉伸体的投影规律在已知视图中确定其基面形状所在视图,依照该视图上的特征形线框所表示的平面位置,沿着它的法线方向拉伸,想象特征形线框在空间的运动轨迹,物体形状就容易构思出来了。

【例 3-8】 由图 3-45(a)所示的视图想象物体的空间形状。

解 由已知主、俯视图投影关系分析,可知物体由两个拉伸形体组成。其中俯视图中的线框 1 和主视图中的线框 2′,分别是两拉伸形体的基面特征视图。想象空间形体时,设想把俯视图归位。然后以特征形线框 1 所在水平面为基础,向上拉伸 H 高度,形成带方槽的形体Ⅰ。再把主视图上的特征形线框 2′,所示正平面位置贴在形体Ⅰ上,并往前拉伸 W 宽度,形成带半圆孔和燕尾槽的形体Ⅱ。通过这样的思维和想象,物体形状就可构思出来了,如图 3-45(b)(c)(d)所示。

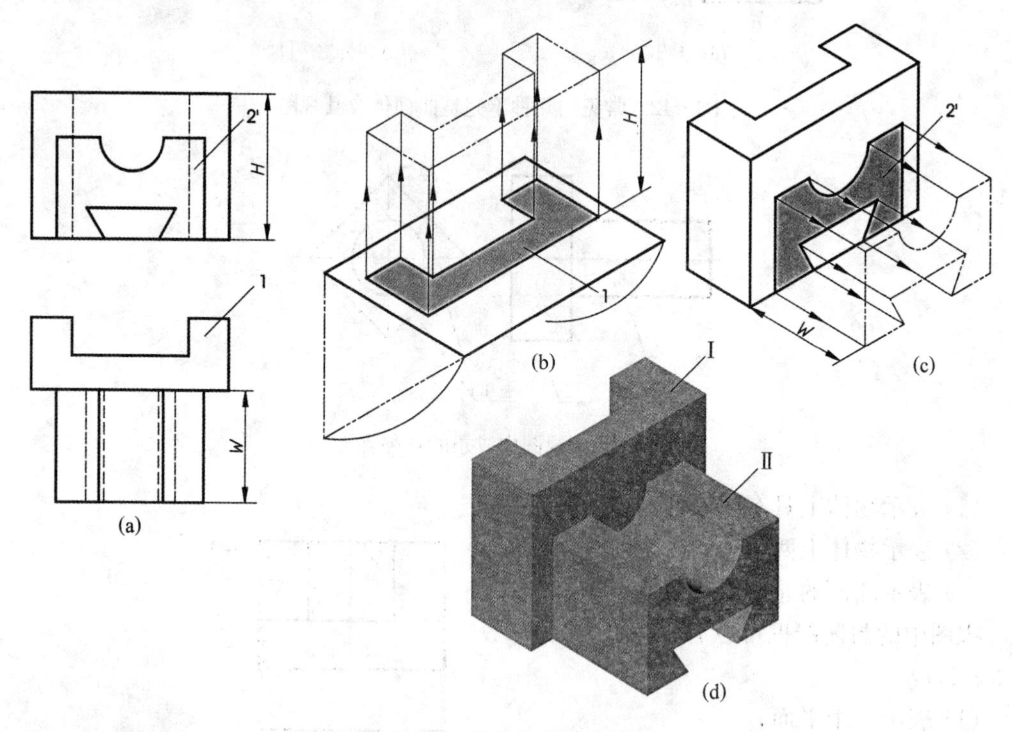

图 3-45 用归位拉伸法读图

2. 形体分析法

物体的各个视图,是由物体上各组成部分的投影组成,因此读图的基本方法仍是运用形体分析的方法。通常,从主视图着手,将主视图分解为若干部分,然后按投影规律,分别找出各部分在其他视图上的对应投影,逐个判别它们所表示的形状,最后再综合起来,想象出物体的整体形状。

现以图 3-46 所示物体的视图为例，将应用形体分析方法读图的步骤介绍如下。

(1) 分解视图。如图 3-46 所示，可将主视图分解成 A、B、C 三个线框。

(2) 根据投影规律分别找出线框在其他视图上对应的投影，逐个想象它们所表示的形状。分析过程见图 3-47。

(3) 分析各形体的相对位置。从图 3-47 主视图中可知；形体 B 在形体 A 的左下方，它们的底面平齐，联系俯视图或左视图可确定形体 B 与形体 A 的后表面平齐；形体 C 在形体 A 的左方，形体 B 的上方，并与形体 B 相切。这样综合起来，就可想象出物体的整体形状，如图 3-47(d)所示。

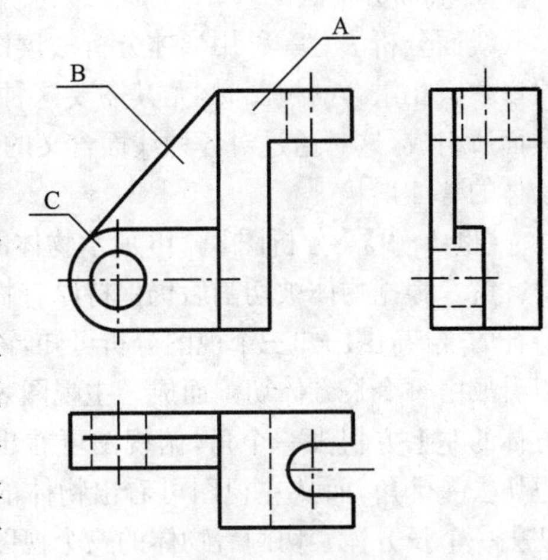

图 3-46　物体的三视图

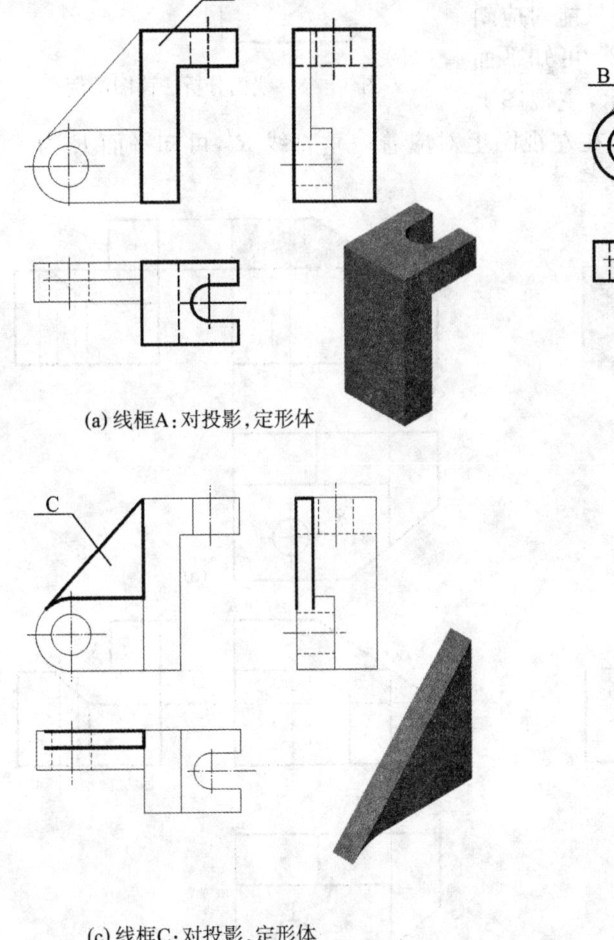

(a) 线框A：对投影，定形体

(b) 线框B：对投影，定形体

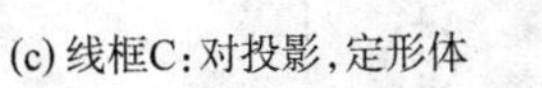

(c) 线框C：对投影，定形体

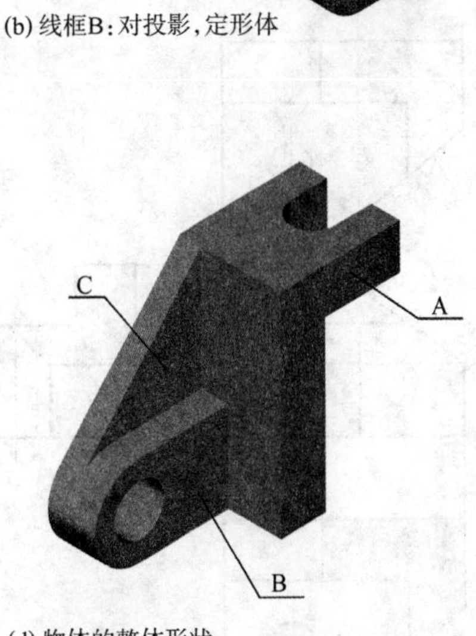

(d) 物体的整体形状

图 3-47　视图的投影分析

3. 线面分析法

线面分析法是一种用形体分析法读图的补充方法。当阅读形体被切割、形体不规则或投影关系相重合的视图时，尤其需要这种辅助手段。由于物体都是由许多不同几何形状的线面所组成，这时通过对各种线面含义的分析来想象物体的形状和位置，就比较容易构思出物体的整体形状。

【例 3-9】 分析图 3-48 所示物体的视图。

解 根据物体被切割后仍保持原有物体投影特征的规律，由已知三个视图分析可知，该物体可以看成由一个长方体切割而成。主视图表示出长方体的左上方切去一个角，俯视图可看出左前方也切去一个角，而从左视图可看出物体的前上方切去一个长方体。切割后物体的三个视图为何成这样，这就需要进一步进行线、面分析。

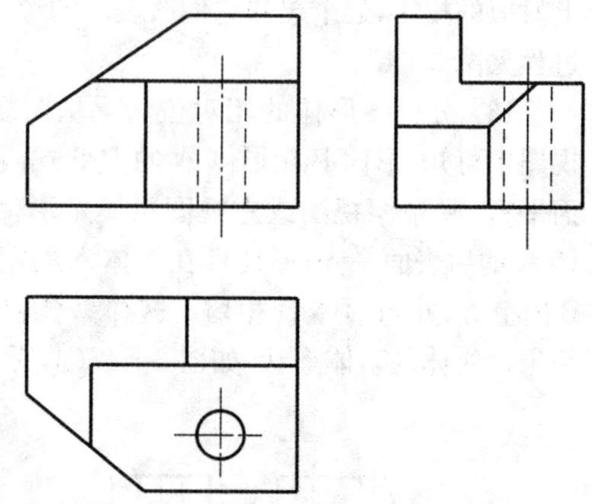

图 3-48 线面分析法读图图例

先分析主视图的线框，如图 3-49(a)所示主视图上，线框 P' 在俯视图上投影关系只能对应斜线 P，而在左视图上对应一类似形 P''，可知平面 P 是一铅垂面；又如图 3-49(b)所示，主视图上线框 R' 在俯视图上对应一水平线 R，在左视图上对应着一垂直线 R''，可知平面 R 为一正平面。

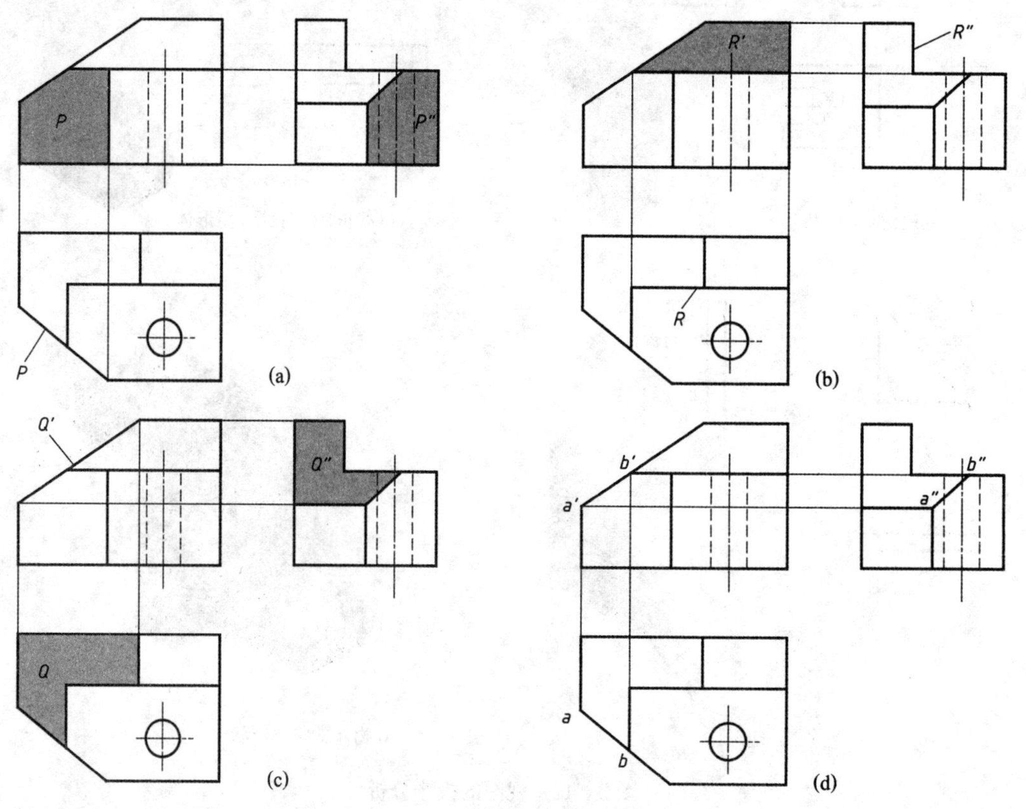

图 3-49 读图时的线面分析

用同样方法分析俯视图上线框 Q，如图 3-49(c)所示，Q 为正垂面。

再如左视图中为什么有一斜线 $a''b''$？分别找出它们的正面投影 $a'b'$ 和水平投影 ab，可知直线 AB 为一般位置直线，它是铅垂面 P 和正垂面 Q 的交线，如图 3-49(d)所示。

通过上述线面分析，可以弄清视图中各条线、各个面的含义，也就有利于想象出由这些线面围成的物体的真实形状，如图 3-50 所示。

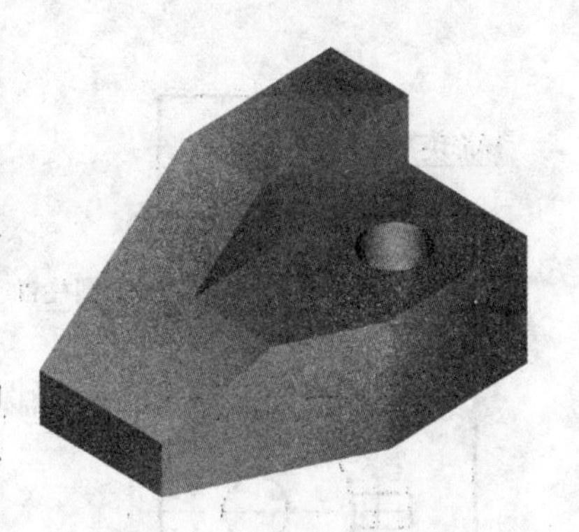

图 3-50　物体的立体图

工程上物体的形状是千变万化的，所以在读图时不能拘泥于某一种方法或步骤，而需要用几种方法综合分析，灵活使用，才能加快读图的速度。

3.4.3　由已知两视图画第三视图

由两个视图补画第三视图是学习期间读图训练的一种方法。根据已知的视图，分析想象出物体的形状，然后应用投影联系，正确画出它的第三个视图。

【例 3-10】　如图 3-51(a)，已知支座的主、俯视图，试补画出左视图。

解　具体作图步骤见图 3-51。

作图步骤及方法说明如下。

(1) 根据该组合体的主、俯视图所反映出的形体特征，可以把它分解成五个组成部分。即：底板Ⅰ、直立大圆柱体Ⅱ、正垂位置的半圆柱体Ⅲ、长方体Ⅳ和梯形块Ⅴ，如图 3-51(a)。

(2) 按照两面投影的对应关系，先找出底板Ⅰ的两个投影，如图 3-51(b)所示。由水平投影可以看出，底板为右端带有圆角的矩形，再配合正面投影，即可想出底板的整体形状，从而补出其左视图。

(3) 直立大圆柱的投影中虚线较多，经过对投影的分析后可知，该圆柱是中空的，在顶盖的正中开一个小圆柱孔，顶盖的下面是一直通到底的大圆柱孔，如图 3-51(c)。

(4) 在大圆柱的前下方的正中与底板的结合处，有一正垂位置的半圆柱Ⅲ与其相交，且挖去一个半圆柱体。此时，不仅在两圆柱的内、外表面上产生交线(相贯线)，而且在半圆柱与底板的交接处也要产生交线，这些交线的投影在俯、左视图中可清楚地反映，如图3-51(d)。

(5) 在大圆柱后下方正中与底板的结合处，有一长方体Ⅳ与其相交，并挖去一半圆柱体，此时，在圆柱、长方体以及底板三者相交接的位置都要产生交线，其投影皆可在视图中看到，如图 3-51(e)。

梯形块Ⅴ位于大圆柱左边的正中位置，其形状在主视图中已可看清，在梯形块与圆柱表面的连接处应画出交线，见图 3-51(e)。

(6) 在看清楚各组成部分的形状后，再对照整个组合体的投影进行整体分析。重点在看清各组成部分之间的相对位置以及各形体之间的表面连接关系，最后综合想象出组合体的整体形状，如图 3-51(f)。

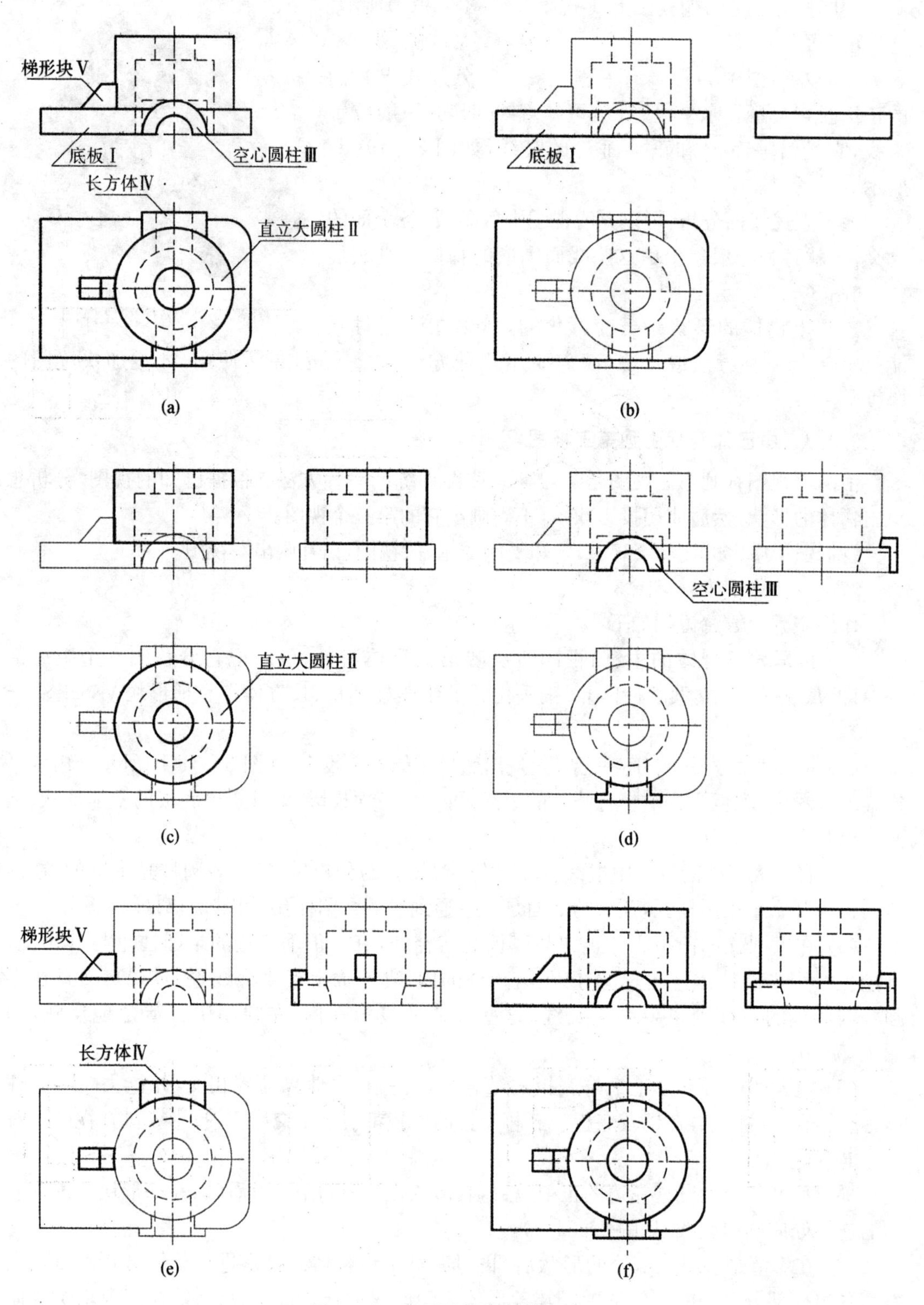

图 3-51　补画左视图的作图步骤

复习思考题

3-1　由题图3-1所示物体的立体图，试画出它们的三面视图，并标注尺寸。

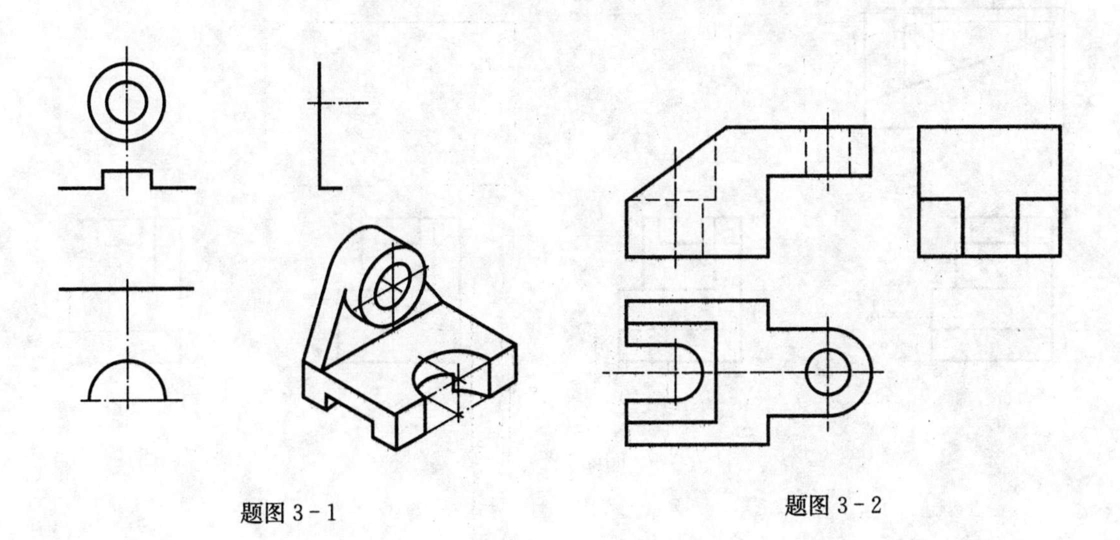

题图3-1　　题图3-2

3-2　分析物体的视图，补画视图中遗漏的图线(见题图3-2)。

3-3　根据两视图选出正确的第三视图。

(1)

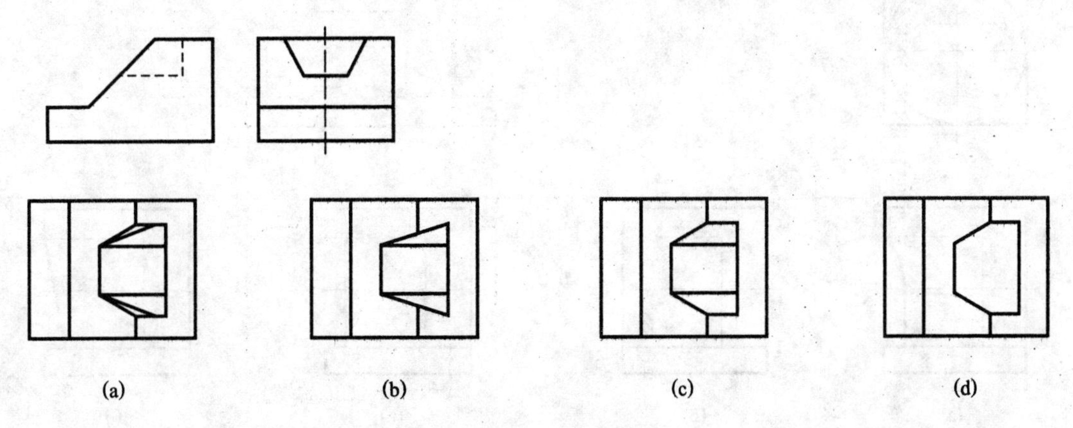

题图3-3(1)

(2)

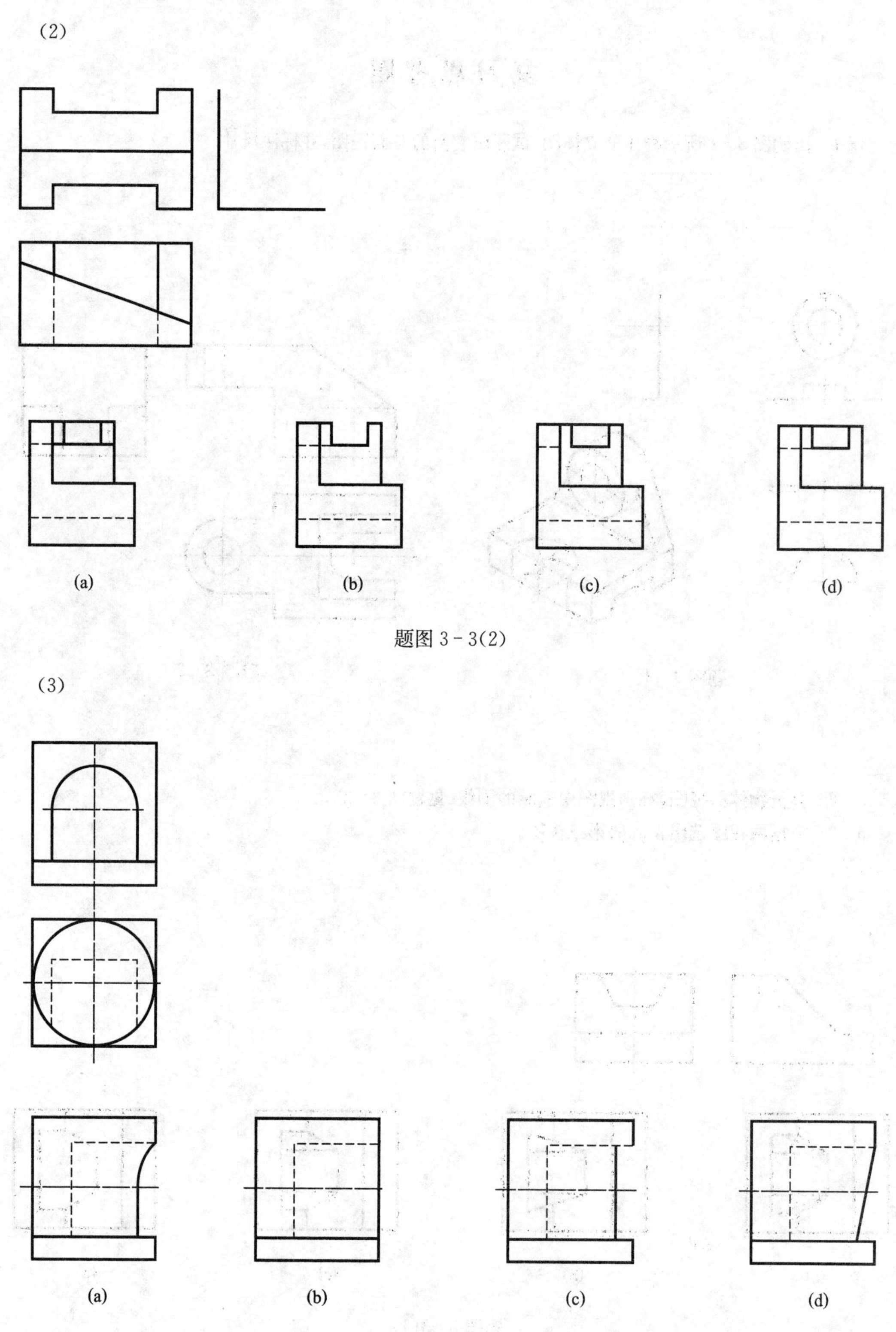

题图 3-3(2)

(3)

题图 3-3(3)

3-4 如题图 3-4 所示,已知物体的两个视图,求第三个视图。

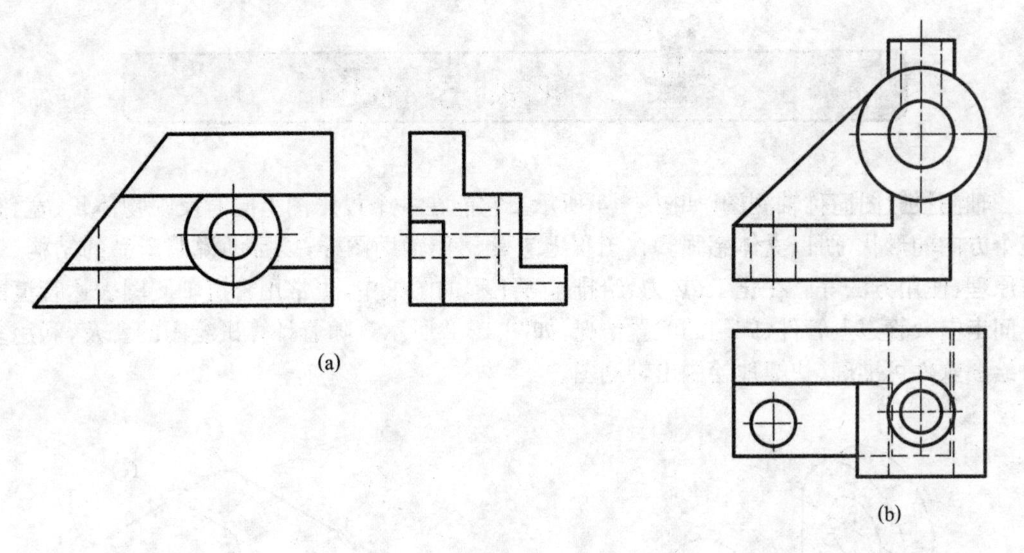

题图 3-4

3-5 判别题图 3-5 所示三个被切割的圆柱体的形体有何不同,画出左视图。

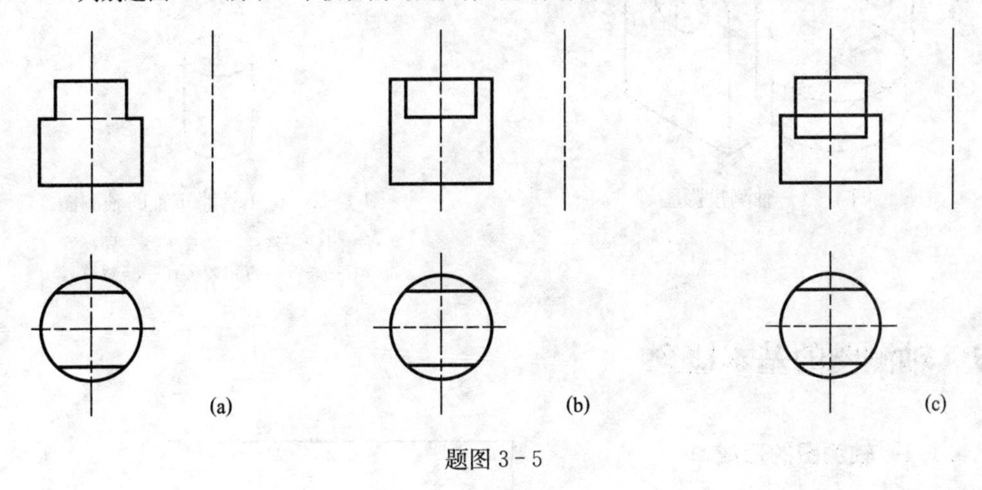

题图 3-5

4 轴测投影图

轴测投影图简称轴测图，如图 4 - 1 所示。它能在一个投影图上同时反映物体长、宽、高三个方向的形状，所以立体感强。在工程上它常用作辅助图样，以帮助说明产品的结构、工作原理、使用方法等。在化工、热力、给排水等工程的图纸中，也常用管道轴测图表达管道的空间走向及管道上管件、阀门的配置情况，如图 4 - 2 所示。随着计算机绘图的普及，利用多种绘图软件可准确、快捷地绘制出轴测图。

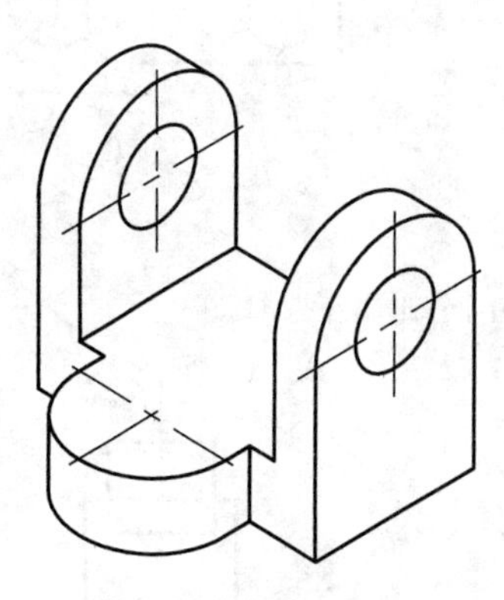

图 4 - 1　轴测投影图

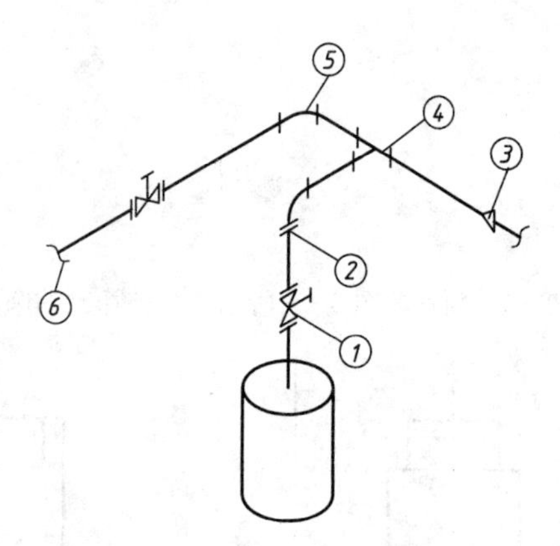

图 4 - 2　化工管路布置的轴测图

1—阀门；2—带法兰的管子；3—异径管；4—正三通；5—直角弯头；6—断裂符号

4.1　轴测图的基本概念

4.1.1　轴测图的形成

图 4 - 3 中有一空间直角坐标系，一长方体上三条相互垂直的棱线分别与直角坐标系的 OX, OY, OZ 轴重合。在适当位置设置一投影面 P，将长方体连同空间直角坐标系，沿投射方向 S 平行投射到 P 投影面上。显然，只要投射方向 S 与三个坐标面都不平行，就能在 P 面上得到长方体三个方向形状的单面投影图。这种将物体和确定物体位置的直角坐标系沿不平行于任一坐标平面的方向，用平行投影法将其投射到单一投影面上所得到的图形，

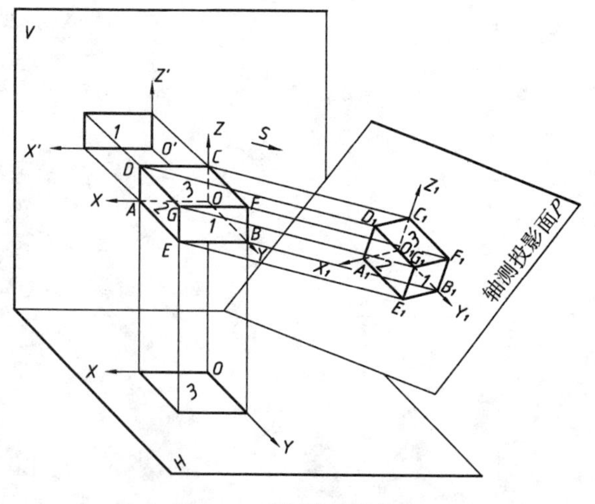

图 4 - 3　轴测图的形成

称为轴测图。

通常把轴测图所在的投影面称为轴测投影面，空间直角坐标系的三条坐标轴的轴测投影 O_1X_1，O_1Y_1，O_1Z_1 称为轴测轴，相邻两轴测轴之间的夹角称为轴间角。

由图 4－3 可见：

(1) 直角坐标系中物体上平行于坐标轴的线段在投影到轴测投影面后，长度将发生变化，这种变化规律可用轴向伸缩系数来表示。

其中：X 轴向伸缩系数 $p=O_1A_1/OA$；

Y 轴向伸缩系数 $q=O_1B_1/OB$；

Z 轴向伸缩系数 $r=O_1C_1/OC$。

(2) 轴间角也不再均为 90°。

4.1.2　轴测图的投影特性

由于轴测图是用平行投影法得到的，因此它具有平行投影的投影特性。

(1) 平行性　物体上相互平行的直线，在轴测图中仍保持平行。因此物体上平行于坐标轴的线段，在轴测图上应平行于相应的轴测轴。

(2) 定比性　平行线段的轴测投影，其轴向伸缩系数相同。如图 4－3 中：

$CD/\!/OX$，则 $C_1D_1=p\cdot CD$；

$FG/\!/OX$，则 $F_1G_1=p\cdot FG$；

$BE/\!/OX$，则 $B_1E_1=p\cdot BE$。

根据上述分析，画轴测图必须确定轴间角和轴向伸缩系数，然后沿物体各轴向测量其尺寸，乘以相应的伸缩系数，就可画出轴测图，“轴测”两字也即由此而来。

(3) 实形性　物体上平行于轴测投影面的直线和平面在轴测投影面上分别反映实长和实形。

4.1.3　轴测图的分类

轴测图可按投影方向与轴测投影面垂直或倾斜，分为正轴测图和斜轴测图两大类。根据作图简便和直观性强等原因，制图的国家标准推荐下列三种轴测图：

(1) 正等轴测图　简称正等测，即投影方向垂直于投影面，且 $p=q=r$；

(2) 正二等轴测图　简称正二测，即投影方向垂直于投影面，且 $p=r=2q$；

(3) 斜二等轴测图　简称斜二测，即投影方向倾斜于投影面，且 $p=r=2q$。

本章仅介绍常用的正等轴测图和斜二等轴测图的画法。

4.2　正等轴测图

4.2.1　轴向伸缩系数和轴间角

根据几何推导，正等测图的轴向伸缩系数 $p=q=r=0.82$，轴间角 $\angle X_1O_1Y_1=\angle X_1O_1Z_1=\angle Z_1O_1Y_1=120°$。

作图时一般使 O_1Z_1 轴处于铅垂位置，三轴的位置如图 4－4(a)所示。为了简化作图，国家标准规定正等测图的各轴向可采用简化的伸缩系数，取 $p=q=r=1$，如图 4－4(b)所示。这样画出的正等测图，比实际的轴向尺寸放大了 1/0.82≈1.22 倍，但所表达的物体

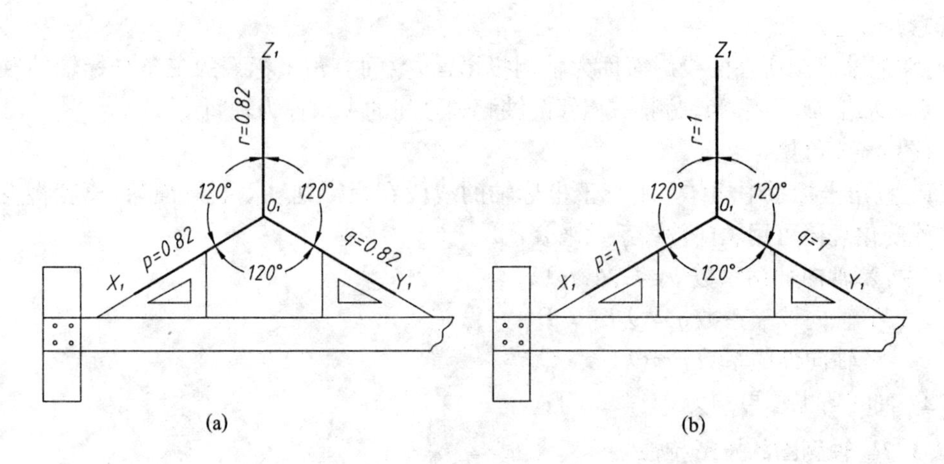

图 4-4　正等测轴向伸缩系数和轴间角

形状是一样的。

4.2.2　平面立体的正等测图

【例 4-1】　画出图 4-5(a)所示的正六棱柱的正等测图。

正六棱柱前后、左右对称,可选择顶面的中点作为坐标原点,从可见的顶面开始作图,具体步骤如图 4-5 所示。

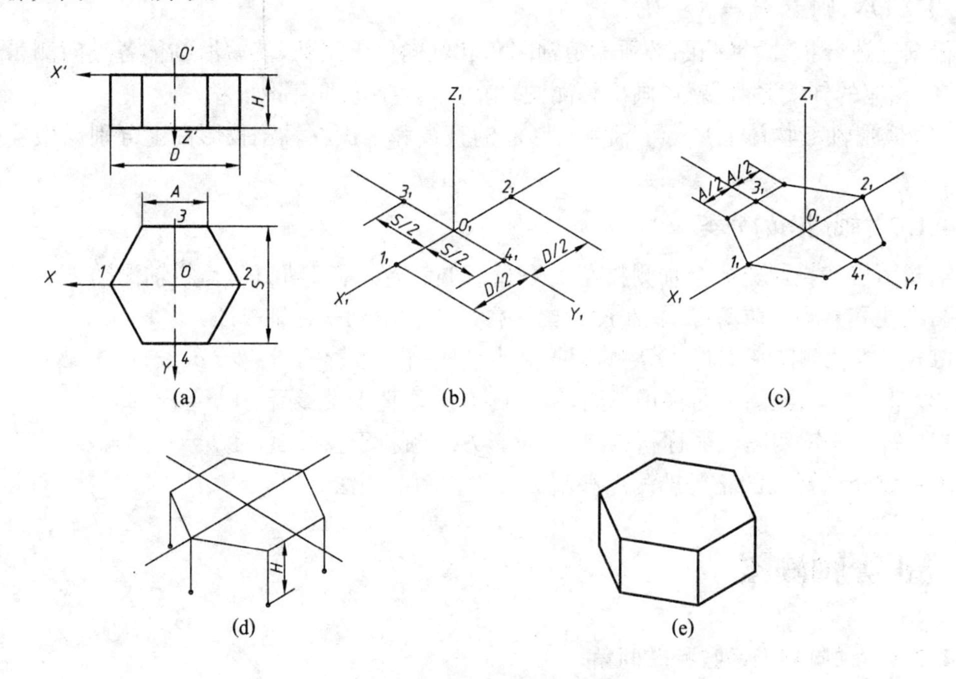

图 4-5　正六棱柱的正等测图

(a)—选择顶面的中点 O 为原点;
(b)—画轴测轴,根据尺寸在 O_1X_1,O_1Y_1 中直接定出 1_1、2_1、3_1、4_1 点;
(c)—过 3_1、4_1 两点作 O_1X_1 轴的平行线,按尺寸 A 定出顶面上另外四个点,画出顶面;
(d)—从顶面各顶点向下作各垂直棱线并量取高度 H,得底面上各点;
(e)—连接底面上各顶点(不可见部分省略不画),擦去多余线条后加深

【例 4-2】 画出图 4-6(a)所示物体的正等测图。

图示物体可看作是一长方体被截去某些部分后所形成。因此，在画轴测图时，可先画出完整的基本形体（长方体），然后依次切割，画出其不完整部分。具体作图步骤见图 4-6。

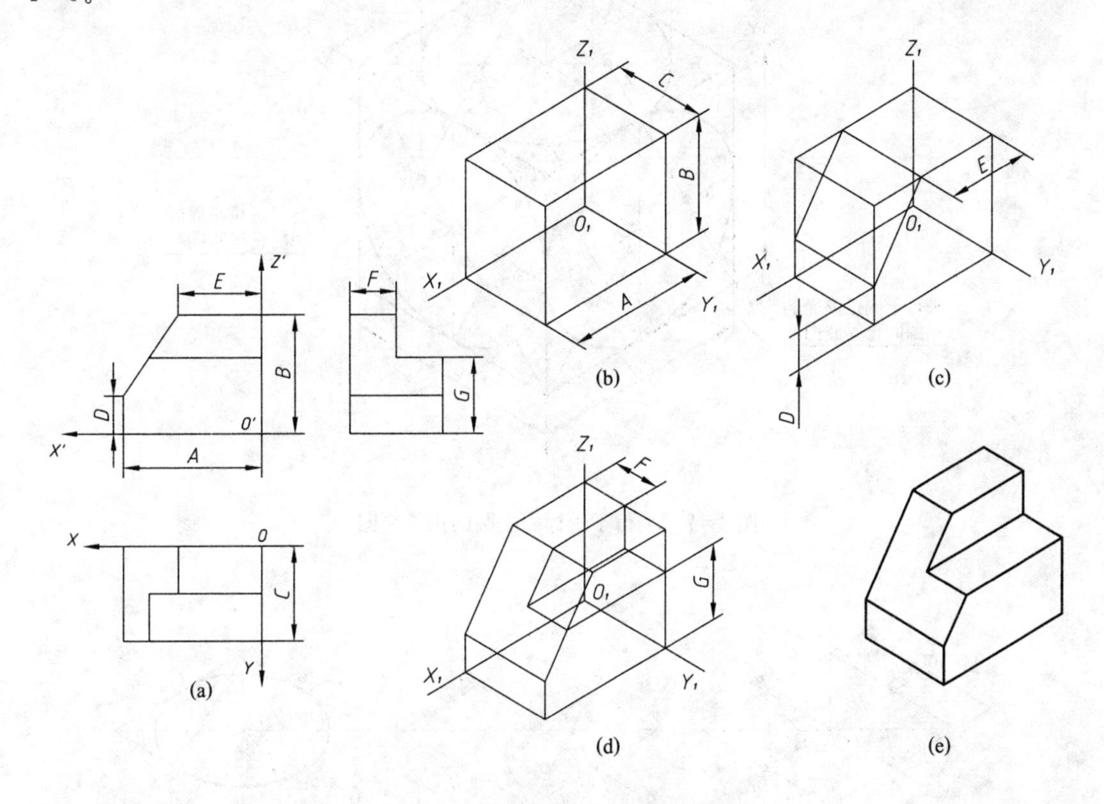

图 4-6 用切割法画物体的正等测图

(a)—在视图上定坐标原点，原点 O 在底面右后角；
(b)—画轴测投影轴，作出完整的长方体；
(c)—量取尺寸 D 和 E，垂直 $X_1O_1Z_1$ 向后切，斜切去左上块；
(d)—量取尺寸 G，平行于 $X_1O_1Y_1$ 向后切；量取尺寸 F，平行于 $X_1O_1Z_1$ 向下切；
(e)—擦去多余线条，加深可见轮廓线，完成全图

4.2.3 曲面立体的正等测图

画曲面立体时经常要遇到圆或圆弧，圆的正等测投影变形为椭圆。其中与各坐标面平行的圆，由于其外切正方形在正等测投影中变形为菱形，因而圆的轴测投影分别为内切于对应菱形的椭圆，如图 4-7 所示。

在实际作图中，可用四段圆弧组成的近似椭圆代替。图 4-8 示出了与 XOY 坐标面平行的圆的轴测投影椭圆的近似画法。

由图 4-7 和图 4-8 可见：

(1) 椭圆的长轴在菱形的长对角线上，而短轴在短对角线上。$X_1O_1Y_1$ 平行面上椭圆的四个圆心为点 1、2、3、4 ，$X_1O_1Z_1$ 平行面上椭圆的四个圆心为点 4、8、9、10，$Y_1O_1Z_1$ 平行面上椭圆的四个圆心为点 4、7、5、6。

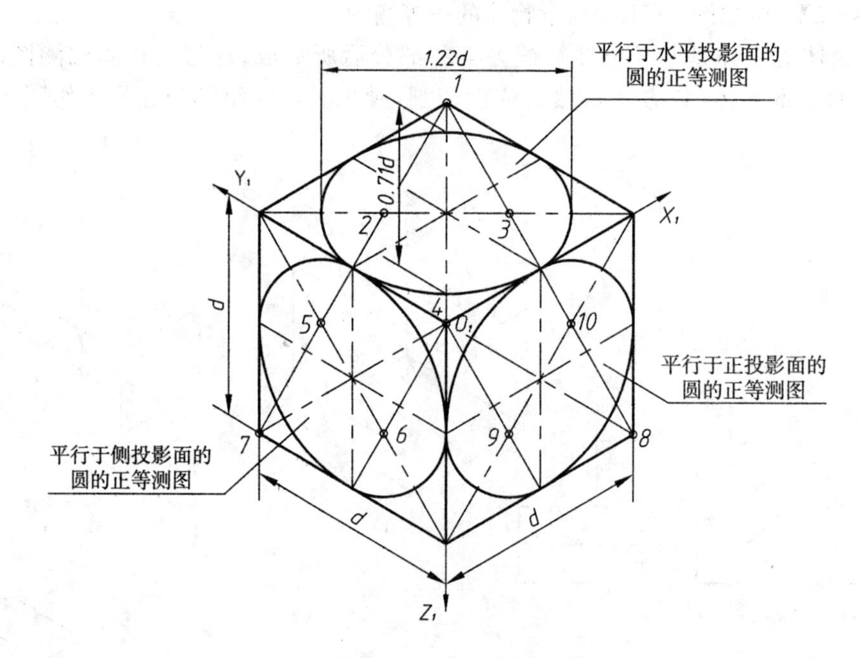

图 4-7 平行于坐标面上圆的正等测图

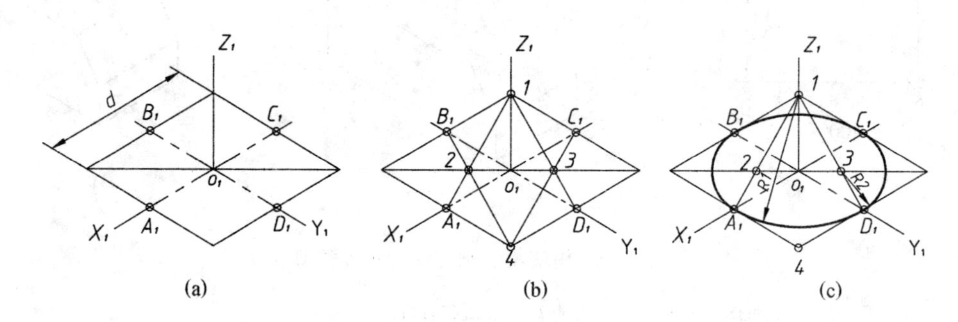

图 4-8 正等测椭圆的近似画法

(a)—画轴测轴,按图的直径 d 作圆外接正方形的正等测图——菱形(两对边分别平行于 O_1X_1 轴和 O_1Y_1 轴),得圆弧切点 A_1、B_1、C_1、D_1;

(b)—连 A_11, D_11(或 B_14,C_14)与菱形长对角线分别交于 2,3 点;

(c)—分别以 1,4 为圆心,以 A_11 或 D_11 (R_1)为半径作两个大圆弧,以 2,3 为圆心,以 A_12 或 D_13 (R_2)为半径作两个小圆弧,即得近似椭圆

(2) 椭圆的长轴分别与所在坐标面相垂直的轴测轴垂直,而短轴与该轴测轴平行。

(3) 椭圆的长轴$=1.22d$,短轴$=0.71d$。

【例 4-3】 试画出如图 4-9(a)所示平板的正等测图。

图示平板带有圆角,该圆角的轴测图由 1/4 的圆的轴测投影构成。图 4-9(b)、(c)、(d)示出了平板顶面上圆角轴测投影的画法,其中 A_1,B_1,C_1,D_1 分别为椭圆与其外切菱形的切点;圆弧 A_1B_1 的圆心 O_1,圆弧 C_1D_1 的圆心 O_2 分别是过切点向各边所作垂线的交点;而 O_1,O_2 到垂足的距离分别为圆弧的半径。平板底面上圆角轴测投影的画法如图 4-9(e)所示,其完成图如图 4-9(f)所示。

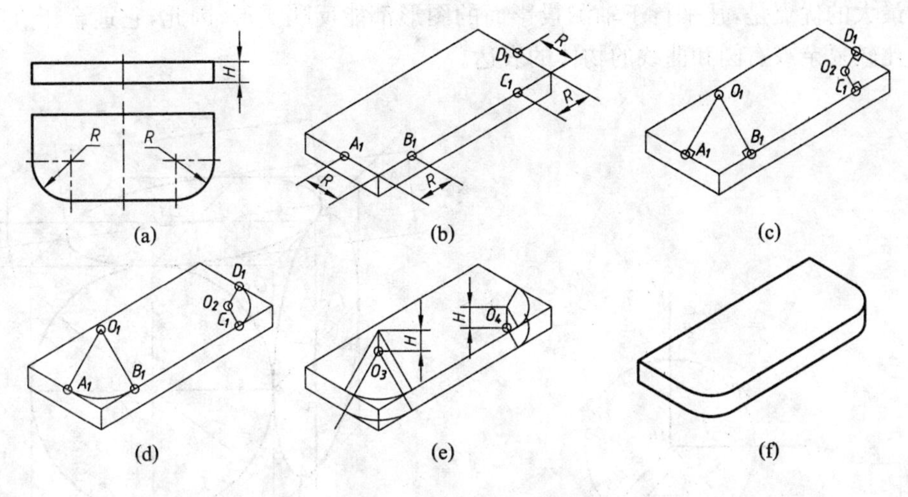

图 4-9 平板的正等测图

4.3 斜二等轴测图

4.3.1 轴间角和轴向伸缩系数

在斜轴测投影中，轴测投影面的位置可任意选定。只要投影方向与三个直角坐标面都不平行、不垂直，即投影方向与轴测投影面斜交成任意角度，所画出的轴测投影图就能同时反映物体三个方向形状。因而斜轴测投影的轴间角和轴向伸缩系数①可以独立变化，即都可以任意选定。

在图 4-10 中，轴测投影面 P 平行于坐标面 XOZ，则不论投影方向与轴测投影面倾斜成任何角度，物体上平行于 XOZ 坐标面的表面，其轴测投影的形状和大小都不变，即 X，Z 轴的轴向伸缩系数 $p=r=1$，轴间角 $X_1O_1Z_1=90°$，但 Y 轴的轴向伸缩系数 q 将随投影方向的变化而变化，且可任意选定。图 4-10 即为正面的斜轴测投影图。

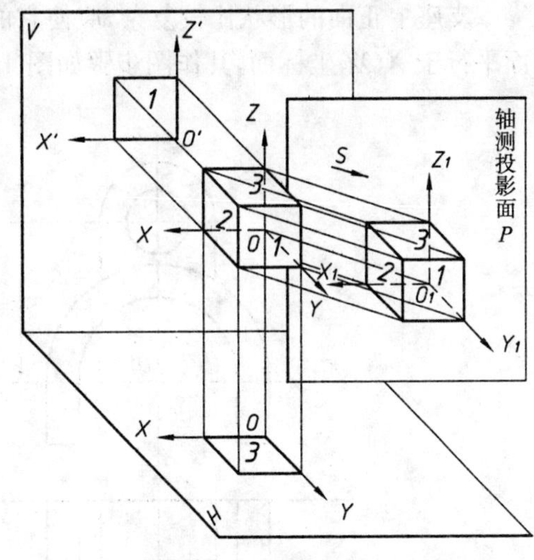

图 4-10 斜二测图的形成

为了作图方便，并有较好的立体感，国家标准推荐的斜二等轴测图取 Y 轴的轴向伸缩系数 $q=0.5$，轴间角 $\angle X_1O_1Y_1=\angle Y_1O_1Z_1=135°$。作图时一般使 O_1Z_1 轴处于铅垂位置，如图4-11所示。

圆的斜二测图如图 4-12 所示。其中平行于 XOZ 坐标面（即平行轴测投影面）的圆，其斜二测图仍为圆的实形，而平行于 XOY，YOZ 两坐标面的圆的斜二测图则为椭圆。所以斜

① 在正轴测投影中，轴向伸缩系数总是小于 1；而在斜轴测投影中，轴向伸缩系数可以等于或大于 1。

二测图最大的优点是，凡平行于轴测投影面的图形都能反映实形，因此，它适合于在某一方向形状比较复杂或有圆和曲线的物体的表达。

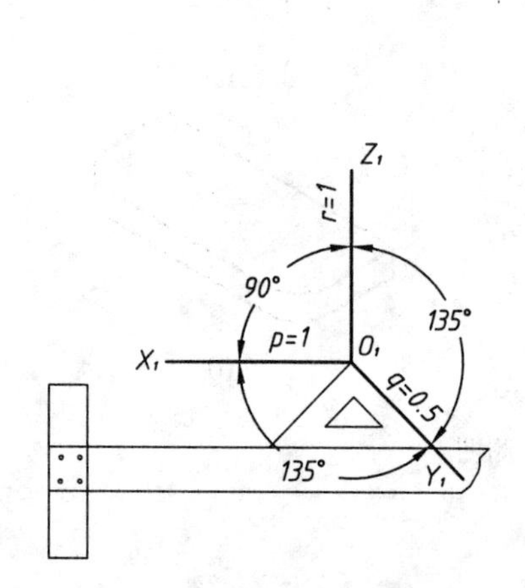

图 4-11　斜二测图的轴间角和轴向伸缩系数

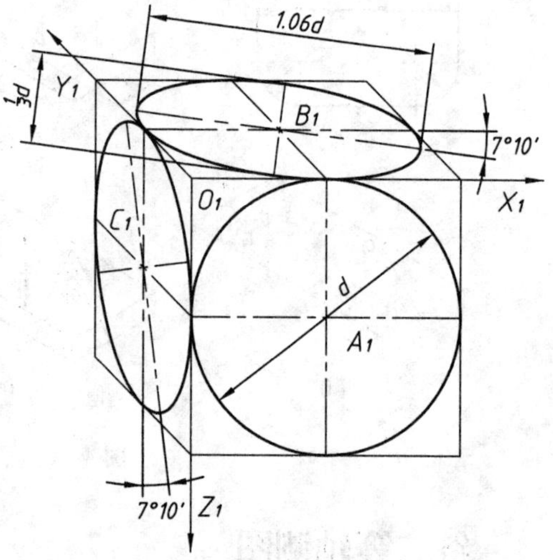

图 4-12　坐标面上三个方向圆的斜二测图

4.3.2　斜二测图的画法

斜二测图的作图方法和步骤与正等测图相同，要注意的是：在确定轴测轴位置时，应使轴测投影面与物体上形状较复杂的表面平行，以便于作图。

【例 4-4】　画出图 4-13(a)所示支座的斜二测图。

支座上正面的形状比较复杂，应使它的正面在斜二测图中反映实形，所以应使轴测投影面平行于 XOZ 坐标面，其作图步骤如图 4-13 所示。

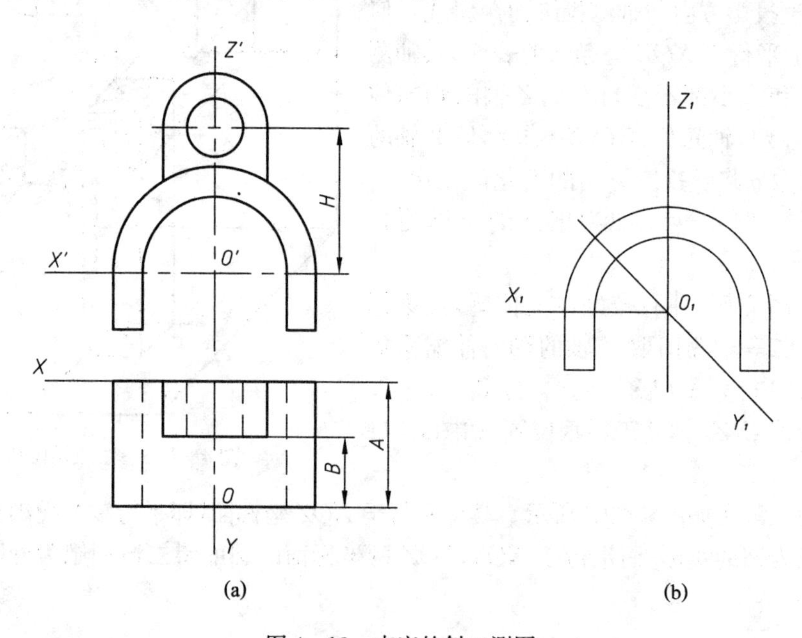

图 4-13　支座的斜二测图

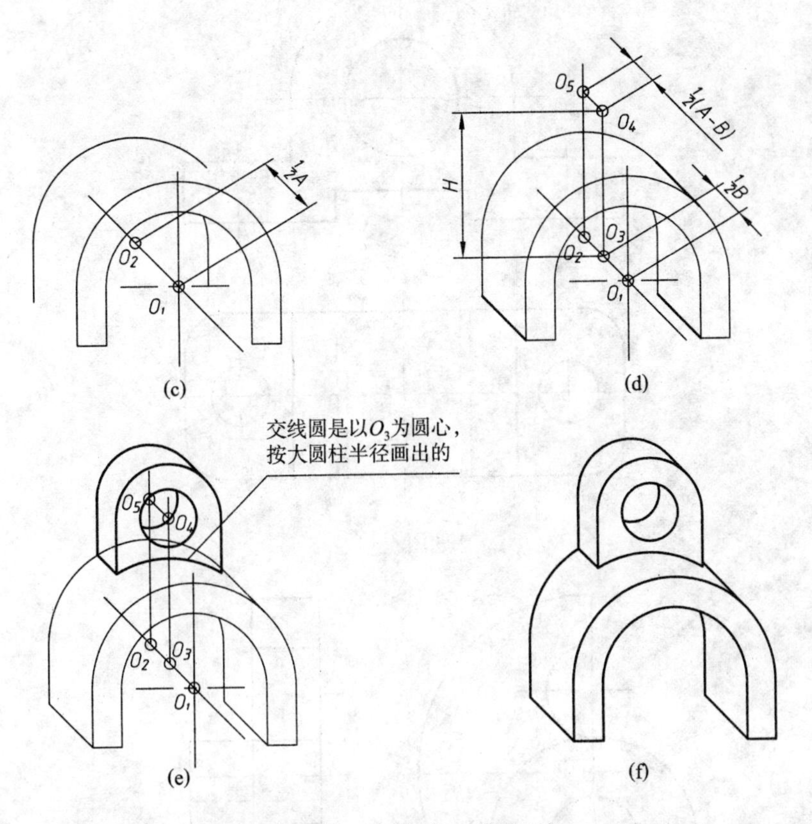

图 4-13 支座的斜二测图(续)

(a)—在视图上定出坐标原点和坐标轴；
(b)—定轴测轴，画出支座前表面的形状；
(c)—自前表面圆心 O_1，沿 O_1Y_1 轴向后量取 $A/2$，得后表面圆心 O_2，画出后表面形状；
(d)—画出前、后圆的公切线和前、后表面间的连线，自 O_1 点沿 O_1Y_1 轴向后量取 $B/2$ 得 O_3，再沿 O_1Z_1 向上按高 H 尺寸得竖板前表面圆心 O_4，从 O_4 沿 O_1Y_1 轴向量取 $(A-B)/2$，得 O_5；
(e)—以 O_3 和 O_4 为圆心画出竖板前表面的形状，以 O_5 为圆心，画出后表面可见形状。连接前后表面轮廓线；
(f)—加深，完成全图

若要画出如图 4-9(a)所示的斜二测图，应设置轴测投影面平行于 XOY 坐标面，则作图是方便的。

复习思考题

4-1 画出图示物体的正等测图(见题图 4-1)。

4-2 画出图示物体的斜二测图(见题图 4-2)。

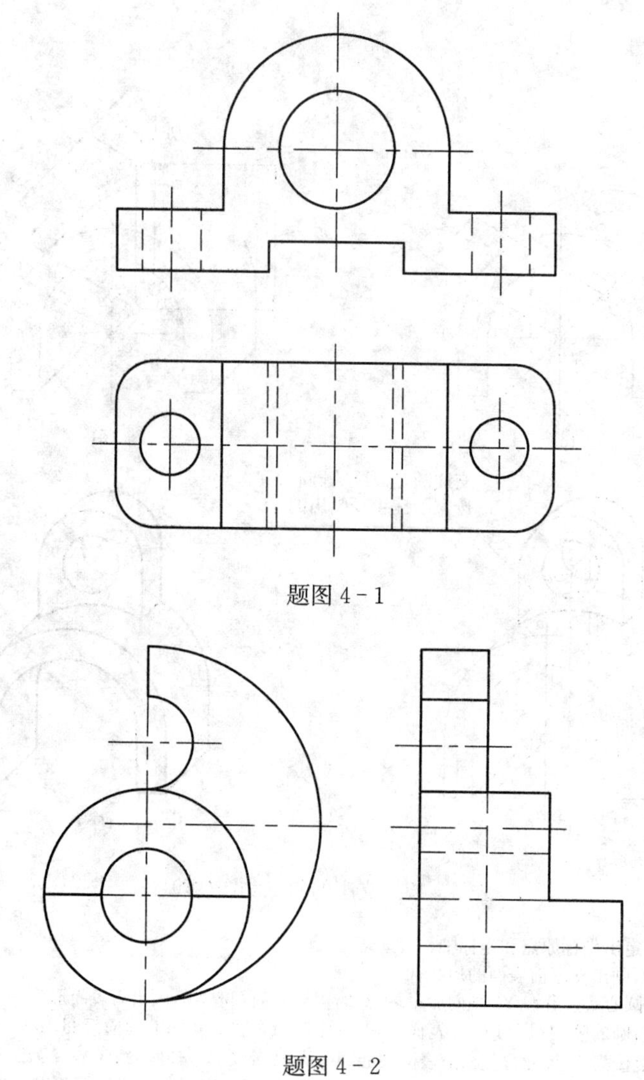

题图 4-1

题图 4-2

5 机件常用的表达方法

生产实际中的机件，其结构和形状是多种多样的，有时仅采用三视图来表达还是不够清晰，为了把机件的结构形状表达得完整、清晰和简练，并使作图简捷，看图方便，本章将介绍国家标准《技术制图》和《机械制图》中规定的视图、剖视图、断面图及其他表达方法。

5.1 视图

根据国家制图标准规定，视图有基本视图、向视图、局部视图和斜视图，主要用于表达机件的外部结构形状。

5.1.1 基本视图

机件向基本投影面投射所得的视图称为基本视图。表达一个形体可有六个基本投射方向，相应的有六个基本投影面分别垂直于这六个基本投射方向。这六个基本投影面，分别取名为：V、V_1——正投影面（正面直立位置）；H、H_1——水平投影面（水平位置）；W、W_1——侧投影面（侧面直立位置）。

将置于六投影面体系中的机件向各个投影面作正投影可得六个基本视图，它们是：

主视图——由前向后投射在 V 投影面上所得的视图；

左视图——由左向右投射在 W 投影面上所得的视图；

俯视图——由上向下投射在 H 投影面上所得的视图；

右视图——由右向左投射在 W_1 投影面上所得的视图；

仰视图——由下向上投射在 H_1 投影面上所得的视图；

后视图——由后向前投射在 V_1 投影面上所得的视图。

为了能在同一平面的图纸上画出六面基本视图，规定 V 投影面不动，H 投影面绕 X 轴向下旋转 90°，V_1 投影面绕其与 W 投影面交线向前旋转 90°，再与 W 投影面一起绕 Z 轴向右旋转 90°，H_1 投影面绕其与 V 投影面交线向上旋转 90°，W_1 投影面绕其与 V 投影面交线向左旋转 90°，如图 5-1 所示。

通过上述各投影面的旋转即可在同一平面上获得六面基本视图，如图 5-2 所示。当六个基本视图按图 5-2 配置时一律不标注视图名称。六个基本视图之间仍满足“长对正、高平齐、宽相等”的投影规律。实际画图时，选用几个及哪几个基本视图，应根据清晰、完整、简练表达机件的原则而定。

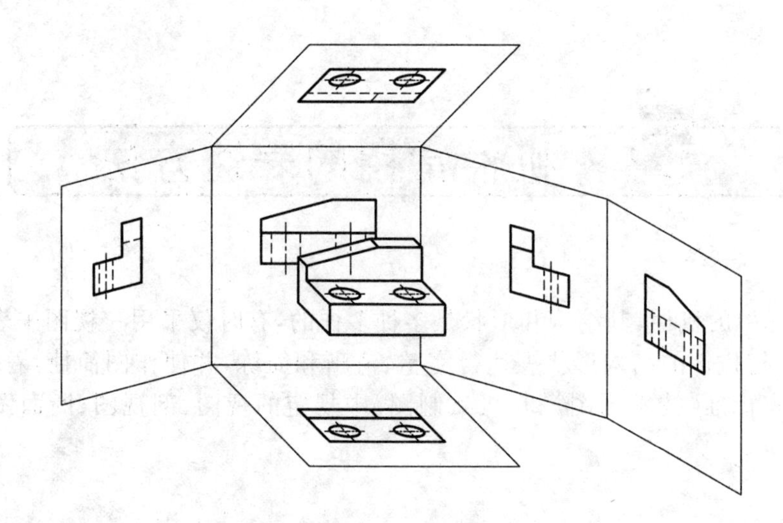

图 5-1　基本投影面与六个基本视图

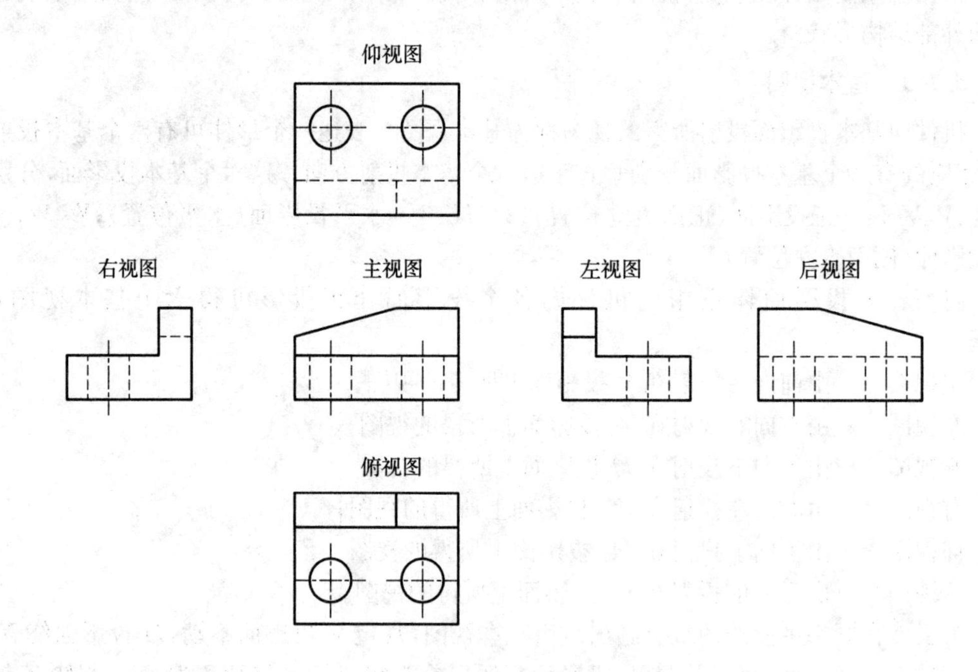

图 5-2　六个基本视图的名称及配置

5.1.2　向视图

向视图是可以自由配置的视图。为便于看图，应在向视图的上方用大写拉丁字母标出向视图的名称，如 A、B、C 等，在相应的视图附近用箭头指明投射方向，并注上同样的字母。如图 5-3。

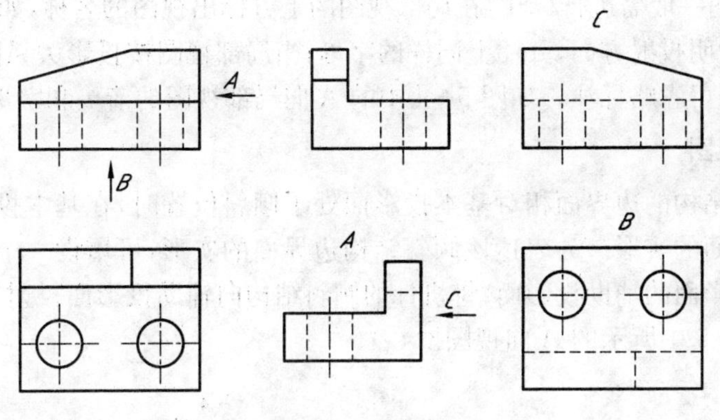

图 5-3 向视图

5.1.3 局部视图

将机件的局部结构形状向基本投影面投射，这样所得的视图称为局部视图。如图 5-4 所示的机件，用主、俯两个基本视图已清楚地表达了主体结构形状，为了表达左、右两个凸缘形状，再增加左、右视图显得繁琐和重复，这时就可以采用局部视图，只画出左、右两个凸缘形状，这样的表达方案不仅简练、重点突出，且看图、画图都很方便。

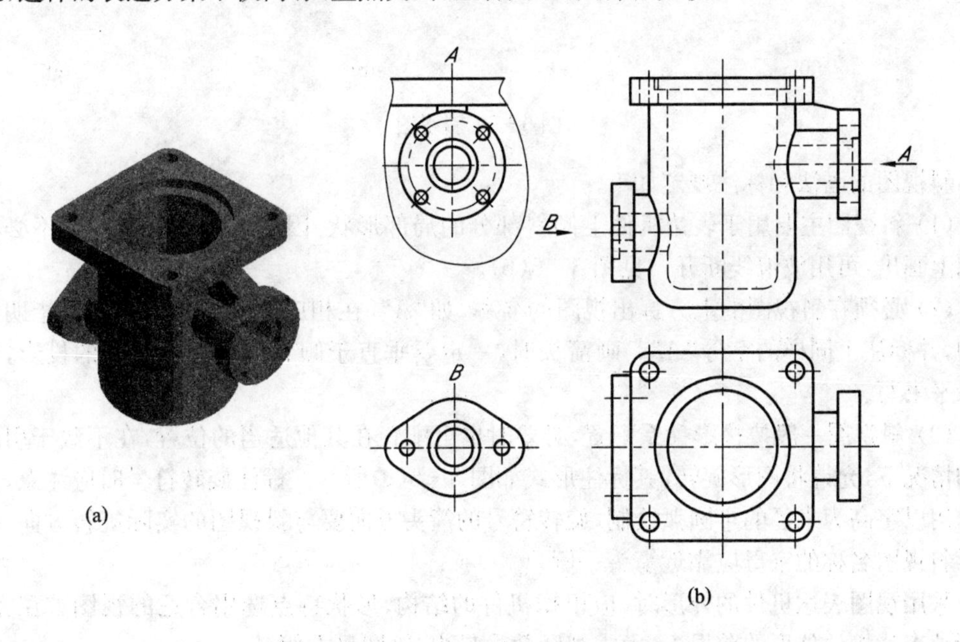

图 5-4 局部视图

局部视图的画法和标注规定如下。

(1) 局部视图的断裂边界一般以波浪线表示，如图 5-4 中的 A 向局部视图。

(2) 当所表示的结构是完整的，且外轮廓又成封闭时，波浪线可省略不画。如图 5-4 中的 B 向局部视图。

(3) 局部视图可按基本视图配置的形式配置(如图 5-4 中的 A 向局部视图)，也可按向视图配置在其他适当位置(如图 5-4 中的 B 向局部视图)。

(4) 局部视图一般需进行标注,在局部视图的上方标出视图的名称,如“A”,在相应的视图附近,用箭头指明投射方向,并注上同样的字母;当局部视图按投影关系配置,中间又没有其他图形隔开时,可省略标注。如图 5-4 中的 A 向局部视图的箭头和字母 A 均可省略。

5.1.4 斜视图

当机件部分结构的边界面相对基本投影面处于倾斜位置时,在基本投影面上的投影就不能反映该边界面的实形。为表达该倾斜结构边界面的实形,可增设一个与该边界面平行且垂直于基本投影面的辅助投影面,将机件的倾斜结构向辅助投影面投射,所得的视图称为斜视图。如图 5-5 中所示的 A 向视图。

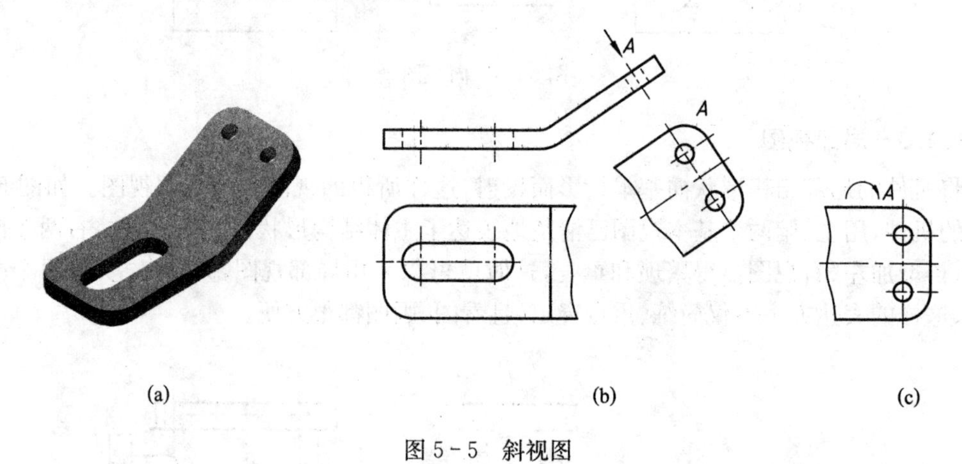

图 5-5 斜视图

斜视图的画法和标注规定如下。

(1) 斜视图主要用于表达机件上倾斜部分的局部形状,因此机件的其余部分不必在斜视图上画出,可用波浪线断开。见图 5-5(b)。

(2) 必须在斜视图的上方标出视图的名称,如“A”,在相应的视图附近用箭头指明投射方向,并标注上同样的字母“A”。画箭头时,一定要垂直于倾斜结构的边界面的投影,字母要水平书写。

(3) 斜视图一般按投影关系配置,必要时也可配置在其他适当的位置,在不致于引起误解的情况下,允许将图形旋转,其标注形式如图 5-5(c)所示。标注旋转符号时应注意,旋转符号用以字高为半径的半圆弧绘制,旋转符号的箭头方向要与斜视图的实际旋转方向一致,表示斜视图名称的字母应靠近箭头一侧。

采用视图表达机件的外形时,应根据机件的结构、形状特点选用合适的视图。在完整、清晰地表达机件外形的前提下,力求视图数量最少,绘图最方便。

5.2 剖视图

用视图表达机件时,机件的内部结构和被遮盖的外部形状是用虚线表示的,当机件的内部结构形状较复杂时,在视图中就会出现很多虚线,这些虚线和其他线条重叠在一起,不便于画图和读图,不利于标注尺寸。采用剖视的方法,可以表达清楚机件内部的空与实的关系,更明显地反映机件结构形状。

5.2.1 剖视的概念和基本画法

图 5-6 所示的机件，在主视图上其内部结构是用虚线来表示的。现假想用一个过机件对称平面的正平面为剖切平面切开机件后，移去观察者和剖切平面之间的部分，将留下的部分向正投影面投射，就得到图 5-7(a)所示主视图位置上的剖视图。这种假想用一剖切平面沿机件的适当位置剖开机件，将处于观察者和剖切平面之间的部分移去，而将其余部分向投影面投射，并在剖切到的实体部分画上剖面符号，所得到的图形称为剖视图。

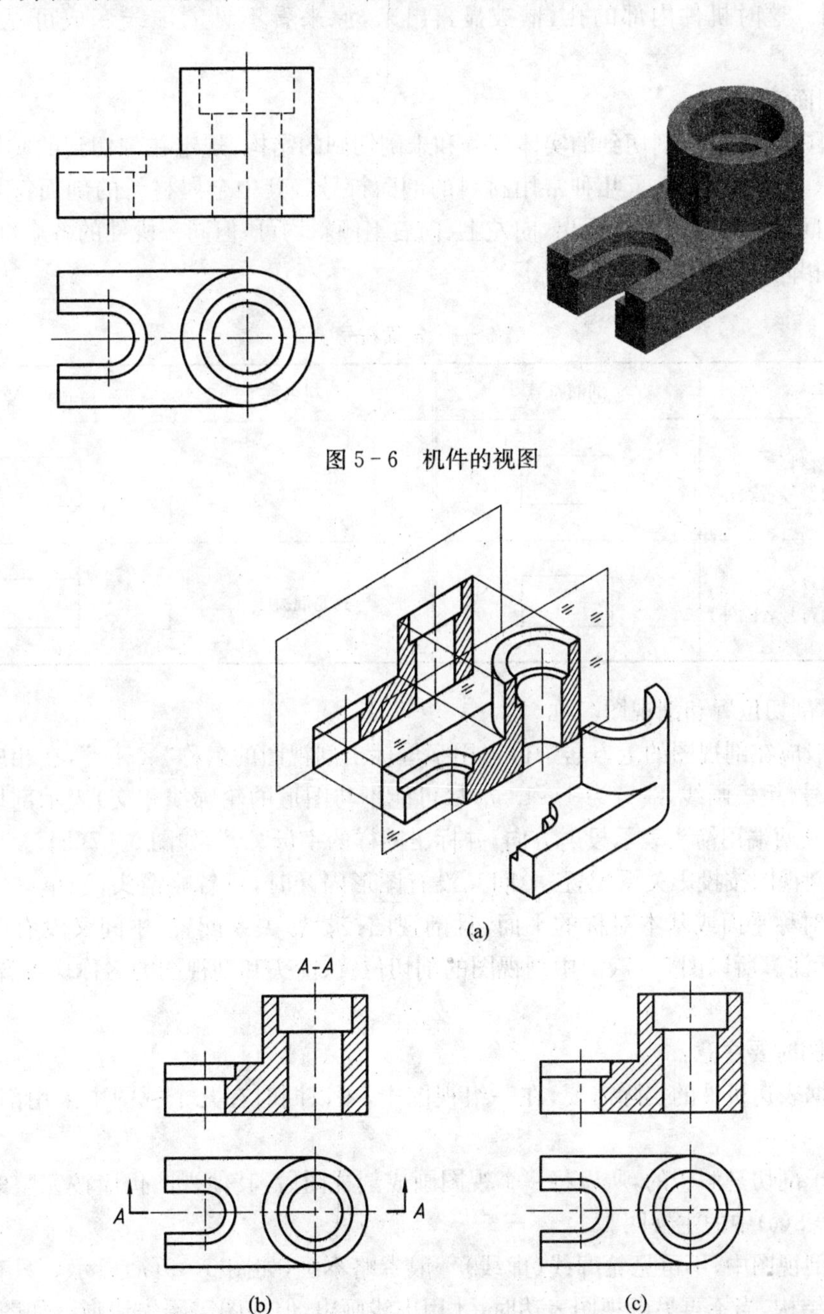

图 5-6 机件的视图

图 5-7 剖视的概念

下面以图 5－6 机件为例，介绍画剖视图的步骤：

1）确定剖切面的位置

剖切平面一般应通过机件的对称平面或孔、槽等结构的轴线，且要平行(或垂直)于某一基本投影面(图中为平行于正投影面)，这样就能反映机件内部结构的实形。

2）画剖视图

移去位于观察者和剖切面之间的部分，画出余下部分机件的视图，从而在主视图上得到剖视图。这时机件内部的孔、槽被显露出来，原来看不见的虚线变成可见，画成粗实线。

3）画剖面符号

在剖视图上，为区分剖切到的实体部分和未剖切到的结构，规定在剖切到的实体部分画上剖面符号。表 5－1 列举了几种常用材料的剖面符号。其中金属材料的剖面符号用与水平线成 45°、间隔均匀的细实线画出，向左上、向右上倾斜均可，但同一机件的各个剖视图中，倾斜方向应相同，间隔应一致。

表 5－1　剖面符号

材料名称	剖面符号	材料名称	剖面符号
金属材料 (已有规定剖面符号者除外)		混凝土	
非金属材料 (已有规定剖面符号者除外)		钢筋混凝土	

4）标注剖切位置和剖视图名称

(1) 一般应在剖视图的上方居中位置用字母标出剖视图的名称“×-×”，在相应的视图上用剖切符号(粗短画线，线宽为 1～1.5b，尽可能不与图形的轮廓线相交)表示剖切平面的起、讫位置，其两端用箭头表示投射方向，并标出同样的字母“×”，如图 5－7(b)。

(2) 当剖视图按投影关系配置，中间又没有图形隔开时，可省略箭头；当单一剖切平面通过机件的对称平面或基本对称的平面，且剖视图按投影关系配置，中间又没有图形隔开时，可省略标注。所以图 5－7(b)中剖视图的剖切位置、箭头和剖视图的名称均可省略，见图 5－7(c)。

画剖视图时要注意：

(1) 根据表达机件的实际需要，在一组视图中，可以同时在几个视图中采用剖视，例见图 5－8。

(2) 由于剖切是假想的，所以将一个视图画成剖视图后，其他视图仍应按完整的机件画出。见图 5－8(c)中的主视图。

(3) 在剖视图中，不可见轮廓线(虚线)一般省略不画，如图 5－9(a)所示。只有对尚未表达清楚的结构，当不再另画视图表达时，才用虚线画出，但视图需不失清晰。如图5－9(b)所示。

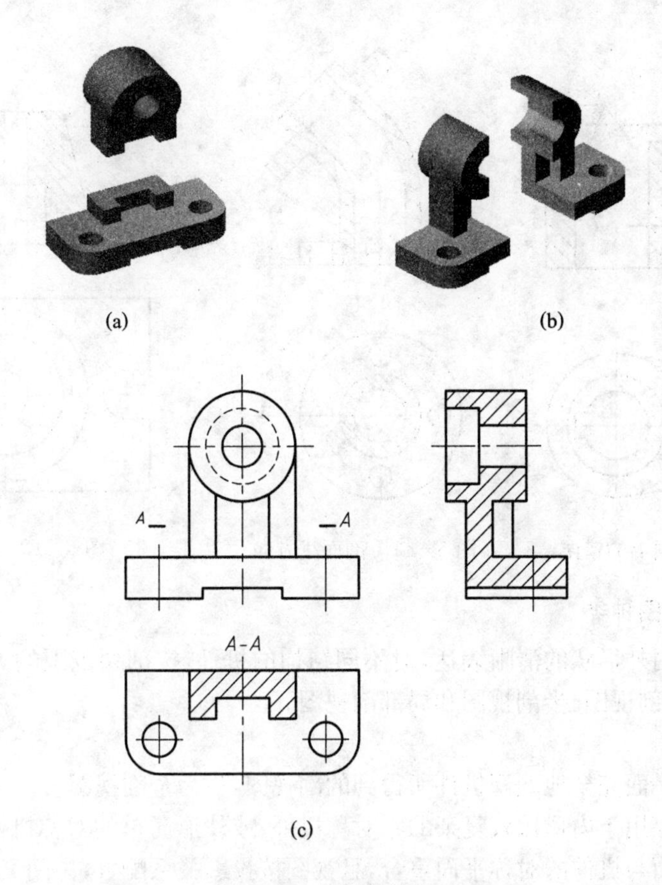

图 5-8 机件的剖视图

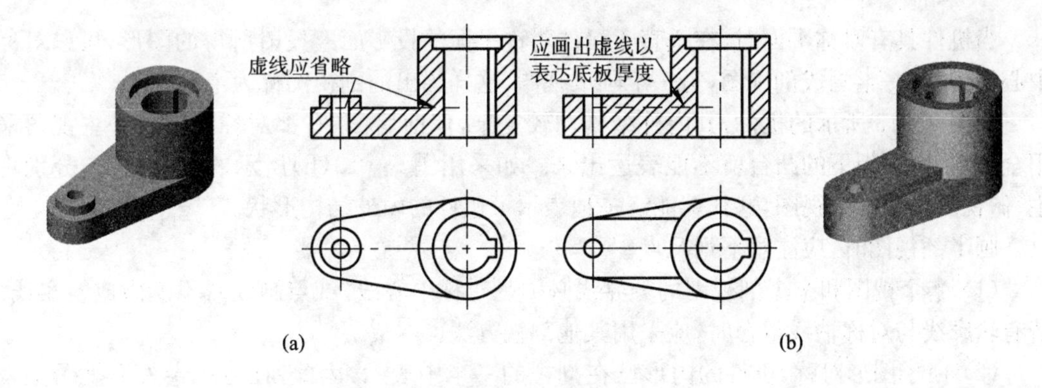

图 5-9 剖视图中虚线的处理

(4) 在画剖视图时,剖切面后的可见部分应用粗实线全部画出。应注意不可将已假想被移去的部分画出。图 5-10 示出了常见的错误。

(5) 在剖视图中,在剖切到的断面上应画上剖面符号。当视图的主要轮廓线与水平线成 45°时,该视图上的剖面线应与水平线成 30°或 60°的平行线,其倾斜方向仍与该机件的其他视图的剖面线方向一致。如图 5-11 所示。

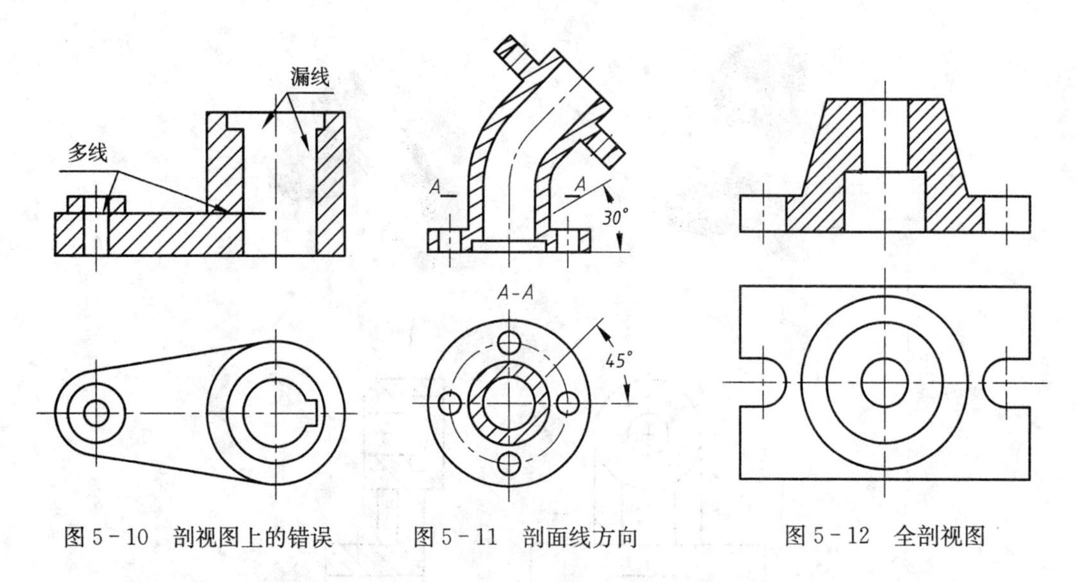

图 5 - 10 剖视图上的错误　图 5 - 11 剖面线方向　图 5 - 12 全剖视图

5.2.2 剖视图种类

为了能兼顾内外形状的清晰表达，对不同结构的机件，按剖切范围的大小，国家标准规定的剖视图有：全剖视图、半剖视图和局部剖视图。

1. 全剖视图

假想用剖切平面完全地剖开机件所得到的剖视图，称为全剖视图。

全剖视图主要用于内形比较复杂的不对称机件，或外形简单的对称机件，如图 5 - 12 所示。由于剖切平面与机件的对称平面重合，且视图按投影关系配置，中间又没有其他图形隔开，所以在图 5 - 12 中省略标注剖切位置、投影方向和剖视图名称。

2. 半剖视图

当机件具有对称平面时，在垂直于机件对称平面的投影面上投射所得的图形，可以对称中心线为界，一半画成剖视图，另一半画成视图，这样画出的剖视图称为半剖视图。

如图 5 - 13 所示的机件，其内外结构均较复杂，但前后、左右都对称。如果将主视图采用全剖视，则顶板下的凸台就不能表达出来。如采用图 5 - 13(b)所示的剖切方法，分别将主、俯视图画成半剖视图，这样就能清楚地表示了机件的内外结构形状。

画半剖视图时，应注意下列几点。

(1) 半个视图和半个剖视图的分界线必须是对称中心线(细点画线)，不能画成粗实线。若有轮廓线与对称轴线重合时，应采用其他剖视方法。

(2) 由于图形对称，机件的内形已在剖视的一半中表示，因此，在另一半外形视图上表示内部结构的虚线一般应省略不画。但是，如果机件的某些内部形状在半剖视图中还没有表达清楚时，则在表达外部形状的半个视图中，应该用虚线画出。如图 5 - 13(c)中，在主视图上，顶板上的圆柱孔和底板上的圆柱孔，都用虚线画出。

(3) 半剖视图的标注方法与全剖视图的标注方法相同。在图 5 - 13(c)中，按照标注省略条件，主视图省略了标注；而用水平面剖切后得到的半剖视图，因为剖切面不是机件的对称平面，所以必须在半剖视图的上方注出剖视图的名称“$A-A$”，并在主视图中用带字母 A 的剖切符号表示剖切位置，由于图形按投影关系配置，中间又没有其他图形隔开，所以表示

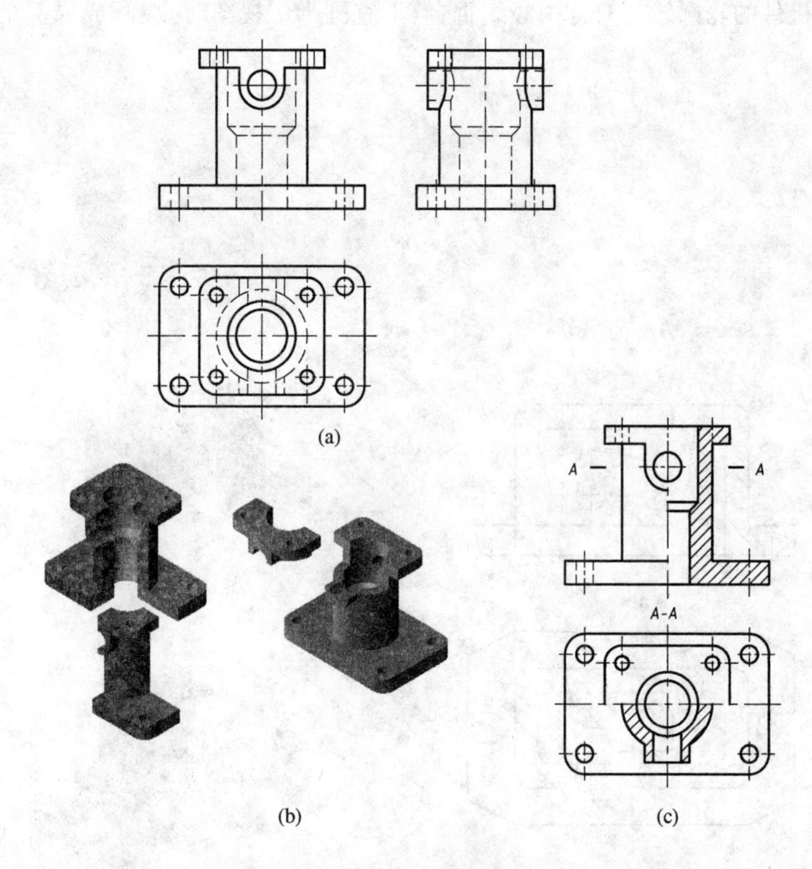

图 5-13 半剖视图

投射方向的箭头省略。另外图 5-13 中省略了左视图,原因请读者自己分析。

3. 局部剖视图

假想用剖切平面局部地剖开机件所得的剖视图,称为局部剖视图。

局部剖视图是一种比较灵活的表达方法,剖切位置和剖切范围可根据需要确定。如图 5-14所示的机件,其上下、左右、前后都不对称。为了使机件的内外部结构都能表达清楚,可将主视图画成局部剖视图;在俯视图上,为保留顶部外形,采用“$A-A$”剖切位置的局部剖视图。

画局部剖视图时应注意下列几点。

(1) 局部剖视图与视图用波浪线作为分界线,波浪线可看成是机件断裂边界的投影,因此它只能画在机件的实体部分,不能超出视图的轮廓线或画在穿通的孔、槽内,也不能和图样上的其他图线重合,或画在轮廓线的延长线上。图 5-15 中示出了波浪线的一些错误画法。

(2) 局部剖视图的标注方法和全剖视图的标注方法相同,但对于剖切位置明显的局部剖视图,一般不必标注。

(3) 当被剖结构为回转体时,允许将该结构的中心线作为局部剖视图与视图的分界线。如图 5-16 所示。

(4) 当机件的轮廓线与对称中心线重合,不宜画半剖视图时,应画成局部剖视图。见图 5－17。

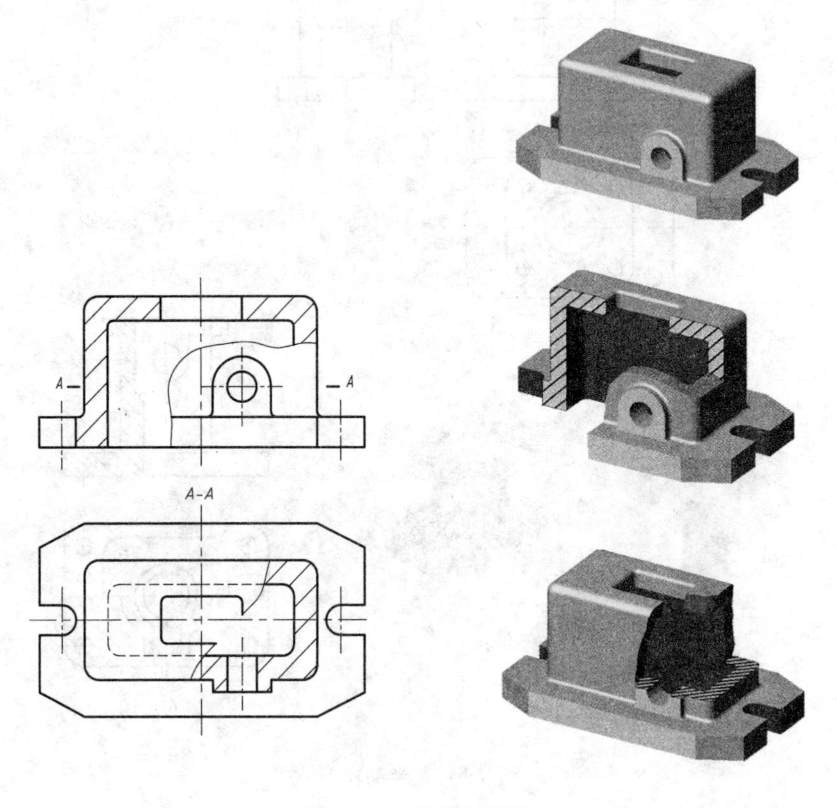

图 5－14　局部剖视图

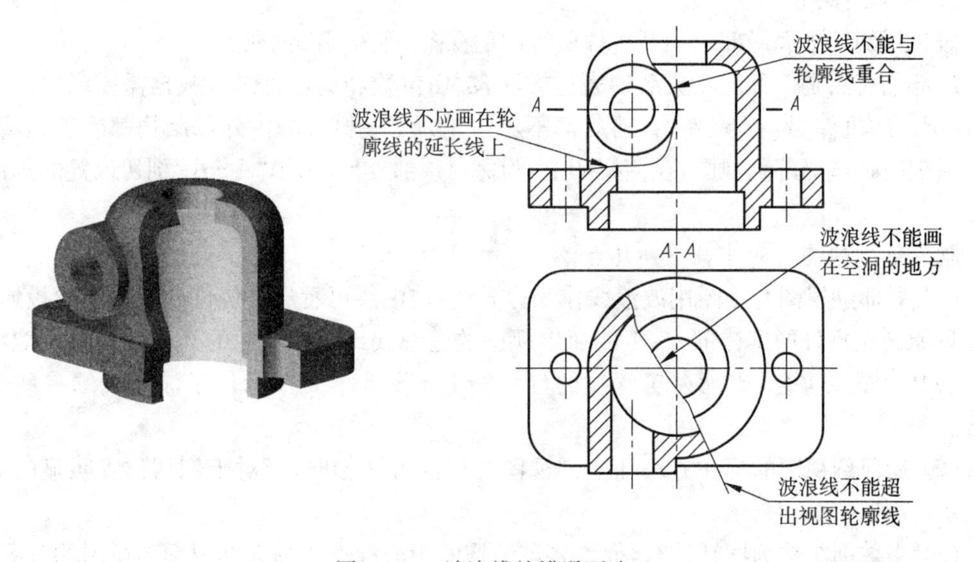

图 5－15　波浪线的错误画法

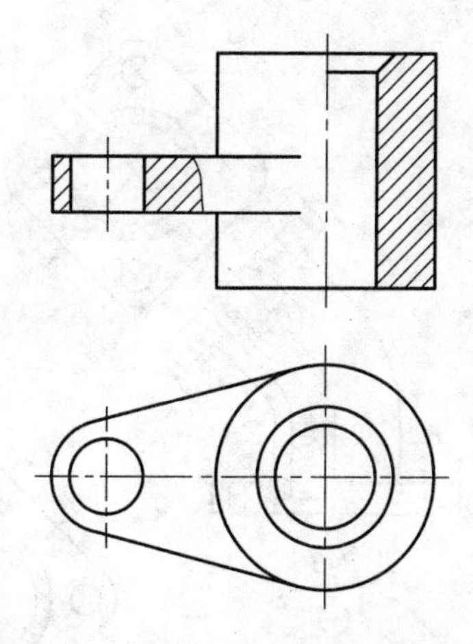

图 5-16 以中心线为界的局部剖视图

图 5-17 用局部剖视图代替半剖视图

5.2.3 剖切面的种类

在作剖视图时，应根据机件的结构特点，恰当选用不同的剖切平面。常用的剖切面有：单一剖切平面、两相交的剖切平面、几个平行的剖切平面和组合的剖切平面。

1. 单一剖切平面

假想用一个剖切面(一般为平面)剖开机件。

1) 用平行于某一基本投影面的平面剖切

如前面所述的全剖视图、半剖视图和局部剖视图，都是用平行于某一基本投影面的剖切平面剖开机件后所得到的。

2) 用不平行于任何基本投影面的剖切平面剖切

如图 5-18 所示机件，采用了不平行于任何基本投影面，但垂直于基本投影面(图 5-18 中为正投影面)的剖切平面“$A-A$”剖开机件。这种用不平行于任何基本投影面的剖切平面剖开机件，再投射到与剖切平面平行的投影面上获得剖视图的方法，称为斜剖视。

斜剖视图的画法与斜视图类似，一般应按投影关系配置在与剖切符号相对应的位置，并予以标注，如图 5-18(b)所示。必要时，也可配置在其他适当的位置，如图 5-18(c)所示。

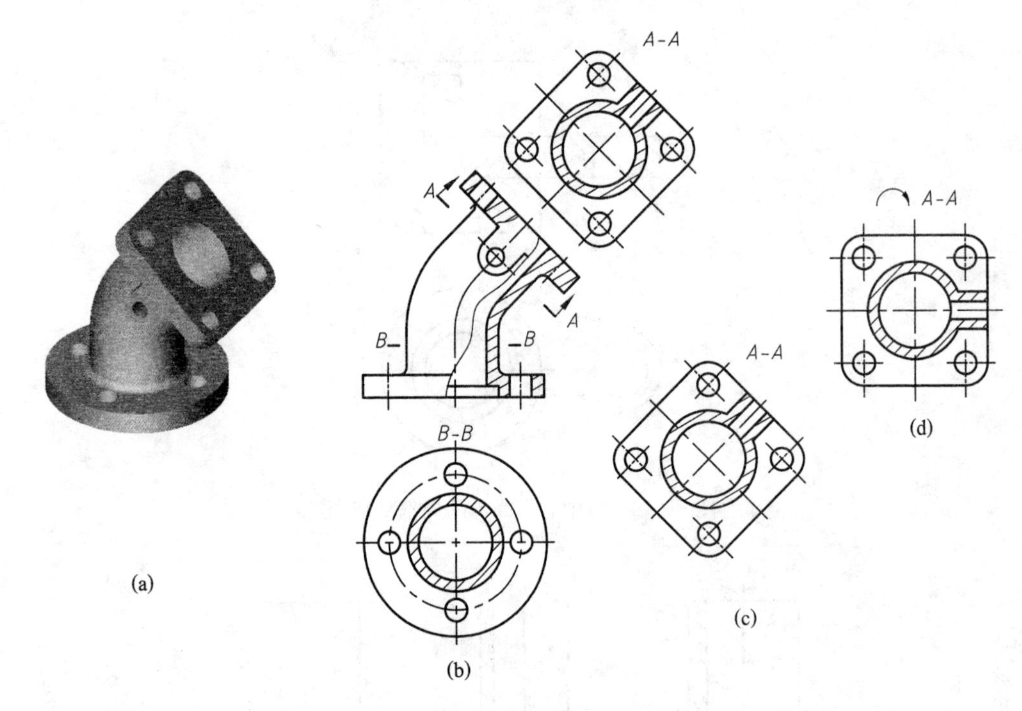

图 5-18　斜剖视图

在不致引起误解时，还允许将图形旋转，旋转后的标注形式如图 5-18(d)所示。

2. 两相交的剖切平面

如图 5-19(a)所示的机件，现假想采用两个相交的剖切平面(交线垂直于某一基本投影面)剖开机件，同时为使倾斜结构在剖视图上反映实形，假想将倾斜剖切平面剖开的结构及其有关部分旋转到与基本投影面平行后再进行投射，这样就可以在同一剖视图上表示出两个相交剖切平面所剖切到的形状。这种用两个相交的剖切平面剖开机件，并旋转到与基本投影面平行后画出剖视图的方法称为旋转剖视。

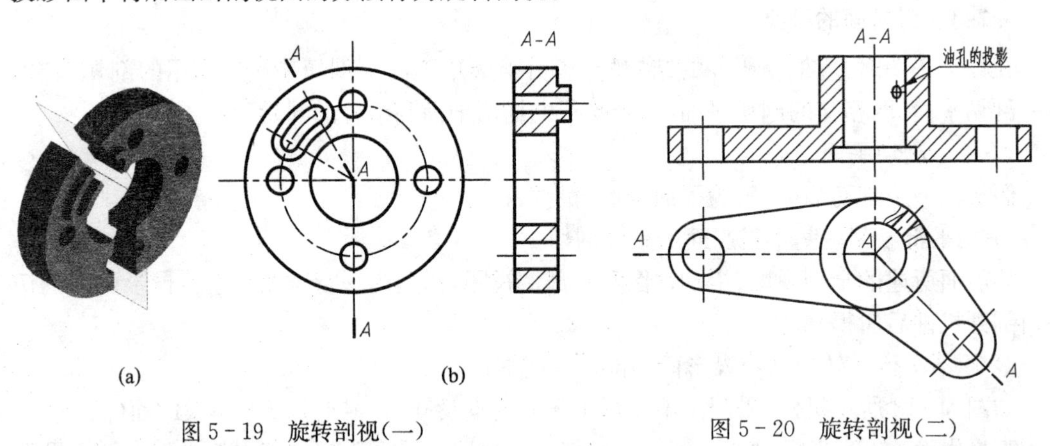

图 5-19　旋转剖视(一)　　图 5-20　旋转剖视(二)

画旋转剖视图时必须进行标注。在剖视图的上方，用字母标出剖视图的名称，如“$A-A$”，在相应的视图上用剖切符号标明剖切平面起始、转折和终止的位置，并标注相同的字母，用箭头表示投影方向。若旋转视图按投影关系配置，中间又没有其他图形隔开，可省略表示投射方向的箭头，如图 5 - 19(b)所示。

旋转剖视适用于盘盖类的回转体机件，也适用于具有公共回转轴线的其他形状的机件，如图 5 - 20 所示。

采用旋转剖视时，在剖切平面后的其他结构要素，一般仍按原来位置画出投影。如图 5 - 20主视图中，油孔的投影就是按原来位置画出的。

3. 几个平行的剖切平面

图 5 - 21(a)所示机件，若采用一个与对称平面重合的剖切平面进行剖切，则上面板子的两个小孔将剖不到。现假想通过右边孔的轴线再作一个与上述剖切平面平行的剖切平面，这样可以在同一个剖视图上表达出两个平行剖切平面所剖切到的结构。这种用几个互相平行的剖切平面剖切机件画出剖视图的方法称为阶梯剖视，如图 5 - 21(b)所示。

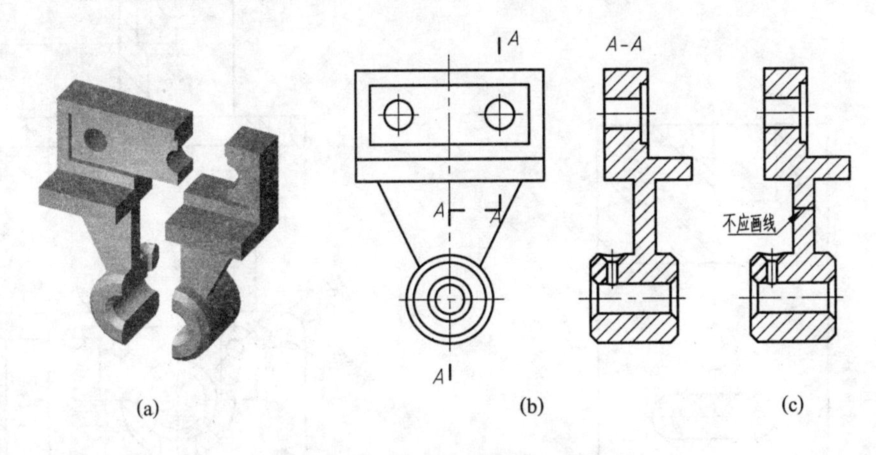

图 5 - 21　阶梯剖视

画阶梯剖视图时应注意下列几点。

(1) 阶梯剖视虽然是由两个或多个相互平行的剖切平面剖切机件，但剖视图中不应画出两个剖切平面转折处的投影，如图 5 - 21(c)。

(2) 剖切符号的转折处，不应与视图中的轮廓线重合；而且剖切平面转折处的剖切符号应对齐不能叉开，如图 5 - 22(a)中的剖切位置的标注是错误的。

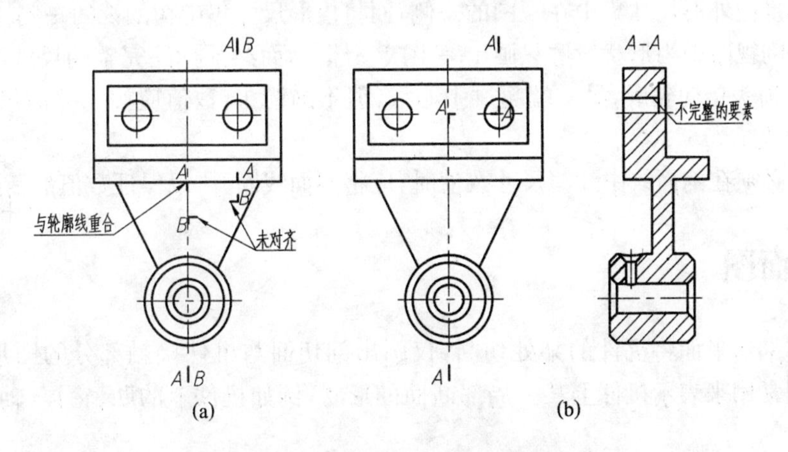

图 5 - 22　阶梯剖视中的错误画法

(3) 阶梯剖视必须进行标注,标注形式如图 5-21(b)。在剖视图的上方标出其名称,如"$A-A$",在相应的视图(图中为主视图)上用剖切符号标明剖切平面起始、转折和终止的位置,并标注相同的字母,用箭头表示投射方向。箭头省略条件与全剖相同。

(4) 在阶梯剖的剖视图上,不应出现不完整的结构要素,如图 5-22(b)中通孔的表示方法是错误的。只有当两个结构在图形上具有公共对称中心线或轴线时,可以对称中心线或轴线为界各画一半。若要表示得更清楚,可沿分界线将两剖面线叉开,例见图 5-23 中的"$A-A$"剖视图。

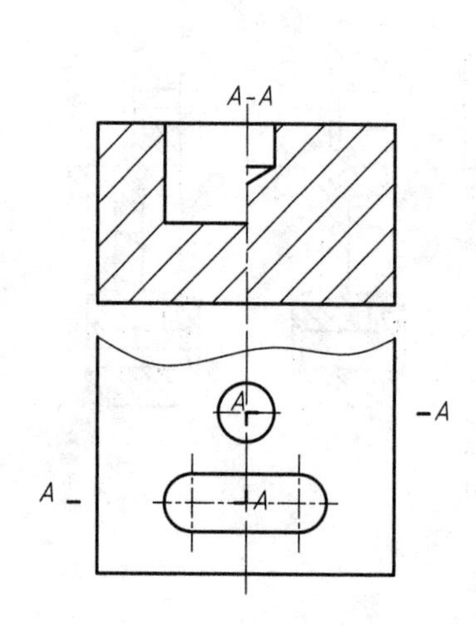

图 5-23 具有公共对称中心线的阶梯剖视

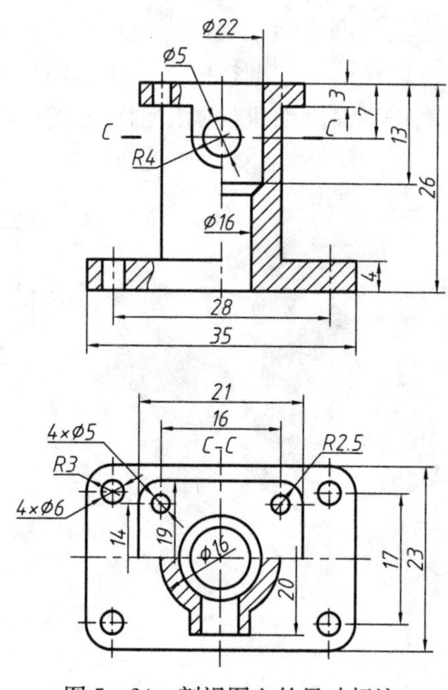

图 5-24 剖视图上的尺寸标注

5.2.4 剖视图上的尺寸标注

在剖视图上标注尺寸时,应注意下列几点,例见图 5-24。

(1) 尽量把外形尺寸集中在视图的一侧,而将内形尺寸集中在剖视的一侧,以便看图。

(2) 在剖视图中当形状轮廓只画出一半或一部分,而必须标注完整的尺寸时,可使尺寸线的一端用箭头指向轮廓,另一端超过中心线,但不画箭头,数值应按完整的尺寸标出。如图 5-24 中 ϕ22、ϕ16、20。

(3) 如必须在剖面线中注写尺寸数值时,应将剖面线断开,以保证数值的清晰。

5.3 断面图

假想用剖切平面将机件的某处切断,仅画出剖切面与机件接触部分的图形,称为断面图。断面图常用来表示机件上某一局部断面的形状,例如机件上的肋、轮辐,轴上的键槽和孔等。

如图 5-25 小轴上有一键槽,在主视图上能表达它们的形状和位置,但不能表达其深度。此时,可假想用一个垂直于轴线的剖切平面,在键槽处将轴剖开,然后仅画出剖切处断面的图形,并加上剖面符号,就能清楚地表达键槽的断面形状和深度。

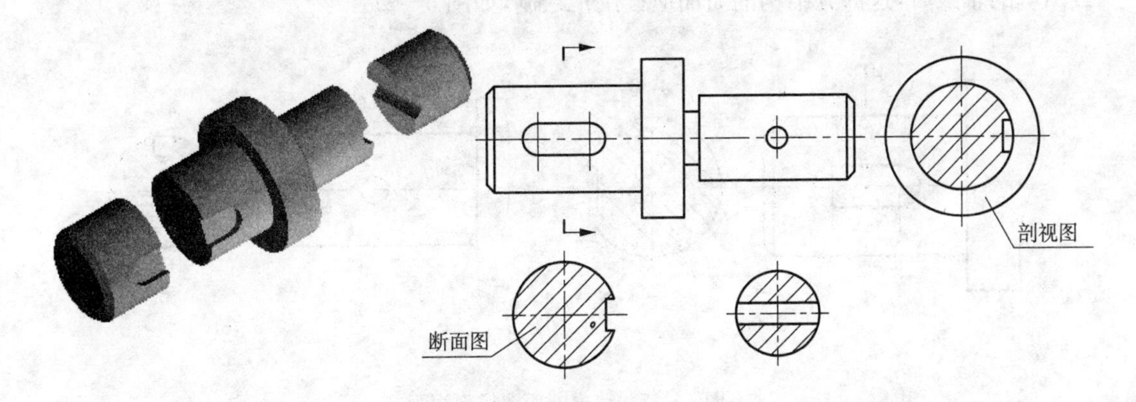

图 5-25 断面图和剖视图的区别

比较图 5-25 可知,断面图只画出机件的断面形状,而剖视图则是将机件的断面及剖切平面右面的结构一起投射所得的图形。

根据断面图配置位置的不同,断面图可分为移出断面图和重合断面图两种。

5.3.1 移出断面图

画在视图外的断面图,称为移出断面图。

移出断面图的轮廓线用粗实线绘制。为了便于看图,移出断面图应尽量配置在剖切符号或剖切平面迹线的延长线上。

移出断面图的标注:移出断面图的标注方法与剖视图基本相同,一般用剖切符号表示剖切平面位置,用箭头表示投射方向并注上字母,在断面图的上方用同样字母标出相应的名称,例见图 5-26(a)。配置在剖切平面迹线延长线上的不对称移出断面图,可省略字母;按投影关系配置的不对称移出断面图可省略箭头,如图 5-27(a)所示;配置在剖切平面迹线延长线上的对称移出断面图可不加任何标注,例见图 5-26(b)右图所示。

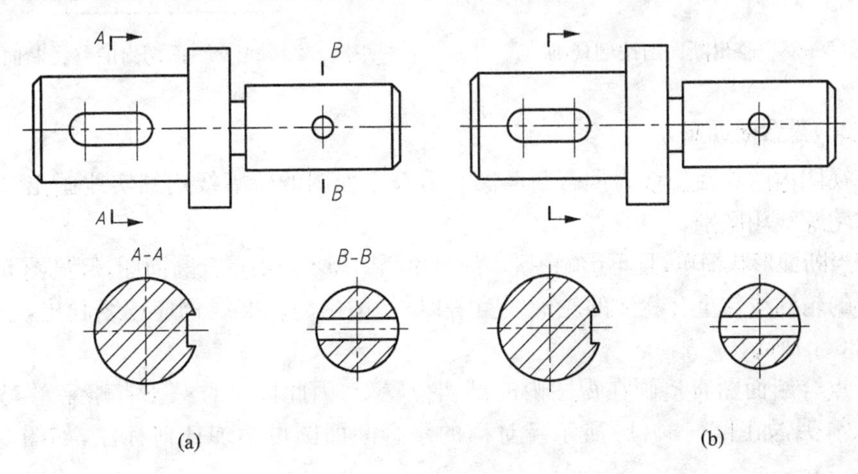

图 5-26 移出断面图

画移出断面图时要注意：

(1) 一般情况下，断面图仅画出剖切后断面的形状，但当剖切平面通过回转面形成的孔或凹坑的轴线时，这部分结构的断面应按剖视绘制，如图 5－27。

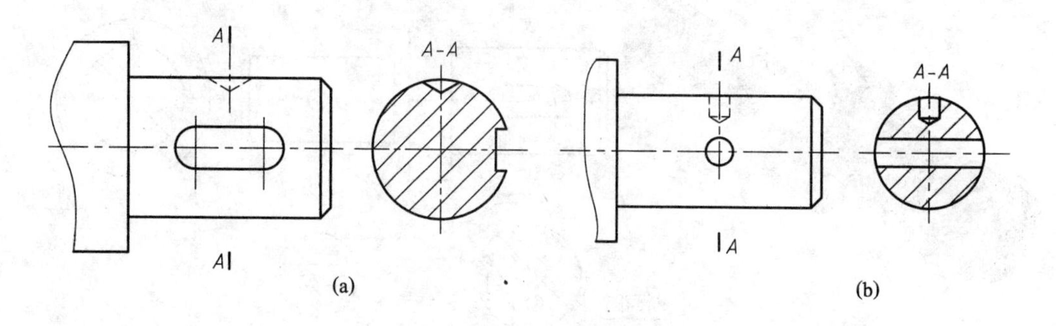

图 5－27　移出断面图按剖视画

(2) 当剖切平面通过非圆孔，会导致出现完全分离的两个断面时，这些结构应按剖视绘制，如图 5－28 所示。

(3) 由两个或多个相交的剖切平面剖切得到的移出断面，中间一般应断开，如图 5－29 所示。

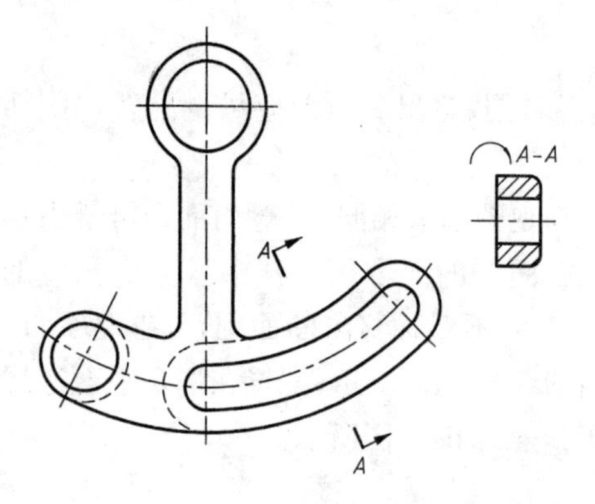

图 5－28　移出断面图按剖视画

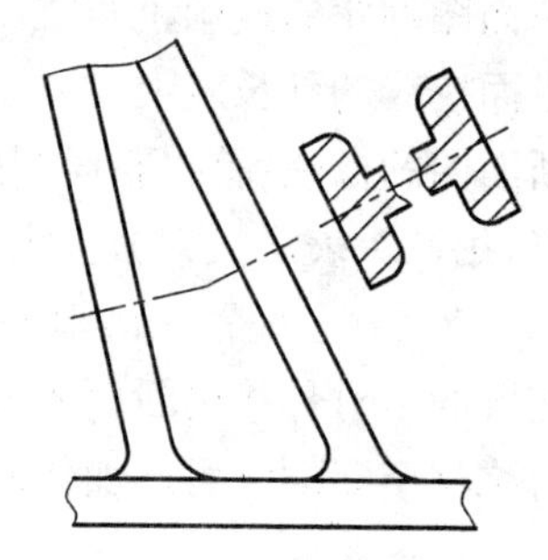

图 5－29　相交平面切出的移出断面图

5.3.2　重合断面图

画在视图内的断面图称为重合断面图。重合断面图的轮廓线用细实线画出，以便与原视图中的轮廓线相区别。

只有当断面形状简单，且不影响图形清晰的情况下，才采用重合断面图，例见图 5－30(a)。当视图中的轮廓线与重合断面的轮廓线重叠时，视图中的轮廓线仍应连续画出，不可间断，如图 5－30(b)所示。

由于重合断面图直接画在视图内的剖切位置处，因此标注时一律省略字母，只标注剖切符号和箭头，如图 5－30(b)所示。对称的重合断面图可不加任何标注，如图 5－30(a)所示。

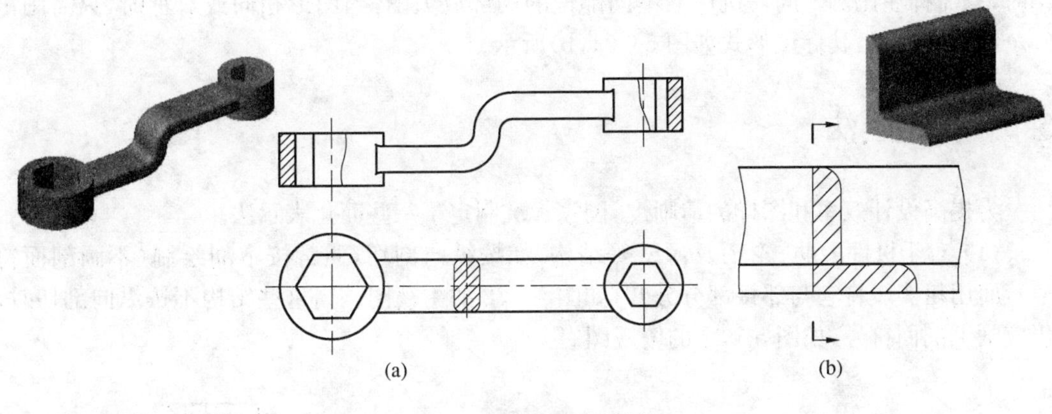

图 5－30　重合断面图

5.4　局部放大图

当机件上的某些细部结构，在视图上由于图形过小而表达不清，或不便于标注尺寸时，可将该部分结构用大于原图形的作图比例，单独画出，这样的图形称为局部放大图。局部放大图的绘图比例应在国家标准规定的系列数值中选取，此比例是指该图形与机件实际大小之比，与被放大部位原视图所采用的比例无关。

局部放大图可根据需要画成视图、剖视图或断面图，与被放大部位原来的画法无关。如图 5－31(a)中的“I”处原来是外形视图，局部放大图画成了剖视图。

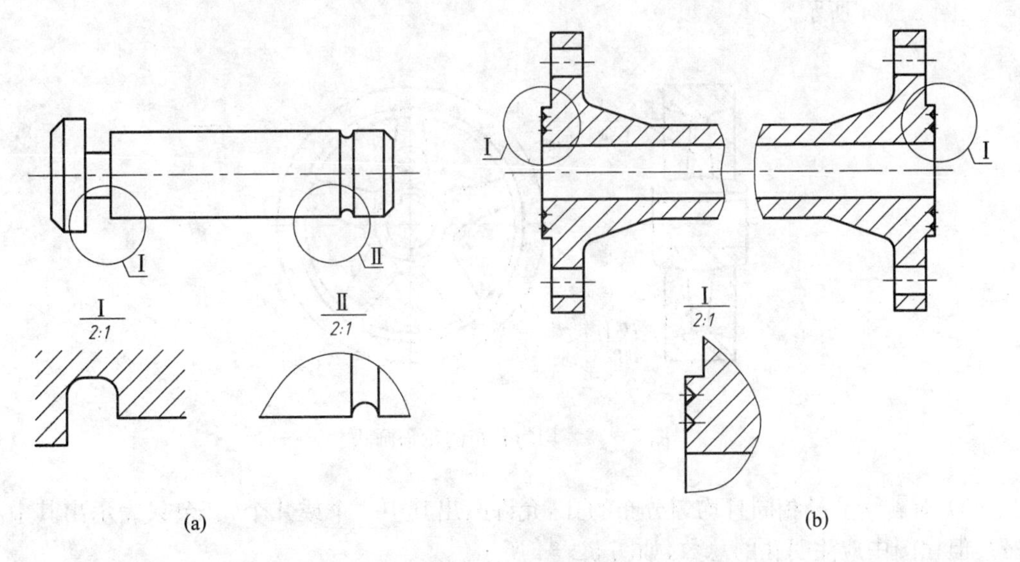

图 5－31　局部放大图

局部放大图应尽量配置在被放大部位的附近。画局部放大图时，一般用细实线圆圈出被放大的部位，有多处被放大时，需用罗马数字依次标明，并在局部放大图上方居中位置用分式形式标注，分子标注其编号，分母标注所采用的比例，如图 5－31 所示。仅有一处放大图时,只需标注比例。同一机件上不同部位的局部放大图,当图形相同或对称时,只需画出一个局部放大图,其标注形式如图 5 - 31(b)所示。

5.5 简化画法

为提高设计效率和图样的清晰度,国家标准制定了一些简化表示法。

(1) 对于机件上肋、轮辐及薄壁等结构,如按纵向剖切,通常按不剖绘制(不画剖面符号),而用粗实线将它与邻接部分分开,如图 5 - 32 的主视图。当这些结构不按纵向剖切时,仍应画上剖面符号,如图 5 - 32 的俯视图。

图 5 - 32 肋的剖视画法

(2) 当回转形机件上均匀分布的肋、轮辐、孔等结构不处于剖切平面上时,可假想将这些结构旋转到剖切平面上画出,即在剖视图上,应将这些均匀分布的结构画成对称,如图 5 - 33、图 5 - 34 所示。

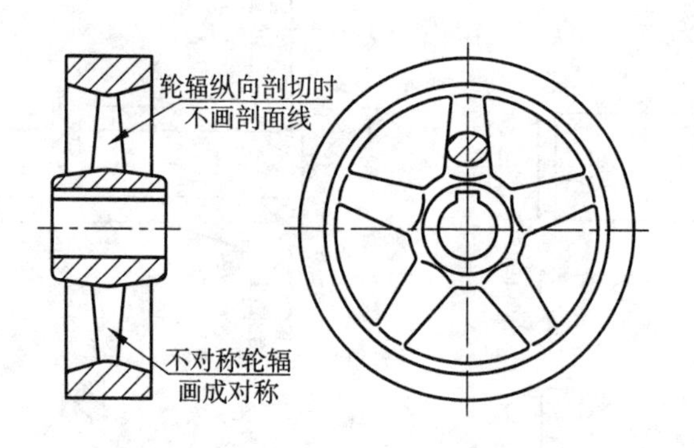

图 5 - 33 均匀分布的轮辐画法

(3) 对若干直径相同且均匀分布的孔,允许画出其中一个或几个,其余只表示出其中心位置,但在图中应注明孔的总数,如图 5 - 34 所示。

(4) 在需要表达位于剖切平面前的结构时,这些结构按假想投影的轮廓线(双点画线)绘制,例见图 5 - 35。

(5) 直径相同且成规律分布的孔,可以画一个或几个,其余用细点画线表示出中心位置,见图 5 - 36。

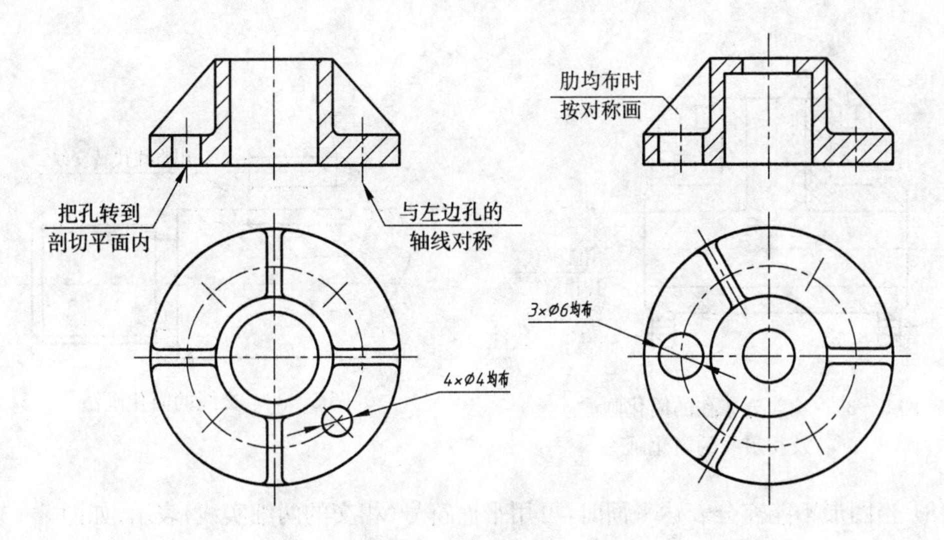

图 5-34　均匀分布的孔和肋的画法

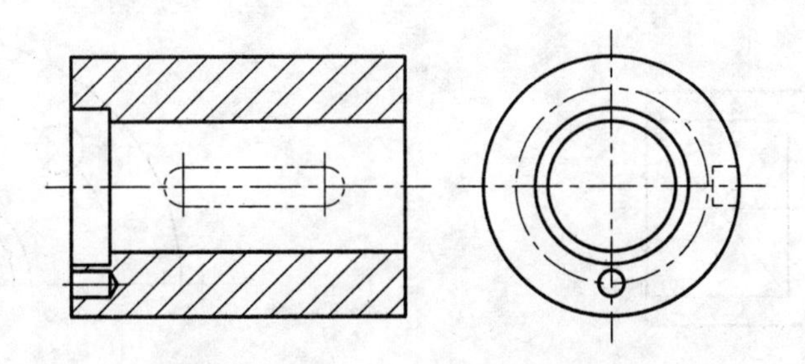

图 5-35　剖切平面前结构的规定画法

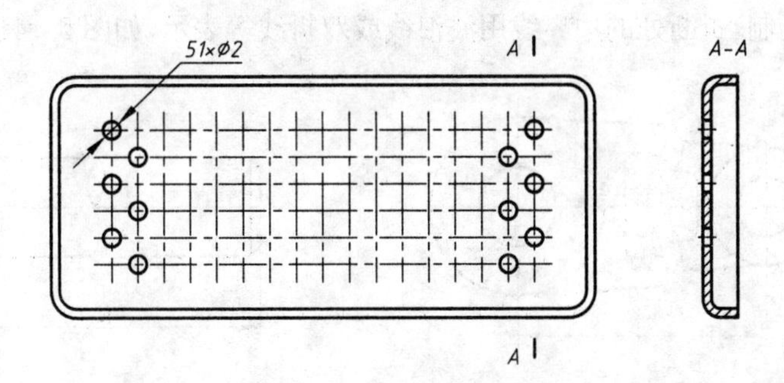

图 5-36　相同结构的简化画法

(6) 圆形法兰和类似机件上均匀分布的孔,可按图 5-37 所示画法绘制。

(7) 图形中的相贯线、截交线等,在不致于引起误解时,允许简化,如图 5-37、图 5-38所示。

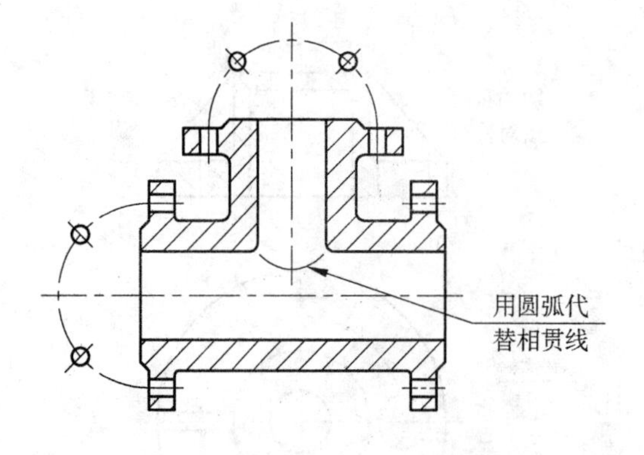

图 5-37　均匀分布孔的简化画法
及相贯线的简化画法

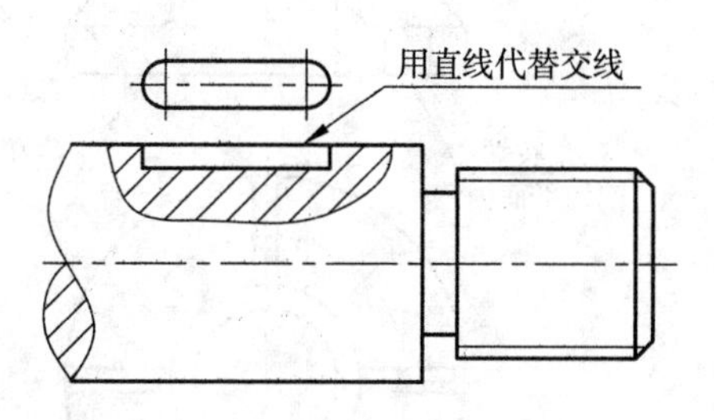

图 5-38　交线的简化画法

(8) 当图形不能充分表达平面时,可用平面符号(相交的两细实线)表示,如图 5-39。

(9) 在不致引起误解时,对于对称机件的视图,可只画 1/2 或 1/4,并在对称中心线的两端画出两条与其垂直的平行细实线,如图 5-40 所示。

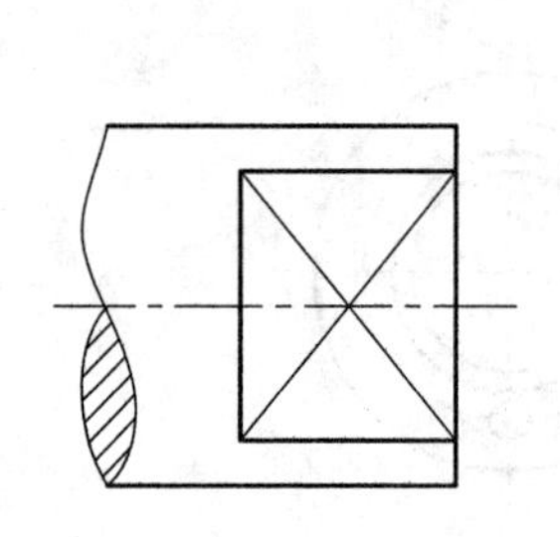

图 5-39　用平面符号表示小平面

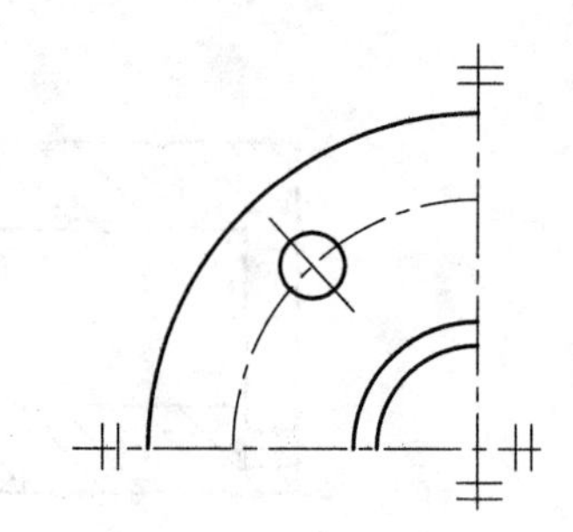

图 5-40　图形对称时的简化画法

(10) 较长的机件(轴、杆、型材等)沿长度方向的形状相同或按一定规律变化时,可假想将机件断开后缩短绘制,折断处的边界线用波浪线或双折线等表示,如图 5-41 所示。

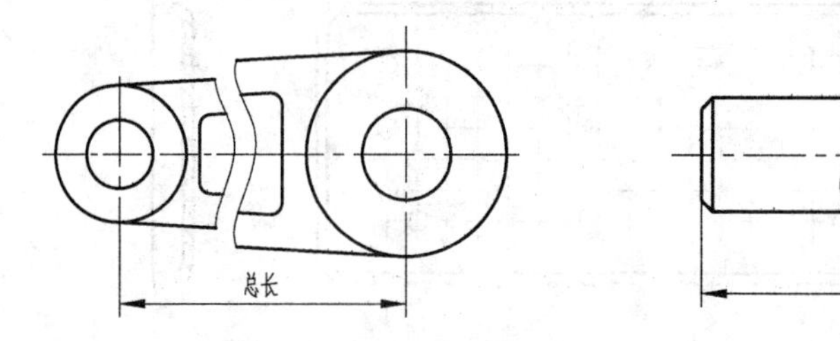

图 5-41　机件的断裂画法

5.6　视图表达方案应用举例

前面介绍了视图、剖视图、断面图、局部放大图及简化画法。每种表达方法都有一定的适用场合，因此在选择机件的表达方案时，要根据机件的结构特点选用适当的表达方法，在完整、清晰地表达机件各部分结构形状的前提下，力求制图简单，看图方便。

下面以图 5 - 42(a)所示的阀体为例，对视图表达方案作一探讨。

图 5 - 42 所示阀体如按 E 向投影，能较好地反映机件上各组成部分及其相对位置，所以选用 E 向作为主视图的投射方向。

为了在主视图上表达主体及左侧接管的内部结构，主视图采用了以机件前后对称面为剖切平面的全剖视，如图 5 - 42(b)所示。

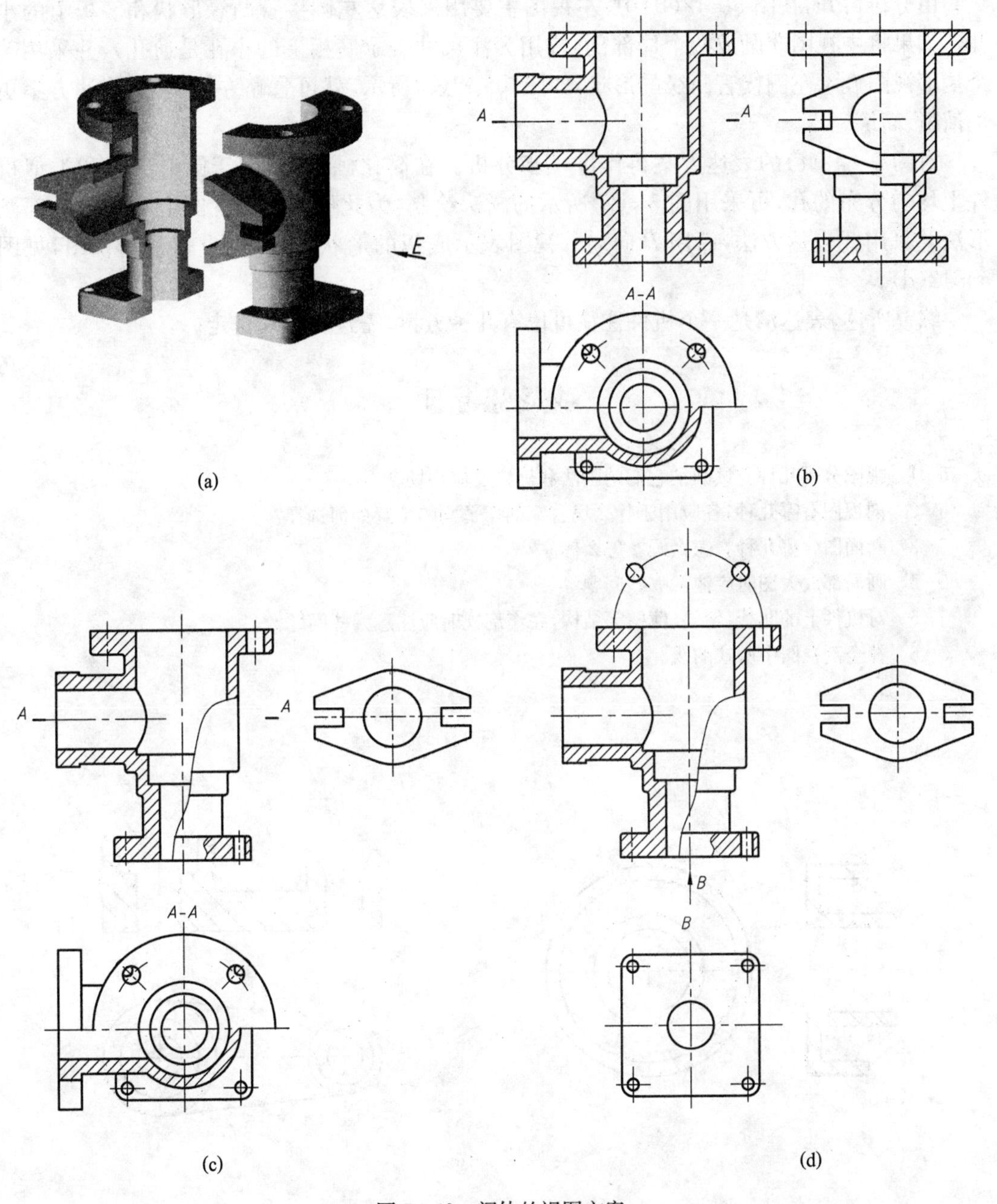

图 5 - 42　阀体的视图方案

主视图采用全剖视后，尚有顶部凸缘、底板和左侧接管凸缘的形状需要表达。由于阀体前后对称，因而在俯视图上采用了“$A-A$”半剖视，既保留了顶部凸缘，又表达了接管内部结构和底板形状；在左视图中也采用了半剖视，以兼顾左侧接管凸缘和主体内部结构形状的表达。但底板上的小孔还未表达清楚，所以在左视图的外形视图部分再加一个局部剖。

图 5-42(b)所选方案中，每个视图都有一定的表达重点，它们之间相互补充，把阀体的内外结构形状表达清楚。但表达方案能否更为简练呢？

由分析可知，在图 5-42(b)中，左视图主要用来表达左侧接管凸缘形状和底板上的小孔。如果将主视图改画成两个局部剖(或用旁注尺寸表示底板上的小孔是通孔)，并采用一个局部视图表示左侧接管凸缘的形状，如图 5-42(c)所示，就可省略左视图，使表达方案更加清晰、简练。

对图 5-42(c)的表达方案再作进一步分析。在简化画法中，对于圆形法兰和类似机件上均匀分布的孔，可采用图 5-37 所示的画法绘制，为此可以在主视图上对阀体上部圆形法兰采用此表达方法，而用 B 向局部视图表示底板的形状，这样就省略了俯视图，见图 5-42(d)。

综上所述，表达清楚一个机件往往可以有几种方案，需经比较后选定。

复习思考题

5-1 视图分哪几种？试归纳它们的画法和标注及应用场合。

5-2 剖视图有哪几种，各应用于什么场合？剖切平面的位置如何选择？

5-3 断面图分哪几种？怎么画？怎么标注？

5-4 画局部放大图时应注意哪些问题？

5-5 对机件上的肋板、轮辐、薄壁等结构，在作剖视时应注意哪些问题？

5-6 补全剖视图中所缺的线。

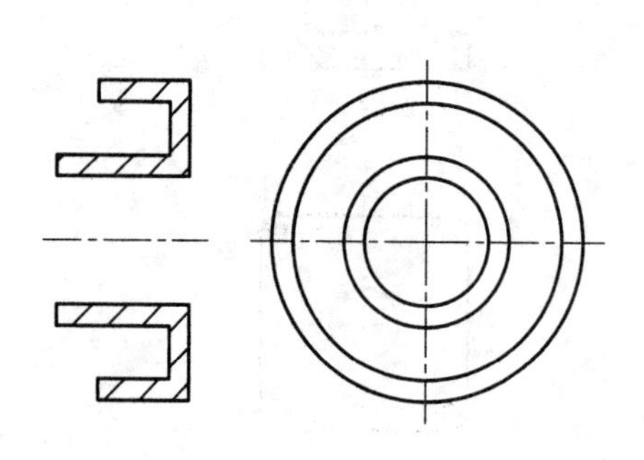

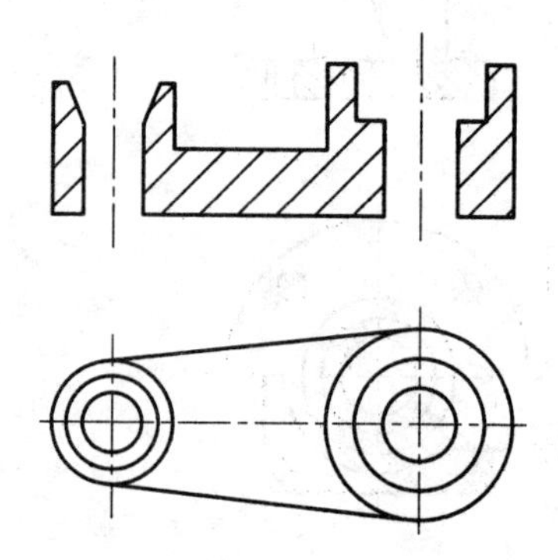

题图 5-6

5－7　选出题图 5－7 中正确的断面图，并予以标注。

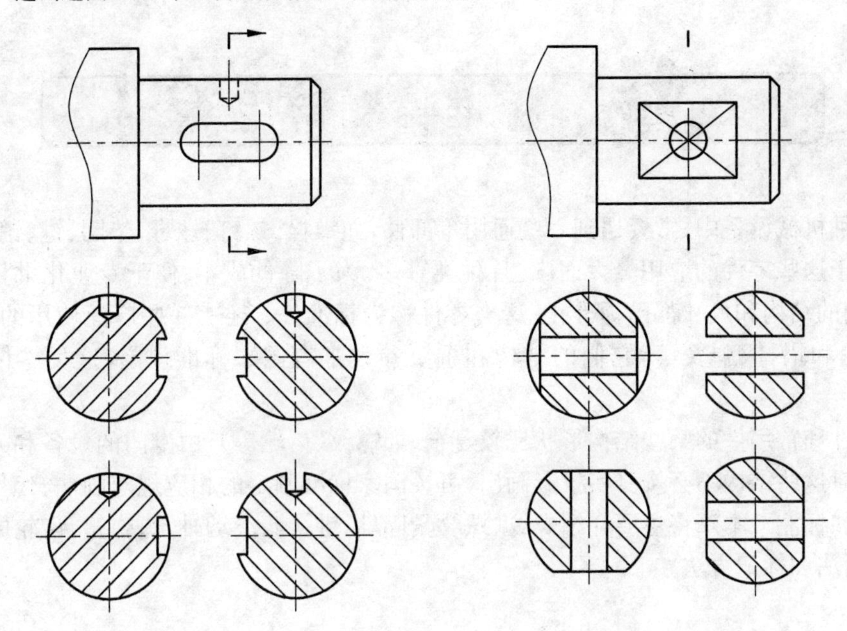

题图 5－7

6 标准件和常用件

在各种机械设备中，常会遇到一些通用零部件，如螺栓、螺钉、螺母、垫圈、键、销、滚动轴承等。由于这些零件的应用量大面广，且种类繁多，为了降低成本、便于专业化批量生产和选用，它们的结构和尺寸都已标准化，这类零件称为标准件。还有一些广泛使用的零件，如齿轮、蜗轮和蜗杆、弹簧等，它们的结构和重要参数都有国家标准规定，这类零件称为常用件。

标准件和常用件的某些结构形状比较复杂（如螺纹、齿轮等），由专门的设备和刀具专业化生产。对这些结构不必按真实投影画出，可按国家标准制定的相应规定画法、代号和标记进行绘图和标注。本章将主要介绍螺纹、螺纹紧固件、键、销、滚动轴承、弹簧、齿轮的基本知识、规定画法和标记方法。

6.1 螺纹和螺纹紧固件

6.1.1 螺纹

螺纹是零件上最常见的一种结构。螺栓、螺母、螺钉等零件均是在圆柱表面制有螺纹而起连接或传动作用的。下面以使用最多的圆柱螺纹为例，介绍螺纹的有关知识。

1. 螺纹的加工方法

螺纹是在圆柱表面上，沿着螺旋线加工而成的，螺纹的凸起的顶端称为牙顶，沟槽的底部称为牙底。

螺纹有外螺纹和内螺纹两种，在圆柱外表面形成的螺纹称为外螺纹；在圆柱内表面形成的螺纹称为内螺纹，一般成对使用。

螺纹的加工方法很多，车削螺纹是常见的一种加工方法，图 6-1(a)(b)表示在车床上车削螺纹的情况。外螺纹亦可用板牙铰出，对于加工直径较小的内螺纹，可先用钻头钻出光孔，再用丝锥攻丝得到螺纹。

(a) 车外螺纹

(b) 车内螺纹

图 6-1 螺纹加工

2. 螺纹的基本要素

(1) 牙型 在通过螺纹轴线的剖面上，螺纹的轮廓形状称为牙型。牙型有三角形、梯形和锯齿形等。不同牙型的螺纹有不同的用途，常用的标准螺纹牙型及符号见表 6-1。

(2) 大径和小径 与外螺纹牙顶或内螺纹牙底相重合的假想圆柱面的直径称为大径，内外螺纹的大径分别以 D 和 d 表示；与外螺纹牙底或内螺纹牙顶相重合的假想圆柱面的直径称为小径，内外螺纹的小径分别以 D_1 和 d_1 表示，见图 6-2。

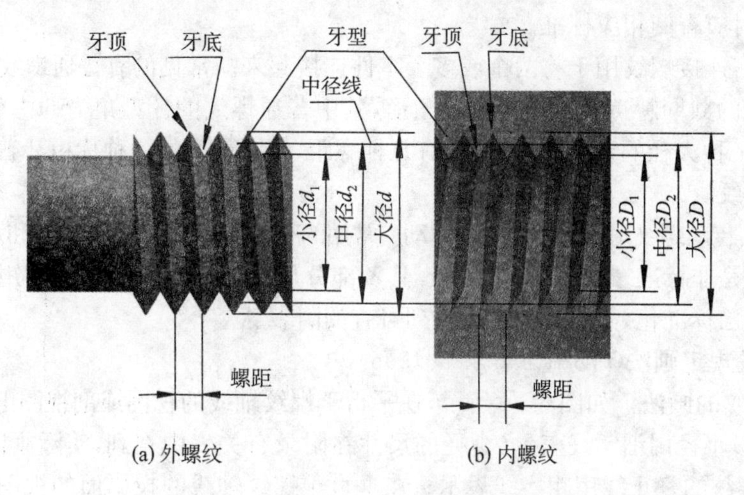

图 6-2 螺纹要素——牙型、直径、螺距

(3) 线数 n 螺纹有单线和多线之分。沿一条螺旋线形成的螺纹为单线螺纹；沿两条或两条以上在轴向等距离分布的螺旋线所形成的螺纹称为多线螺纹，见图 6-3。

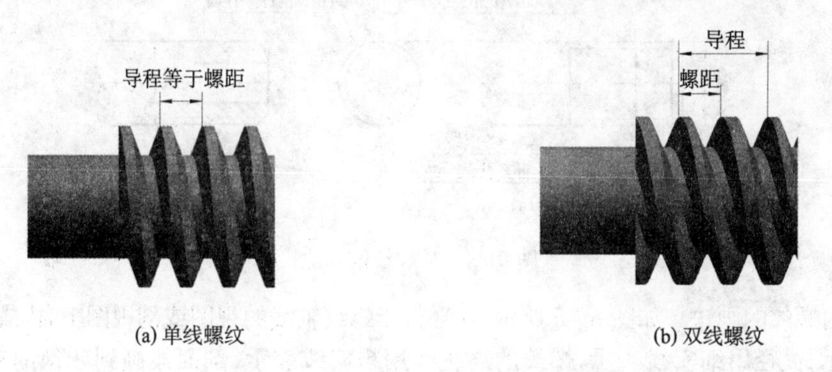

图 6-3 螺纹要素——线数、螺距、导程

(4) 螺距 P 和导程 P_h 螺纹相邻两牙在中径线(螺纹牙型上牙宽和槽宽相等处假想圆柱的直径)上对应两点的轴向距离，称为螺距，用 P 表示。同一条螺旋线上的相邻两牙在中径线上对应两点间的轴向距离称为导程，用 P_h 表示。螺距和导程的关系如下：

$$单线螺纹\ P=P_h, \qquad 多线螺纹\ P=P_h/n$$

(5) 旋向 螺纹分右旋和左旋两种。顺时针方向旋转时，螺纹旋进者为右旋螺纹；旋出者为左旋螺纹。工程上常用右旋螺纹。

在螺纹的五项要素中，牙型、大径和螺距是决定螺纹的最基本要素，称为螺纹三要素。

凡三要素符合标准的,称为标准螺纹;牙型符合标准,而大径、螺距不符合标准的,称为特殊螺纹;牙型不符合标准的,称为非标准螺纹。内外螺纹相配合时,它们的基本要素必须全部相同。

3. 螺纹的种类

螺纹按用途可分为连接螺纹和传动螺纹两大类。常见螺纹的种类如表 6-1 所示。

每种螺纹都有相应的特征代号(用字母表示),标准螺纹的各参数如大径、螺距等均已规定,设计选用时应查阅相应标准。

连接螺纹:连接螺纹用于将两个或多个零件连接起来。常见的有普通螺纹和管螺纹。

连接螺纹的共同特点是牙型均为三角形,其中普通螺纹的牙型角为 60°,管螺纹的牙型角为 55°。同一种大径的普通螺纹,一般有几种螺距,螺距最大的一种称粗牙普通螺纹,其余称细牙普通螺纹。

传动螺纹:传动螺纹用于传递动力和运动。常用的有梯形螺纹、锯齿形螺纹和矩形螺纹。

矩形螺纹是非标准螺纹,无特征代号,其各部分尺寸根据要求而定。除矩形螺纹外,上述各种螺纹均已标准化,其直径和螺距系列可查阅附表 A。

4. 螺纹的规定画法(GB/T 4459.1—1995)

(1) 外螺纹的画法　如图 6-4 所示,在平行于螺纹轴线的视图或剖视图上,外螺纹大径用粗实线表示;小径用细实线表示(小径的尺寸在附录有关表中查到,实际画图时按大径的 0.85 倍画),螺纹的终止线用粗实线表示。在垂直于螺纹轴线的投影面的视图(习惯上称圆形视图)中,用粗实线画螺纹的大径,用 3/4 圈细实线圆弧画小径,倒角圆省略不画。当外螺纹剖开时,其终止线的画法见图 6-4(b)。

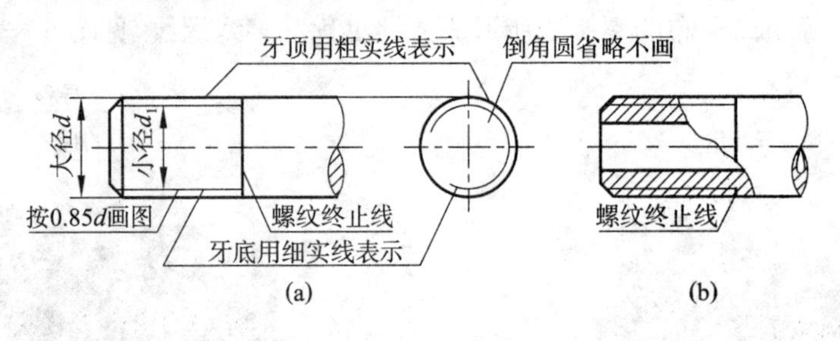

图 6-4　外螺纹的画法

(2) 内螺纹的画法　如图 6-5 所示,在平行于螺纹轴线的视图或剖视图上,内螺纹小径用粗实线表示;大径用细实线表示,螺纹的终止线用粗实线表示,剖面线画到牙顶的粗实线处。在投影为圆的视图上,用粗实线画螺纹的小径,用 3/4 圈细实线圆弧画大径,倒角圆省略不画。

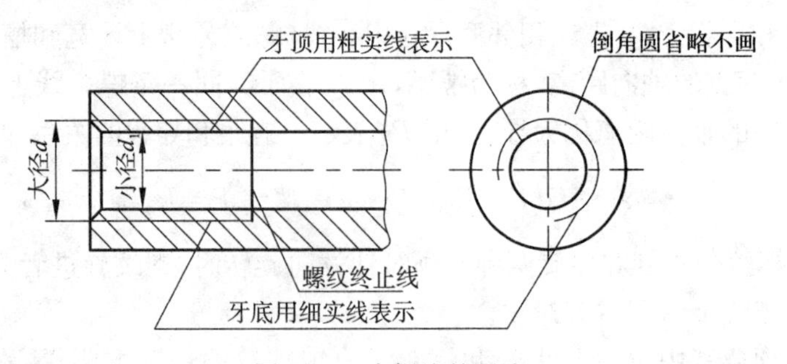

图 6-5　内螺纹的画法

当内螺纹不剖时，螺纹都画成虚线，见图 6-6。

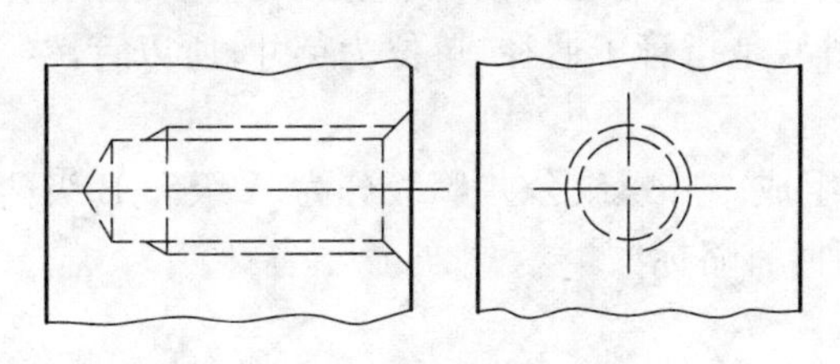

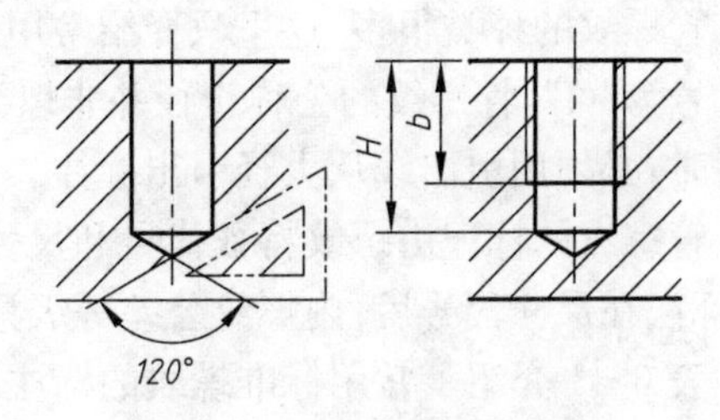

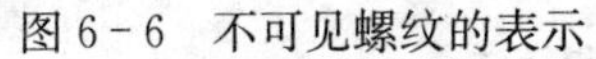

图 6-6 不可见螺纹的表示　　图 6-7 不穿通的螺孔画法

在绘制不穿通的螺孔时，一般应将钻孔深度与螺纹深度分别画出(图 6-7)。钻孔深度 H 一般应比螺纹深度 b 大 $0.5D$，其中 D 为螺纹大径。

因钻头端部有一圆锥，锥顶角为 118°。钻孔时，在不通孔(称为盲孔)底部形成一锥面。在画图时钻孔底部锥面的顶角可简化为 120°(图 6-7)。

(3) 内外螺纹连接的画法　内外螺纹连接一般用剖视图表示，其旋合部分应按外螺纹画，其余部分仍按各自的画法表示(图 6-8)。画图时注意，表示内外螺纹大、小径的粗实线和细实线应分别对齐。

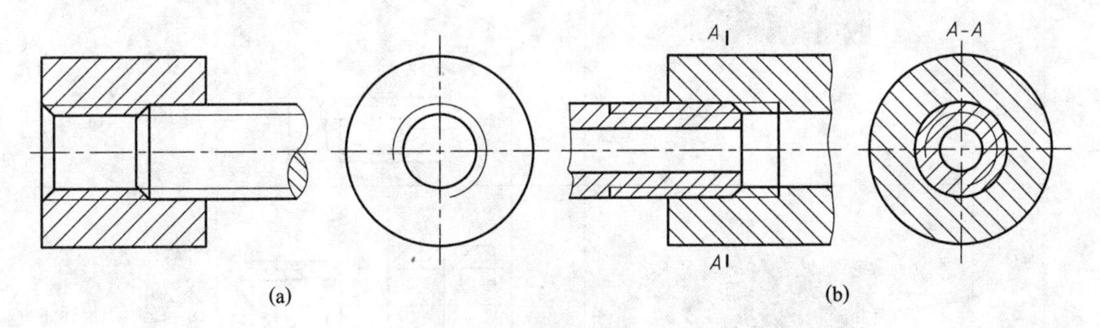

图 6-8 螺纹连接的画法

5. 螺纹的标注

标准的螺纹，应注出相应标准所规定的螺纹标记。

公称直径以 mm 为单位的螺纹，无论是标注内螺纹还是外螺纹，尺寸界线或指引线均应从螺纹的大径引出。

1) 普通螺纹和梯形螺纹的完整标记

螺纹代号—螺纹公差带代号—螺纹旋合长度代号。

(1) 螺纹代号　粗牙普通螺纹用特征代号“M”和“公称直径”表示。细牙普通螺纹用特征代号“M”和“公称直径×螺距”表示。梯形螺纹用特征代号“Tr”和“公称直径×导程(螺距)”表示。当螺纹为左旋时，则在螺纹代号尾部加注“LH”两个大写字母；右旋则不标注。

(2) 螺纹公差带代号　螺纹公差带代号包括中径公差带代号和顶径公差带代号等两部分，若两个公差带代号相同，只需标注一个。每个公差带代号由表示公差等级的数字和表示基本偏差的字母组成，如 $7H$、$6g$ 等，代号中小写字母指外螺纹，大写字母指内螺纹。有关概念将在第 7.5.2 节中介绍。

(3) 螺纹旋合长度代号　分别用 S、N、L 表示短、中、长三种不同旋合长度，其中 N 省略不注。

2) 管螺纹

管螺纹的种类很多,这里只介绍常用于水、煤气、油等管道连接的非螺纹密封管螺纹,特征代号为“G”,管螺纹的公称直径并非螺纹的大径,是指管子通径,单位为英寸,所以管螺纹标注时,必须用引出线从大径引出标注。

管螺纹的标记由螺纹特征代号和尺寸代号组成。外螺纹公差等级分为A级和B级两种,标注在尺寸代号后;内螺纹公差等级只有一种,省略标注。

表6-1介绍了常用标准螺纹的标注示例。

表6-1　常用标准螺纹的种类和标注

<table>
<tr><th colspan="2">螺纹种类</th><th>外形图</th><th>特征代号</th><th>标注示例</th><th>说明</th></tr>
<tr><td rowspan="3">连接螺纹</td><td>粗牙普通螺纹</td><td rowspan="2"> 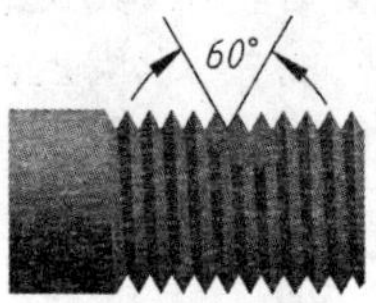60°</td><td rowspan="2">M</td><td> 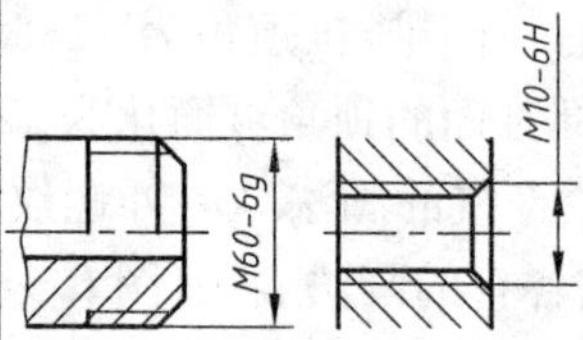M60-6g　M10-6H</td><td>M60-6g:粗牙普通螺纹,公称直径60 mm,右旋,螺纹公差带中径、大径均为6g,旋合长度属中等的一组</td></tr>
<tr><td>细牙普通螺纹</td><td> 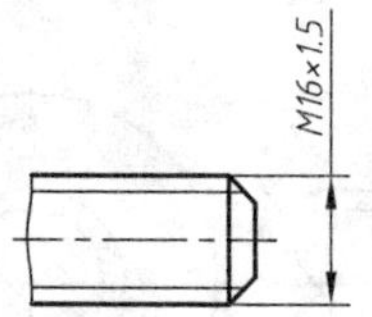M16×1.5</td><td>细牙普通螺纹,公称直径16 mm,螺距1.5 mm,右旋</td></tr>
<tr><td>非螺纹密封的管螺纹</td><td> 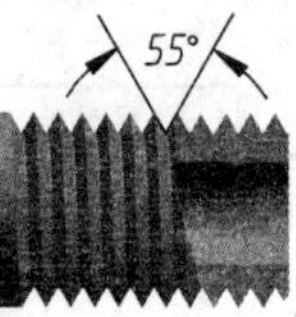55°</td><td>G</td><td> 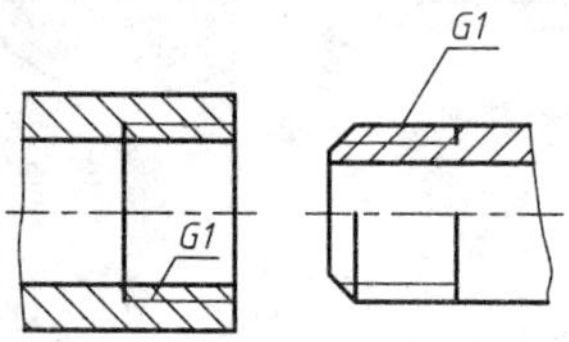G1　G1</td><td>非螺纹密封的管螺纹,尺寸代号1英寸,右旋,引出标注</td></tr>
<tr><td rowspan="2">传动螺纹</td><td>梯形螺纹</td><td> 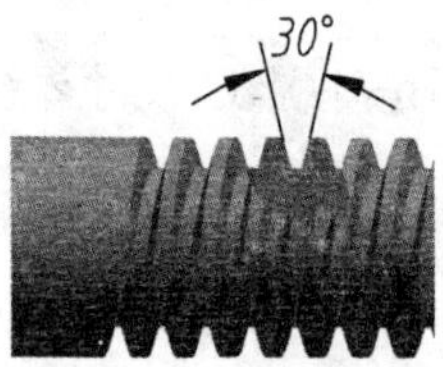30°</td><td>Tr</td><td> 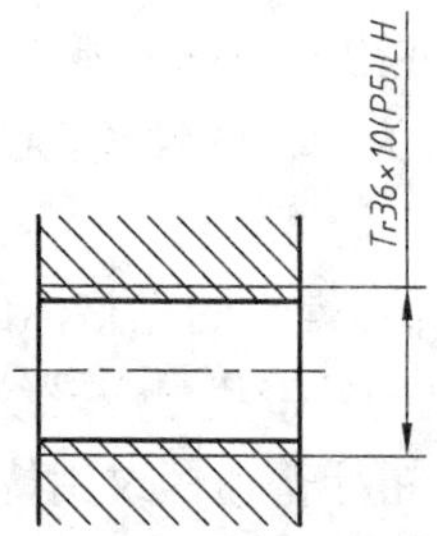Tr36×10(P5)LH</td><td>梯形螺纹,公称直径36 mm,双线,导程10 mm,螺距5 mm,左旋</td></tr>
<tr><td>锯齿形螺纹</td><td> 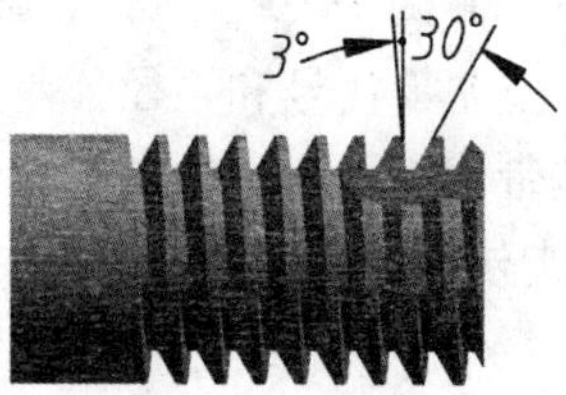3°　30°</td><td>B</td><td> 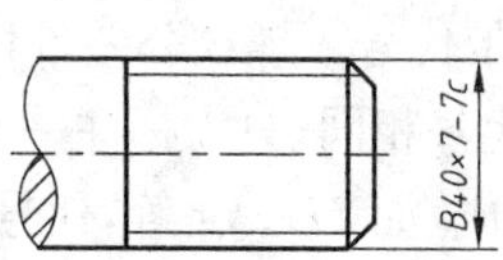B40×7-7c</td><td>锯齿形螺纹,公称直径40 mm,单线,螺距7 mm,中径公差带代号为7c,右旋</td></tr>
</table>

3）特殊螺纹

对特殊螺纹应在特征代号前加注“特”字，并标出大径和螺距，见图 6－9。

4）非标准螺纹标注

对非标准螺纹，必须用局部剖视图或局部放大图画出螺纹牙型，并注出所需要的尺寸及有关要求，如图 6－10 所示。

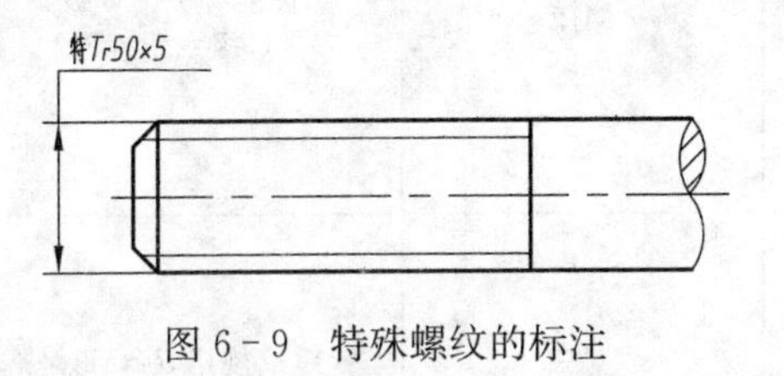

图 6－9　特殊螺纹的标注

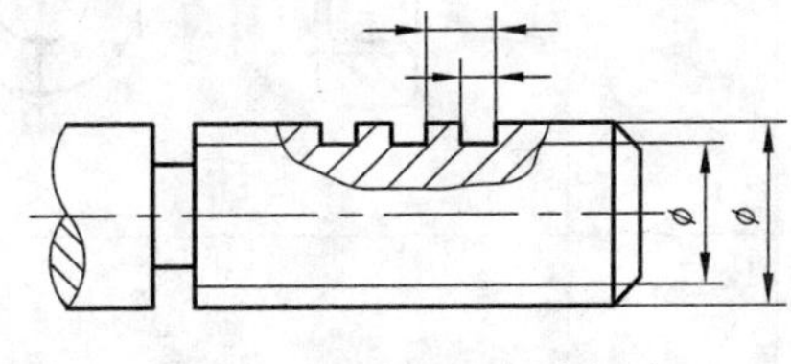

图 6－10　非标准螺纹标注

6.1.2　螺纹紧固件

常用的螺纹紧固件有：螺栓、螺钉、螺柱、螺母和垫圈等，均为标准件。它们的结构形式、尺寸和技术要求都可以从国家标准中查到(附表 B 中摘录了部分)。

1. 螺纹紧固件的标记方法

紧固件有完整标记和简化标记两种标记方法，国家标准 GB/T 1237—2000 作了规定。完整标记的内容较为冗长，在设计和生产中一般采用简化的标记方法。在简化标记中，标准年代号允许全部或部分省略，省略年代号的标准应以现行标准为准。

螺纹紧固件的简化标记通式为：

[名称] [标准编号] [规格尺寸]

表 6－2 列出了常用的螺纹紧固件及其标记示例。

表 6－2　常用螺纹紧固件的标记示例

名称	标准号	图　例	标记示例	标注说明
六角头螺栓—C级	GB/T 5780		螺栓 GB/T 5780 M12×80	螺纹规格 d=M12、公称长度 l=80 mm、性能等级为 4.8 级、C 级的六角头螺栓
双头螺柱 B型	GB/T 897		螺柱 GB/T 897 M10×50	两端均为粗牙普通螺纹，d=10 mm、l=50 mm、性能等级为 4.8 级、B 型、b_m=1d 的双头螺柱(B 省略不注)

续 表

名称	标准号	图 例	标记示例	标注说明
六角螺母—C级	GB/T 41	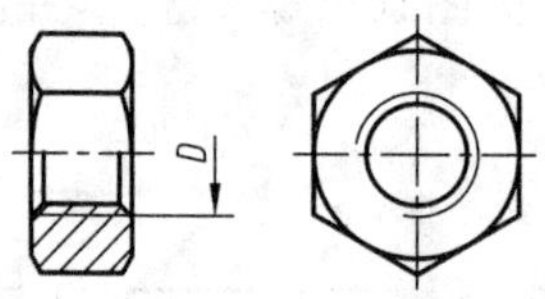 D	螺母 GB/T 41 M12	螺纹规格 D=M12、性能等级为5级、C级六角螺母
开槽盘头螺钉	GB/T 67	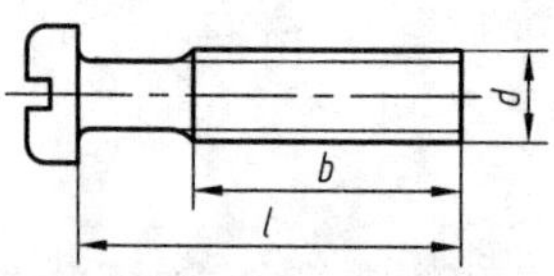 d b l	螺钉 GB/T 67 M5×20	螺纹规格 d=M5,公称长度 l=20 mm,性能等级为4.8级的开槽盘头螺钉
开槽沉头螺钉	GB/T 68	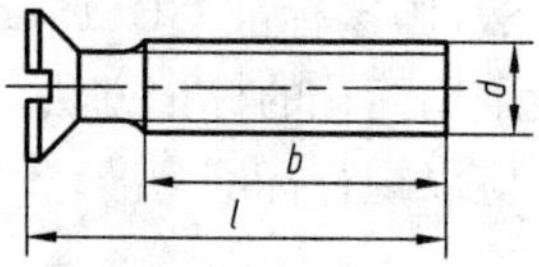 d b l	螺钉 GB/T 68 M5×20	螺纹规格 d=M5,公称长度 l=20 mm,性能等级为4.8级的开槽沉头螺钉
开槽锥端紧定螺钉	GB/T 71	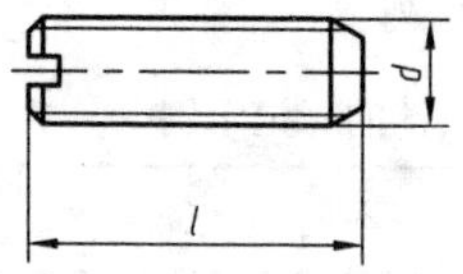 d l	螺钉 GB/T 71 M5×12	螺纹规格 d=M5,公称长度 l=12 mm,性能等级为14 H级的开槽锥端紧定螺钉
垫圈 倒角型	GB/T 97.2	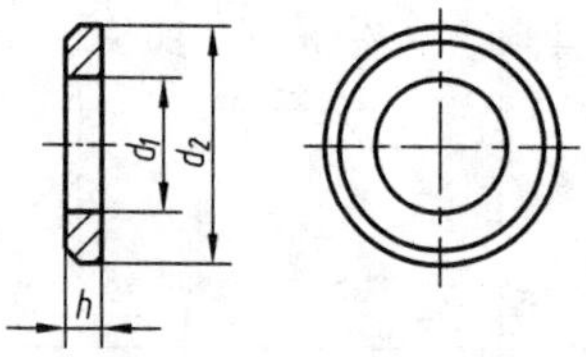 d_1 d_2 h	垫圈 GB/T 97.2 8	公称尺寸 d=8 mm,性能等级为140 HV级的倒角型平垫圈

2. 螺纹紧固件的比例画法

在绘制螺纹紧固件时,除螺纹部分按规定画法绘制外,其余部分应从螺纹紧固件的标准中查得其形状和尺寸后绘图。但为了简便绘图和提高效率,通常采用比例画法。

比例画法就是螺纹大径选定后,紧固件的其他各部分尺寸都取与紧固件的螺纹大径 d 成一定比例的数值来作图的方法,如图 6-11 所示。

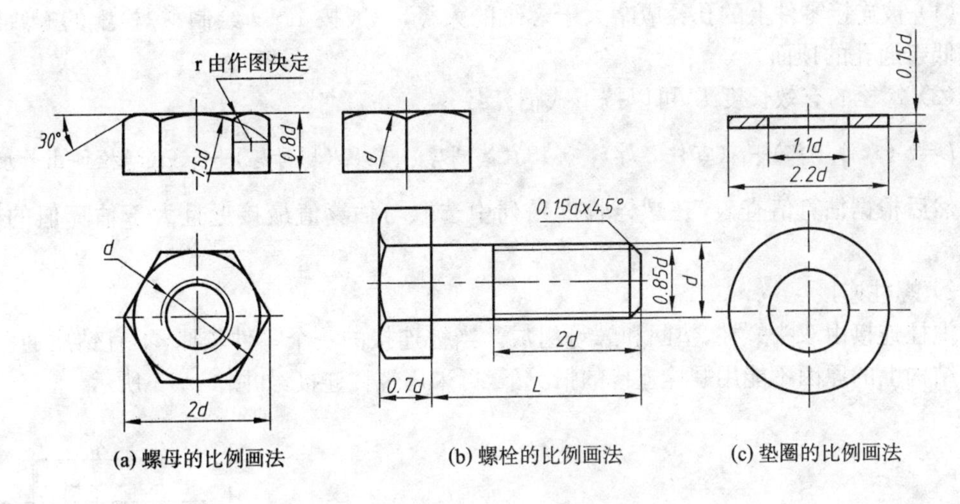

(a) 螺母的比例画法　(b) 螺栓的比例画法　(c) 垫圈的比例画法

图 6－11　螺栓、螺母、垫圈的比例画法

3. 常见螺纹紧固件的连接

由于螺纹紧固件装拆方便，连接可靠，所以在机器中得到广泛应用。下面介绍常见的三种连接形式。

1）螺栓连接

螺栓连接由螺栓、螺母和垫圈组成。常用于零件的被连接部分不太厚，能钻出通孔，可以在被连接零件两边同时装配的场合。

螺栓连接图一般根据公称直径 d 采用比例画法绘制，对照图 6－12。绘制时应注意以下几点：

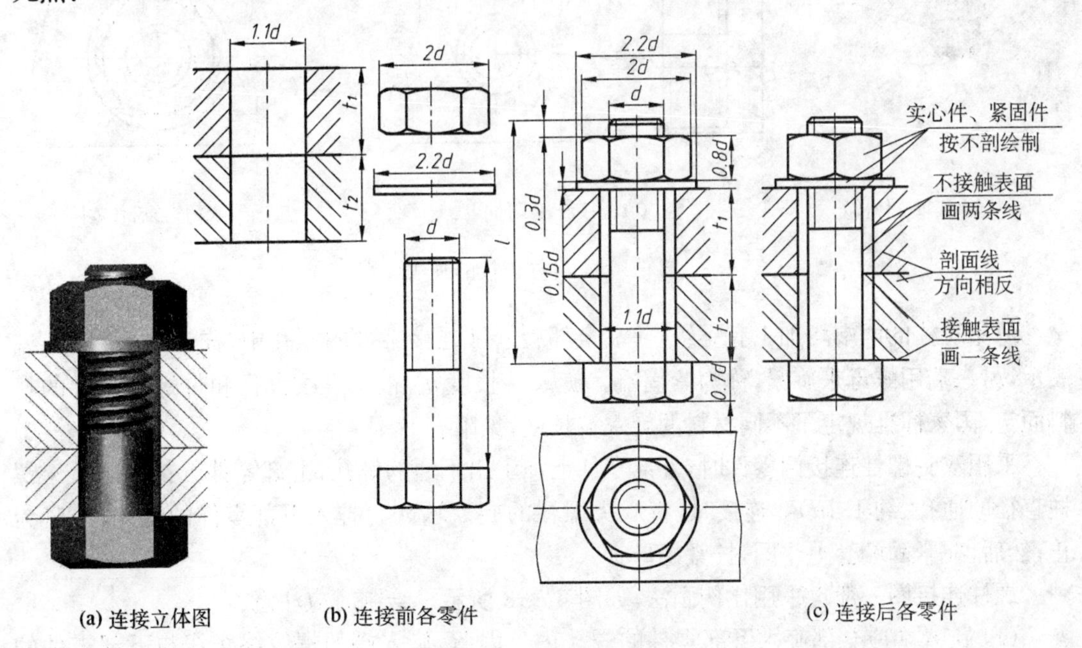

(a) 连接立体图　(b) 连接前各零件　(c) 连接后各零件

图 6－12　螺栓连接的画法

(1) 被连接零件上的孔径应略大于螺纹的大径，一般按 1.1d 绘制；螺栓上的螺纹终止线应低于通孔的顶面。

(2) 螺栓的有效长度 L，可以按下式估算：

$L=t_1$(零件 1 厚)$+t_2$(零件 2 厚)$+0.15d$(垫圈厚)$+0.8d$(螺母厚)$+0.3d$(螺栓伸出长度)

然后根据估算值查表，在螺栓长度系列中选取与估算值最接近且大于估算值的标准数值。

2) 螺柱连接

螺柱连接由双头螺柱、垫圈和螺母组成。当被连接的一个零件较厚，不宜钻成通孔，或由于结构上的原因不能用螺栓连接的情况下，可采用螺柱连接，如图 6－13 所示。

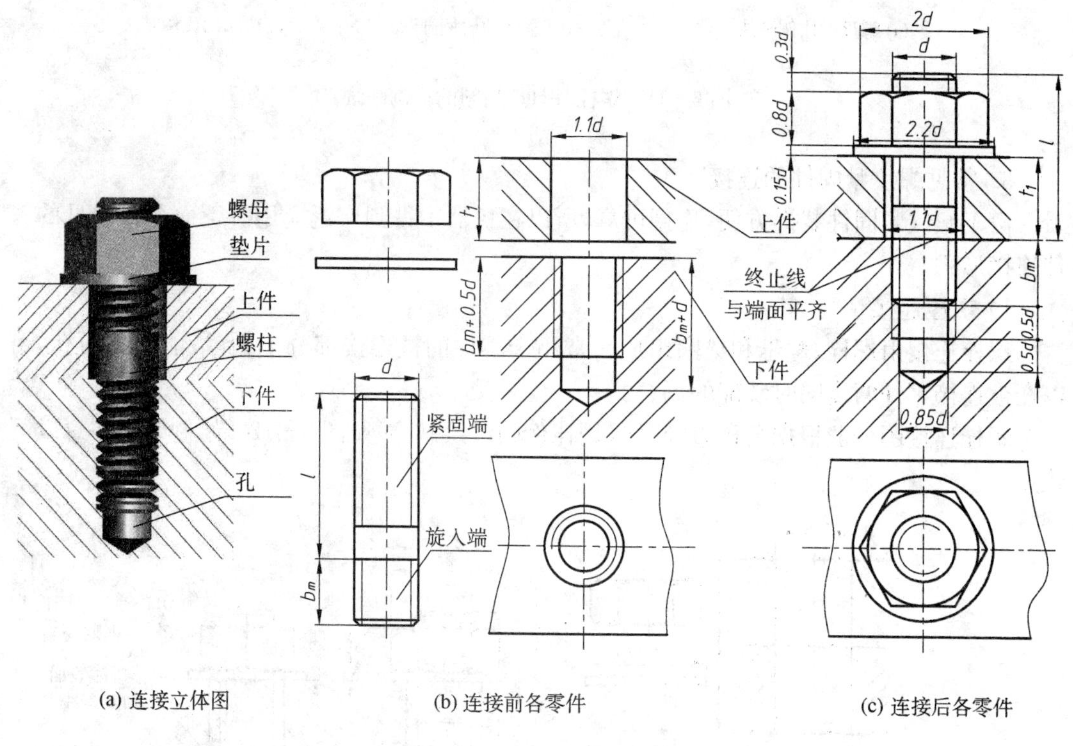

(a) 连接立体图　(b) 连接前各零件　(c) 连接后各零件

图 6－13　螺柱连接的画法

双头螺柱的两端均加工有螺纹，一端全部旋入被连接零件的螺孔中，称为旋入端，用 b_m 表示，另一端用螺母来旋紧，称为紧固端。旋入端长度 b_m 根据螺纹大径和带螺孔零件的材料而定，国家标准规定了不同材料的旋入端长度，见附表 B。

采用双头螺柱连接两零件时，下部零件上加工出不通的螺孔，上部零件上钻出略大于螺柱直径的通孔(约 1.1d)。连接时，将双头螺柱的旋入端(b_m)拧入下部零件的螺孔，旋紧为止；然后，在紧固端套上垫圈，拧紧螺母。

螺柱连接图一般也采用比例画法，如图 6－13 所示。绘制时应注意：

(1) 旋入端应全部旋入下部零件的螺孔内。因此，旋入端的螺纹终止线与下部零件的端面应平齐。

(2) 下部零件的螺孔的螺纹深度应大于旋入端长度 b_m。绘制时，螺孔的螺纹深度可按 $b_m+0.5d$ 画出；钻孔深度可按 b_m+d 画出。

(3) 双头螺柱的有效长度 L，可按下式估算：

$$L=t_1(\text{上部件厚})+0.15d(\text{垫圈厚})+0.8d(\text{螺母厚})+0.3d(\text{伸出长度})$$

然后根据估算值查附表 B，在双头螺柱长度系列中选取与估算值最接近且大于估算值的标准数值。

3) 螺钉连接

螺钉连接不用螺母、垫圈。而把螺钉直接旋入下部零件的螺孔中。通常用于受力不大和不需要经常拆卸的场合。

采用螺钉连接的被连接零件中，下部零件加工出螺孔，上部零件开通孔，其直径略大于螺钉直径(约 $1.1d$)。螺钉头部有各种不同形状，图 6 - 14 为开槽圆柱头螺钉采用比例画法的连接装配图。绘制时应注意：

(1) 为了使螺钉头部能压紧被连接零件，螺钉的螺纹终止线应高出螺孔的端面，或在全长上加工螺纹。

(2) 螺钉头部的开槽，在投影图上可以涂黑表示。在俯视图上，按国家标准规定，将开槽画成 45°倾斜。

(3) 螺钉的有效长度 L，可按下式估算：

$$L=t(\text{上部零件厚})+b_m(\text{螺纹旋入长度})$$

b_m 由被旋入零件的材料确定(同双头螺柱)。得到估算值后查附表，在相应的螺钉长度系列中选取与估算值最接近的标准数值。

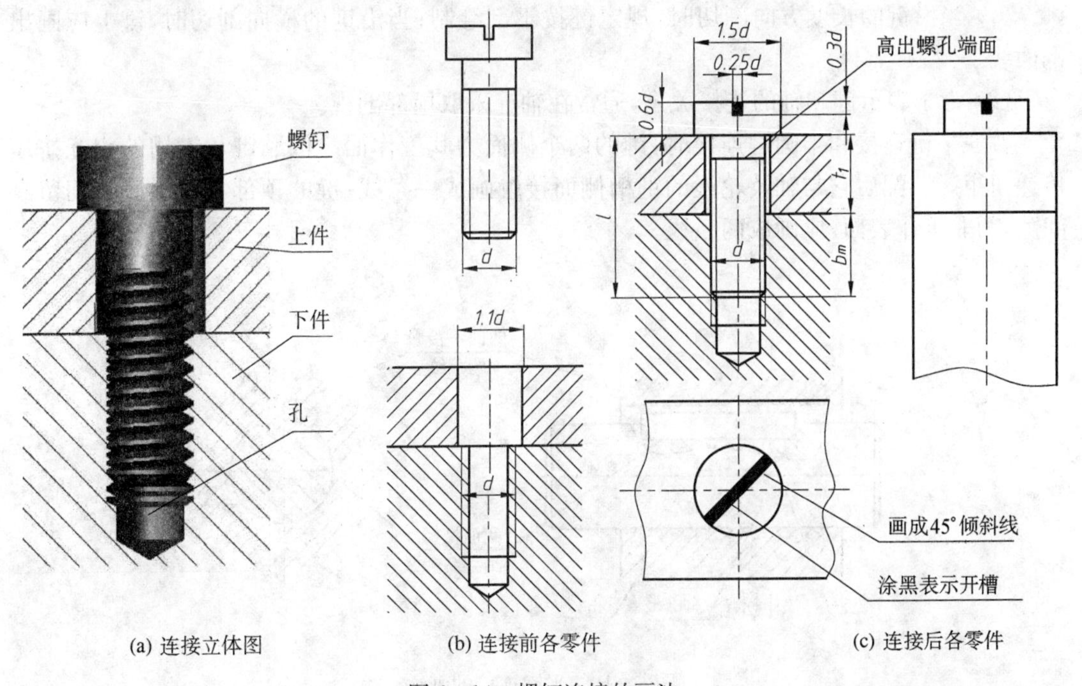

图 6 - 14　螺钉连接的画法

6.2　键和销

6.2.1　键及其连接

键是标准件。用来连接轴及轴上的传动件(如齿轮、皮带轮等),起传递扭矩的作用。

常用的键有普通平键、半圆键和钩头楔键等,如图 6 - 15 所示。其中普通平键最为常见。

图 6 - 15　常用的键

键的标记通式为:

标准编号　名称　规格(宽×高×长)

选用时可根据轴的直径查键的标准,得出它的尺寸。平键和钩头楔键的长度 L 应根据轮毂长度和受力大小选取相应的系列值。表 6 - 3 列出了常用键的形式和标记。

普通平键连接的画法如图 6 - 16 所示。绘制时应注意:

(1) 当沿键的长度方向剖切时,规定键按不剖绘制;当沿键的横向剖切时,键上应画出剖面线。

(2) 为了表示键和轴的连接关系,通常在轴上采取局部剖视。

普通平键连接和半圆键连接时,键的两个侧面为其工作面。依靠键与键槽的相互挤压传递扭矩。装配后它与轴及轮毂的键槽侧面接触画成一条线;键的顶部与轮毂底之间留有间隙,为非工作表面,应画成两条线。

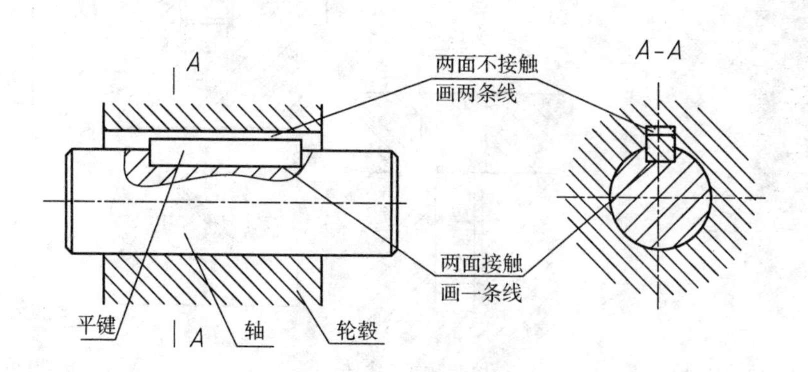

图 6 - 16　平键连接的画法

表 6-3 常用键的形式和标记

名称	图例	标记示例
普通平键	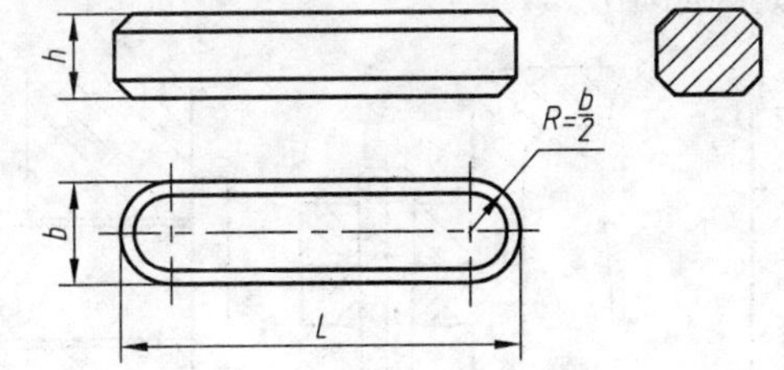	GB/T 1096 键 18×11×100 表示：键宽 b=18 mm， 键高 h=11 mm， 键长 L=100 mm 的圆头普通平键(A 型)。 注：A 型省略不注，B 型和 C 型必须在标记中写“B”和“C”
半圆键	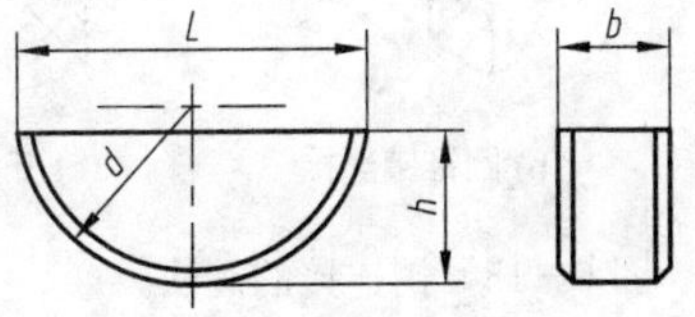	GB/T 1099 键 6×9×25 表示：键宽 b=6 mm， 键高 h=9 mm， 直径 d=25 mm 的半圆键
钩头楔键	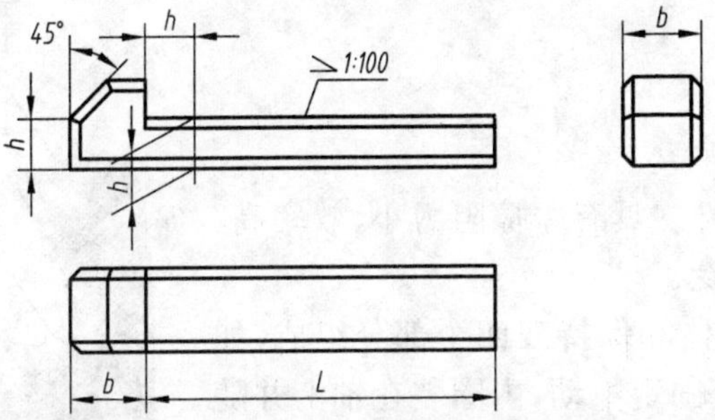	GB/T 1565 键 18×100 表示：键宽 b=18 mm， 键长 L=100 mm 的钩头楔键

6.2.2 销及其连接

销也是标准件，一般用于零件间的连接和定位。

常用的销有：圆柱销、圆锥销、开口销三种。表 6-4 列出了销结构形式和标记示例。

表 6-4 常用销的形式和标记示例

名称	图例	标记示例
圆柱销	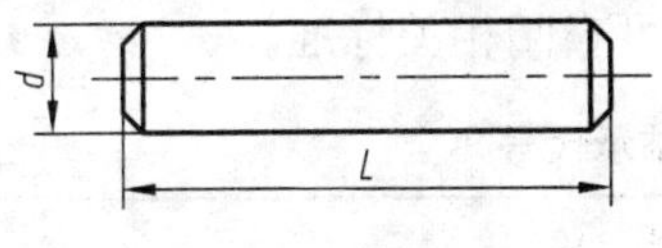	公称直径 d=6 mm，公差 $m6$，公称长度 l=30 mm，材料为钢，不淬火，表面不处理的圆柱销： 销 GB/T 119.1 6m6×30
圆锥销	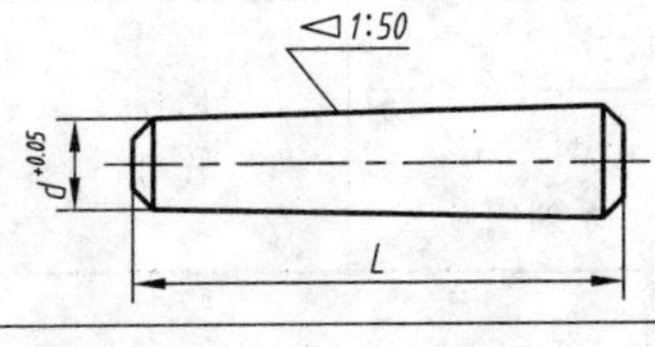	公称直径 d=10 mm，公称长度 l=60 mm，材料为 35 钢，热处理 28～38HRC，表面氧化的 A 型圆锥销： 销 GB/T 117 10×60
开口销	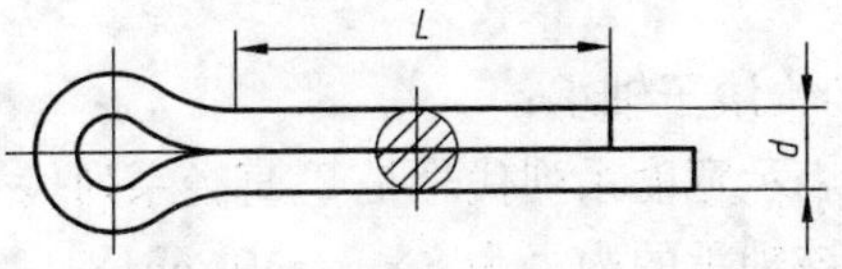	公称直径 d = 5 mm，长度 L = 50 mm 的开口销： 销 GB/T 91 5×50

销孔一般在装配时加工，通常是对两个被连接件一同钻孔，以保证相对位置的准确性，并要求在相应的零件图上注明，见图 6－17。销的连接画法见图 6－18。绘制时应注意：在剖视图中，当剖切平面通过销的轴线时，销按不剖画出。

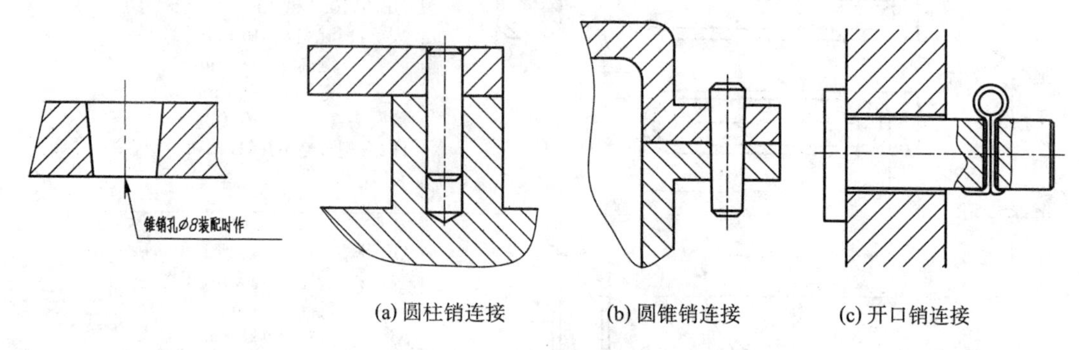

(a) 圆柱销连接　(b) 圆锥销连接　(c) 开口销连接

图 6－17　锥销孔的标注　　图 6－18　销连接的画法

6.3　滚动轴承

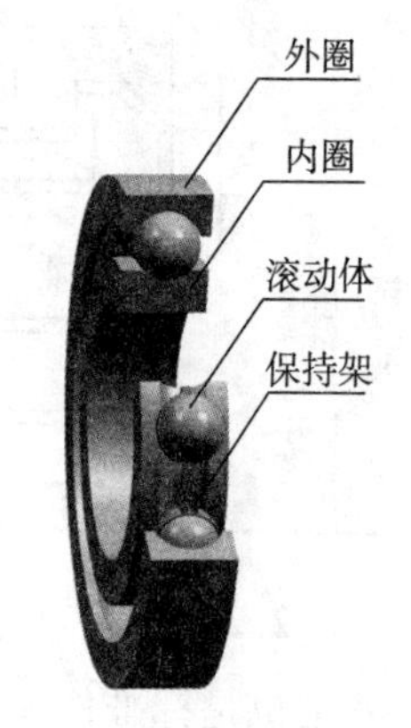

图 6－19　滚动轴承的结构

滚动轴承是用来支撑轴的标准部件。具有摩擦阻力小、效率高、结构紧凑等特点，所以在机器中使用广泛。

滚动轴承一般由内圈、外圈、滚动体和保持架四个部分组成，如图 6－19所示。通常是外圈装在机体上固定不动，内圈装在轴上并随轴一起转动。

滚动轴承按其受载荷情况不同，可分为三大类：

向心轴承　主要承受径向载荷；

推力轴承　主要承受轴向载荷；

向心推力轴承　同时能承受径向载荷和轴向载荷。

6.3.1　滚动轴承的代号

滚动轴承代号由前置代号、基本代号和后置代号构成，其排列见表 6－5。由于滚动轴承的种类及结构繁多，代号涉及许多因素，需要时可查阅相关标准。

表 6－5　轴承代号

<table>
<tr><td rowspan="3">前置代号</td><td colspan="4">基　本　代　号</td><td rowspan="3">后置代号</td></tr>
<tr><td rowspan="2">类型代号</td><td colspan="2">尺寸系列代号</td><td rowspan="2">内径代号</td></tr>
<tr><td>宽(高)度系列代号</td><td>直　径系列代号</td></tr>
</table>

滚动轴承基本代号标记示例：

轴承 32308　　3——类型代号，表示圆锥滚子轴承；

23——尺寸系列代号，表示宽度系列代号是 2、直径系列代号是 3；

08——内径代号，表示该轴承的内径为 8×5＝40 mm。

轴承 6207　　6——类型代号，表示深沟球轴承；
　　　　　　2——表示 02 尺寸系列，0 宽度系列代号，省略；2 为直径系列代号；
　　　　　　07——内径代号，表示该轴承的内径为 $7\times5=35$ mm。

内径代号（当 10 mm≤内径 d≤20 mm 时），代号数字 00、01、02、03 分别表示内径 d=10 mm、12 mm、15 mm、17 mm；代号数字≥04，则代号数字乘以 5，即为轴承内径 d。

6.3.2　滚动轴承的标记

滚动轴承的标记形式为：轴承名称、轴承代号和标准编号三部分。

标记示例：滚动轴承　6405　GB/T 276—2013。

6.3.3　滚动轴承的画法

常用滚动轴承的代号、结构形式、规定画法、特征画法和用途，见表 6-6。

表 6-6　常用滚动轴承的形式和画法

名称、标准号、结构和代号	由标准中查出数据	规定画法	特征画法	用途
深沟球轴承 GB/T 276—2013  60000 型	D d B	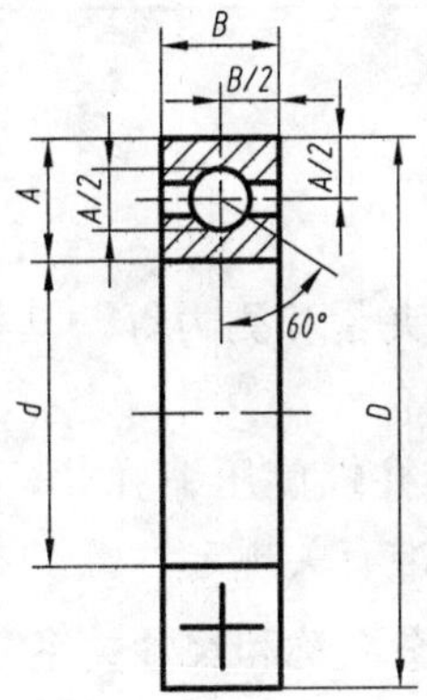 B、B/2、A、A/2、A/2、60°、d、D	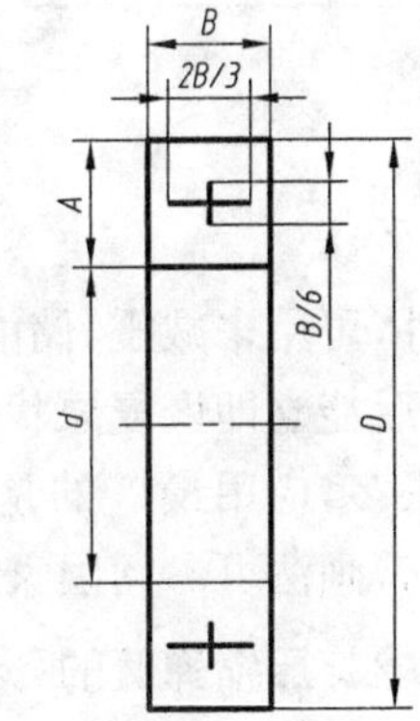 B、2B/3、A、B/6、d、D	主要承受径向力
圆锥滚子轴承 GB/T 297—1994  30000 型	D d T B C	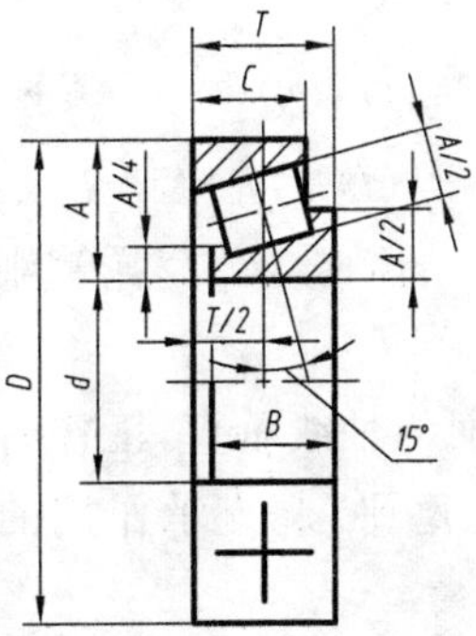 T、C、A/4、A、A/2、A/2、T/2、B、15°、D、d	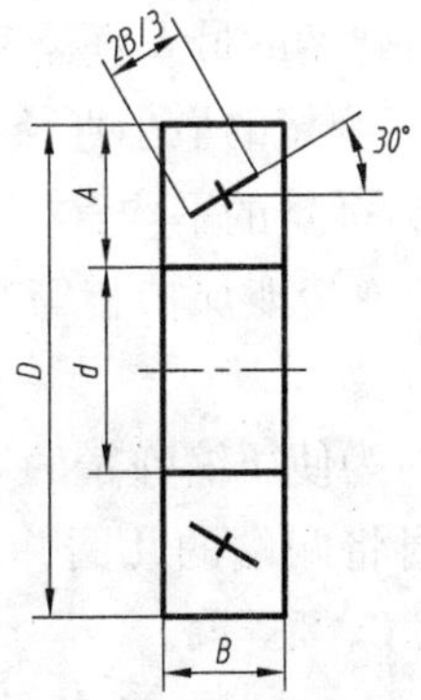 2B/3、30°、A、D、d、B	可同时承受径向力和轴向力

续　表

名称、标准号、结构和代号	由标准中查出数据	规定画法	特征画法	用　途
推力球轴承 GB/T 301—1995 51000 型	D d H			承受单方向轴向力

6.4　弹簧

弹簧是常用件，可用来减震、储能、夹紧和测力等。其特点是受力后能产生较大的弹性变形，在外力去掉后能立即恢复原状。

弹簧的种类很多，应用最广的是圆柱螺旋压缩弹簧，下面主要介绍它的有关知识和画法，其他种类的弹簧画法可参阅国家标准有关规定。

6.4.1　圆柱螺旋压缩弹簧的各部分名称和尺寸关系

圆柱螺旋压缩弹簧的形状和尺寸由下列参数确定(参见图 6－20)。具体按 GB/T 2089—2009 规定。

弹簧直径 d：制造弹簧材料直径，按标准选取。

弹簧外径 D：弹簧的最大直径。

弹簧内径 D_1：弹簧的最小直径，$D_1=D-2d$。

弹簧中径 D_2：弹簧的平均直径，$D_2=(D+D_1)/2=D-d$。

有效圈数 n：弹簧能保持相等节距的圈数，计算弹簧刚度的圈数。

支承圈数 n_0：为使压缩弹簧的端面与轴线垂直，工作时受力均匀，在制造时将两端的几圈并紧、磨平，起支承作用的圈数。一般为 1.5、2、2.5 圈。

总圈数 n_1：有效圈数与支承圈数之和称为总圈数。$n_1=n+n_0$。

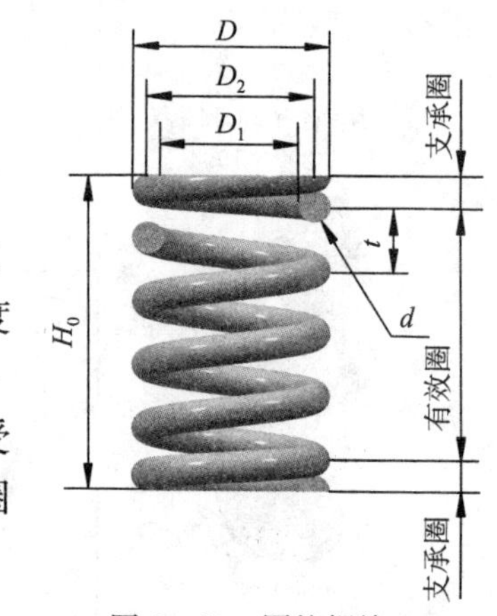

图 6－20　圆柱螺旋压缩弹簧

节距 t：相邻两有效圈上对应点之间的轴向距离。

自由高度 H_0：没有外力作用下的弹簧高度。$H_0 = nt + (n_0 - 0.5)d$。

展开长度 L：制造时所需弹簧材料的长度。

旋向：螺旋弹簧分左旋和右旋。

6.4.2　圆柱螺旋压缩弹簧的规定画法

国家标准 GB/T 4459.4—2003 作了弹簧的规定画法。按图形表达上的不同需要，可分别选用视图、剖视图、示意图表示弹簧。视图：主要表示外形；剖视图：主要表示内部形状和弹簧丝的断面形状；示意图：适合表示装配图中，图形尺寸较小的弹簧，也可以用于机构运动简图。

1. 弹簧的规定画法（见图 6 - 21）

（1）螺旋压缩弹簧在平行于轴线的投影面的视图中，各圈轮廓线应画成直线。

（2）螺旋压缩弹簧在图上均可画成右旋，但必须保证的旋向要求应在“技术要求”中注明。

（3）有效圈数在四圈以上的弹簧，中间部分可省略不画，图形的长度可适当缩短。

（4）螺旋压缩弹簧，若要求两端并紧且磨平时，不论支承圈数多少，均可按支承圈为 2.5 圈的形式绘制。

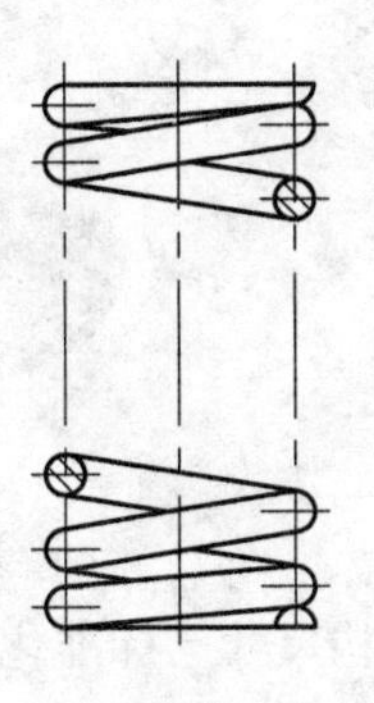

(a) 视图

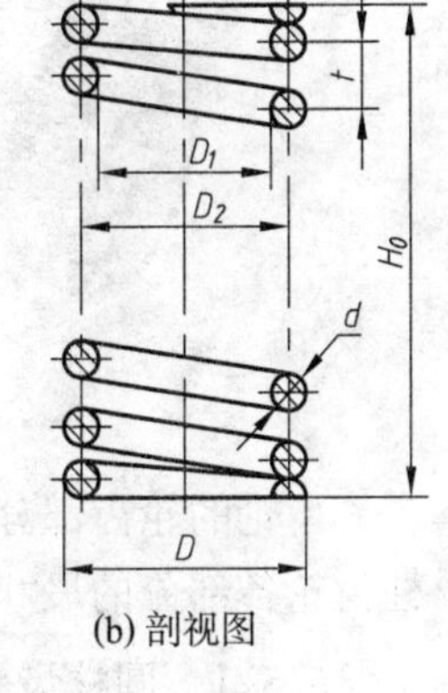

(b) 剖视图

图 6 - 21　弹簧的规定画法

2. 圆柱螺旋压缩弹簧的画图步骤

已知圆柱螺旋压缩弹簧的簧丝直径 $d = 6$ mm，弹簧外径 $D = 41$ mm，节距 $t = 11$ mm，有效圈数 $n = 6.5$圈，支承圈数 $n = 2.5$ 圈，右旋，其作图步骤如图 6 - 22 所示。

（1）计算出自由高度 H_0、弹簧中径 D_2，以 H_0、D_2 作矩形（图 6 - 22(a)）。

（2）根据 d 画出两端支承圈的小圆（图 6 - 22(b)）。

（3）根据节距 t 从支承圈画出几个有效圈的小圆（图 6 - 22(c)）。

（4）按右旋作相应圆的外公切线再画剖面线，即完成作图（图 6 - 22(d)）。

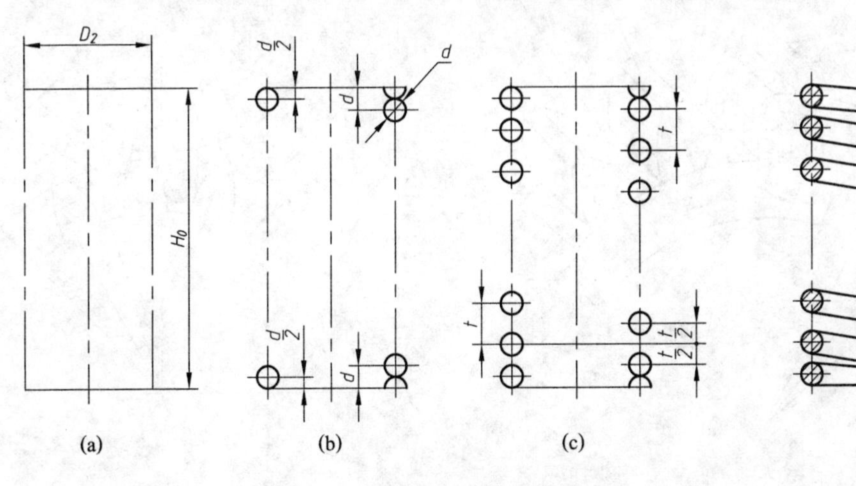

图 6 - 22　弹簧的作图步骤

6.5　齿轮

齿轮是常用件，在机器中可用来传递运动或动力，并改变运动速度和旋转方向。齿轮的种类很多，根据其传动情况可分为三类(见图 6－23)：

圆柱齿轮——用于两平行轴之间的传动；

圆锥齿轮——用于两相交轴之间的传动；

涡轮蜗杆——用于两交叉轴之间的传动。

图 6－23　常见的齿轮传动

齿轮的轮齿部分结构尺寸已标准化，国家标准规定了它的简化画法。这里主要介绍圆柱齿轮各部分的尺寸及规定画法。

6.5.1　圆柱齿轮各部分的名称和尺寸关系

常见的圆柱齿轮按齿的方向分成直齿、斜齿、人字齿等，其中直齿、斜齿齿轮又可分为标准齿轮和变位齿轮。

现以标准直齿圆柱齿轮为例来介绍(见图 6－24)。

(1) 齿顶圆　通过轮齿顶部的圆，其直径以 d_a 表示。

(2) 齿根圆　通过轮齿根部的圆，其直径以 d_f 表示。

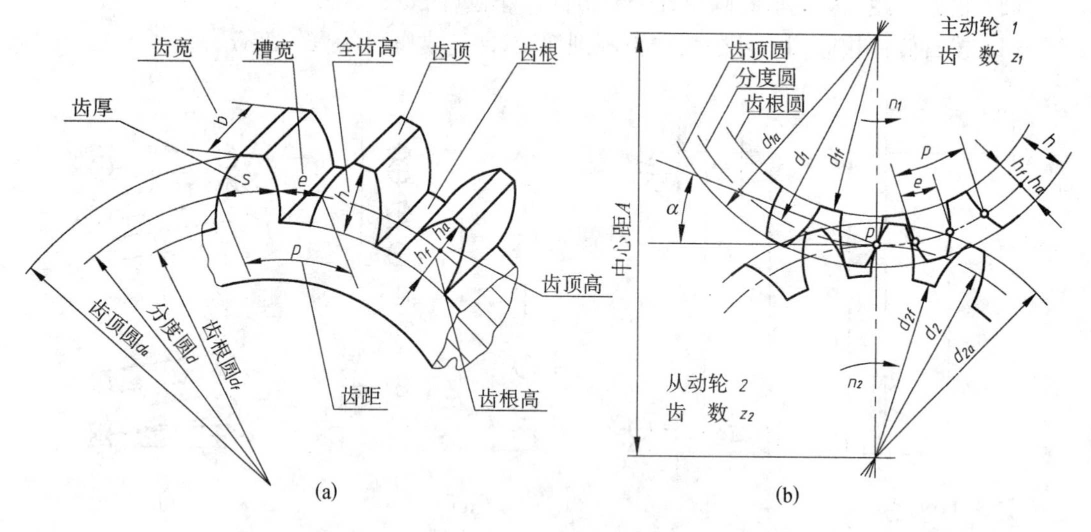

图 6－24　标准直齿圆柱齿轮各部分的名称

(3) 分度圆　当标准齿轮的齿厚和齿槽相等时所在位置的圆，其直径以 d 表示。

(4) 齿高　齿顶圆与齿根圆之间的径向距离，以 h 表示。分度圆将轮齿的高度分为两个不等的部分。齿顶圆和分度圆之间称为齿顶高，以 h_a 表示；分度圆和齿根圆之间称为齿根高，以 h_f 表示。齿高是齿顶高与齿根高之和，即 $h=h_a+h_f$。

(5) 齿距　分度圆上相邻两齿对应点之间的弧长，以 p 表示。

(6) 模数　设齿轮的齿数为 z，则分度圆的周长 $=zp=\pi d$，即 $d=\frac{p}{\pi}z$。

为便于设计制造，我们取 $m=\frac{p}{\pi}$，于是 $d=mz$。

m 即为模数。由于模数是齿距 p 和 π 的比值，因此当齿数一定时，模数越大，轮齿就越厚，齿轮的承载能力也就越大。

模数是设计和制造齿轮的基本参数，制造齿轮时，根据模数来选择刀具。为了便于设计和制造，已经将模数标准化。模数的标准值见表 6-7。

表 6-7　标准模数(GB/T 1375—1987)　mm

第一系列	0.1,0.12,0.15,0.2,0.25,0.3,0.4,0.5,0.6,0.8,1,1.25,1.5,2,2.5,3,4,5,6,8,10,12,16,20,25,32,40,50
第二系列	0.35,0.7,0.9,1.75,2.25,2.75,(3.25),3.5,(3.75),4.5,5.5,(6.5),7,9,(11),14,18,22,28,(30),36,45

注：选用模数时，应优先选用第一系列；其次选用第二系列，括号内模数尽可能不用。

(7) 齿形角　齿形角又称为压力角，指啮合接触点 P 处两齿廓曲线的公法线与两分度圆的公切线所夹的锐角，以 α 表示。我国标准齿轮的分度圆齿形角 $\alpha=20°$。

只有模数和齿形角都相同的齿轮才能互相啮合。

在设计齿轮时要先确定模数和齿数，其他各部分尺寸都可由模数和齿数计算出来。标准直齿圆柱齿轮的计算公式见表 6-8。

表 6-8　标准直齿圆柱齿轮的尺寸计算公式

各部分名称	代　号	计　算　公　式
分度圆直径	d	$d=mz$
齿　顶　高	h_a	$h_a=m$
齿　根　高	h_f	$h_f=1.25m$
齿顶圆直径	d_a	$d_a=m(z+2)$
齿根圆直径	d_f	$d_f=m(z-2.5)$
齿　　距	p	$p=\pi m$
中　心　距	A	$A=\frac{1}{2}(d_1+d_2)=\frac{1}{2}m(z_1+z_2)$

6.5.2　圆柱齿轮的规定画法

1. 单个圆柱齿轮的画法

(1) 在视图中，齿轮的轮齿部分按下列规定绘制：

齿顶圆和齿顶线用粗实线表示。分度圆和分度线用点画线表示。齿根圆和齿根线用细实线表示，也可省略不画(图 6-25(a))。

(2) 在剖视图中，当剖切平面通过齿轮的轴线时，轮齿一律按不剖处理，这时齿根线用粗实线绘制(图 6 - 25(b))。

(3) 对于斜齿、人字齿齿轮,可在非圆的外形图上用三条与轮齿倾斜方向相同的平行细实线表示轮齿方向(图 6 - 25(c)(d))。

(4) 除轮齿部分按上述规定画法绘制外,齿轮上的其他结构仍按投影画出。

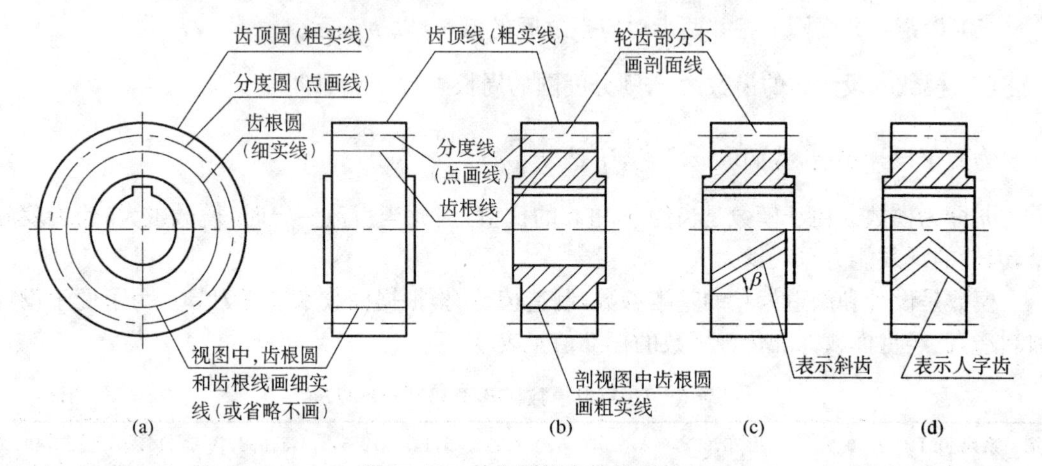

图 6 - 25　单个圆柱齿轮的画法

图 6 - 26 是齿轮的零件图。在零件图上不仅要表示出齿轮的形状、尺寸和技术要求,而且要列出制造齿轮所需要的参数。

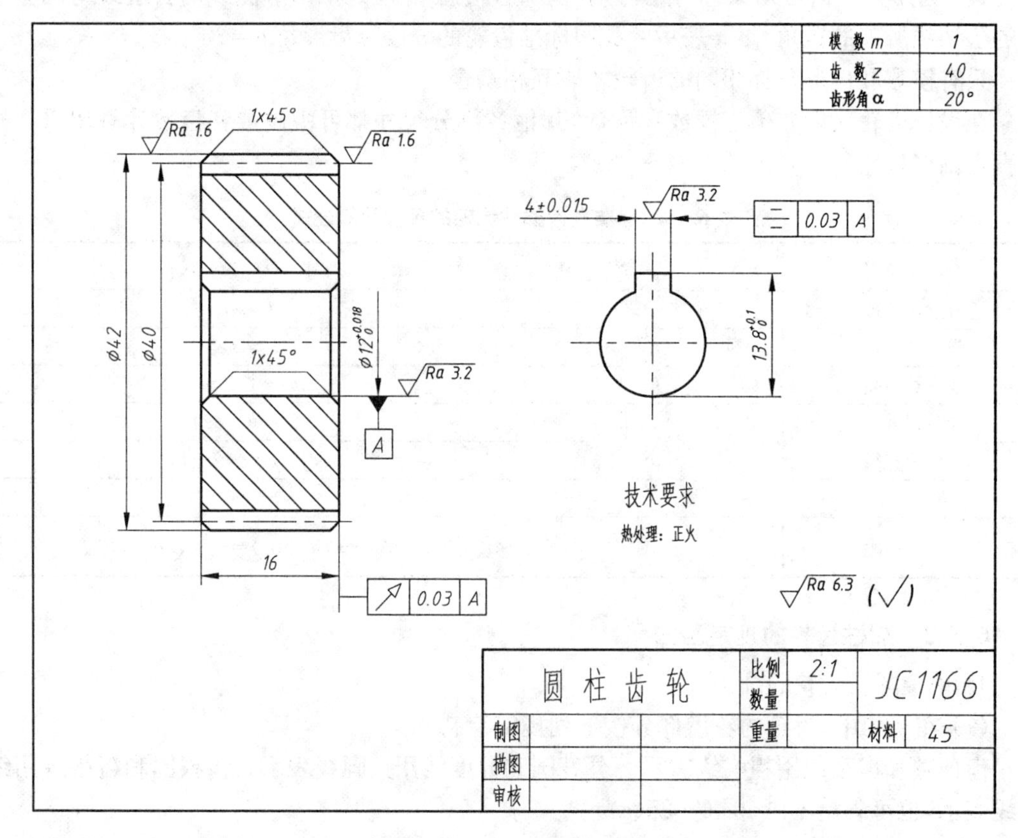

图 6 - 26　圆柱齿轮零件图

2. 圆柱齿轮啮合的画法

两标准齿轮啮合时，它们的分度圆处于相切的位置，此分度圆又称节圆。啮合部分的规定画法如下：

(1) 在投影为圆的视图中，两齿轮的节圆应该相切。啮合区内的齿顶圆仍画粗实线(图 6-27(a))，也可省略不画(图 6-27(b))。

(2) 在过两轮轴线剖切的剖视图中，啮合区内有五条线：节线重合，用点画线绘制；两轮的齿根线画粗实线；齿顶线一个齿轮画粗实线，另一个齿轮画虚线(也可省略不画)(图6-27(a))。非啮合区的画法与单个齿轮相同。

若不画剖视图，而只用外形视图时，啮合区内的节线重合，用粗实线绘制，啮合区内齿顶线均不可见，不需画出。(图 6-27(c))。

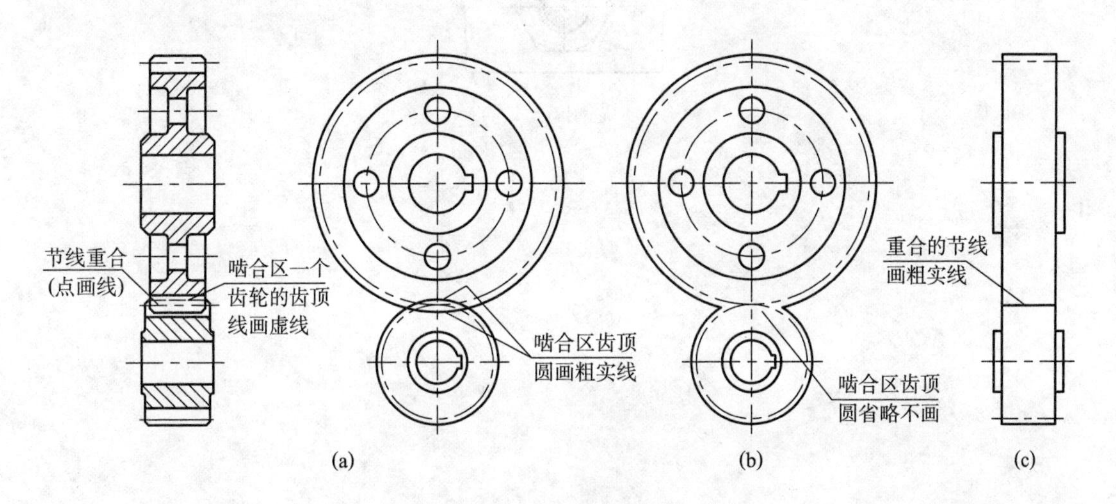

图 6-27 圆柱齿轮的啮合画法

复习思考题

6-1 螺纹有哪些要素？什么是标准螺纹？

6-2 M20-6H 和 M20×1.5-6 g 分别表示什么螺纹，两者有何区别？

6-3 指出题图 6-3 中螺纹画法的错误，并更正之。

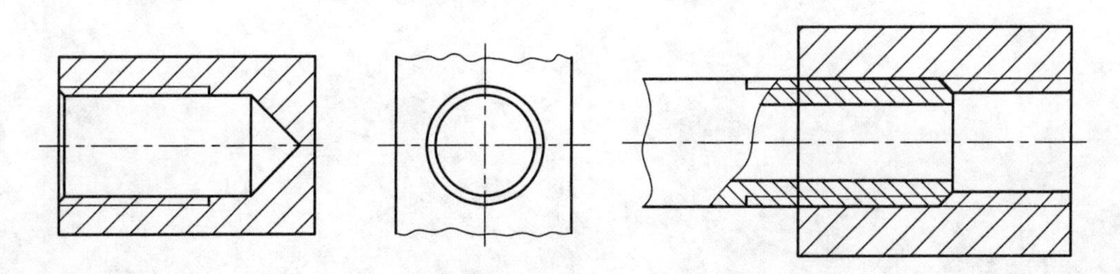

题图 6-3

6－4　指出题图 6－4 中螺柱连接画法的错误,并更正之。

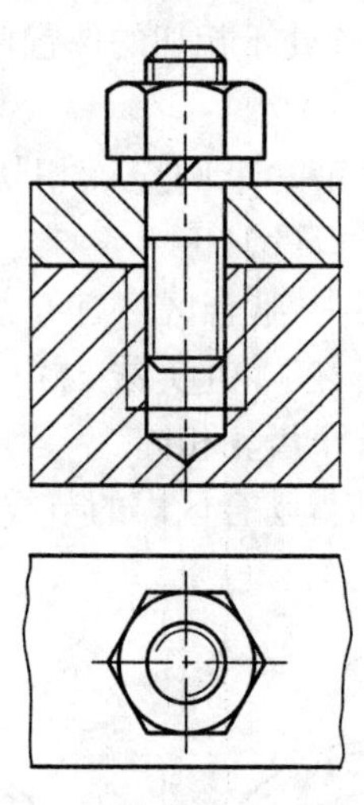

题图 6－4

7 零件图

任何机器或部件都是由若干零件按一定的技术要求装配组合而成的。零件是组成机器的不可分拆的最小单元，零件的结构形状和加工要求由零件在机器中的功用确定。零件分标准件、常用件和一般零件。其中标准件、常用件已经在上一章进行了介绍。

表达单个零件的形状、尺寸和技术要求的图样称为零件图。

7.1 零件图的内容

在零件的生产过程中，要根据图样中注明的材料和数量进行落料；要根据图样表示的形状、大小和技术要求进行加工制造；最后还要根据图样进行检验；因此，零件图应具有制造和检验零件的全部技术资料。一张完整的零件图应包括如下内容（参见图 7－1）：

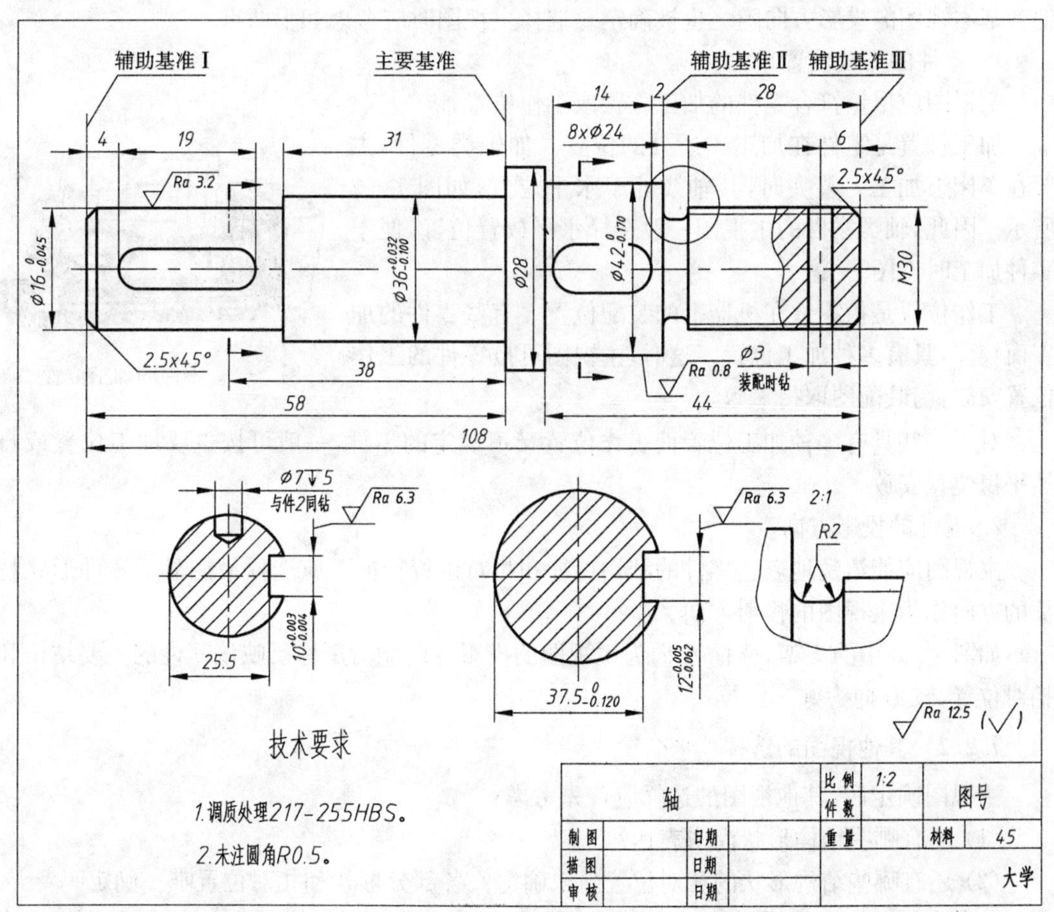

图 7－1　轴零件图

(1) 一组视图　综合应用视图、剖视图、断面图等表达方法，将零件各部分的结构和形状正确、完整、清晰地表达出来。

(2) 尺寸　正确、完整、清晰、合理地标注出确定零件各部分形状大小和相对位置所需要的全部尺寸。

(3) 技术要求　标注和说明零件在制造、检验、材质处理等过程中应达到的一些技术要求。如表面粗糙度、尺寸偏差、形位公差、热处理、表面处理及其他要求。

(4) 标题栏　位于图纸的右下角，填写零件的名称、材料、数量、图样比例、制图和审核人的签名和日期等内容。

7.2　零件图的视图表达

零件图的视图表达是零件图最重要的内容之一。必须根据零件的结构特点、作用及加工方法，合理地选择一组最简明的视图来表达零件。

7.2.1　主视图的选择

主视图是视图表达的关键，一旦主视图确定，零件的投射方向和安放状态就确定了，其他各基本视图的投影方向随之也被确定。选择主视图时应考虑如下两点。

1. 零件的安放位置

主视图应尽量符合零件的加工位置或工作位置。

加工位置是零件在加工中所处的位置。如轴类零件，主要在车床上加工。装夹时，其轴线处于水平位置，如图 7 - 2 所示。因此，轴类零件的主视图一般选择水平放置位置，便于零件加工时看图。

图 7 - 2　零件的加工位置

工作位置是指零件在机器上的装配位置。有些零件的加工面较多，具有多种加工位置。这时，主视图可按零件的工作位置安放，与装配图取得一致。

对于一些具有多种加工位置而工作位置又不确定的零件，一般可按主要加工位置或自然平稳位置安放。

2. 零件的投影方向

主视图应能清楚地表达零件的结构特征和相对位置特征。应选择最能显示零件形状特征的方向作为主视图的投射方向。

如图 7 - 3 中的支架，选择 A 向为主视图的投影方向能清楚地反映该零件的主要结构和相对位置，较 B 向为好。

7.2.2　其他视图的选择

主视图确定后，其他视图的选择应首先考虑：

(1) 还有哪些结构形状尚未表达?

(2) 还有哪些结构形状的相对位置尚未确定? 各部分形状和相对位置唯一确定吗?

在考虑尺寸标注等要求下，合理地应用视图、剖视图、断面图等表达方法，使各个视图表达的重点明确，能相互配合来完成零件的表达要求。

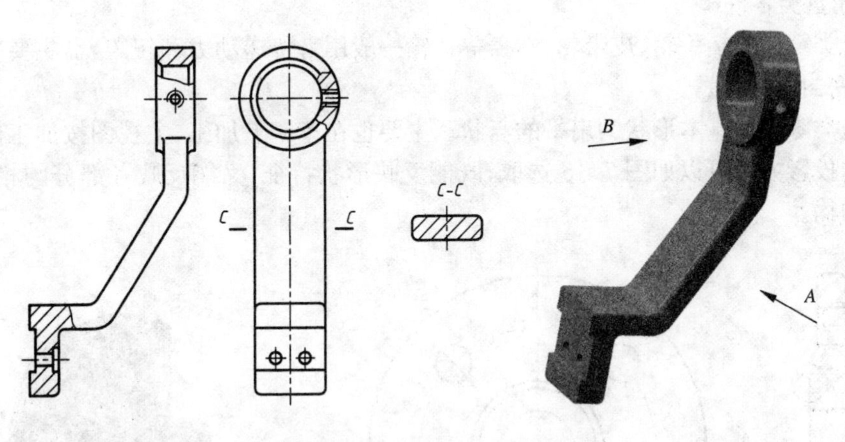

图 7-3 主视图的投影方向

7.2.3 几类典型零件的表达方案

零件的结构形状各不相同,但结构上类似的零件在表达方法上具有共同之处。下面介绍四类典型零件的表达方案。

1. 轴套类零件

轴一般是用来支承传动零件和传递动力的。轴套一般是装在轴上,起轴向定位、传动或连接等作用。

轴套类零件的结构主体是同轴回转体,在轴上常有键槽、销孔、退刀槽、越程槽和倒角、圆角等。实心的称为"轴",空心的称为"套"。

轴套类零件一般在车床上加工,为加工时看图方便,主视图应将轴线按水平位置放置,大头在左,小头在右,键槽、孔等结构朝前。

轴套类零件一般只画一个基本视图,对键槽、退刀槽、越程槽等可以用移出断面、局部视图和局部放大图等加以补充。

如图 7-4 所示的轴,右端有销孔,在主视图上采用局部剖视表达;螺纹退刀槽的细部结构形状,用局部放大图表达;两个移出断面图表达了轴上凹坑和键槽Ⅰ、键槽Ⅱ的深度。

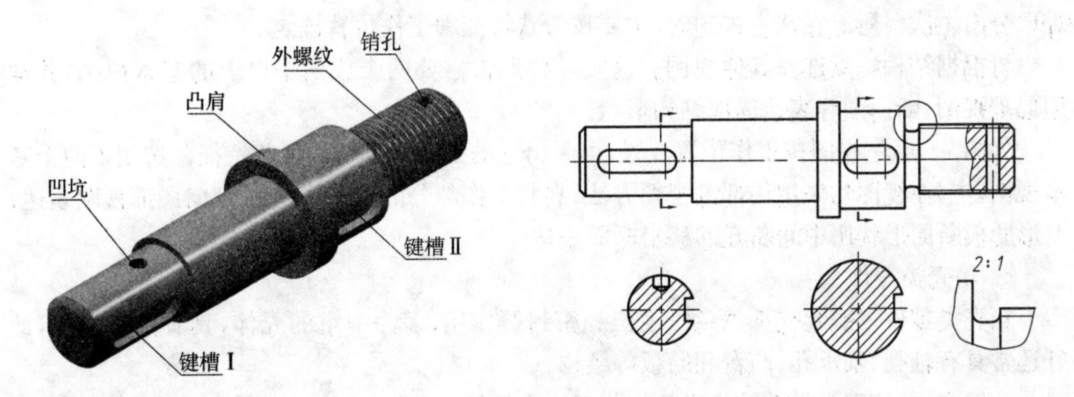

图 7-4 轴的表达方案

2. 轮盘类零件

轮盘类零件包括手轮、皮带轮、端盖等。轮一般用来传递动力和扭矩，盘主要起支承、轴向定位、密封等作用。

轮盘类零件的基本形状为扁平的盘状。主要也在车床上加工，主视图按加工位置安放。主视图的投影方向可以如图 7-5 选取，既能反映形状特征，又能反映各部分的相对位置及倒角等结构。

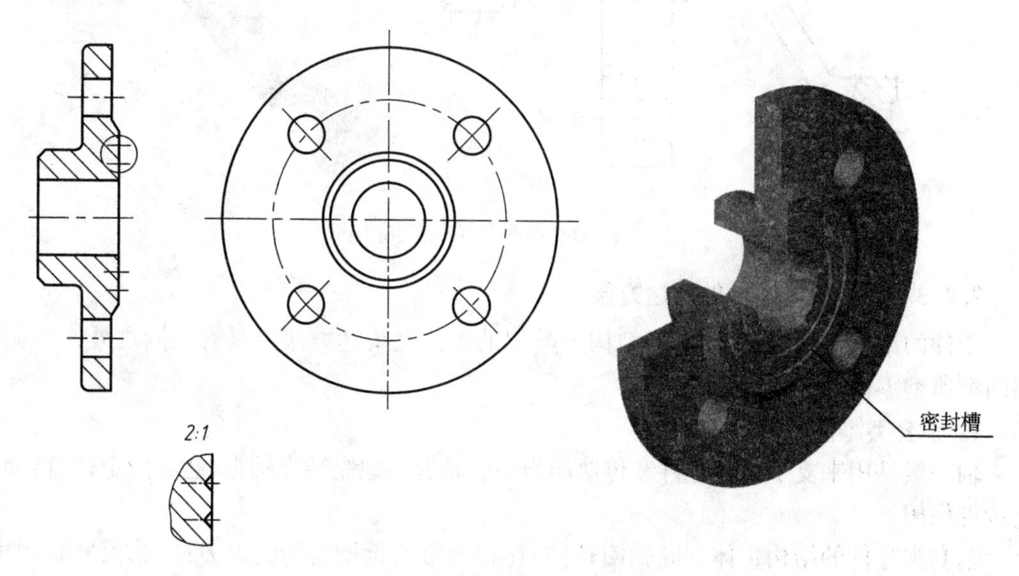

图 7-5 法兰及其表达方案

轮盘类零件常有沿圆周分布的孔、槽、肋、凸缘及轮辐等结构，因而一般应选用两个基本视图，以表达这些结构的数量和分布以及轮盘或盖的外形，其中主视图常采用全剖视图，对于某些细部结构可用局部放大图等方法表达清楚。

3. 叉架类零件

叉架类零件包括各种用途的拨叉和支架。拨叉主要用在各种机器上的操纵机构上，支架主要起支承和连接的作用。

叉架类零件一般都是铸件或锻件毛坯，形状较为复杂需经不同的机械加工，而加工位置难以分出主次。所以在选主视图时，主要按形状特征和工作位置确定。

再根据结构特点选择其他视图。这类零件通常需要两个或两个以上的基本视图，并常用局部视图、断面图等表达局部结构形状。

如图 7-6，主视图按工作位置放置，可看出它的工作和连接的形状特征。选用了两个基本视图，主、左视图均采用局部剖视图方法；夹紧工作部分的凸缘形状用 B 向局部视图表达；T 形肋板断面形状用中间断开的移出断面表达。

4. 箱壳类零件

箱壳类零件一般起支承、容纳、定位和密封等作用，多为中空的壳体，具有内腔和壁，此外还常具有轴孔、轴承孔、凸台和肋板等结构。

一般来说，箱壳类零件结构形状较前三类零件复杂，通常也在铸件毛坯上进行切削后形成。图 7-7 所示的传动箱即属箱体类零件。

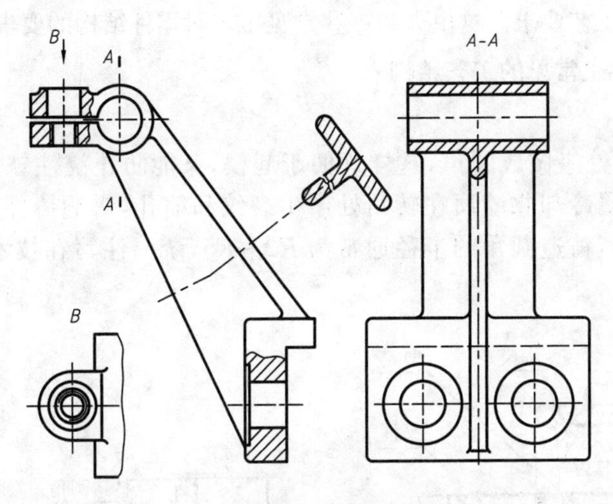

图 7－6 托架表达方案

箱壳类零件的加工位置多变，所以主视图的选择主要考虑工作位置和形状特征。其他视图的选择应根据具体情况，可采用多种表达方法，以清晰、完整地表达零件的内、外结构形状。一般这类零件需三个或三个以上的基本视图。

图 7－7 所示的传动箱零件，选用了三个基本视图和一个局部视图。主视图用全剖表达它的内部结构；俯视图为局部剖，表达箱体前、后壁上的开孔和凸台的结构形状；左视图不剖，表达了左端面的形状和螺纹孔的分布；C 向局部视图表达了前端面的形状、螺孔数量和分布。

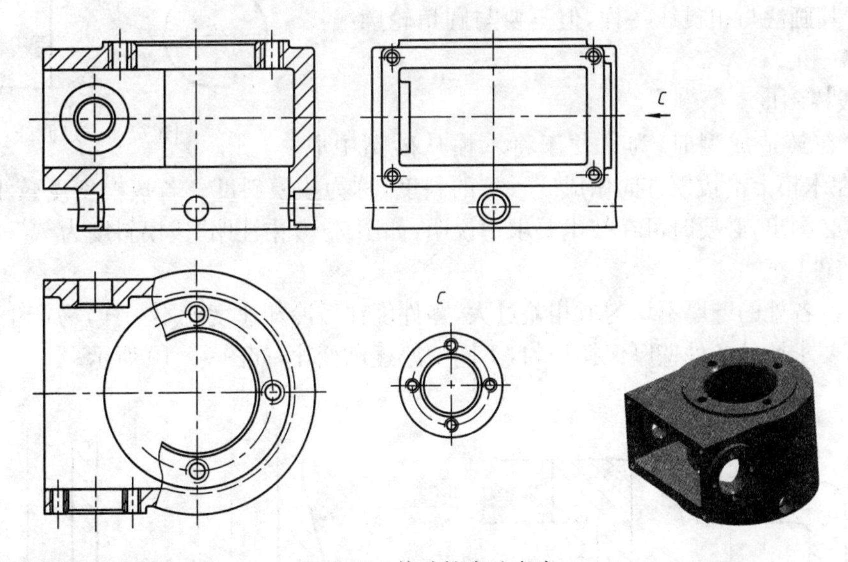

图 7－7 传动箱表达方案

7.3 零件上常见的工艺结构

零件的结构设计除了满足设计要求外，其结构形状还应考虑加工、测量、装配等制造过程所提出的一系列工艺要求。这里介绍一些常见工艺对零件结构的要求。

7.3.1 铸造件上常见的工艺结构

1. 铸造圆角

铸造表面转角处应做成圆角，这样既便于起模，又能防止浇注铁水时将砂型转角处冲坏，及铸造时金属冷却收缩而在转角处产生裂纹和缩孔，影响铸件质量。零件图上一般应画出铸造圆角，铸造圆角的半径通常为$R2$～$R5$，统一注写在技术要求中，如图7-8所示。

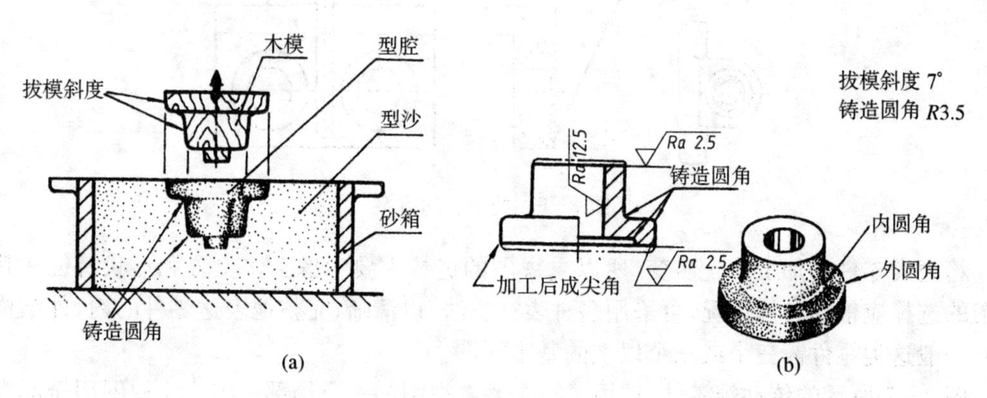

图7-8 拔模斜度与铸造圆角

由于铸造圆角的影响，铸件表面的相贯线变得不太明显，这种不明显的相贯线称为过渡线，过渡线用细实线绘制。其画法与相贯线一样，但不要与圆角轮廓线接触，见图7-9。

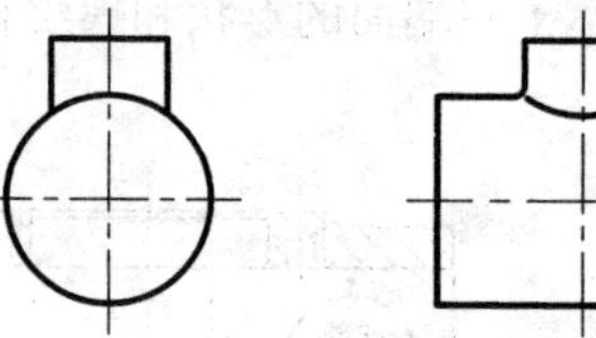

图7-9 过渡线

2. 拔模斜度

零件在铸造成型时，为了便于将木模从砂型中取出，要求在木模上沿拔模方向做成3°～7°的斜度，称为拔模斜度。若拔模斜度较小，在零件图上可不必画出，必要时可在技术要求中说明，如图7-8中注明“拔模斜度为7°”。

3. 铸件壁厚

若铸件各处的壁厚不均匀或相差过大，零件浇注后冷却速度就不一样，易产生裂纹和缩孔，因此，要求铸件各处壁厚保持均匀，不同壁厚逐渐变化，如图7-10所示。

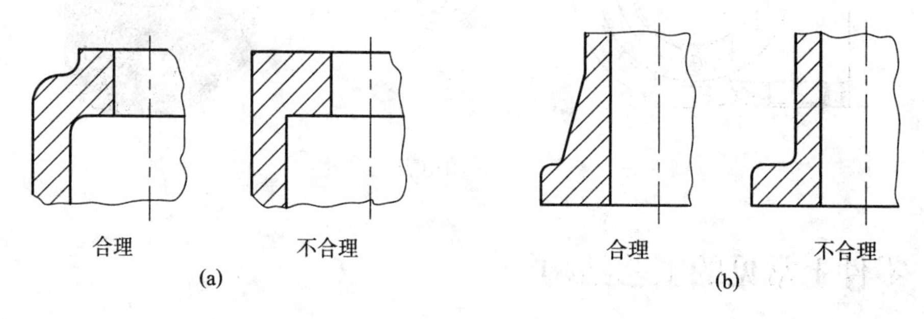

图7-10 铸件壁厚

7.3.2 机械加工零件上常见的工艺结构

1. 倒角和倒圆

切削加工时，为了去除零件表面的毛刺、锐边和便于装配，在轴和孔的端部应加工倒角，见图 7－11(a)(b)；为避免轴肩处因应力集中而产生裂纹，导致断裂，一般应加工成圆角，如图 7－11(c)所示。

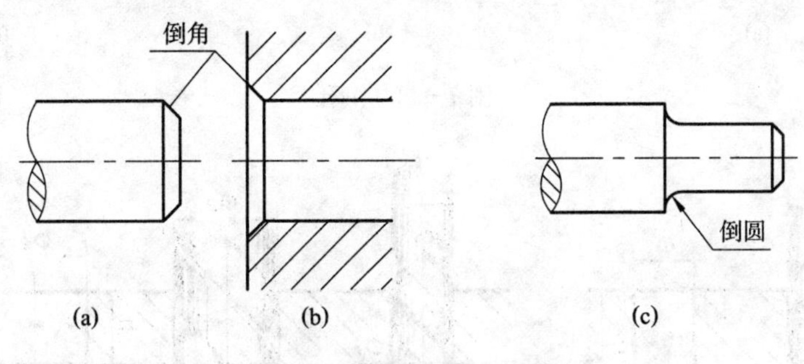

图 7－11 倒角与倒圆

2. 凸台与凹槽

为了使零件的某些装配表面与相邻零件接触良好且减少加工面积，常在铸件上设计出凸台、凹槽等结构，如图7－12所示。

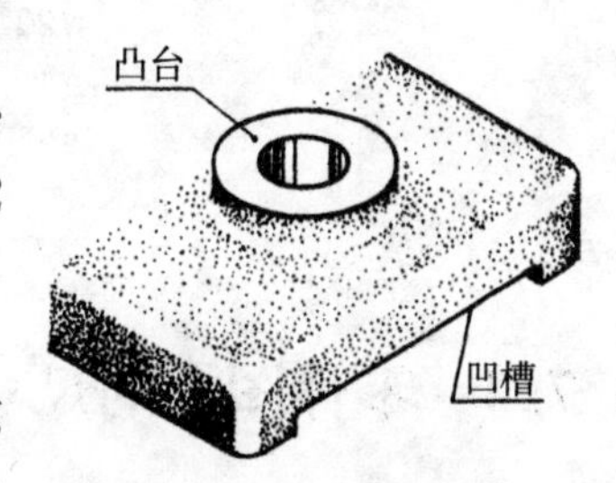

图 7－12 凸台与凹槽

3. 退刀槽和砂轮越程槽

为了切削加工时退出刀具或使砂轮可稍越过加工面，不使刀具或砂轮损坏，且在装配时能使相邻零件靠紧，常在零件待加工面的末端加工出退刀槽或砂轮越程槽，见图 7－13。

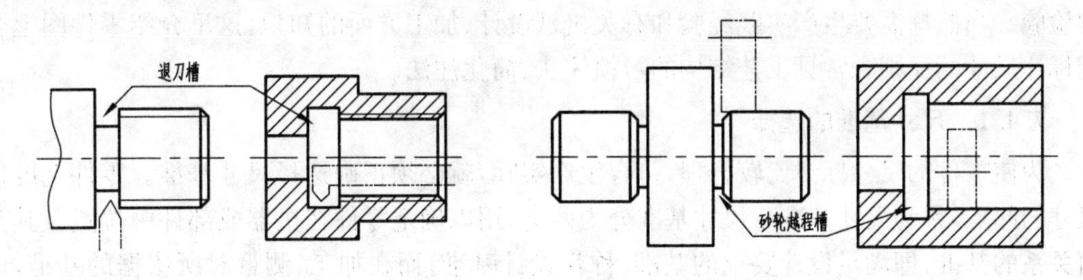

图 7－13 退刀槽和砂轮越程槽

4. 沉孔

为了适应各种形式的螺钉连接，铸件上常常设计出各种沉孔结构，如图 7－14 所示。

5. 钻孔

用钻头钻出的不通孔，由于钻头的顶角接近 120°，所以钻孔的底部应画成 120°的圆锥面。钻孔深度系指圆柱部分的深度，见图 7－15(a)；用不同直径的钻头加工成的阶梯孔，过渡处也画成 120°的圆锥面，见图 7－15(b)。

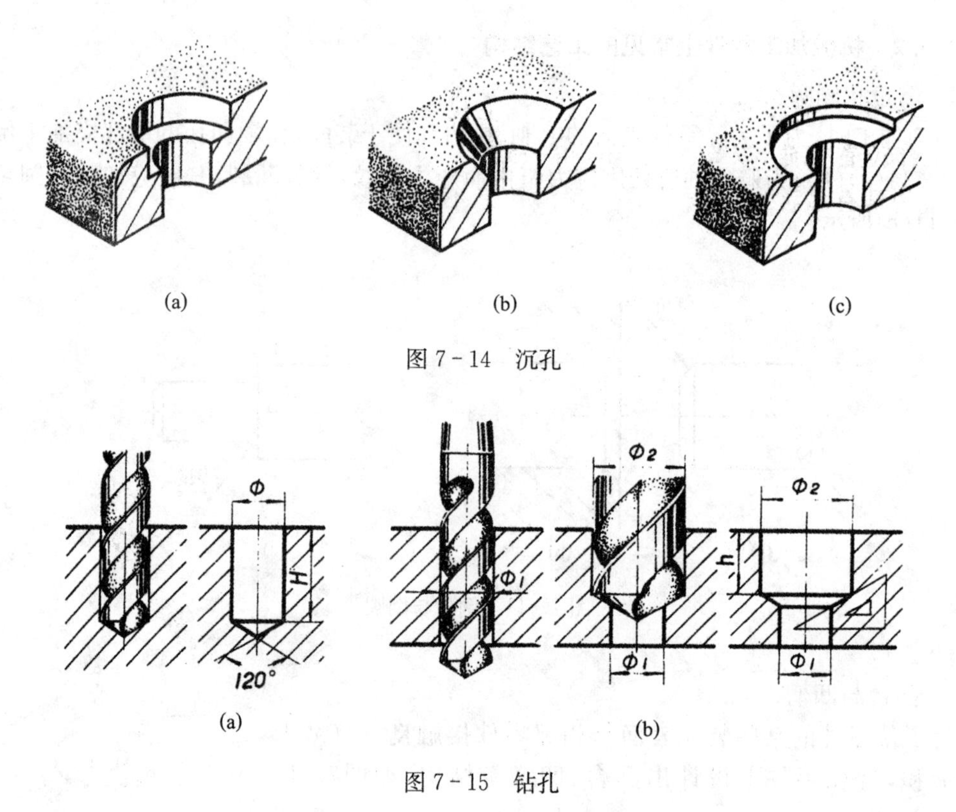

图 7-14　沉孔

图 7-15　钻孔

7.4　零件图上的尺寸标注

零件图上的尺寸是制造零件的依据，所以在零件图上标注尺寸，除了要做到正确、完整、清晰外，还必须合理，即标注的尺寸能满足设计、加工及测量的要求，使零件便于制造、测量和检验。当然这需要生产实践经验和有关机械设计、加工方面的知识，这里介绍零件图上合理标注尺寸的原则和常见工艺结构的习惯注法、简化注法。

7.4.1　尺寸基准的选择

为使零件的尺寸标注比较合理，符合生产实际，就必须正确选择尺寸基准。零件上度量尺寸的起点，称为尺寸基准。尺寸基准分为两类，用以确定零件在机器或部件中位置及其几何关系的基准，即满足设计要求的基准，称作设计基准；而在加工、测量时所依据的基准，即满足工艺要求的基准，称作工艺基准。

图 7-16 为轴承座。一根轴通常要有两个轴承座支承，两者的轴孔应在同一轴线上，所以在标注轴承孔高度方向的定位尺寸时，应以底面 A 为基准，以保证轴孔到安装底面的距离相等，见图中尺寸“40±0.02”。在标注底板上两个螺栓孔长度方向的定位尺寸时，应以对称面 B 为基准，以保证底板上两孔之间的距离对于轴孔的对称关系，见图中尺寸“65”。底面 A 和对称面 B 都是满足设计要求的基准。

轴承座顶部螺孔的深度尺寸，若以底面为基准标注，测量起来就不方便。应以顶部端面 D 为基准，标注出尺寸 6，这样测量起来也方便，这就是工艺基准。

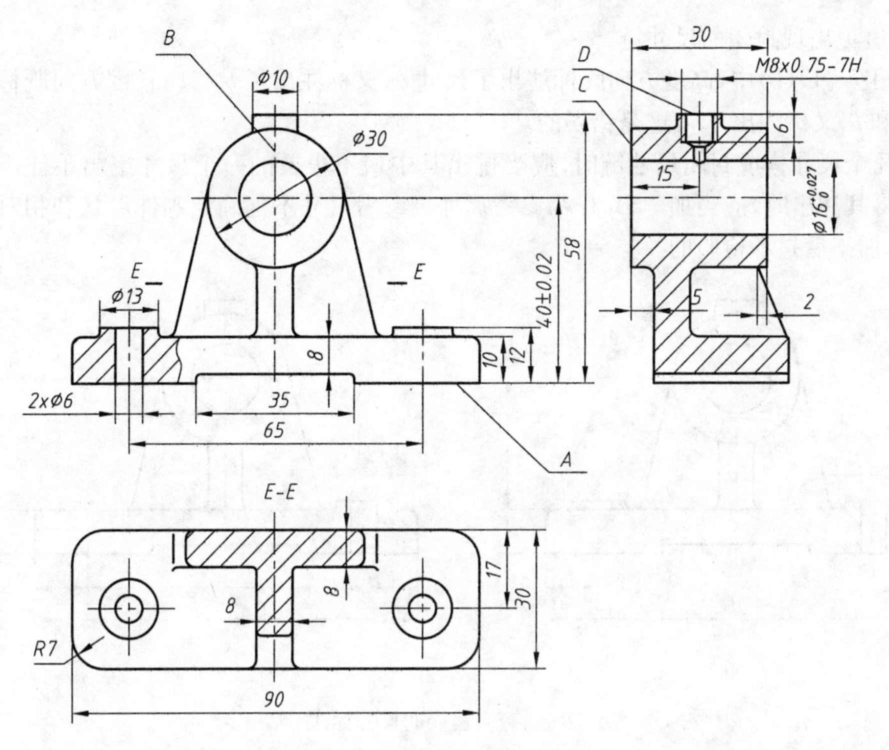

图 7-16 轴承座的尺寸基准

由于每个零件一般都有长、宽、高三个方向的尺寸，在零件的长、宽、高三个方向都应有一个主要基准，若同一方向上有几个尺寸基准，其中主要基准必为设计基准，其余辅助基准为工艺基准。并且，主要基准和辅助基准之间应有尺寸联系。选择基准时应尽量使设计基准与工艺基准重合，以减少尺寸误差，便于加工、检测和提高产品质量。

图 7-16 中的轴承座，长度方向的主要基准是对称面 B，宽度方向的主要基准为端面 C，高度方向主要基准为底面 A。为了便于加工和测量，还选择 D 为辅助基准，它与主要基准 A 之间由尺寸“58”相联系。

选择尺寸标注基准的原则是：零件的主要尺寸应从设计基准标注；对其他尺寸，考虑到加工、检测的方便，一般应由工艺基准标注。

常用的基准有：基准面，包括底板的安装面、重要的端面、装配结合面、零件的对称面等；基准线一般为回转体的轴线。

标注尺寸时还需注意：对零件间有配合关系的尺寸，如孔和轴的配合，应分别注出相同的定位尺寸。

7.4.2 尺寸标注的合理性

1. 功能尺寸应从设计基准出发直接注出

功能尺寸是指直接影响零件的装配精度和工作性能的尺寸。这些尺寸应从设计基准出发直接注出。

图 7-17(a)中，轴承座的轴心高不直接注出，而是靠 $b+c$ 确定；底板上两个 $\phi6$ 孔的孔心距也未直接注出，依靠 $d-2e$ 确定。这种注法都是不合理的，因为轴心高和孔心距是保证两轴承座同心的功能尺寸，必须直接注出。

2. 避免出现封闭的尺寸链

在图 7－17(b)中,高度方向既标注出了尺寸 a,又标注出了 b 和 c;长度方向既标注出了尺寸 d 和 l,又标注出了 e,这是错误的。

当几个尺寸构成封闭尺寸链时,应当挑出其中最不重要的一个尺寸空出不注。若因某种需要将其注出时,应当加(　),作为参考尺寸。参考尺寸不是确定零件形状和相对位置所必需的,加工后是不检验的。

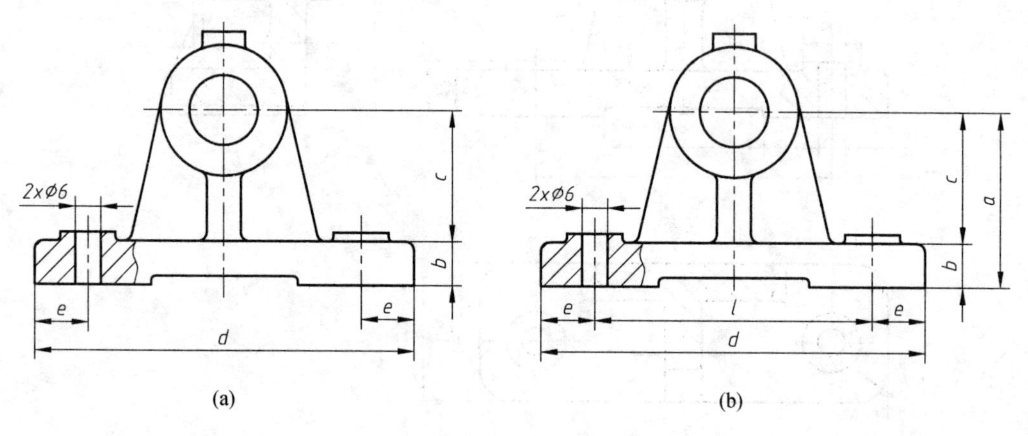

图 7－17　错误的尺寸标注

3. 应尽量符合加工顺序

按加工顺序标注尺寸,便于看图、测量,容易保证加工精度。图 7－18(a)为一阶梯轴,其加工顺序一般如图 7－18(b)。

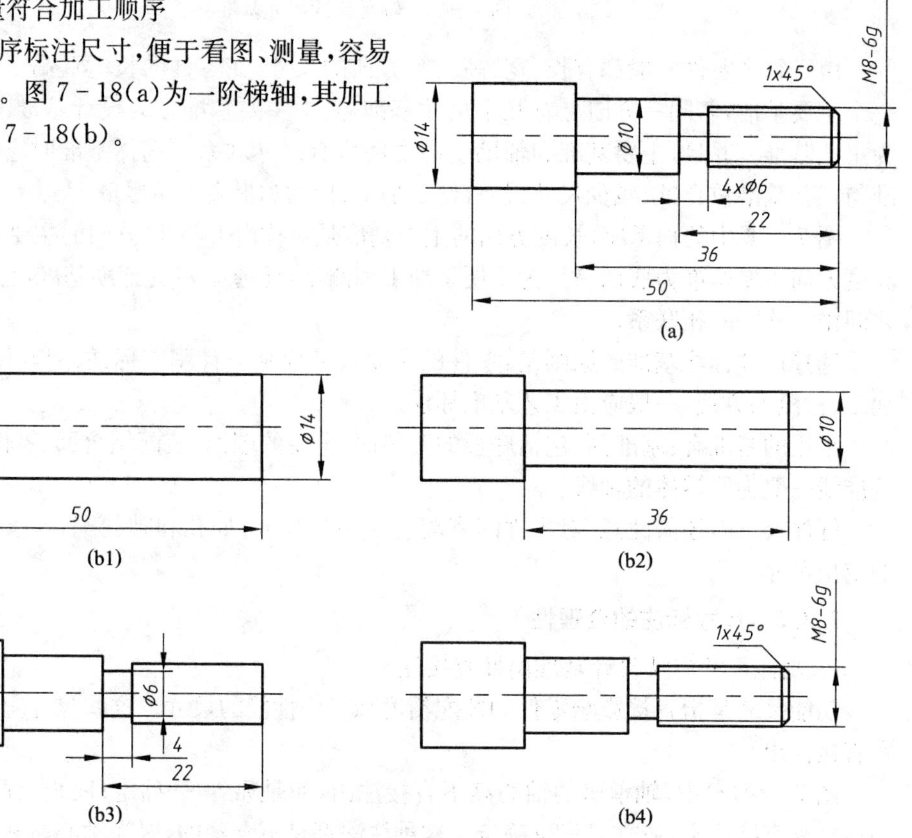

图 7－18　阶梯轴的加工顺序

4. 考虑检测方便

在图 7－19 所示的尺寸标注中，注法(a)测量和检验均较方便，为合理的注法；注法(b)在实际测量中难以进行，为不合理的注法。

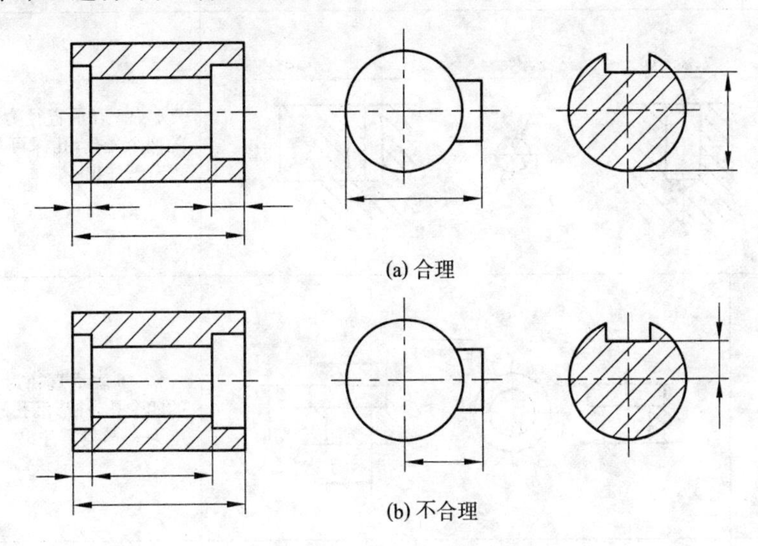

(a) 合理

(b) 不合理

图 7－19 尺寸标注应考虑检测方便

7.4.3 常见结构的尺寸标注

零件上常见结构的习惯注法和简化注法见表 7－1。

表 7－1 常见结构的习惯标注法和简化注法

零件结构类型	标注示例		说明
	45°倒角	非 45°倒角	
倒角	C×45° C×45° C×45° C×45°	30° C 30° C	倒角 45°时可与倒角的轴向尺寸 C 连注；倒角非 45°时，要分开标注。 图样中倒角尺寸全部相同或某个尺寸占多数时，可在图样的空白处作总的说明，如“全部倒角 1.5×45°”“其余倒角 1×45°”等等，而不必在图中一一注出
退刀槽及砂轮越程槽	2×Ø8 Ø8 R0.5 2	2×1	加工时，为便于选择割槽刀，退刀槽宽度应直接注出，可按“槽宽×直径”或“槽宽×槽深”的形式注出直径或切入深度

续 表

零件结构类型		标注示例	说明
光孔		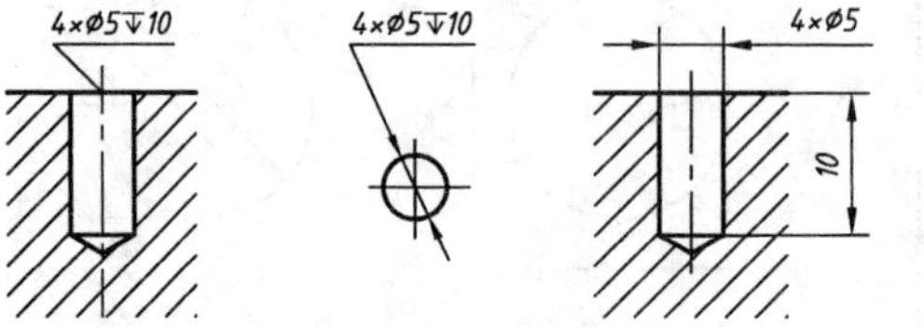 4×Ø5↧10　4×Ø5↧10　4×Ø5　10	4×ϕ5 表示直径为 5、有规律分布的四个光孔,孔深可与孔径连注,也可分开注出
沉孔	柱孔	4×Ø6 ⌴Ø10↧3.5　4×Ø6 ⌴Ø10↧3.5　Ø10　3.5　4×Ø6	4×ϕ6 表示直径为 6、有规律分布的四个孔,柱形沉孔的直径为 10,深度为 3.5,均需注出
	锥孔	6×Ø7 ⌵Ø13×90°　6×Ø7 ⌵Ø13×90°　90°　Ø13　6×Ø7	6×ϕ7 表示直径为 7、有规律分布的六个孔,锥形部分尺寸可以旁注,也可直接注出
	锪孔	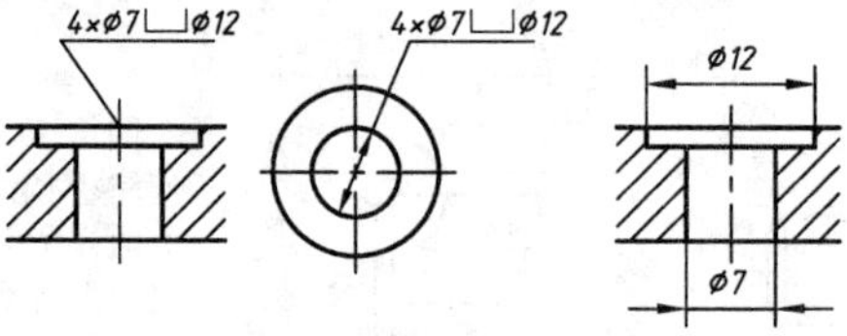 4×Ø7⌴Ø12　4×Ø7⌴Ø12　Ø12　Ø7	锪平面 ϕ12 的深度不需标注,一般锪平到不出现毛面为止
螺孔	通孔	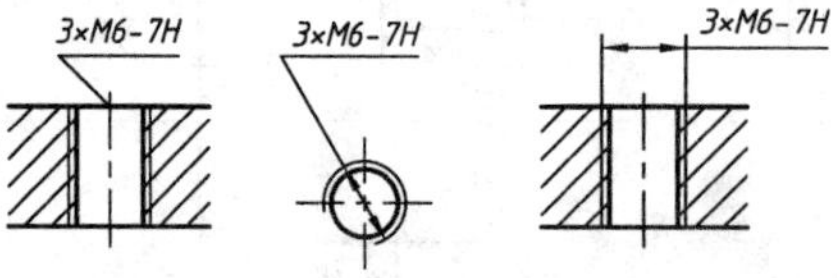 3×M6-7H　3×M6-7H　3×M6-7H	3×M6 表示大径为 6,有规律分布的三个螺孔。可以旁注,也可直接注出
	不通孔	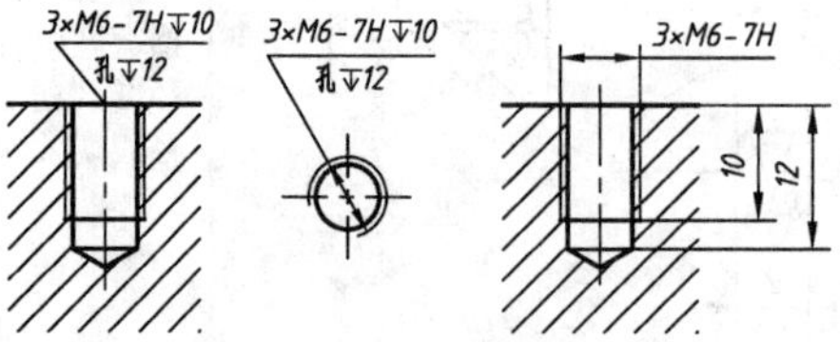 3×M6-7H↧10 孔↧12　3×M6-7H↧10 孔↧12　3×M6-7H　10　12	螺孔深度、钻孔深度可与螺孔直径连注,也可分开注出

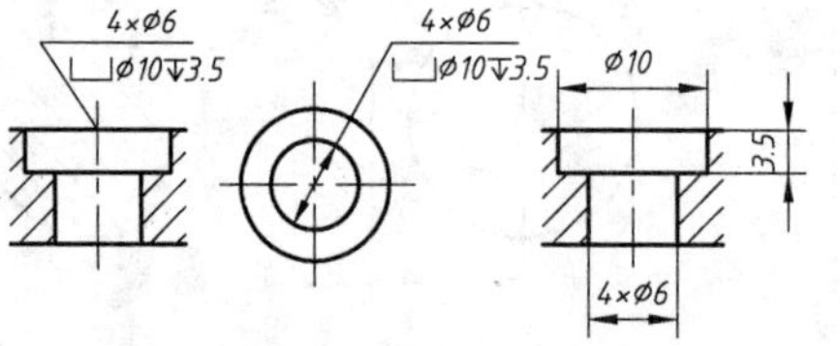

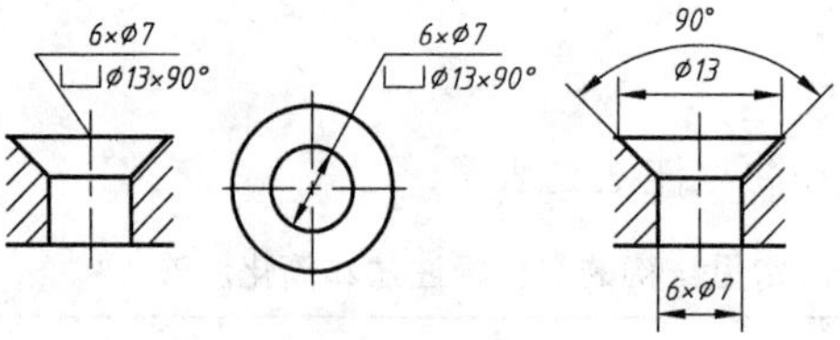

7.5 零件图中的技术要求

技术要求用来说明零件在制造时应达到的一些质量要求，以符号和文字方式注写在零件图中，其内容主要包括：表面结构、尺寸公差、几何公差、材料热处理等内容。

表面结构是表面粗糙度、表面波纹度、表面缺陷、表面纹理和表面几何形状的总称，具体见 GB/T 131—2006，本节主要讲述表面粗糙度在图样上的表示法。

7.5.1 表面结构的标注方法

1. 表面结构的基本概念

零件表面加工得再精细，放大后观察，还是可以看到高低不平的状况，如图 7-20 所示。这是由于零件在加工过程中，机床和刀具的振动、材料的不均匀及切削时表面金属的塑性变形等影响，使零件表面存在着较小间距的轮廓峰谷。

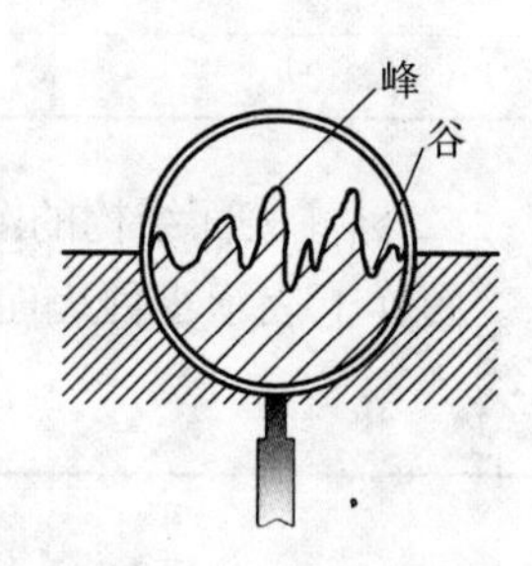

图 7-20 表面粗糙度

为了保证零件的使用性能，在机械图样中需要对零件的表面结构给出要求。表面结构就是由粗糙度轮廓、波纹度轮廓和原始轮廓构成的零件表面特征。

2. 表面结构的评定参数

评定零件表面结构的参数有轮廓参数、图形参数和支承率曲线参数。其中轮廓参数分为三种：R 轮廓参数(粗糙度参数)、W 轮廓参数(波纹度参数)和 P 轮廓参数(原始轮廓参数)。机械图样中，常用表面粗糙度参数 Ra 和 Rz 作为评定表面结构的参数。

(1) 轮廓算术平均偏差 Ra　它是在取样长度 l_r 内，纵坐标 $Z(x)$(被测轮廓上的各点至基准线 x 的距离)绝对值的算术平均值，如图 7-21 所示。可用下式表示：

$$Ra=\frac{1}{l_r}\int_0^{l_r}|Z(x)|\,\mathrm{d}x$$

(2) 轮廓最大高度 Rz　它是在一个取样长度内，最大轮廓峰高与最大轮廓谷深之和，如图 7-21 所示。

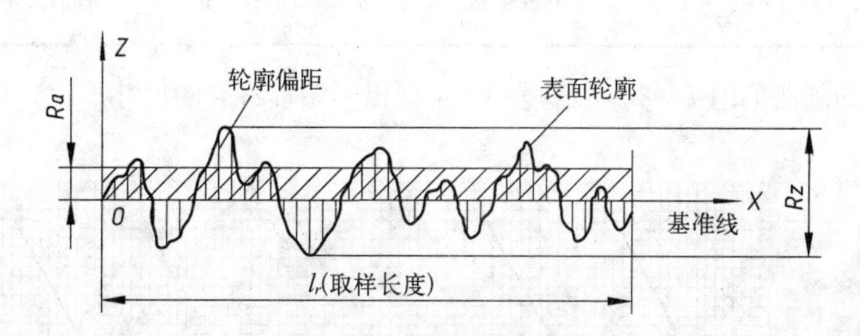

图 7-21 Ra、Rz 参数示意图

国家标准 GB/T 131—2009 给出的 Ra 和 Rz 系列值如表 7-2 所示。

表 7-2 *Ra*、*Rz* 系列值 μm

Ra	*Rz*	*Ra*	*Rz*
0.012		6.3	6.3
0.025	0.025	12.5	12.5
0.05	0.05	25	25
0.1	0.1	50	50
0.2	0.2	100	100
0.4	0.4		200
0.8	0.8		400
1.6	1.6		800
3.2	3.2		1 600

3. 标注表面结构的图形符号

图样上表示零件表面结构的符号见表 7-3。

表 7-3 表面结构图形符号及其含义

符 号	意 义 及 说 明
	基本符号,未指定工艺方法的表面,当通过一个注释解释时可单独使用
	用去除材料的方法获得表面,如通过车、铣、刨、磨等机械加工的表面;仅当其含义是"被加工表面"时可单独使用
	用不去除材料的方法获得表面,如铸、锻等;也可用于保持上道工序形成的表面,不管这种状况是通过去除材料或不去除材料形成的
	在基本图形符号或扩展图形符号的长边上加一横线,用于标注表面结构特征的补充信息
	当在某个视图上组成封闭轮廓的各表面有相同的表面结构要求时,应在完整图形符号上加一圆圈,标注在图样中工件的封闭轮廓线上

图形符号的画法如图 7-22 所示,表 7-4 列出了图形符号的尺寸。

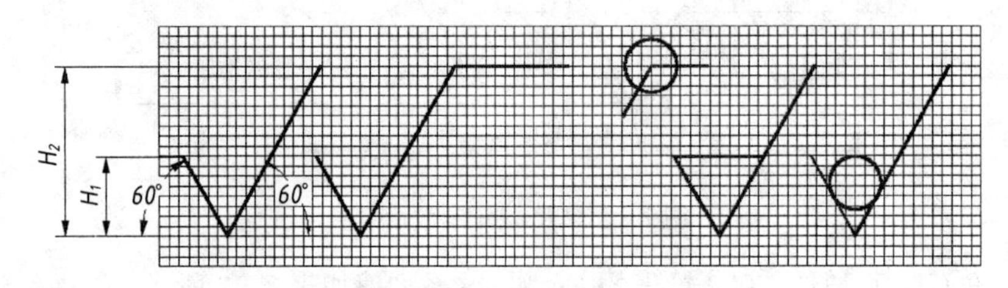

图 7-22 图形符号的画法

表 7-4 图形符号的尺寸 mm

数字与字母的高度 h	2.5	3.5	5	7	10	14	20
高度 H_1	3.5	5	7	10	14	20	28
高度 H_2(最小值)	7.5	10.5	15	21	30	42	60

注:H_2 取决于标注内容

4. 表面结构的标注

表 7-5 表面结构要求在图样中的标注实例

说明	实例
表面结构要求对每一表面一般只标注一次,并尽可能注在相应的尺寸及其公差的同一视图上。 表面结构的注写和读取方向与尺寸的注写和读取方向一致	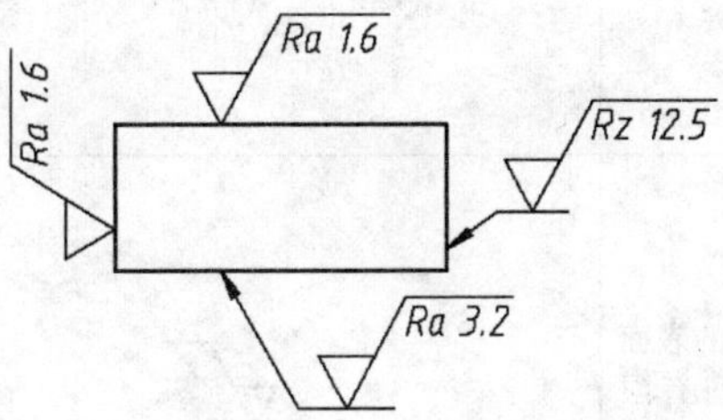 Ra 1.6 Ra 1.6 Rz 12.5 Ra 3.2
表面结构要求可标注在轮廓线或其延长线上,其符号应从材料外指向并接触表面。必要时表面结构符号也可用带箭头和黑点的指引线引出标注	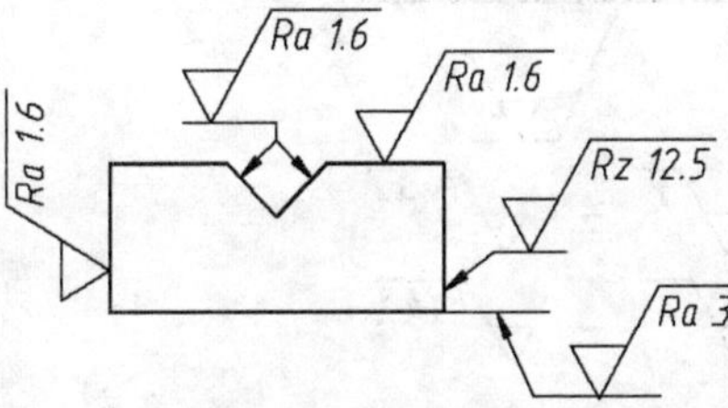 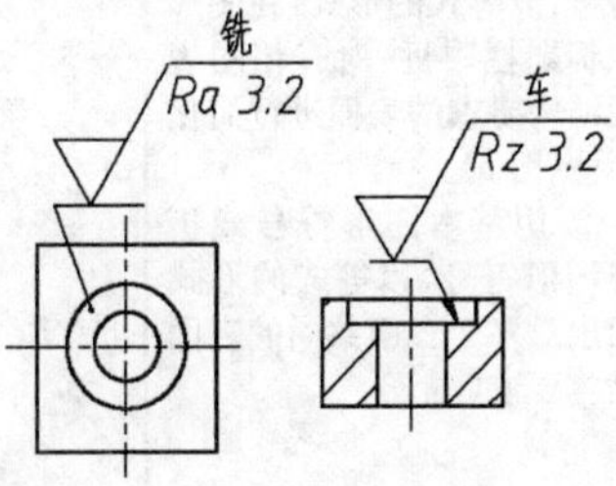 Ra 1.6 Ra 1.6 Ra 1.6 Rz 12.5 Ra 3.2 铣 Ra 3.2 车 Rz 3.2
在不致引起误解时,表面结构要求可以标注在给定的尺寸线上	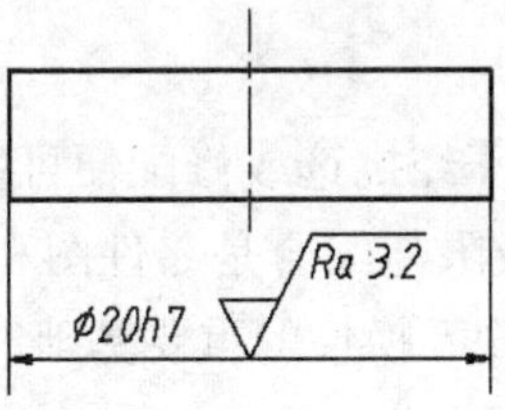 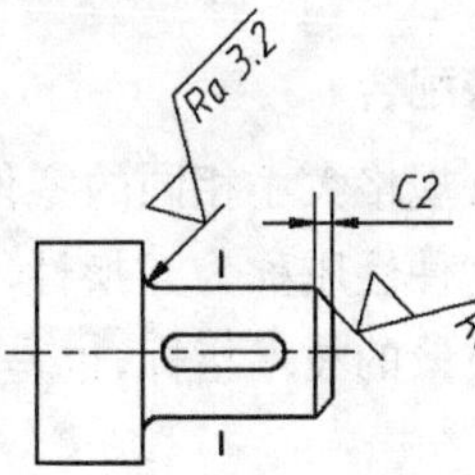 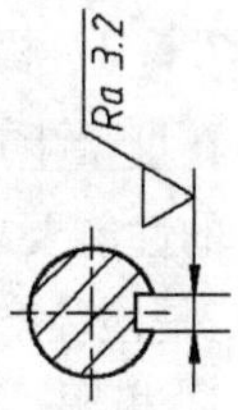 Ra 3.2 ϕ20h7 Ra 3.2 C2 Ra 6.3 Ra 3.2
表面结构要求可以标注在几何公差框格的上方	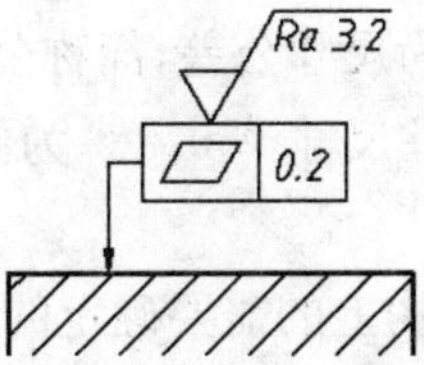 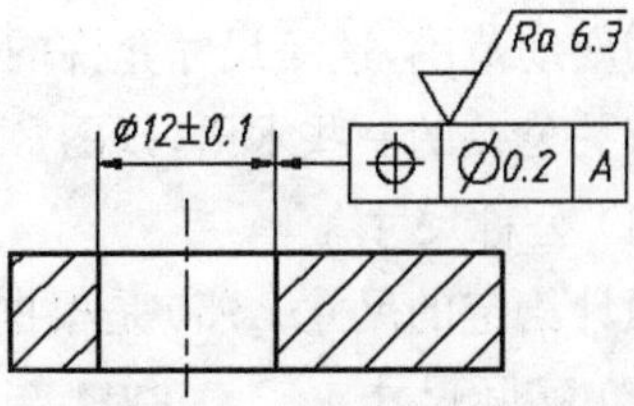 Ra 3.2 0.2 Ra 6.3 ϕ12±0.1 Ø0.2 A

续 表

说 明	实 例
如果在工件的多数表面有相同的表面结构要求，则其表面结构要求可统一标注在图样的标题栏附近，此时，表面结构要求的代号后面应有以下两种情况：① 在圆括号内给出无任何其他标注的基本符号(图 a)；② 在圆括号内给出不同的表面结构要求(图 b)	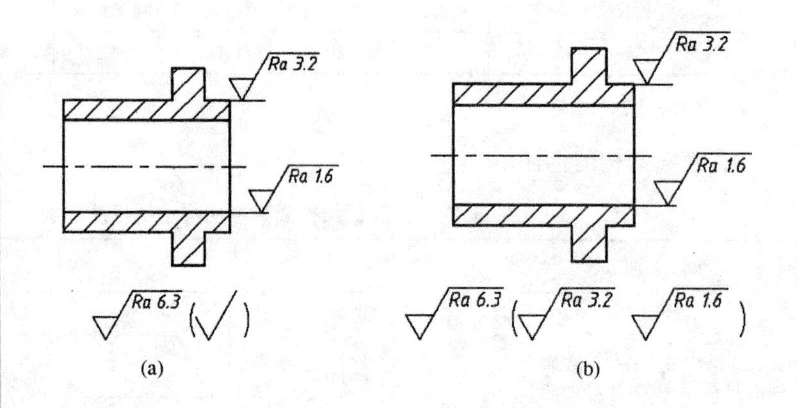 (a) (b)
当多个表面有相同的表面结构要求或图纸空间有限时，可以采用简化注法。 ① 用带字母的完整图形符号，以等式的形式，在图形或标题栏附近，对有相同表面结构要求的表面进行简化标注(图 a) ② 用基本图形符号或扩展图形符号，以等式的形式给出对多个表面共同的表面结构要求(图 b)	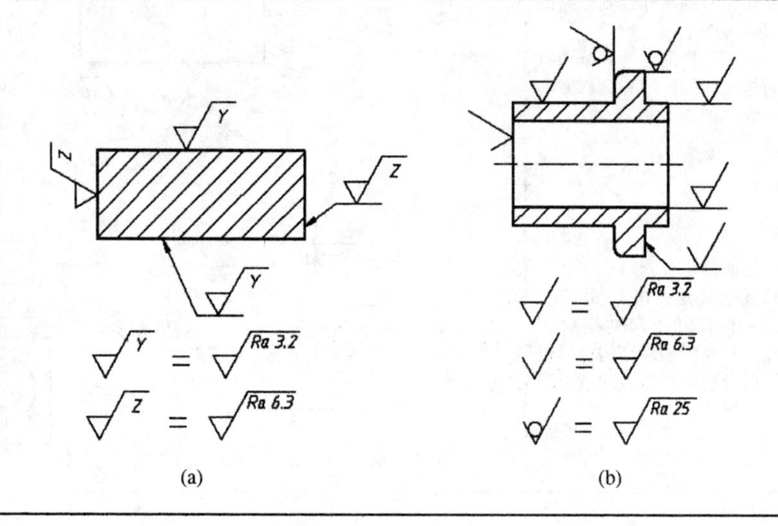 (a) (b)

7.5.2 极限与配合

在批量生产中，规格大小相同的零件，不经挑选或修配便可装配到机器上去，并能达到设计的性能要求，这种性质称为互换性。极限与配合是零件图和装配图的一项重要的技术要求，是检验产品质量的技术指标，也是实现互换性的重要基础。

1. 极限

在零件的加工过程中，由于机床精度、刀具磨损、测量等因素的影响，不可能把零件的尺寸做得绝对准确。但为了确保零件具有互换性，在满足工作要求的条件下，允许尺寸有一个规定的变动范围，这一尺寸允许的变动量称为尺寸公差，简称公差。

有关公差的一些术语，以图 7-23 的圆柱尺寸 $\phi50^{+0.016}_{-0.025}$ 为例，做简要说明。

(1) 公称尺寸

设计给定的尺寸。$\phi50$ 是根据计算和结构上的需要确定的尺寸。

(2) 实际尺寸

测量所得的尺寸。

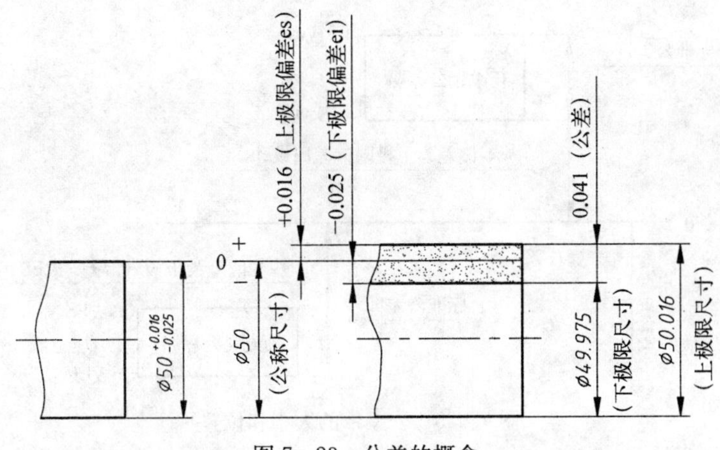

图 7-23 公差的概念

(3) 极限尺寸

允许尺寸变化的两个极限值，它以公称尺寸为基数来确定。其中较大的一个称为上极限尺寸，如图 7-23 中的 ϕ50.016；较小的一个称为下极限尺寸，如图 7-23 中的 ϕ49.975。

(4) 极限偏差(简称偏差)

极限尺寸减公称尺寸所得的代数差。即上极限尺寸和下极限尺寸减公称尺寸所得的代数差，分别称为上极限偏差和下极限偏差，统称极限偏差。国家标准规定偏差代号为：孔的上、下极限偏差代号分别用 ES、EI 表示，轴的上、下极限偏差代号分别用 es、ei 表示。如图7-23中：

上极限偏差 es＝50.016－50＝＋0.016

下极限偏差 ei＝49.975－50＝－0.025

偏差是一个代数值，可以为正、负或零值。

(5) 尺寸公差(简称公差)

允许尺寸的变动量。公差等于上极限尺寸减下极限尺寸之差，50.016－49.975＝0.041；也等于上极限偏差减下极限偏差：＋0.016－(－0.025)＝0.041。

(6) 公差带图

因公称尺寸与极限偏差大小悬殊，不适宜用同一比例在图中表示，国标用公差带图表示公差，如图 7-24 所示。在公差带图中，确定偏差的一条基准直线，即零偏差线称为零线。通常零线表示公称尺寸。零线以上是正偏差，零线以下是负偏差。可用放大的比例画出孔、轴的上、下极限偏差线，它们所限定的一个区域，称为公差带。如图 7-24 所示。

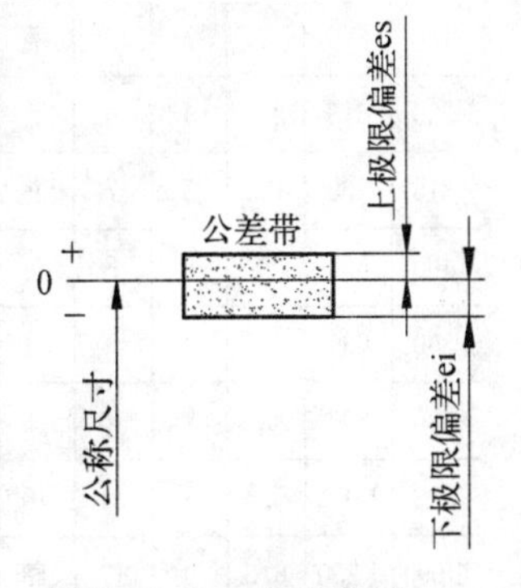

图 7-24 公差带图

公差带是由公差带区域的大小和公差带相对于零线的位置两个独立的要素所确定。国家标准规定公差带的大小由标准公差确定；公差带的位置，由基本偏差确定，如图 7-25 所示。

(7) 标准公差

用以确定公差带大小的任一公差，称为标准公差。标准公差分 20 个等级，即 IT01、IT0、IT1…IT18。IT 表示公差，数字表示公差等级，它是反映尺寸精度的等级。IT01 公差数值最小，精度最高；IT18 公差数值最大，精度最低。各级标准公差的数值，见表 7-6。

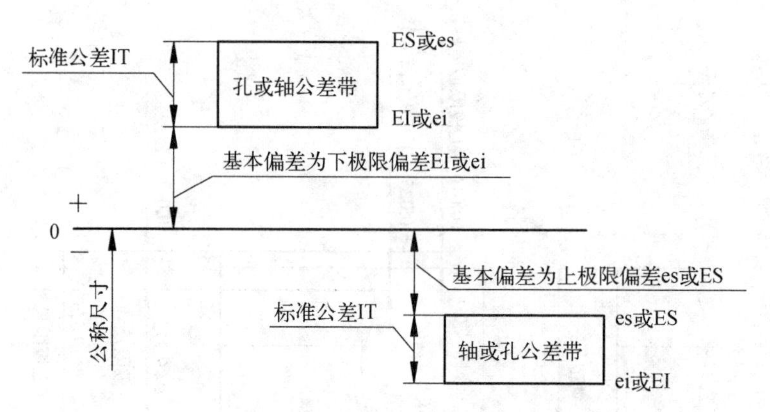

图 7－25　公差带的大小和位置

表 7－6　标准公差数值

尺寸(mm) \ 等级		IT01	IT0	IT1	IT2	IT3	IT4	IT5	IT6	IT7	IT8	IT9	IT10	IT11	IT12	IT13	IT14	IT15	IT16	IT17	IT18
大于	至	μm													mm						
	3	0.3	0.5	0.8	1.2	2	3	4	6	10	14	25	40	60	0.10	0.14	0.25	0.40	0.6	1.0	1.4
3	6	0.4	0.6	1	1.5	2.5	4	5	8	12	18	30	48	75	0.12	0.18	0.30	0.48	0.75	1.2	1.8
6	10	0.4	0.6	1	1.5	2.5	4	6	9	15	22	36	58	90	0.15	0.22	0.36	0.58	0.9	1.5	2.2
10	18	0.5	0.8	1.2	2	3	5	8	11	18	27	43	70	110	0.18	0.27	0.43	0.70	1.1	1.8	2.7
18	30	0.6	1	1.5	2.5	4	6	9	13	21	33	52	84	130	0.21	0.33	0.52	0.84	1.3	2.1	3.3
30	50	0.6	1	1.5	2.5	4	7	11	15	25	39	62	100	160	0.25	0.39	0.62	1.00	1.5	2.5	3.9
50	80	0.8	1.2	2	3	5	8	13	19	30	46	74	120	190	0.30	0.46	0.74	1.20	1.9	3.0	4.6
80	120	1	1.5	2.5	4	6	10	15	22	35	54	87	140	220	0.35	0.54	0.87	1.40	2.2	3.5	5.4
120	180	1.2	2	3.5	5	8	12	18	25	40	63	110	160	250	0.40	0.63	1.00	1.60	2.5	4.0	6.3
180	250	2	3	4.5	7	10	14	20	29	46	72	115	185	290	0.46	0.72	1.15	1.85	2.9	4.6	7.2
250	315	2.5	4	6	8	12	16	23	32	52	81	130	210	320	0.52	0.81	1.30	2.1	3.2	5.2	8.1
315	400	3	5	7	9	13	18	25	36	57	89	140	230	360	0.57	0.89	1.40	2.3	3.6	5.7	8.9
400	500	4	6	8	10	15	20	27	40	63	97	155	250	400	0.63	0.97	1.55	2.5	4.0	6.3	9.7
500	630	4.5	6	9	11	16	22	32	44	70	110	175	280	440	0.70	1.10	1.75	2.8	4.4	7.0	11.0
630	800	5	7	10	13	18	25	36	50	80	125	200	320	500	0.80	1.25	2.00	3.2	5.0	8.0	12.0
800	1 000	5.5	8	11	15	21	28	40	56	90	140	230	360	560	0.90	1.40	2.30	3.6	5.6	9.0	14.0
1 000	1 250	6.5	9	13	18	24	33	47	66	105	165	260	420	660	1.05	1.65	2.60	4.2	6.6	10.5	16.5
1 250	1 600	8	11	15	21	29	39	55	78	125	195	310	500	780	1.25	1.95	3.10	5.0	7.8	12.5	19.5
1 600	2 000	9	13	18	25	35	46	65	92	150	230	370	600	920	1.50	2.30	3.70	6.0	9.2	15.0	23.0
2 000	2 500	11	15	22	30	41	55	78	110	175	280	440	700	1 100	1.75	2.80	4.40	7.0	11.0	17.0	28.0
2 500	3 150	13	18	26	36	50	68	96	135	210	330	540	860	1 350	2.10	3.30	5.40	8.6	13.5	21.0	33.0

(8) 基本偏差

公差带靠近零线的上极限偏差或下极限偏差,称为基本偏差。当公差带在零线的上方时,基本偏差为下极限偏差;反之,则为上极限偏差。

国家标准规定了孔、轴各有 28 个基本偏差,形成了基本偏差系列。其代号用拉丁字母表示,大写的表示孔,小写的表示轴,如图 7-26 所示。由基本偏差系列图 7-26 可以看到:孔的基本偏差 $A \sim H$ 为下极限偏差,$J \sim ZC$ 为上极限偏差;轴的基本偏差 $a \sim h$ 为上极限偏差,$j \sim zc$ 为下极限偏差;JS 和 js 的公差带对称分布于零线的两边,孔和轴的上下极限偏差分别均为 $+\frac{IT}{2}$、$-\frac{IT}{2}$。基本偏差系列图只表示公差带的位置,不表示公差带的大小,因而图中公差带远离零线的一端是开口的,它取决于各公差等级的标准公差的大小。表 7-7、表 7-8分别是 GB/T 1800.4—2009 规定的轴和孔的基本偏差数值。

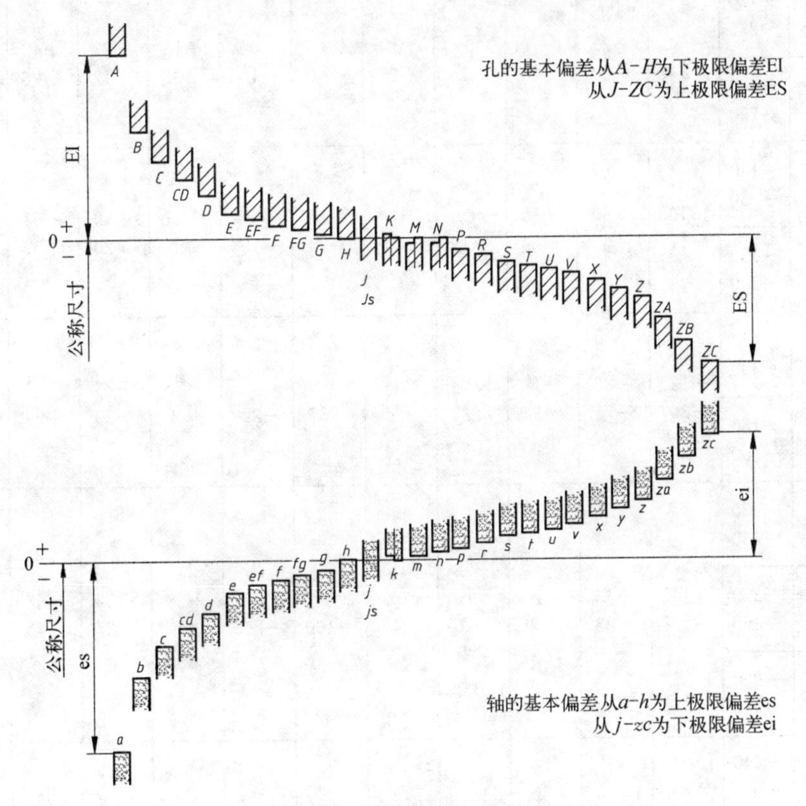

图 7-26　基本偏差系列示意图

表 7-7　优先配合轴公差带的极限偏差(μm)　(摘自 GB/T 1800.4—2009)

基本尺寸(mm)		c	d	f	g	h				k	n	p	s	U
大于	至	11	9	7	6	6	7	9	11	6	6	6	6	6
—	3	−60 −120	−20 −45	−6 −16	−2 −8	0 −6	0 −10	0 −25	0 −60	+6 0	+10 +4	+12 +6	+20 +14	+24 +18
3	6	−70 −145	−30 −60	−10 −22	−4 −12	0 −8	0 −12	0 −30	0 −75	+9 +1	+16 +8	+20 +12	+27 +19	+31 +23

续　表

基本尺寸(mm)		c	d	f	g	h				k	n	p	s	U
大于	至	11	9	7	6	6	7	9	11	6	6	6	6	6
6	10	−80 −170	−40 −76	−13 −28	−5 −14	0 −9	0 −15	0 −36	0 −90	+10 +1	+19 +10	+24 +15	+32 +23	+37 +28
10	14	−95 −205	−50 −93	−16 −34	−6 −17	0 −11	0 −18	0 −43	0 −110	+12 +1	+23 +12	+29 +18	+39 +28	+44 +33
14	18													
18	24	−110 −240	−65 −117	−20 −41	−7 −20	0 −13	0 −21	0 −52	0 −130	+15 2	+28 +15	+35 +22	+48 +35	+54 +41
24	30													+61 +43
30	40	−120 −280	−80 −142	−25 −50	−9 −25	0 −16	0 −25	0 −62	0 −160	+18 +2	+33 +17	+42 +26	+59 +43	+76 +60
40	50	−130 −290												+86 +70
50	65	−140 −330	−100 −174	−30 −60	−10 −29	0 −19	0 −30	0 −74	0 −190	+21 +2	+39 +20	+51 +32	+72 +53	+105 +87
65	80	−150 −340											+78 +59	+121 +102
80	100	−170 −390	−120 −207	−36 −71	−12 −34	0 −22	0 −35	0 −87	0 −220	+25 +3	+45 +23	+59 +37	+93 +71	+146 +124
100	120	−180 −400											+101 +79	+166 +144
120	140	−200 −450	−145 −245	−43 −83	−14 −39	0 −25	0 −40	0 −100	0 −250	+28 +3	+52 +27	+68 +43	+117 +92	+195 +170
140	160	−210 −460											+125 +100	+215 +190
160	180	−230 −480											+133 +108	+235 +210
180	200	−240 −530	−170 −285	−50 −96	−15 −44	0 −29	0 −46	0 −115	0 −290	+33 +4	+60 +31	+79 +50	+151 +122	+265 +236
200	225	−260 −550											+159 +130	+287 +258
225	250	−280 −570											+169 +140	+313 +284
250	280	−300 −620	−190 −320	−56 −108	−17 −49	0 −32	0 −52	0 −130	0 −320	+36 +4	+66 +34	+88 +56	+190 +158	+347 +315
280	315	−330 −650											+202 +170	+382 +390

续 表

基本尺寸(mm)		c	d	f	g	h				k	n	p	s	U
大于	至	11	9	7	6	6	7	9	11	6	6	6	6	6
315	355	−360 −720	−210 −350	−62 −119	−18 −54	0 −36	0 −57	0 −140	0 −360	+40 +4	+73 +37	+98 +62	+226 +190	+426 +390
355	400	−400 −760											+244 +208	+471 +435
400	450	−440 −840	−230 −385	−68 −131	−20 −60	0 −40	0 −63	0 −155	0 −400	+45 +5	+80 +40	+108 +68	+272 +232	+530 +490
450	500	−480 −880											+292 +252	+580 +540

表 7-8 优先配合孔公差带的极限偏差(μm) (摘自 GB/T 1800.4—2009)

基本尺寸(mm)		C	D	F	G	H				K	N	P	S	U
大于	至	11	9	8	7	7	8	9	11	7	7	7	7	7
—	3	+120 +60	+45 +20	+20 +6	+12 +2	+10 0	+14 0	+25 0	+60 0	0 −10	−4 −14	−6 −16	−14 −24	−18 −28
3	6	+145 +70	+60 +30	+28 +10	+16 +4	+12 0	+18 0	+30 0	+75 0	+3 −9	−4 −16	−8 −20	−15 −27	−19 −31
6	10	+170 +80	+76 +40	+35 +13	+20 +5	+15 0	+22 0	+36 0	+90 0	+5 −10	−4 −19	−9 −24	−17 −32	−22 −37
10	14	+205 +95	+93 +50	+43 +16	+24 +6	+18 0	+27 0	+43 0	+110 0	+6 −12	−5 −23	−11 −29	−21 −39	−26 −44
14	18													
18	24	+240 +110	+117 +65	+53 +20	+28 +7	+21 0	+33 0	+52 0	+130 0	+6 −15	−7 −28	−14 −35	−27 −48	−33 −54
24	30													−40 −61
30	40	+280 +120	+142 +80	+64 +25	+34 +9	+25 0	+39 0	+62 0	+160 0	+7 −18	−8 −33	−17 −42	−34 −59	−51 −76
40	50	+290 +130												−61 −86
50	65	+330 +140	+174 +100	+76 +30	+40 +10	+30 0	+46 0	+74 0	+190 0	+9 −21	−9 −39	−21 −51	−42 −72	−76 −106
65	80	+340 +150											−48 −78	−91 −121
80	100	+390 +170	+207 +120	+90 +36	+47 +12	+35 0	+54 0	+87 0	+220 0	+10 −25	−10 −45	−24 −59	−58 −93	−111 −146
100	120	+400 +180											−66 −101	−131 −166

续　表

基本尺寸(mm)		C	D	F	G	H				K	N	P	S	U
大于	至	11	9	8	7	7	8	9	11	7	7	7	7	7
120	140	+450 +200											−77 −117	−155 −195
140	160	+460 +210	+245 +145	+106 +43	+54 +14	+40 0	+63 0	+100 0	+250 0	+12 −28	−12 −52	−28 −68	−85 −125	−175 −215
160	180	+480 +230											−93 −133	−195 −235
180	200	+530 +240											−105 −151	−219 −265
200	225	+550 +260	+285 +170	+122 +50	+61 +15	+46 0	+72 0	+115 0	+290 0	+13 −33	−14 −60	−33 −79	−113 −159	−241 −287
225	250	+570 +280											−123 −169	−267 −313
250	280	+620 +300	+320 +190	+137 +56	+69 +17	+52 0	+81 0	+130 0	+320 0	+16 −36	−14 −66	−36 −88	−138 −190	−295 −347
280	315	+650 +330											−150 −202	−330 −382
315	355	+720 +360	+350 +210	+151 +62	+75 +18	+57 0	+89 0	+140 0	+360 0	+17 −40	−16 −73	−41 −98	−169 −226	−369 −426
355	400	+760 +400											−187 −244	−414 −471
400	450	+840 +440	+385 +230	+165 +68	+83 +20	+63 0	+97 0	+155 0	+400 0	+18 −45	−17 −80	−45 −108	−209 −272	−467 −530
450	500	+880 +480											−229 −292	−517 −580

(9) 公差带代号

对应一个公称尺寸,取标准规定中的一种基本偏差代号,配上某一级标准公差等级,就可以组成一个公差带。如:当轴的公称尺寸为 ϕ60 时,取基本偏差为 h,标准公差为 IT8,就可以得到一个上极限偏差为 0,下极限偏差为−0.046 的公差带。我们可以用基本偏差代号和标准公差等级代号中的数字组成公差带代号“h8”来表示该公差带。

2. 配合

公称尺寸相同的、互相结合的孔与轴公差带之间的结合关系,称为配合。

(1) 配合的种类

根据使用要求不同,孔和轴装配之后的松紧程度有所不同。国家标准将配合分为三类:间隙配合、过渡配合、过盈配合。

① 间隙配合

具有间隙(包括最小间隙等于零)的配合。此时,孔的实际尺寸大于轴的实际尺寸,孔的公差带完全在轴的公差带之上,如图 7-27 所示。

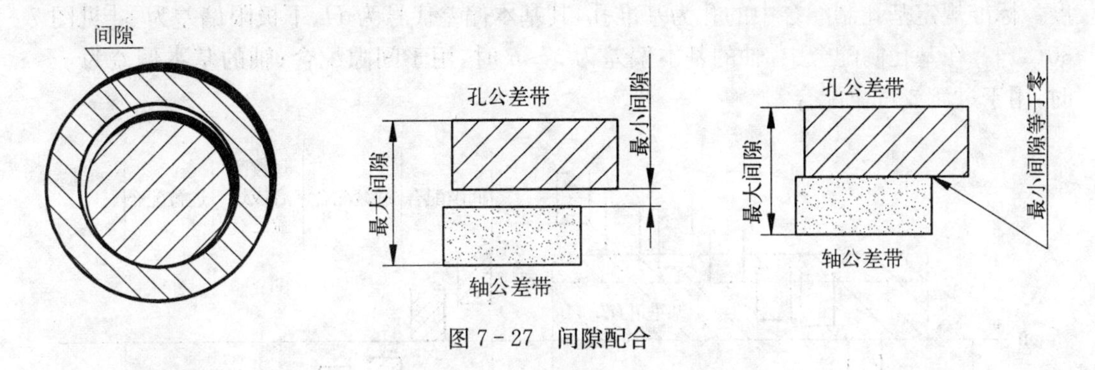

图 7-27 间隙配合

② 过盈配合

具有过盈(包括最小过盈等于零)的配合。此时,孔的实际尺寸小于轴的实际尺寸,轴的公差带完全在孔的公差带之上,如图 7-28 所示。

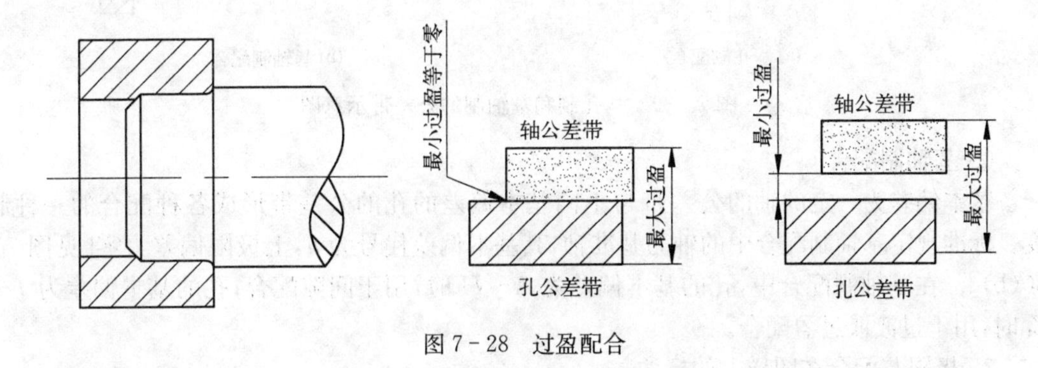

图 7-28 过盈配合

③ 过渡配合

可能具有间隙或过盈的配合。此时,孔的实际尺寸可能大于轴的实际尺寸,也可能小于轴的实际尺寸,孔的公差带与轴的公差带相互交叠,如图 7-29 所示。

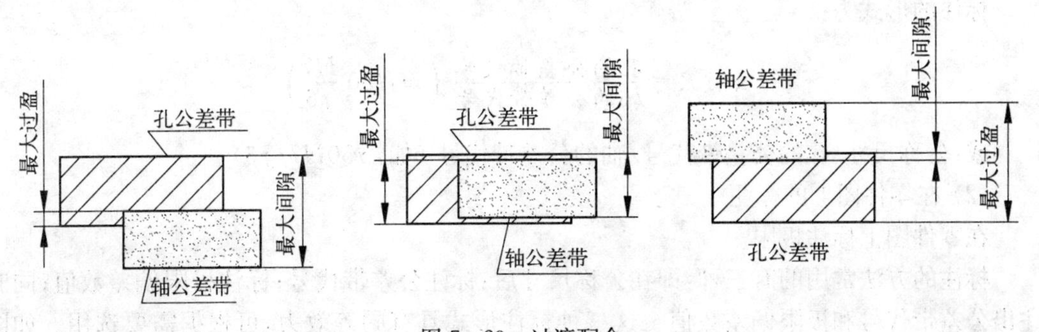

图 7-29 过渡配合

(2) 配合的基准制

公称尺寸确定后,为了实现孔、轴之间不同松紧程度的配合,国家标准规定了两种配合制度:基孔制和基轴制,一般优先选用基孔制。

① 基孔制配合

基本偏差为一定的孔的公差带与不同基本偏差的轴的公差带形成各种配合的一种制度。标准规定基孔制配合中的孔为基准孔,其基本偏差代号为 H,下极限偏差为零[见图 7-30(a)]。在基孔制配合中,轴的基本偏差为 $a \sim h$ 时,用于间隙配合;轴的基本偏差为 $j \sim z_c$ 时,用于过渡或过盈配合。

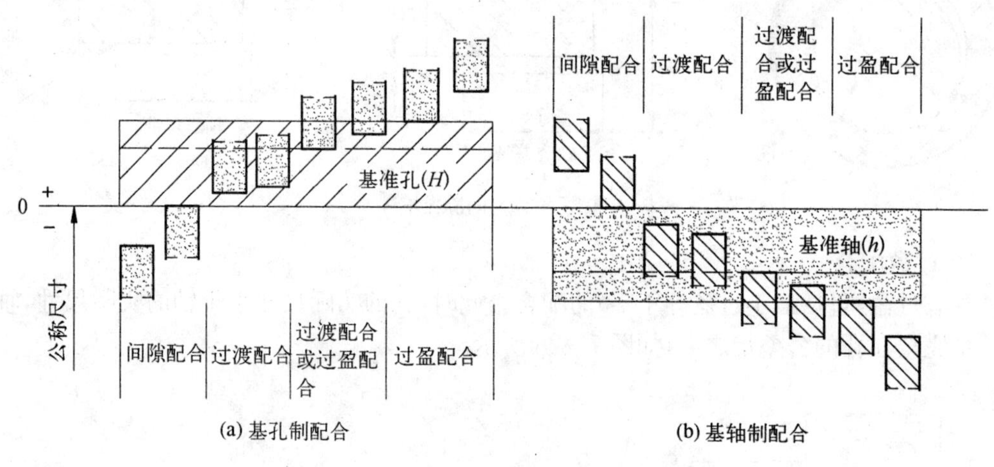

图 7-30 基孔制和基轴制的公差带示意图

② 基轴制配合

基本偏差为一定的轴的公差带与不同基本偏差的孔的公差带形成各种配合的一种制度。标准规定基轴制配合中的轴为基准轴,其基本偏差代号为 h,上极限偏差为零[见图 7-30(b)]。在基轴制配合中,孔的基本偏差为 $A \sim H$ 时,用于间隙配合;孔的基本偏差为 $J \sim Z_C$ 时,用于过渡或过盈配合。

3. 极限与配合在图样上的标注

机械制图《尺寸公差与配合注法》的国家标准代号为 GB/T 4458.5—2003。

(1) 在装配图上的标注

在装配图上应标注配合。

标注的形式为:

$$\text{公称尺寸}\frac{\text{孔的公差带代号}}{\text{轴的公差带代号}}\left(\text{如:}\phi 50\,\frac{H7}{f6}\right)$$

或:公称尺寸、孔的公差带代号/轴的公差带代号(如:$\phi 50H7/f6$)

(2) 在零件图上的标注

在零件图上标注极限。

标注的方法常用的有三种:即在公称尺寸后:标注公差带代号;标注极限偏差数值;同时注出公差带代号和极限偏差数值。这三种标注形式具有同等效力,可根据需要选用。如图 7-31所示。

偏差和公称尺寸均以毫米为单位。注写偏差数值时应注意:上、下极限偏差字体要比公称尺寸的字体小一号,下极限偏差应与公称尺寸注在同一底线上,上极限偏差注在下极限偏

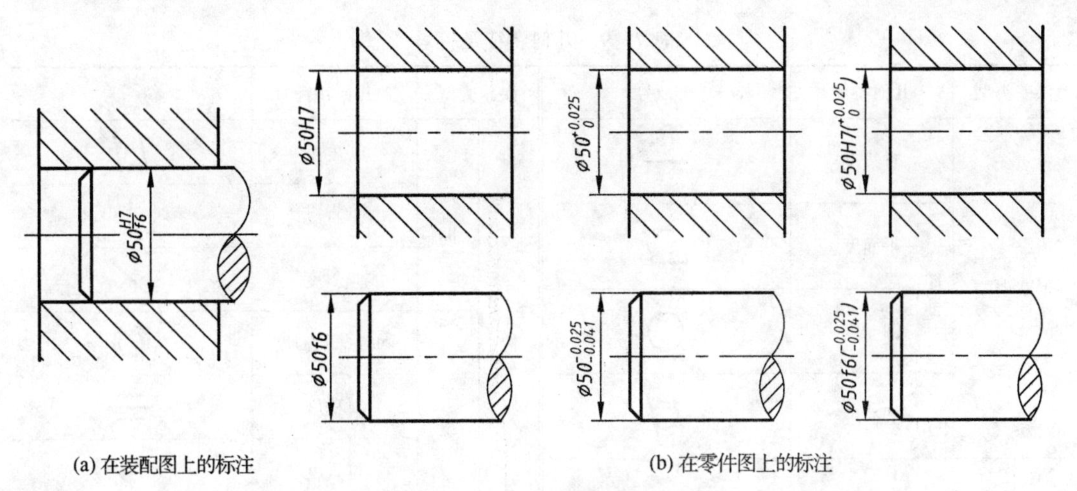

(a) 在装配图上的标注　　(b) 在零件图上的标注

图 7-31　极限与配合在图样上的标注

差上方，上、下极限偏差小数点要对齐；上、下极限偏差小数点后的位数必须相同，位数不同时，少的位数用“0”补齐；某一偏差为零时，用数字“0”标出，并与另一偏差的个位数字对齐；上、下极限偏差相同时，在公称尺寸后面用“±”号，然后写偏差数值，其字体大小与公称尺寸的字体大小相同。同时用公差带代号和极限偏差数值标注线性尺寸的公差时，公差带代号在前，极限偏差值在后，并且加圆括号。见图 7-31。

7.5.3　几何公差简介

在机器中某些精度较高的零件，不仅需要保证其尺寸公差，还要保证其几何公差。零件的几何特性是指零件的实际形状和实际位置对于理想形状和理想位置的偏离情况，几何误差包括形状、方向、位置和跳动误差。

国家标准 GB/T 1182—2008 规定了工件几何公差标注的基本要求和方法，几何公差的类型、几何特征和符号见表 7-9。

几何公差代号包括：几何公差特征项目的符号。

　　　　　　　　　几何公差框格及指引线。

　　　　　　　　　几何公差数值和其他有关符号。

图 7-32 为一轴套零件几何公差标注示例。

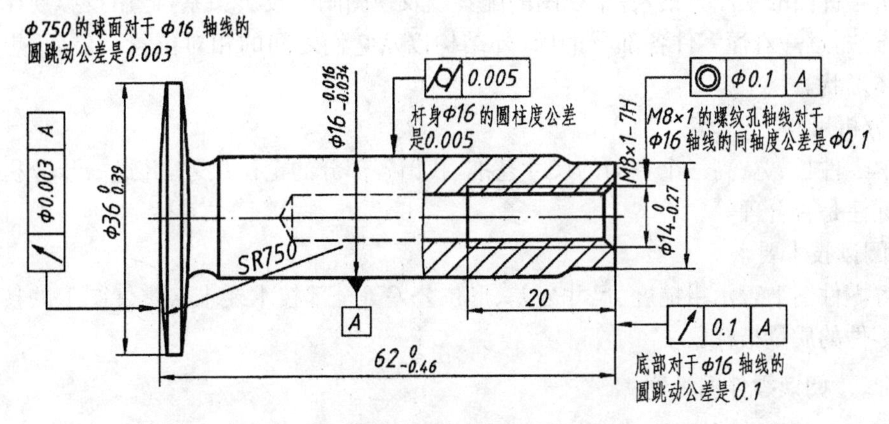

图 7-32　轴套几何公差标注

表 7-9 几何特征及符号

<table>
<tr><th colspan="2">误差类型</th><th>几何特征</th><th>符 号</th><th colspan="2">误差类型</th><th>几何特征</th><th>符 号</th></tr>
<tr><td colspan="2" rowspan="4">形状误差</td><td>直线度</td><td>—</td><td rowspan="8">位置</td><td rowspan="3">定向</td><td>平度度</td><td>//</td></tr>
<tr><td>平面度</td><td>▱</td><td>垂直度</td><td>⊥</td></tr>
<tr><td>圆 度</td><td>○</td><td>倾斜度</td><td>∠</td></tr>
<tr><td>圆柱度</td><td>⌭</td><td rowspan="3">定位</td><td>同轴(同心)度</td><td>◎</td></tr>
<tr><td rowspan="2">形状和位置</td><td rowspan="2">轮廓</td><td rowspan="2">线轮廓度</td><td rowspan="2">⌒</td><td>对称度</td><td>⌯</td></tr>
<tr><td>位置度</td><td>⌖</td></tr>
<tr><td colspan="2"></td><td rowspan="2">面轮廓度</td><td rowspan="2">⌓</td><td rowspan="2">跳动</td><td>圆跳动</td><td>↗</td></tr>
<tr><td colspan="2"></td><td>全跳动</td><td>⌰</td></tr>
</table>

7.6 零件图的阅读

读零件图的目的就是根据图样的内容弄清楚零件的内、外结构形状,了解零件的尺寸大小和技术要求等。在设计零件时,往往需要参考同类零件的图纸,比较零件结构的优劣,选定合理的结构,以提高设计质量;在制造零件时,要看懂图纸,采用合理的加工方法,以保证产品的质量,因此工程技术人员必须具有阅读零件图的能力。

7.6.1 阅读零件图的方法步骤

1. 阅读标题栏

从标题栏中,可以了解零件的名称、材料、比例等。从而可知零件的作用和相应的结构形状特点。

2. 分析视图

分析零件图的视图方案,各个视图的配置以及视图间的投影关系,运用投影规律和形体分析的方法,逐一看懂零件各部分的内、外结构以及它们之间的相对位置。最后,想象出零件的整体形状。

3. 分析尺寸

了解零件长、宽、高三个方向的尺寸基准,找出各部分的定位尺寸,并进一步分析零件图上尺寸标注是否合理等。

4. 阅读技术要求

了解零件图上表示粗糙度、尺寸公差、形位公差等全部技术要求。零件图上的技术要求是制造零件的质量指标。

7.6.2 阅读零件图举例

图 7-33 所示为泵体的零件图,我们按阅读的方法步骤来看懂它。

1. 阅读标题栏

零件名称为泵体，可见该零件属箱体类零件。材料为 HT150(铸铁)，可知，零件是在铸造毛坯上加工而成的，铸造零件则应有铸造圆角，拔模斜度，还有必要的过渡线。作图比例为 1 : 2，可想象零件大小。

2. 分析视图

零件采用了主、俯、左三个基本视图和一个 $B-B$ 局部剖视图。主视图采用半剖，说明该零件左右对称。俯视图采用 $A-A$ 位置的半剖视，说明上部结构前后对称。左视图用全剖视表达；$B-B$ 局部剖视图用于表达上部的螺孔的形状。

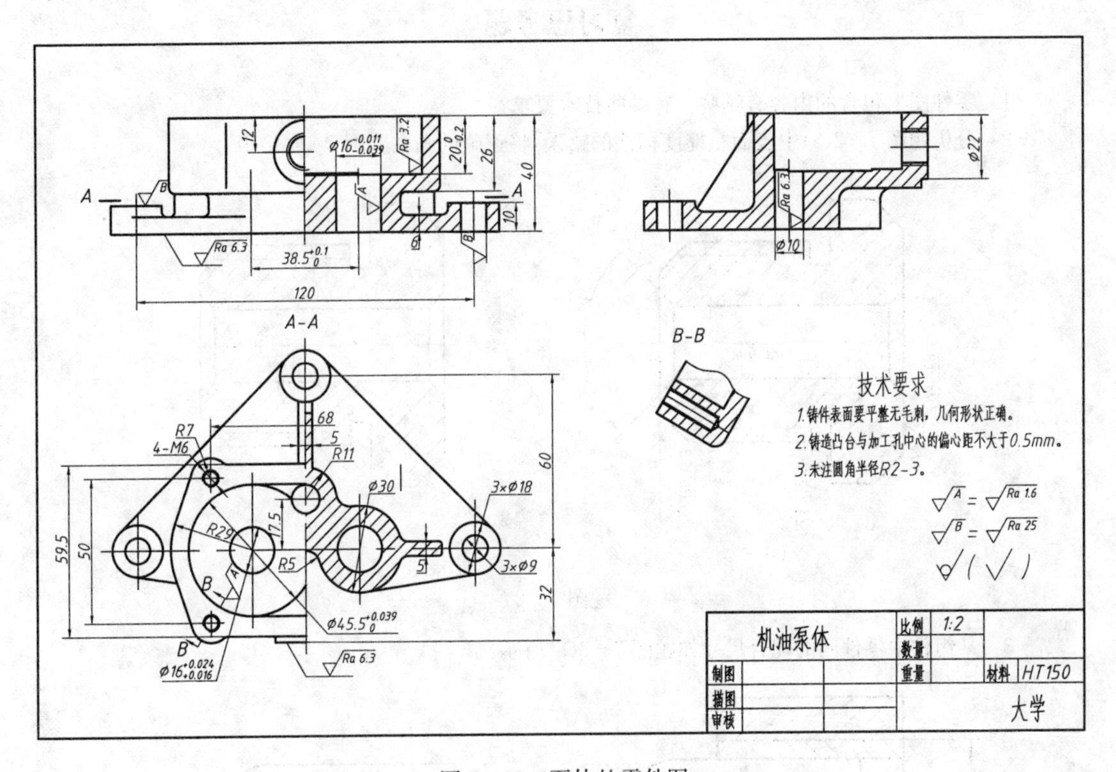

图 7-33 泵体的零件图

运用形体分析的方法，根据视图之间的投影联系，逐步分析清楚零件各组成部分的结构形状和相对位置。按照投影关系，可想象出泵体主要由上部、中部和下部三块组成。

通过分析，想象出的零件结构形状，见图 7-34。

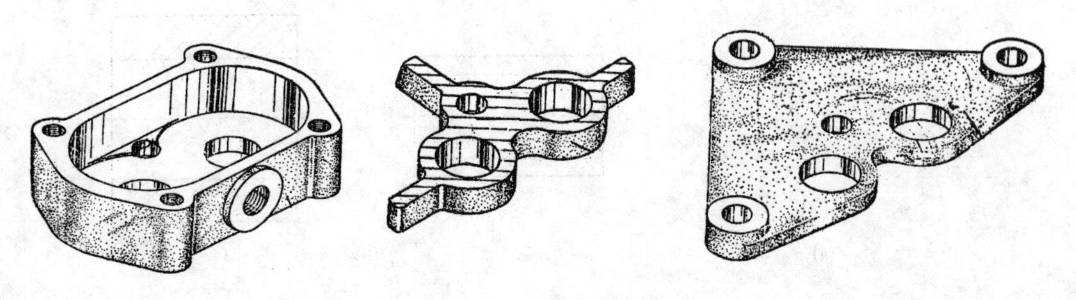

图 7-34 各部分的形状

3. 分析尺寸

通过形体分析,并分析图上所注尺寸,可以看出:长度和宽度的主要基准是通过泵体上的本体轴线的侧平面和正平面;高度的主要基准是底面。从这三个尺寸基准出发,再进一步看懂各部分的定位尺寸和定形尺寸,从而可完全确定这个壳体的形状和大小。

4. 阅读技术要求

泵体表面粗糙度要求最高的为 3.2 ,未注铸造圆角均为 $R2\sim3$。该零件未标注形位公差的要求。

复习思考题

7-1 零件图上包含的内容有哪些?有哪些技术要求?

7-2 分析题图 7-2(a)中表面粗糙度标注的错误,将正确的画在题图 7-2(b)中。

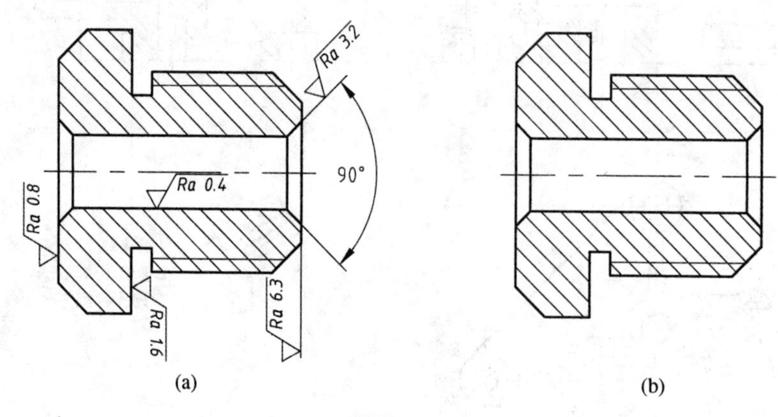

题图 7-2

7-3 某组件中零件间的配合尺寸如题图 7-3(a)所示:

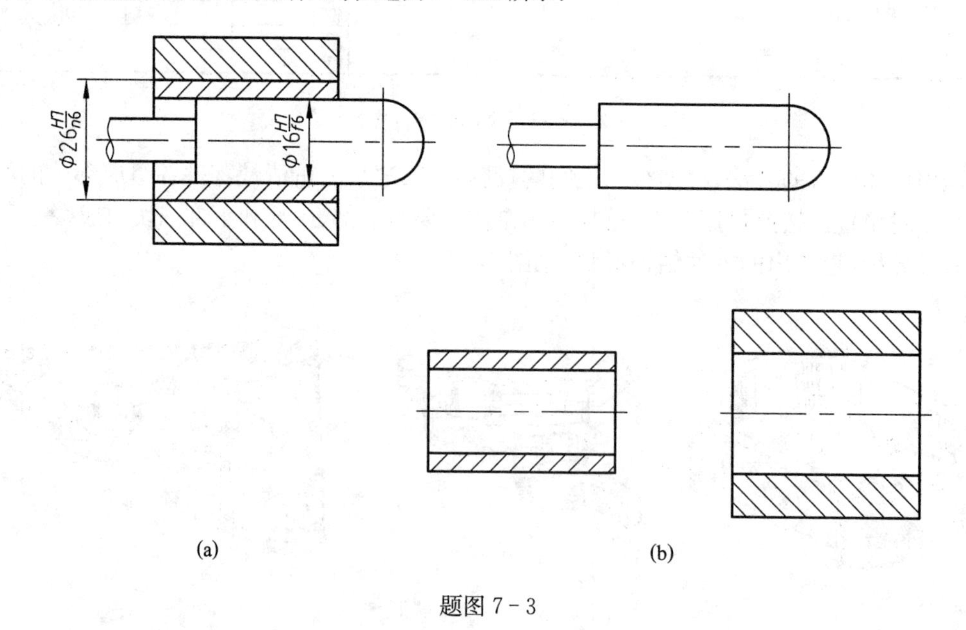

题图 7-3

(1) 说明配合尺寸 $\phi 26H7/n6$ 的含义：$\phi 26$ 表示________，n 表示________，此配合为______________制________配合，6、7 表示________。

(2) 根据题图 7－3(a)所示的配合尺寸，分别在题图 7－3(b)所示的零件图上注出其公称尺寸和极限偏差数值。

7－4　什么是几何公差？怎样在零件图上标注几何公差？

8 装配图

8.1 装配图的作用和主要内容

表达机器或部件的结构和零件间装配关系的图样称为装配图。它包括机器或部件的工作原理，零件之间的装配连接关系及在装配、检验、安装和维修时所需的尺寸数据和技术要求等内容。

在设计过程中，一般先设计绘制装配图以决定机器或部件的整体结构和工作状况；然后根据装配图设计并绘制零件图。在生产过程中，是按照装配图制订装配工艺过程，将各个零件装配成机器或部件。在使用过程中，又是按装配图进行安装、调试和操作检修。所以，装配图是设计、生产、安装、调试及正确操作、维修、保养机器的重要技术资料。

根据装配图的作用，一张完整的装配图应具有下列基本内容(参见图 8-1)。

1. 一组图形

综合应用视图、剖视图、断面图等表达方法清楚地表达机器或部件的整体结构、工作状况、各零部件间的装配连接关系及主要零件的结构形状。

2. 必要的尺寸

根据装配、使用及安装的要求，标注反映机器的性能、规格、零件之间的定位及配合要求、安装情况等必需的一些尺寸。

3. 零部件编号及明细栏

根据生产和管理的需要，按一定方法和格式，将所有零部件编号并列成表格，以说明各零部件的名称、材料、数量、规格等内容。

4. 技术要求

用文字或代号说明机器(或部件)在装配、检验、使用等方面的技术要求。

5. 标题栏

用标题栏说明机器或部件的名称、规格、作图比例和图号以及设计、审核人员等。

8.2 装配关系的表达方法

8.2.1 装配图画法的基本规定

为了完整、正确、清晰地表达机器或部件的工作原理及装配关系，装配图除了使用前面讨论的机件的各种表达方法外，国家标准《机械制图》对装配图画法还作了如下规定。

(1) 两相邻零件的不接触表面画两条线，配合表面或接触表面只画一条线，例见图 8-2。

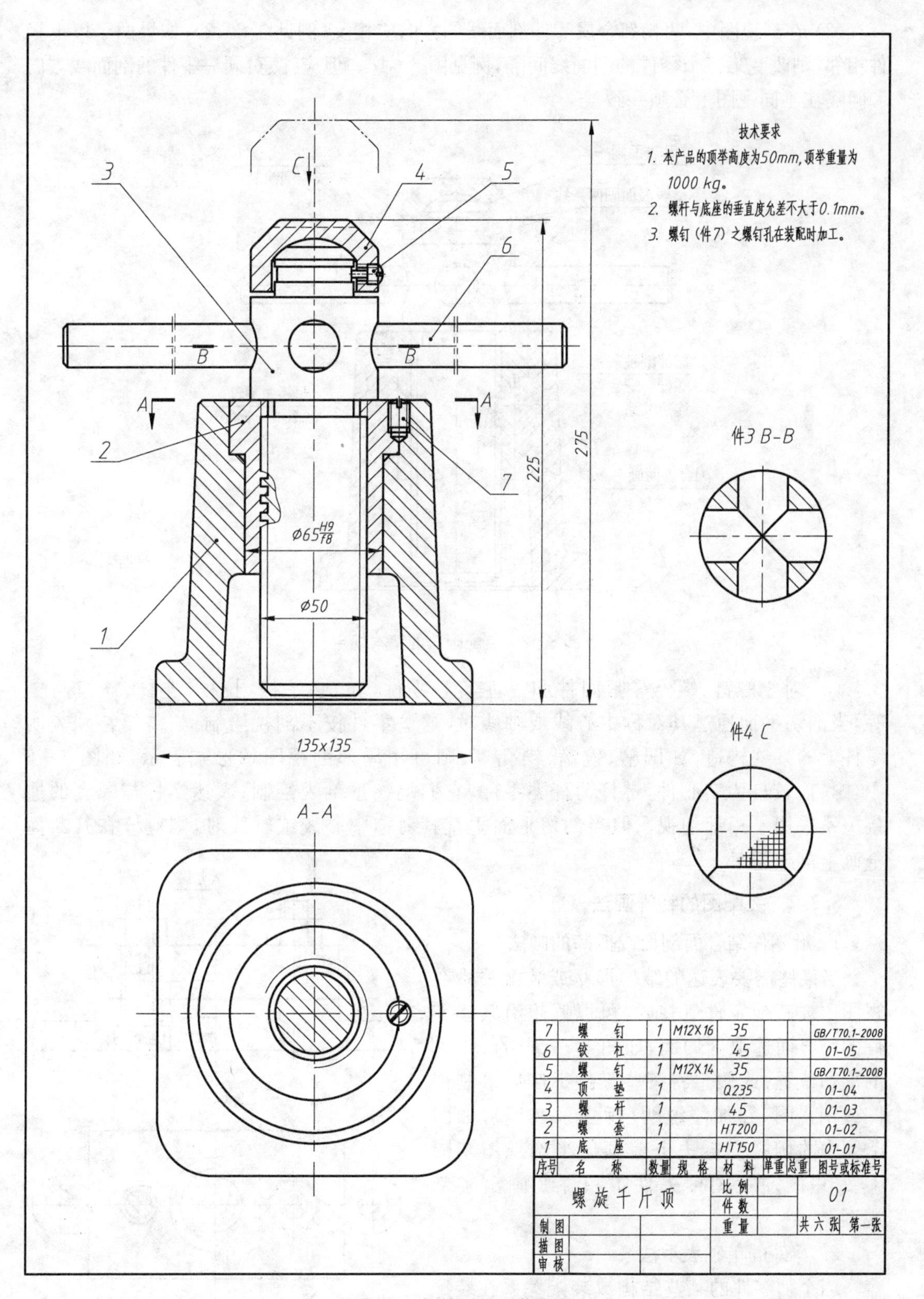

7	螺 钉	1	M12X16	35			GB/T70.1-2008
6	铰 杠	1		45			01-05
5	螺 钉	1	M12X14	35			GB/T70.1-2008
4	顶 垫	1		Q235			01-04
3	螺 杆	1		45			01-03
2	螺 套	1		HT200			01-02
1	底 座	1		HT150			01-01
序号	名 称	数量	规 格	材 料	单重	总重	图号或标准号

螺旋千斤顶	比例		01
	件数		
制图	重量		共六张 第一张
描图			
审核			

图 8-1 螺旋千斤顶装配图

(2) 在剖视图中,两相邻金属零件剖面线的方向应相反(例见图 8-2);如果两个以上零件相邻,则改变第三个零件的剖面线间隔,例见图 6-16。但应注意:同一零件的剖面线方向和间隔在不同视图上必须一致。

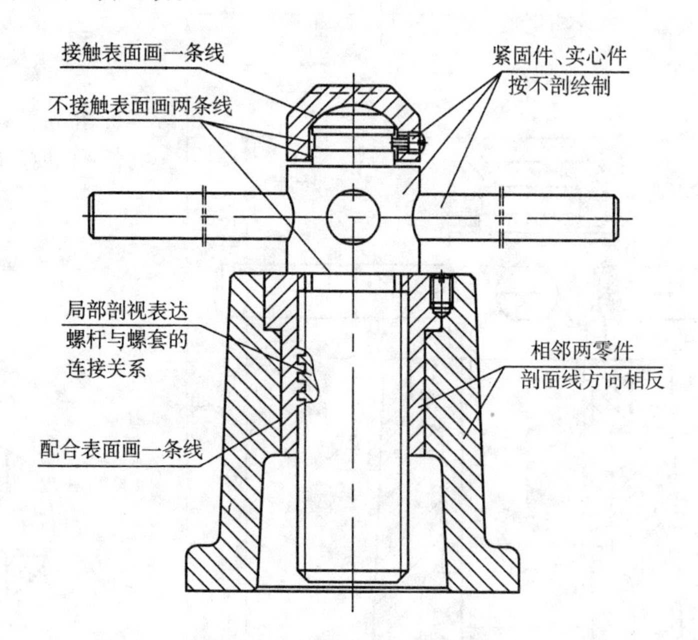

图 8-2　装配画法的基本规定

(3) 对于螺钉、螺栓等紧固件和一些实心零件,如轴、手柄、拉杆、连杆、球、键、销等,当剖切平面通过其对称中心线或轴线时,这些零件按不剖视绘制;如需要特别表明零件上的某些构造,如凹槽、键槽、销孔等,则可用局部剖视图的形式表示,如图 8-2 中,螺钉、铰杠为实心件,螺杆为杆类零件,它们均按不剖视绘制;表达螺杆与螺套的连接关系采用了局部剖视。但当剖切平面垂直其对称中心线或轴线时,则应该在其断面上画上剖面符号。

8.2.2　装配图的特殊画法

1. 沿零件结合面剖切或拆卸的画法

当某些需要表达的结构形状或装配关系在视图中被其他零件遮住时,可以假想沿某些零件的结合面选取剖切面,如图 8-1 中的 $A-A$ 的剖切位置;或假想将某些零件拆卸后绘制视图或剖视图,并加注说明(拆去××等),如图 8-3中的俯视图拆去上盖画出半剖视图和图 8-13中的左视图拆去件 1 和件 2 画出半剖视图。

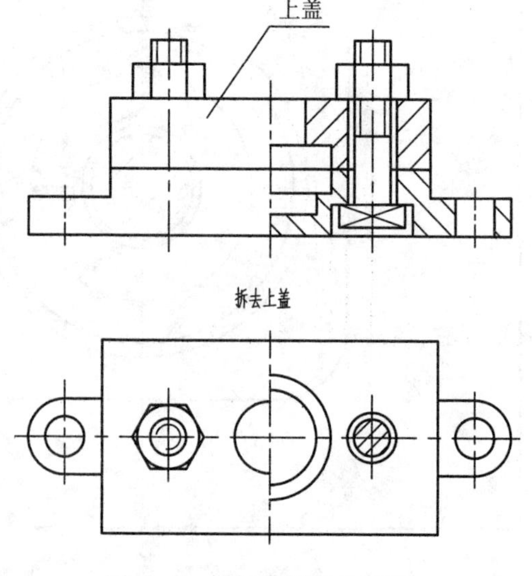

图 8-3　拆卸带剖切的画法

2. 零件的单独表示法

当个别零件的某些结构或装配关系在装配图中还没有表达清楚而又需要表达时,可用视图、剖视图或断面图等单独表达某个零件的结构形状，但必须在视图上方予以说明，如图 8-1 中的"件 3$B-B$"和"件 4C"。

3. 假想画法

当需要表示运动零件的极限位置时，可将运动件画在一个极限位置，另一个极限位置用双点画线画出。如在图 8-1 中螺杆画在最低位置，而用双点画线表示它的最高位置（图中是用双点画线画出顶垫的最高位置予以表示）。在需要表示与本装配体有关但不属于本装配体的相邻零部件时，也可用双点画线表示其相邻零部件的轮廓，如图 8-13 中用双点画线画出了不属于齿轮油泵的两个零件——传动齿轮和固定销的假想投影，以表示油泵的动力来源。

4. 夸大画法

在装配图中，对于薄垫片、细丝弹簧、小间隙、小锥度等结构，按实际尺寸难以表达清楚时，允许将该部分不按原比例而采用适当夸大的比例画出，如图 8-4 中垫片的厚度及键与齿轮键槽的间隙，均是夸大画出的。

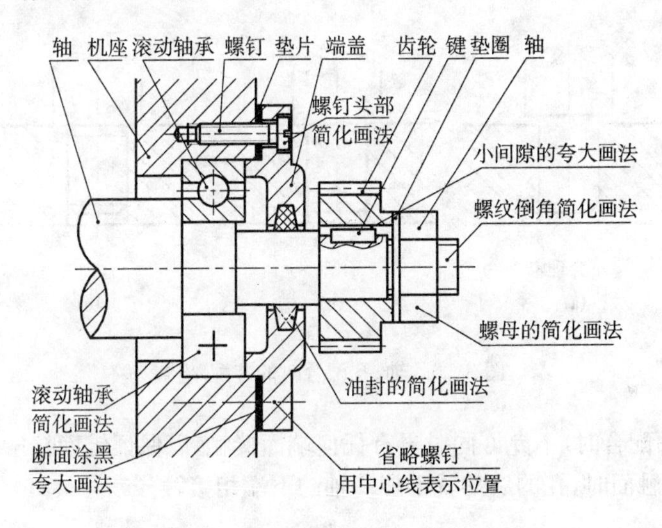

图 8-4 装配图中的省略和简化画法

5. 简化画法

(1) 对于装配图中的螺栓连接等相同零件组，可以详细地画出一组或几组，其余可只画中心线，表示出其装配位置，如图 8-4 所示。

(2) 零件的工艺结构如圆角、倒角、退刀槽等均可省略不画。六角螺栓头部和螺母可如图 8-4 所示简化绘制。

(3) 滚动轴承、油封等标准件的简化画法如图 8-4 所示。

8.3 装配结构的合理性

为了使机器或部件容易装配且装配后能正常工作，在设计零部件时，必须考虑它们之间装配结构的合理性问题，以保证装配的精度和降低生产成本。

下面简单介绍一些合理的装配工艺结构。

(1) 当两个零件接触时,在同一方向只宜有一对接触面,以保证一个面接触,如图 8-5 所示。

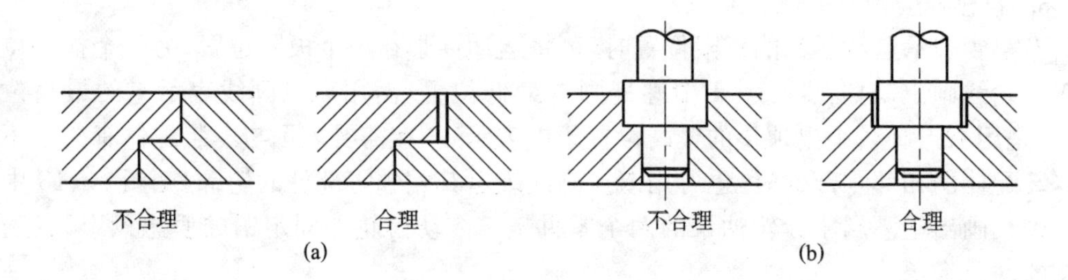

图 8-5 接触面的装配结构

(2) 当轴和孔配合并有端面接触时,应将孔的端面制成倒角或在轴的转折处切槽,以保证端面的接触,如图 8-6 所示。

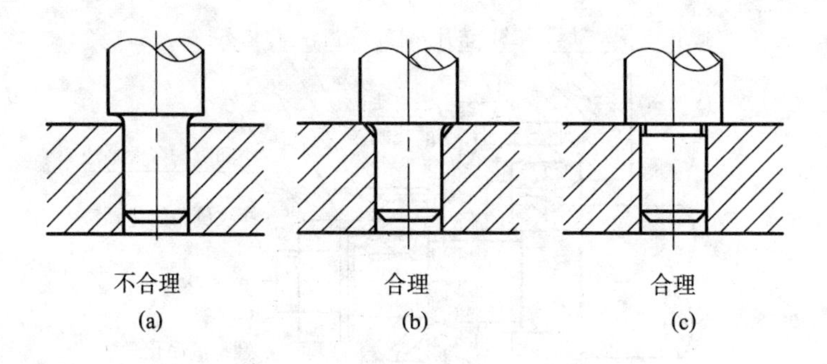

图 8-6 轴、孔配合时的装配结构

(3) 当两锥面配合时,不允许同时再有任何端面接触,以保证锥面接触良好。如图 8-7 中,当两锥面为接触面时,孔的底部就不能和轴的下端相接触。

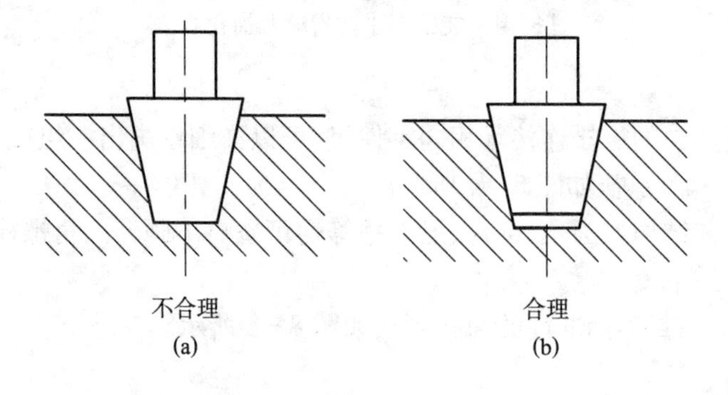

图 8-7 锥面配合的装配结构

(4) 填料密封装置的画法

当机器或部件中采用填料防漏装置时,在装配图中不能将填料画成压紧的位置,而应画在开始压紧的位置,表示填料充满的程度,如图 8-8 所示。

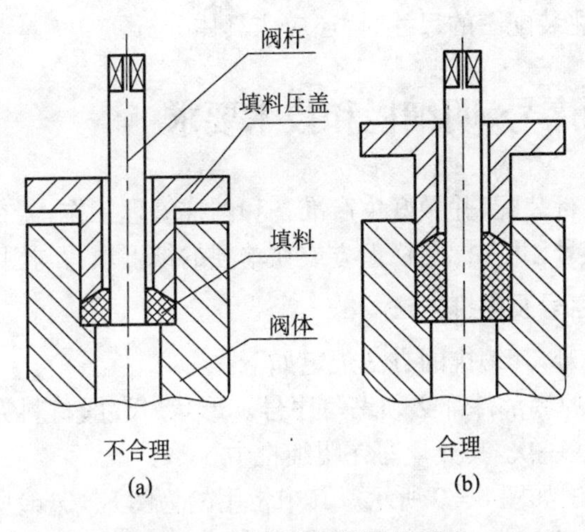

图 8-8 填料密封装置的画法

8.4 装配图的尺寸标注

装配图是设计机器或部件时所用的图样，不是制造零件的直接依据，所以装配图尺寸标注的要求不同于零件图中的尺寸标注。不需要注出各个零件的全部尺寸，而只需注出与工作性能、装配、安装和装配体外形等有关的尺寸，一般可归纳为如下几类。

1. 规格（性能）尺寸

规格尺寸是指表示机器或部件的性能、规格和特征的尺寸，它是设计该机器或部件的主要数据，也是用户选用的依据。如图 8-1 中螺杆的直径 $\phi50$。

2. 装配尺寸

装配尺寸有两种：一是有配合要求的零件之间的配合尺寸，配合尺寸除注出基本尺寸外，还需注出其公差配合的代号，以表明配合后应达到的配合性质和精度等级。如图 8-1 中，螺套与底座的配合尺寸"$\phi65\ \dfrac{H9}{f8}$"。二是装配时需要现场加工的尺寸（如定位销配钻等），以及对机器工作精度有影响的相对位置尺寸。

3. 安装尺寸

安装尺寸是指机器或部件在总装或与其他机器或部件组装时所需的尺寸，图 8-13 中，齿轮油泵阀体上螺栓孔的大小 $\phi7$ 和中心距尺寸 $\phi70$ 是与其他机器或部件安装时所需要的尺寸。

4. 外形尺寸

外形尺寸是指表示机器或部件整体轮廓的大小，即总长、总宽、总高的尺寸。它为机器或部件在包装、运输或安装时所占的空间提供了数据。如图 8-1 中螺旋千斤顶的总高尺寸为 225，图 8-13 中齿轮油泵的总长尺寸为 110。

5. 其他重要尺寸

不能包括在上述几类尺寸中的重要零件的主要尺寸。如运动零件的极限位置经过设计而确定的尺寸等，都属于其他重要尺寸。如图 8-1 中高度方向的极限位置尺寸 275。

必须指出，一张装配图中有时并不全部具备上述五种尺寸，而有的尺寸又往往同时兼有多种含义。因此,在标注装配图的尺寸时,还应作具体分析。

8.5 装配图中的序号、明细栏和技术要求

为了便于看图和进行装配,并做好生产准备和图样管理工作,需在装配图上对每个不同的零件(或部件)进行编号,并在标题栏上方或在单独的纸上填写与图中编号一致的明细栏。

8.5.1 零部件的序号及编排方法

序号即零部件的编号,其编排的方法规定如下。

(1) 装配图中所有的零部件都必须编写序号。形状、尺寸、材料完全相同的零部件应编写同样的序号,且只编注一次,其数量写在明细栏中。

(2) 编写序号的方法如图 8-9 所示。其中常用的为图 8-9(c)所示形式。序号由指引线、指引线末段端的圆点和序号文字组成。指引线、水平短线及小圆的线型均为细实线。同一装配图中编写序号的形式应一致。序号文字的字号要比该装配图中所注的尺寸数字大一号或大二号。

(3) 指引线应自所指零件(或部件)的可见轮廓内引出。若所指部分(很薄的零件或涂黑的剖面)内不方便画圆点时可用箭头指向该部分的轮廓,如图 8-9(e)所示。

(4) 指引线相互之间不能相交。不应与剖面线平行。指引线可以画成折线,但只可曲折一次,如图 8-9(a)所示。

(5) 装配图中的序号应按顺时针或逆时针方向顺次排列在水平或垂直方向上,如图8-1所示。

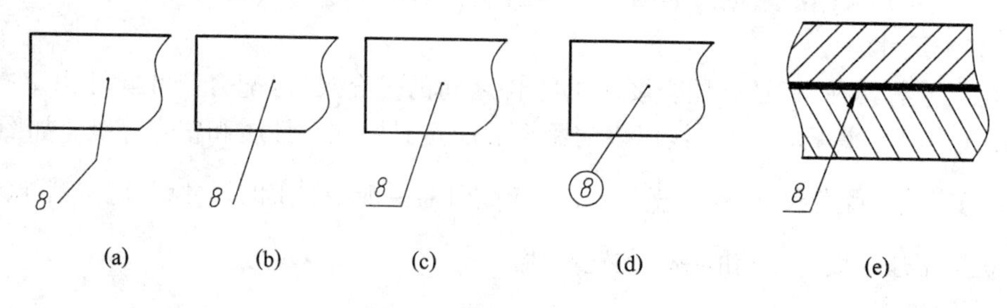

图 8-9 序号的编写方法

(6) 一组紧固件以及装配关系清楚的零件组,可采用公共指引线,如图 8-10 所示。

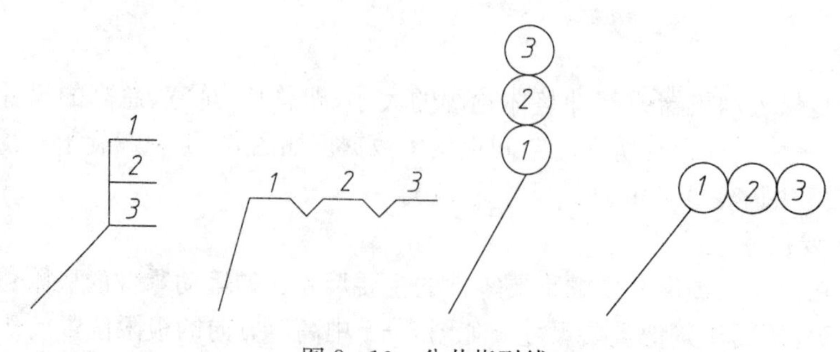

图 8-10 公共指引线

8.5.2 明细栏

明细栏是装配图中各组成部分(零件或部件)的详细目录。它表明了各零件、部件的序号、名称、数量、规格、材料、重量及图号或标准号等内容。明细栏应紧接着标题栏的上方,由下而上按顺序填写。如位置不够时,可在标题栏左侧延续。明细栏的上方是开口的,即上端的框线应画成细实线($d/2$),这样在漏编某零(部)件的序号时,可以再予以补编。学习中可采用图 8-11 所示格式的标题栏和明细栏。

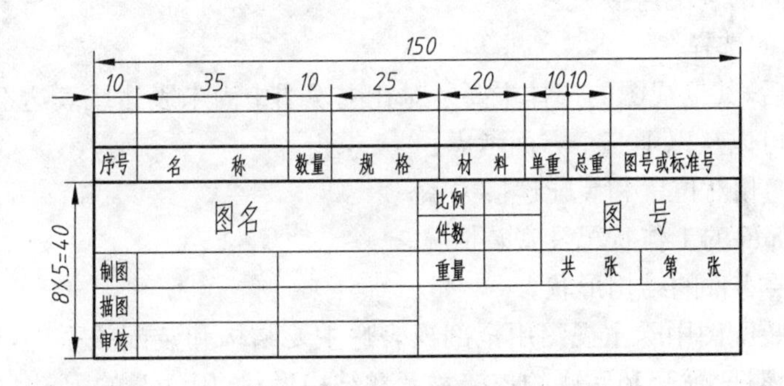

图 8-11 装配图的标题栏和明细栏

8.5.3 技术要求

在装配图上,除了用规定的代(符)号(如公差配合符号等)外,还用文字表示机器或部件的技术要求。一般注写在图纸的右上角或其他空白处。图上注写的技术要求,通常考虑以下几方面内容。

(1) 通行的技术规范 这类规范一般由国家或有关部门制订颁布,设计单位按使用要求选定,制造单位按规范要求施工,使用单位按规范要求验收。

(2) 装配要求 机器设备或部件在装配、施工、焊接等方面的特殊要求和其他注意事项。

(3) 使用要求 机器或部件在性能及使用方面的条件和要求。如图 8-1 中技术要求的第 1 点。

(4) 检验要求 机器或部件在试车、检验、验收等方面的条件和要求。

(5) 特殊要求 机器或部件对涂层、包装、运输上的特别注意事项。

8.6 装配图的绘制

在设计和测绘机器或部件时最终都需要画出装配图,绘制装配图一般可按下列步骤进行。

8.6.1 分析所画的装配体

先要对机器或部件进行全面的了解和分析,通过有关的资料和实物了解其用途、性能、工作原理和工作状况、各零件之间的装配关系和结构特点等。现以螺旋千斤顶为例介绍由零件图拼画装配图的绘图步骤。

8.6.2 确定图形表达方案

1. 主视图的选择

装配图中的主视图应能比较清楚地表达机器或部件中各零件的相对位置、装配连接关系、工作状况和结构形状。一般将主视图按机器或部件的工作位置或习惯位置画出,图 8-1 中螺旋千斤顶的主视图就是按工作位置画出的。主视图通常画成剖视图,所选取的剖切平面应通过主要装配干线,并尽可能使装配干线与正面平行,以使所作的剖视图能较多、较清楚地反映零件之间的装配连接关系。

2. 其他视图的选择

主视图确定后,其他视图的选择主要是对在主视图中尚未表达或表达不清楚的内容,作补充表达。通常可以从以下三个方面考虑:

(1) 零件间的相对位置和装配连接关系;

(2) 机器或部件的工作状况及安装情况;

(3) 某些主要零件的结构形状。

螺旋千斤顶装配图中除主视图用全剖视表达主要结构和装配关系外,还用了 $A-A$ 剖视图补充表达了螺杆、螺套和底座的连接关系和结构形状,用件 3 的 $B-B$ 断面图表达了螺杆的四通结构,用件 4 的 C 向视图补充表达了顶垫的形状。

8.6.3 选定比例和图幅

作图比例应按照机器或部件的尺寸和复杂程度,以表达清楚它们的主要结构为前提进行选定。然后按确定的表达方案,选定图纸幅面。布置视图时,应考虑在各视图间留有足够的空间,以便标注尺寸和编写零部件序号等。

8.6.4 绘制视图

1. 布置图面

(1) 画图框线、标题栏框线和明细栏框线。

(2) 画出各视图的中心线、轴线或作图基准线。图面总体布置应力求匀称。如图 8-12(a)所示。

2. 画视图底稿

(1) 按主要装配干线,从主要零件的主视图开始画起,有投影联系的视图应同时画出,其中主要零件为底座 1,见图 8-12(b)。

(2) 根据装配连接关系,逐个画出各零件的视图。一般可按:先画主视图,后画其他视图;先画主要零件,后画其他零件;先画外件,后画内件的次序进行。画螺旋千斤顶各零件的次序为:底座—螺套—螺杆—顶垫—螺钉 5—铰杠—螺钉 7,见图 8-12(c)。

注意:

(1) 画相邻零件时,应从两零件的装配结合面或零件的定位面开始绘制,以正确定出它们在装配图中的装配位置。如画顶垫 4 时,应从顶垫内的球面(与螺杆顶部球面的接触面)开始画起,如图 8-12(b)所示。

(2) 画各零件的剖视时,应注意剖和不剖、可见和不可见的关系。一般可优先画出按不剖处理的实心杆、轴等,然后按剖切的层次,由外向内、由前向后、由上而下绘制。这样被挡住或被剖去部分的线条就可不必画出,以提高绘图效率,如图 8-12(c)所示。

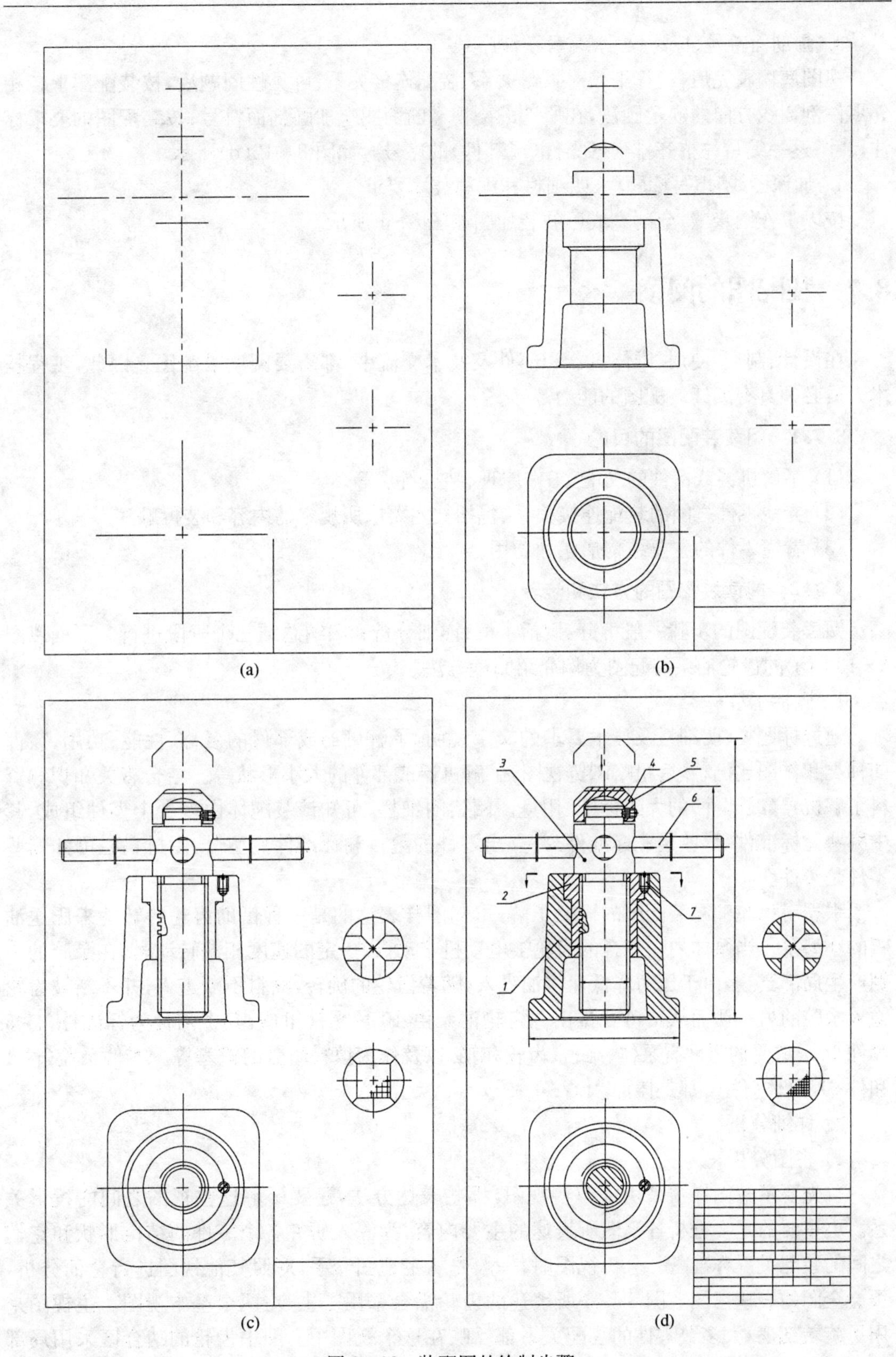

图 8-12 装配图的绘制步骤

3. 画剖面符号、标注尺寸、编写零件序号

视图底稿画完后，经仔细校对投影关系、装配连接关系、可见性问题后，按装配图上各相邻零件剖面线方向的规定画法，在所选的剖视和断面图上加画剖面符号；按装配图的要求标注尺寸；逐一编写并整齐排列各零件(或部件)的序号。如图 8 - 12(d)所示。

4. 加深图线，填写标题栏、明细栏和编写技术要求

按以上作图步骤，全部完成后的装配图如图 8 - 1 所示。

8.7 装配图的阅读

在设计、制造、使用、维修机器和部件及技术交流中，都需要阅读装配图。因此，工程技术人员必须具有阅读装配图的能力。

8.7.1 阅读装配图的目的

(1) 了解机器或部件的功能、工作原理、结构特点等。

(2) 弄清零件之间的装配连接关系、包括技术要求所规定的内容和装拆顺序。

(3) 看懂零件的主要结构形状和功用。

8.7.2 阅读装配图的方法和步骤

阅读装配图的步骤一般可分：概括了解、详细分析和归纳总结三个阶段进行。下面以图 8 - 13 所示的齿轮油泵装配图为例介绍阅读方法。

1. 概括了解

通过标题栏、明细栏及技术要求的文字说明，了解机器或部件的名称、性能、功用、零件的种类和作图比例，然后粗略浏览视图，了解机器或部件的大小形状等。结合有关知识和资料了解机器(或部件)的大致性能、用途。阅读明细栏，可知该装配体由多少个零件组成，其中哪些是标准件，哪些是非标准件，并查出零件的数量和标准件的型号，由材料栏可知哪些零件是铸件。

根据对齿轮油泵装配图的概括了解，可知图样表达的是一种借助齿轮的转动来压送油料的小型泵。当泵体内一啮合的齿轮被电动机带动，以一定的速度相向转动时，在泵腔的一侧产生局部真空，由于压力降低而将油吸入，随着齿轮的旋转，油料不断进入，并不断被齿轮输入泵腔的另一侧而从出口处排出。齿轮油泵由 10 种零件组成，其中两种为标准件(件 5 和件 10)，主要的零件有泵体、泵盖、齿轮和轴，以及作为填料压盖的螺塞等。零件泵盖(件 1 和件 6)、泵体(件 6)都是铸件。

2. 详细分析

1) 视图分析

首先要了解图样中采用了哪些视图，哪些表达方法，还要了解这些视图之间的投影关系。更重要的是要分析各视图所表达的主要内容，为深入研究各个零件的结构形状和它们之间的装配关系作准备。分析视图时，一般先从主视图着手，对照其他视图进行全面分析，领会全图的表达意图。图 8 - 13 所表达的齿轮油泵采用了主、左两个基本视图。主视图采用了旋转剖视，大多数零件的装配关系都反映在这个视图中。图中齿轮的啮合区采用局部剖视，轮齿按规定画法画出。图形右端按假想画法用双点画线画出了不属于齿轮油泵的两个

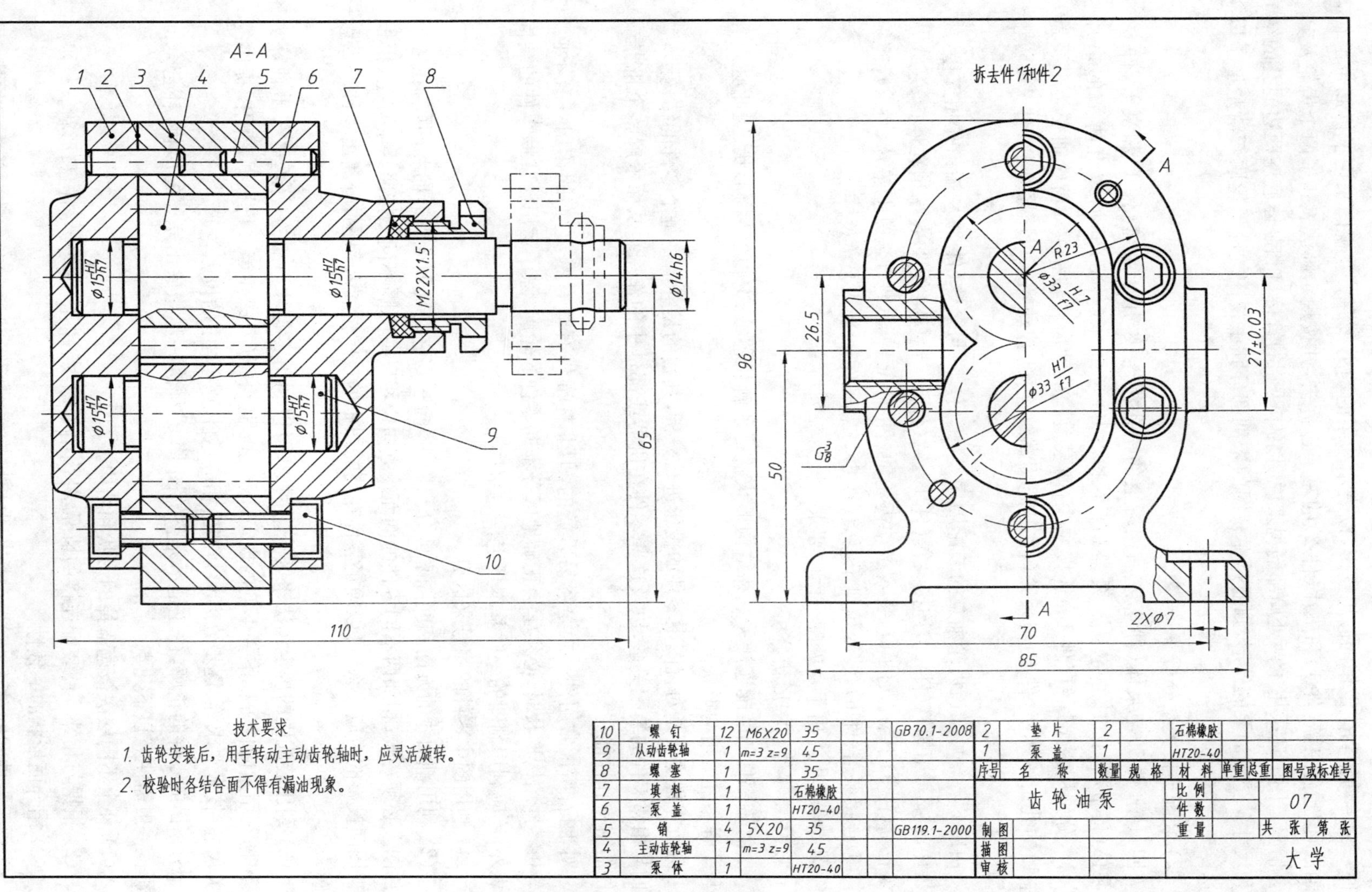

10	螺钉	12	M6X20	35			GB70.1-2008
9	从动齿轮轴	1	m=3 z=9	45			
8	螺塞	1		35			
7	填料	1		石棉橡胶			
6	泵盖	1		HT20-40			
5	销	4	5X20	35			GB119.1-2000
4	主动齿轮轴	1	m=3 z=9	45			
3	泵体	1		HT20-40			

2	垫片	2		石棉橡胶			
1	泵盖	1		HT20-40			
序号	名称	数量	规格	材料	单重	总重	图号或标准号

齿轮油泵	比例		07
	件数		
制图	重量		共 张 第 张
描图			大学
审核			

图 8-13 齿轮油泵装配图

零件——传动轮和固定销的假想投影,以表示油泵的动力来源。左视图采用了拆卸带剖切的画法,假想将泵盖(件 1)和垫片(件 2)的左半边拆去,并按规定画法表达了两个齿轮及其啮合情况。图中还采用了两处局部剖视来说明泵体两侧的管接口和泵体底座两边通孔的结构和尺寸。至于油泵的外形,则通过左视图的未剖部分和主视图的外形轮廓较清楚地予以表达。

2) 装配连接关系分析

四只销(件 5)与泵体(件 3)左右两端上的销孔相连接,用于泵盖(件 1)和泵盖(件 6)与泵体(件 3)连接时的定位。泵盖(件 1 和件 6)与泵体(件 3)间均装有防漏的垫片(件 2),分别用六组螺钉(件 10)连接左、右两泵盖。从动齿轮轴和主动齿轮轴安装于泵盖(件 1)的孔中。螺塞(件 8)与泵盖(件 6)间用螺纹连接,拧动螺塞以压紧填料(件 7),防止泄漏。

由图 8-13 可知该齿轮油泵的装配顺序是:销(件 5)与泵体(件 3)左端销孔相连接,放上垫片(件 2),用螺钉(件 10)连接泵盖(件 1),销(件 5)与泵体(件 3)右端销孔连接,装入从动齿轮轴(件 9)于泵盖(件 1),装入主动齿轮轴(件 4)于泵盖(件 1),放上垫片(件 2),螺钉(件 10)连接泵盖(件 6),装入填料于泵盖(件 6),螺塞(件 8)旋入泵盖(件 6)。

图 8-13 中注出了六处配合面的要求。

3) 主要零件结构形状分析

了解零部件的装配连接关系和结构形状就可了解机器或部件的结构形状,因此必须分析和了解零件的结构形状。

分析零件主要是对视图中零件的投影进行分析,其目的是弄清楚每个零件的结构形状,它们与相邻零件的装配关系,以及这些零件在机器或部件中的作用。从而了解整个机器或部件的结构和性能。

对于标准件、常用件一般是容易看懂的,但非标准件有简有繁,它们的作用各有不同。在分析零件结构形状时,必须学会正确地区分不同零件的轮廓,除了运用已掌握零件的结构知识外,还应利用制图的一些基本规定,主要有:

(1) 利用图中零件的序号来区分。

(2) 利用剖面线的方向和间隔来区分。例如,同一零件的剖面线的方向和间隔,在各个零件图上必须一致;相邻两不同零件的剖面线方向应相反或间隔不同。按照这个规定,再根据视图间投影的对应关系,可以确定零件在装配图中的投影位置和范围,分离出零件的投影轮廓。

(3) 利用装配图的规定画法来区分。例如,可以利用实心件不剖的规定,区分出轴等实心杆件;利用紧固件等标准件不剖的规定,区分出螺钉、螺母、螺柱等。再根据装配图提供的有关尺寸、技术要求等,逐步分离和判别出相应零件在视图中的投影轮廓。

分离出的零件的轮廓,往往是不完整的图形,必须进一步想象出完整的形状,补全全部投影。一般需注意以下几点:

(1) 补全不同层次被遮盖掉的形状和结构。

(2) 根据与相邻零件装配连接的情况,补出诸如螺纹、螺孔、键槽等结构和形状。

(3) 结合面形状的一致性。

为便于零件间的对齐、安装,装配图中相接触的端面形状通常应一致。依据该原则,可根据一零件的可见形状，判断另一与之相接触零件的接触面形状。

(4) 包容零件内外形状的一致性。

装配图中包容体的内腔形状取决于被包容体的外部形状，为被包容体外部轮廓的相似形。在装配图的读图中常依据该一致性从空腔内零件的形状判断空腔的形状。

以图 8-13 中泵体(件 3)为例，根据上述分离零件的原则，先在主、左视图中分离出泵体的投影轮廓，如图 8-14 所示；然后联系泵体和相邻零件的装配连接关系以及被遮盖情况，想象出泵体的完整形状，如图 8-15 所示。其他零件的结构形状，读者可自行分析。

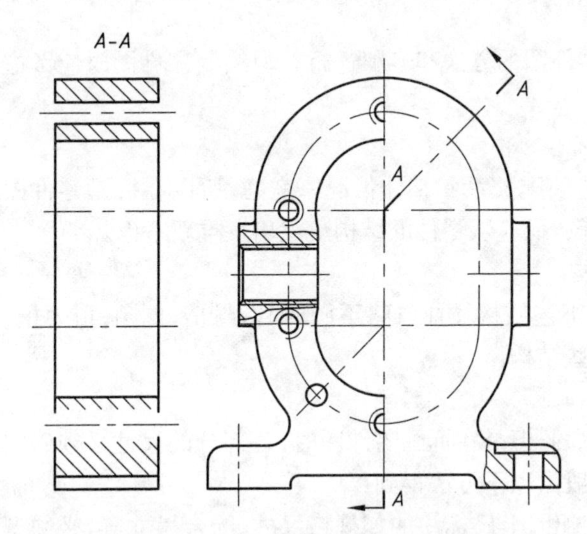

图 8-14 分离出来泵体投影轮廓

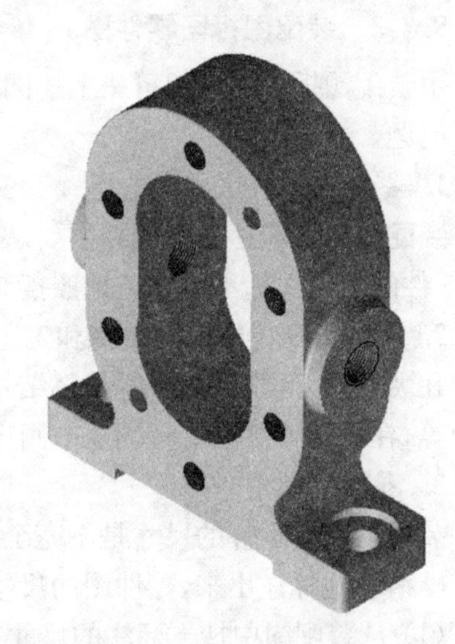

图 8-15 泵体的形状

4) 尺寸分析

阅读装配图时，还必须对装配图中标注的尺寸进行分析，以便对装配图所表示的机器或部件有一个全面的了解，这对装配、检验、使用和维修都是必要的。

如图 8-13 中的零件泵体(件 3)是一个下部带有底座的长圆形壳体，底座左、右两边各有一个用于安装的通孔，壳体两侧有两个管螺纹通孔作为油料的进出口。底座上通孔的中心距 70，通孔的直径为 $\phi 7$，油料进出口轴线与底座的底面距离为 50，这些尺寸都是安装所需要的即为安装尺寸。管螺纹尺寸 $G\,\frac{3}{8}$为规格尺寸。

泵体内上、下两个互相啮合的齿轮(件 4 和件 9)都是齿轮与轴整体加工而成，两个齿轮的轴同左、右两个泵盖上的轴承孔互相配合，其尺寸 $\phi 15\,\frac{H7}{h7}$为装配尺寸。它们是基轴制的间隙配合，其标准公差为 $IT7$ 级。上下两个啮合齿轮与泵体(件 3)长圆形内腔的圆柱面也互相配合，其尺寸 $\phi 33\,\frac{H7}{f7}$也为装配尺寸。它们是基孔制的间隙配合，标准公差都是 $IT7$ 级。另外，上下两齿轮的中心距 27 ± 0.03 为装配时需要保证的零件间较重要的尺寸，故该尺寸也是装配尺寸。

图 8-13 中的外形尺寸 110、85、96 等表示了齿轮油泵的总长、总宽、总高，说明了齿轮油泵所占有的空间大小。

3. 归纳总结

在上述分析的基础上进一步进行归纳总结,以加深对整个机器或部件的全面了解。可围绕以下几个问题进行深入思考:

(1) 该机器或部件的作用和工作情况如何?

(2) 从设计或制造要求出发,在结构、工艺、材料等方面有何问题和困难?

(3) 机器或部件中各零件的结构形状是否合理,如何便于它们的装拆?

(4) 装配图的表达是否合理? 是否有更好的表达方案?

8.7.3 装配图拆画零件图

由装配图拆画零件图可按上述阅读零件图的方法和步骤进行。但绘制零件图时应考虑以下问题。

1. 零件视图表达方案选择

装配图视图表达方案选择主要从表达装配关系和整体情况来考虑,所以在拆画零件图时,零件的视图选择不能简单地照抄装配图,而应从零件的结构形状出发重新考虑。

2. 应画出零件的细部结构和工艺结构

在装配图上,零件的一些细部结构和工艺结构往往省略不画,如密封槽、倒角、退刀槽、圆角等,在拆画零件图时必须全部画出这些结构。

3. 零件的尺寸

装配图上对零件的尺寸是不完全标注的,但是在拆画零件图时,各部分的尺寸必须确定并完整清晰地标注出来,零件图的尺寸一般由以下方法得到:

(1) 从装配图中抄下标注的尺寸　装配图上已标注的如规格尺寸、配合尺寸等,必须遵循不变。并注意零件之间相互关联的尺寸必须一致。

(2) 根据明细栏或相关标准查出尺寸　与标准件相连接或配合的有关尺寸,如螺纹尺寸、安装螺栓的孔径、键槽、销孔等;或是标准结构的尺寸,如皮带轮的有关尺寸等,均应从有关标准中查取确定。有些尺寸按公式计算得出,如用齿轮的模数、齿数可计算出齿轮的轮齿部分的尺寸。

(3) 按功能需要确定尺寸　对零件的其余各部分尺寸,可根据材料、强度、功能等因素设计而定。

4. 标注技术要求

拆画的零件图要确定并标注零件表面的粗糙度、公差配合等技术要求。零件图上技术要求的制订,应由该零件在装配图中的作用及与其他零件的连接关系来判断,同时考虑结构和工艺方面的需要。首先可从配合面和非配合面、是否与其他表面接触、是否有相对运动等因素来决定相应表面的配合性质、公差等级和表面粗糙度。

按上述分析和步骤,齿轮油泵装配图中泵体(件 3)的零件图如图 8－16 所示。

8.8 化工设备图

8.8.1 化工设备图的作用和内容

化工生产过程中不少是基本的化工单元操作,如蒸发、冷凝、吸收、蒸馏及干燥等。用以完成各种单元操作的设备,如容器、换热器、塔器和反应器等(见图 8－17),统称为化工设备。

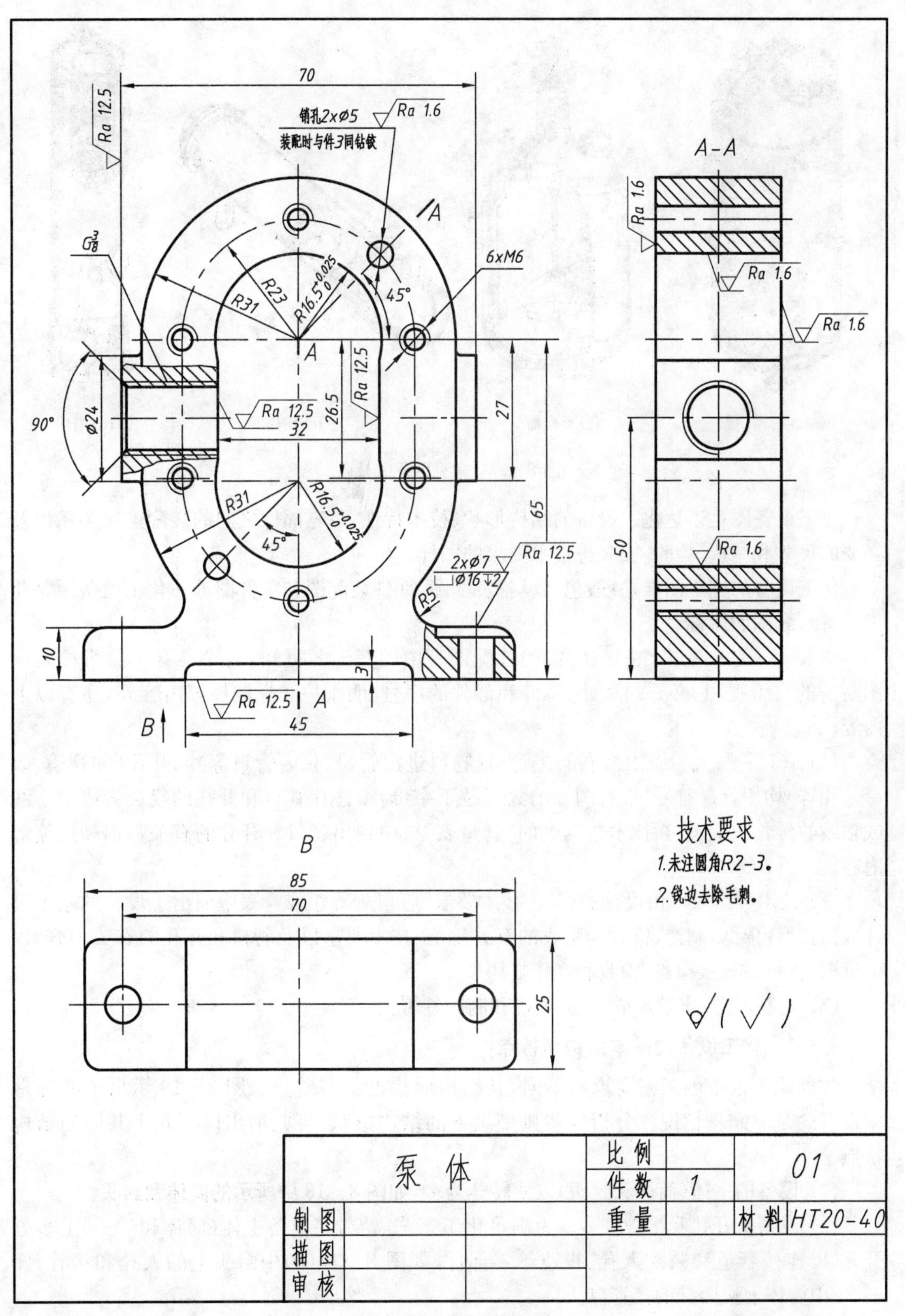
70
Ra 12.5
销孔2×Ø5
装配时与件3同钻铰
Ra 1.6
A
A-A
6×M6
R23
R31
45°
A
Ø24
90°
Ra 12.5
26.5
32
Ra 12.5
27
R31
45°
65
2×Ø7
Ø16↧2
Ra 12.5
R5
10
3
Ra 12.5
A
45
B
Ra 1.6
Ra 1.6
Ra 1.6
50
Ra 1.6
B
85
70
25
技术要求
1.未注圆角R2-3。
2.锐边去除毛刺。
泵体
比例
件数
1
01
制图
描图
审核
重量
材料
HT20-40

图 8-16 泵体零件图

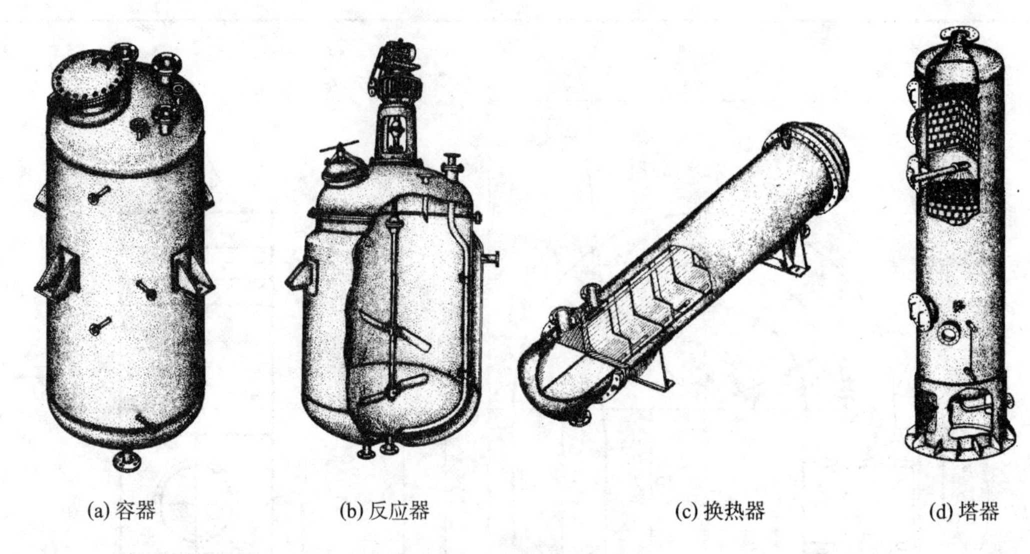

(a) 容器　(b) 反应器　(c) 换热器　(d) 塔器

图 8－17　常见的化工设备

化工设备图是表达化工设备的结构形状、技术特性、各零部件之间的装配连接关系以及必要的尺寸和制造、检验、安装等技术要求的图样。

化工设备的施工图样，一般包括设备装配图、部件装配图和零件图等。化工设备图是化工设备装配图的简称。

图 8－18 是一立式贮槽(容器)的装配图。由图 8－18 可知，它除具有一般机械装配图所需的一组视图、必要的尺寸、零件和部件的序号、明细栏和标题栏等内容外，还有以下内容。

(1) 管口符号　设备上所有的接管口(物料进出管口、仪表管口等)和开孔(如视镜、人(手)孔等)均用管口符号(带有圆圈的大写拉丁字母)编注在管口和开孔的投影旁或中心线或轴线的延长线上，并在技术数据表的"管口表"栏中列出管口和开孔的有关数据和用途等内容。

(2) 技术数据表　由设计数据表、技术要求、管口表等组成。表中列出了设备的基本设计数据，设计依据，制造、检验和验收的有关规范、技术要求以及管口和开孔的有关内容，以供读图、备料、制造、检验、验收和操作之用。

(3) 主签署栏、质量盖章栏、会签栏和制图签署栏。

8.8.2　化工设备的基本结构和特点

各种化工设备因工艺要求的不同，其结构形状也各有差异。图 8－19 示出了四种常用设备的基本结构情况。分析这些典型设备的结构形状，可归纳出以下几个共同的结构特点。

(1) 设备的主体(简体和封头)以回转体为多，如图 8－18 中所示的筒体和封头。

(2) 设备上开孔和接管较多。为满足化工工艺需要，在设备主体(筒体和封头)上多处开孔，以连接管道和装配人孔、视镜等零部件，如图 8－17(a)中封头上的人孔和接管，图 8－18中筒体上液面计的接管口。

(3) 薄壁结构多。结构的尺寸相差悬殊，如图 8－18 中，筒体的高度为 2 600 mm，直径

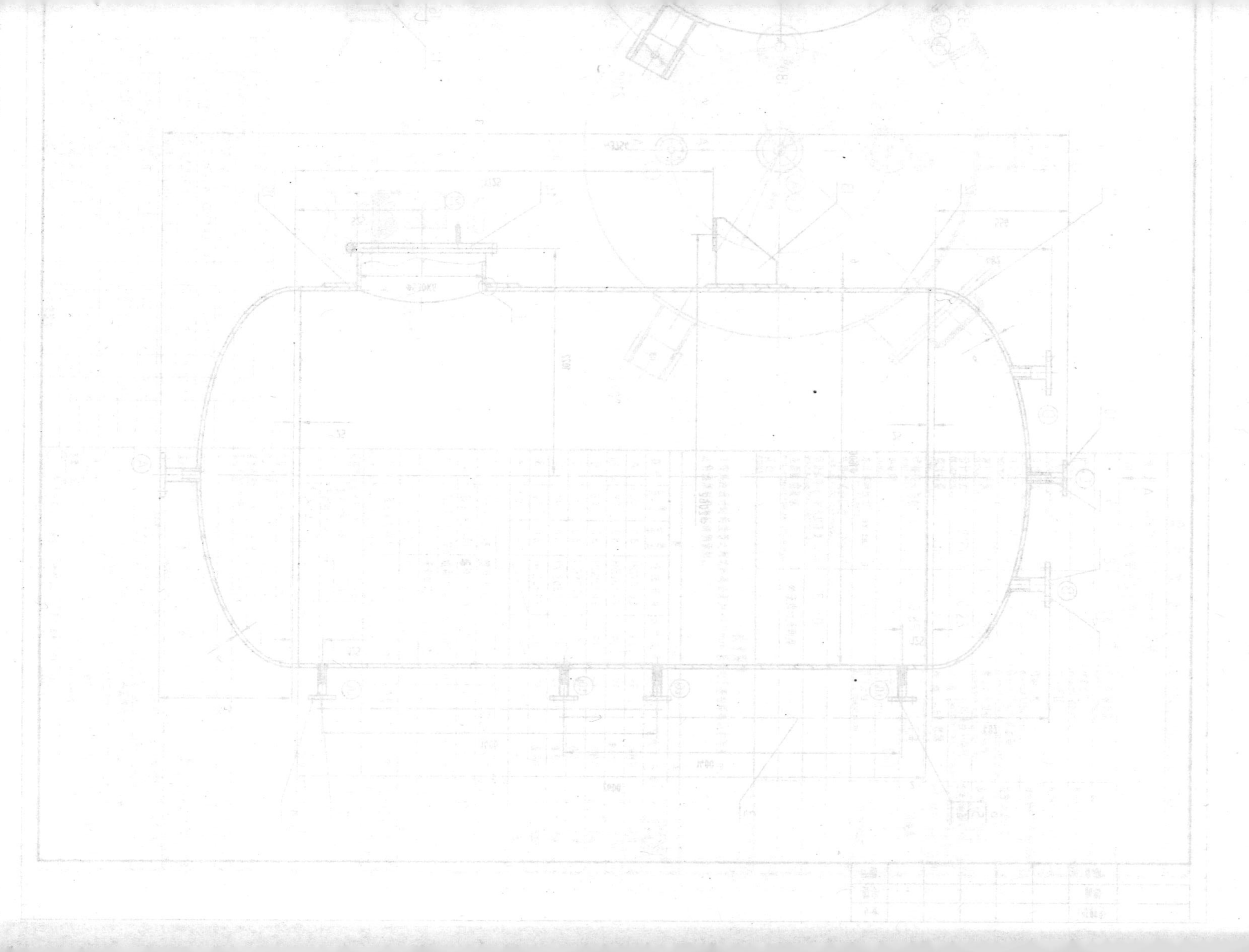

图8-18

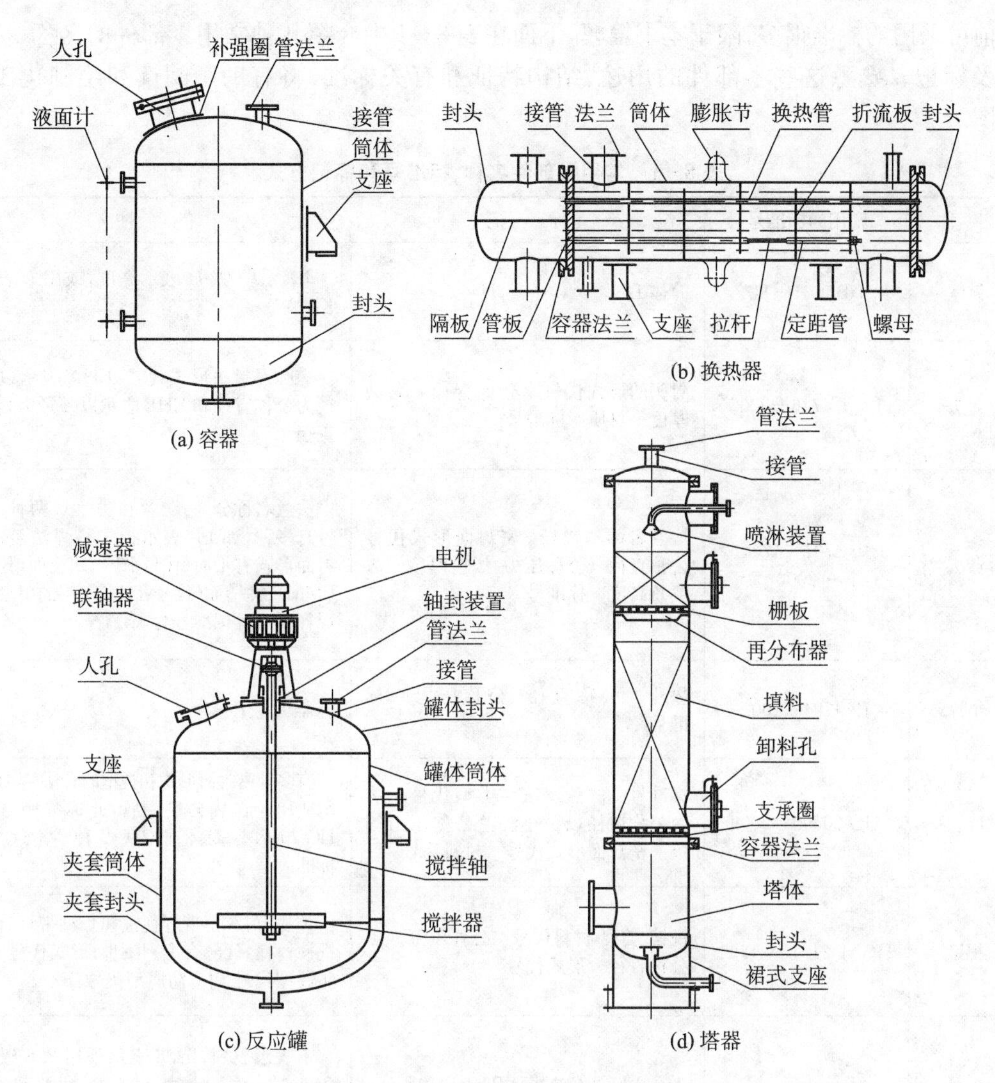

图 8-19 常见化工设备的基本结构

为 1 600 mm,但筒体壁厚仅为 6 mm。

(4) 焊接结构多。化工设备中零部件的连接广泛采用焊接方法,如图 8-18 中,筒体由钢板弯卷后焊接而成,筒体与封头、液面计接管口的连接都采用焊接。

(5) 通用零部件多。化工设备大量采用标准化、通用化和系列化的零部件,如图 8-18 中的管法兰、封头、支座、液面计等均已标准化和系列化。

化工设备的结构形状虽各有差异,但是往往都选用一些作用相同的零件、部件来组成设备,如图 8-17 中的人孔、封头、支座、管法兰等。为了便于设计、制造和检修,把这些零件、部件的结构形状统一成若干种标准规格,使能相互通用,称为标准化的通用零部件。

化工设备标准化的通用零部件的基本参数主要是公称压力(*PN*)和公称直径(*DN*)①,

① 1986 年前的标准中,公称压力的符号和公称直径的符号分别为 *Pg* 和 *Dg*。

当前可采用的标准很多,限于本书篇幅,下面在表 8-1 中介绍几种常用零部件的名称、标准号及标记。熟悉这些零部件的用途、结构特征和有关标准,将有助于阅读和绘制化工设备图。

表 8-1 常用零部件名称、标准号和标记方式

名 称	常用的标准号	标 记	备 注
筒体	GB 9019—88	筒体 DN ,δ= ,H=	δ表示壁厚,H 表示高度(或用 L 表示长度)
封头	JB/T 4746—2002	封头的形式代号 公称直径×名义厚度—材质 标准号	椭圆形封头形式代号:EHA 表示以内径为公称直径和 EHB 表示以外径为公称直径
容器法兰	JB 4701～4704—2000	法兰名称 代号—密封面形式代号 公称直径—公称压力/法兰厚度—法兰总高度 标准号	法兰名称分为:法兰和法兰 C 两种;代号有多种,如 PL 表示板式平焊法兰;密封面形式有平面(代号 RF)、凹突面(代号 FMM)、榫槽面(代号 TG);常用的甲型平焊容器法兰标准号为 JB/T 4701—2000
垫片	JB 4704—2000	垫片 公称直径—公称压力 标准号	容器法兰用垫片
管法兰	HG 20590—2009	标准号 法兰 法兰类型代号 法兰公称通径(B)— 法兰公称压力等级 密封面形式代号 材料牌号	有多种密封面形式和类型的管法兰,B表示适用于国内公制钢管,此标准中含有 HG 20591～20602—2009 多种管法兰的标准
视镜	HG/T 21575—1994	视镜 类型 材料代号 公称压力 公称直径 形式代号	类型有:A 型带灯视镜和 C 型带灯有颈视镜;材料代号有Ⅰ、Ⅱ、Ⅲ;形式代号有:防爆型代号 BJd,防腐型代号:F2
人孔	HG 21516—2005	人孔Ⅰb8.8(NM-XB350)450-0.6 HG 21515—2005	Ⅰ表示材料,b8.8 表示采用 8.8 级六角头螺栓,NM 表示非金属平垫片,XB350 表示平垫片材质为石棉橡胶板,公称直径为 450,公称压力为 0.6
手孔	HG 21529—2005	手孔(A—XB350)250 HG 21529—2005	A 表示密封垫片代号,材质为石棉橡胶板,代号 XB350,公称直径为 250;此标准为常压手孔
补强圈	JB/T 4736—2002	补强圈 DN 接管公称直径×补强圈厚度—坡口形式—补强圈材料 标准号	坡口形式有 A、B、C、D、E 五种
耳式支座	JB/T 4712.3—2007	标准号,耳式支座 型号 支座号-支座材料代号	耳式支座的型号有 A、B、C 型三种,按单个支座允许载荷的不同均有 1、2、3、4、5、6、7、8 八个支座号。支座材料有 Q235—A(代号为Ⅰ),16MnR(代号为Ⅱ),0Cr18Ni19(代号为Ⅲ),15CrMoR(代号为Ⅳ)

续 表

名 称	常用的标准号	标 记	备 注
鞍式支座	JB/T 4712—2007	标准号,鞍座 型号 公称直径—固定形式	型号分轻型(代号 A),重型(代号 B),后者有五种型号即BⅠ型,BⅡ型,BⅢ型,BⅣ型,BⅤ型,固定形式分固定(代号 F)和滑动(代号 S)两种
液面计	HG 21592—95	液面计 AG 1.6— ⅠW—500	AG 表示防霜,1.6 表示公称压力为 1.6 MPa,Ⅰ表示碳钢,W 表示保温型

8.8.3 化工设备图的视图表达

基于化工设备的结构特点,其视图表达也有特点。下面介绍表达的特点和方法。

1. 基本视图的配置

由于化工设备的基本形状以回转体居多,所以一般由两个基本视图来表达设备的主体。立式设备通常采用主、俯两个基本视图(例见图 8-18),卧式设备通常采用主、左两个基本视图。当俯视图或左视图难以在图幅内按投影关系配置时,可画于图纸的空白处。但须在视图的上方写上图名,如“*A*”,并在主视图上用箭头注明投影方向及在其近旁注写相同的大写英文字母,例见图 8-18。

2. 多次旋转的表达方法

由于化工设备上开孔和接管口较多,为了反映这些结构的轴向位置和结构形状,常采用多次旋转的表达方法,即假想将分布于设备上不同周向方位的这些结构,分别旋转到与正投影面平行的位置进行投射,画出其视图或剖视图。如在图 8-18 中,人孔 D 是假想按顺时针方向旋转 45°后在主视图上画出的;液面计接口 LG_1 和 LG_3 是按逆时针方向旋转 45°后画出的。

采用多次旋转的表达方法时,应避免投影重叠现象。图 8-18 中,接管 E 无论按顺时针或逆时针旋转到与正投影面平行时,其投影将与接管 B 和 D 的投影重叠,必须另用其他表达方法,如图中采用了 *B*-*B* 局部剖视图。

在基本视图上采用多次旋转表达方法时,一般不予标注。但这些结构的周向方位要在技术数据表的“设计数据表”中注明其在哪个视图中确定,如图 8-18 中的“按 *A* 向视图”。

3. 断开和分段(层)的表达方法

对于较长(或较高)的设备,沿长度(或高度)方向的形状或结构相同或按规律变化时,为了简化作图,节省图幅,可采用断开画法。图 8-20(a)和图 8-20(b)分别为采用断开画法的填料塔和浮阀塔。前者断开省略部分是形状和结构完全相同的填料层(用符号简化表示);后者断开省略部分则为结构与间距相同,左右间隔成规律分布的塔盘结构。

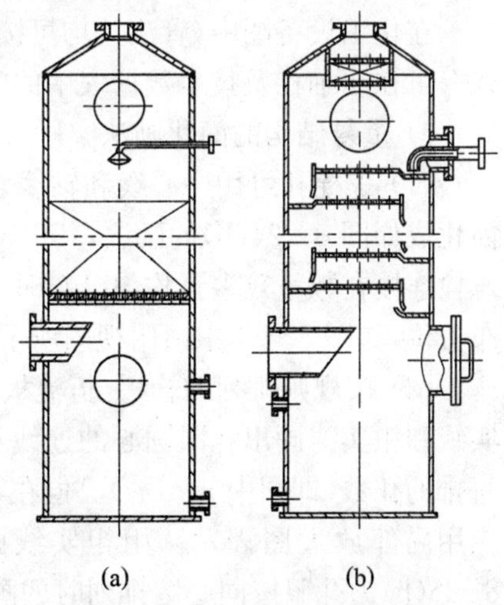

图 8-20 断开的表达方法

图 8-21 为采用分段(层)画法的填料塔,把整个塔体分成若干段(层)画出。此画法适用于设备的视图表达不宜采用断开画法但图幅又不够的场合。

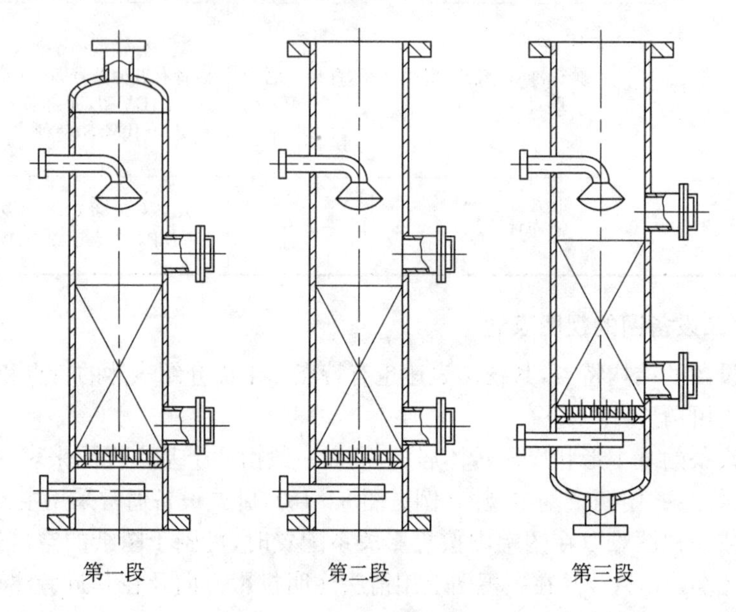

图 8-21　分段(层)表达方法

4. 简化画法

在化工设备图中,除采用前面所介绍的《机械制图》国家标准中的规定和简化画法外,根据化工设备的特点和设计、生产的需要,还可采用以下简化画法。

1) 零部件的简化画法

有标准图、复用图或外购的零部件,在装配图中只需按主要尺寸、按比例用粗实线画出表示它们特征的外形轮廓,图 8-22 示出了一些例子。其中在玻璃管液面计的简化画法中,符号"+"用粗实线画出,玻璃管用细点画线表示。

2) 管法兰的简化画法

在化工设备图中,管法兰均可按图 8-23 所示的简化画法绘制。法兰的规格、密封面形式等可在明细栏及技术数据表中的"管口表"栏内说明。

3) 重复结构的简化画法

(1) 螺栓孔可用中心线和轴线表示,如图 8-24(a)所示。化工设备图中的螺栓连接可简化成如图 8-24(b)的画法,其中符号"×"和"+"均用粗实线绘制。同样规格的螺栓孔或螺栓连接在数量较多且均匀分布时,可以只画出几个(至少画两个),以表示跨中或对中的分布方位,如图 8-24 中两俯视图所示。

(2) 按规则排列的管板、折流板或塔板上的孔均可简化绘制。图 8-25(a)中,分别用细实线和粗实线画出孔眼圆心的连线和钻孔的范围线,画出几个孔,并注总孔数、孔径和注出每排的孔数(即图中 $n_1 \sim n_7$)。但在零件图上孔眼的倒角和开槽、排列方式、间距、加工情况应用局部放大图表示。用粗实线画出的符号"+"表示管板上定距杆螺孔的位置。图 8-25(b)为孔眼按同心圆排列时的画法。

图 8-25(c)为对孔眼数要求不严格的多孔板(如隔板、筛板等)的画法和注法;图中不必

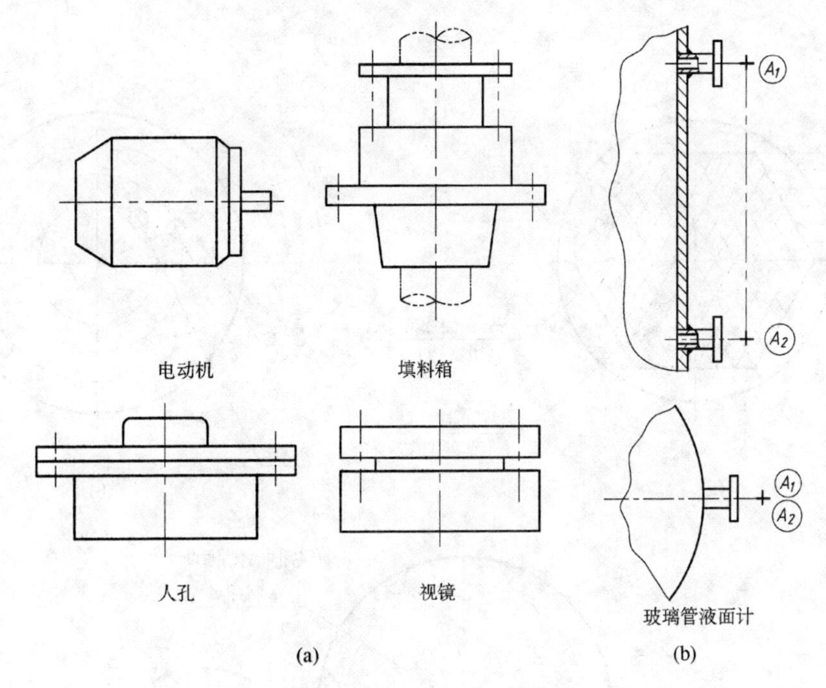

图 8-22 零部件简化画法示例

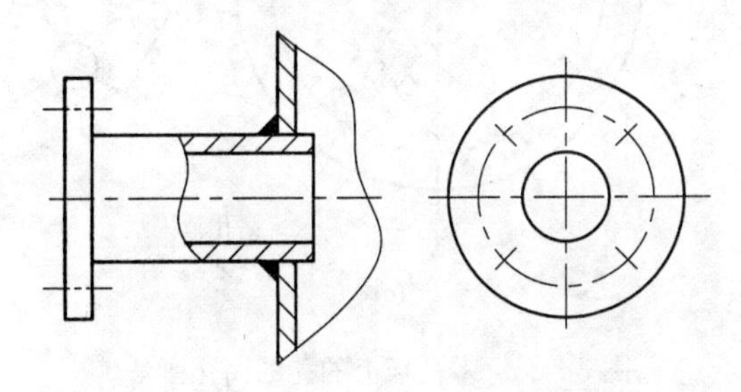

图 8-23 管法兰的简化画法

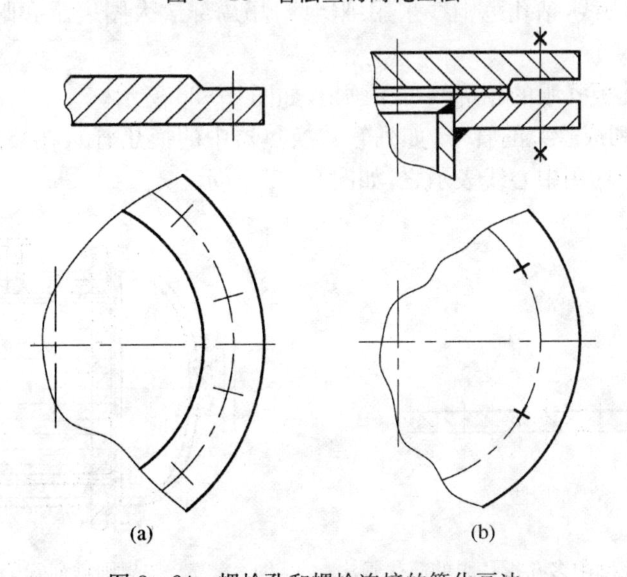

图 8-24 螺栓孔和螺栓连接的简化画法

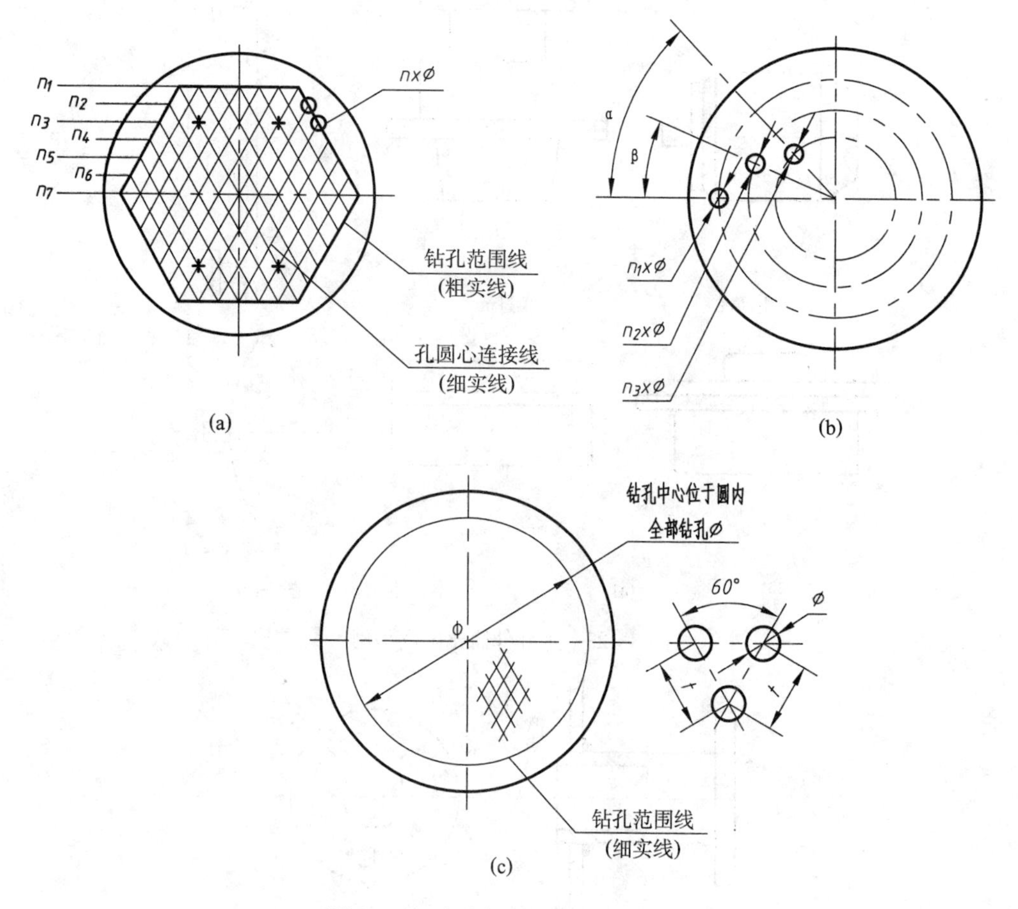

图 8－25　多孔板上的孔的简化画法

全部画出孔眼和连心线，钻孔范围线采用细实线，用局部放大图表示孔眼的大小、排列方法和间距。

剖视图中，多孔板孔眼的轮廓线可不画出，如图 8－26 所示。

(3) 按规则排列成管束的管子(如列管式换热器中的换热管)，在装配图中至少应画出其中一根管子，其余均用中心线表示之，如图 8－27 所示。

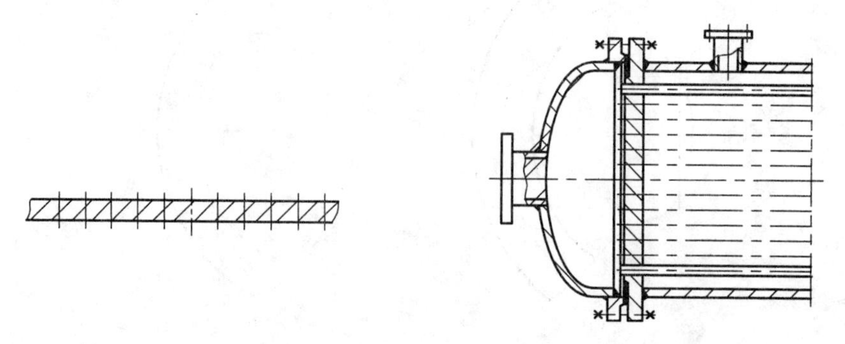

图 8－26　剖视图中多孔板孔眼的简化画法　　图 8－27　按规则排列管子的简化画法

(4) 设备中同一规格、材料和同一堆放方式的填充物(如瓷环、木格条、玻璃棉、卵石等)的简化画法如图 8-28(a)所示。装有不同规格或同一规格不同堆放方式的填充物的简化画法如图 8-28(b)所示。图中用相交的细直线表示填充物。

填料箱中填料的表示如图 8-29 所示。

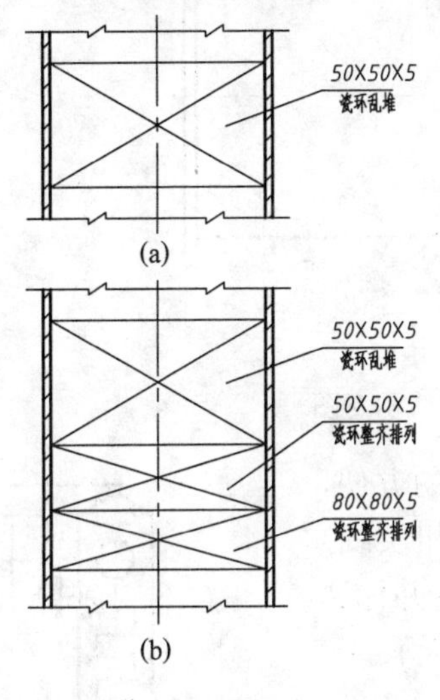

图 8-28 填充物的简化画法

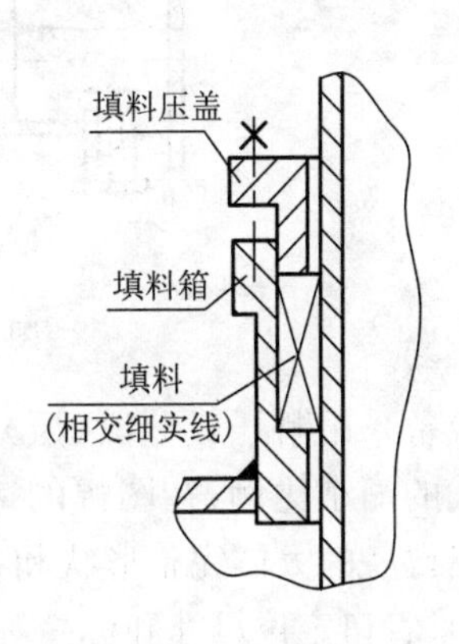

图 8-29 填料箱填料的简化画法

4) 单线示意简化画法

在已有部件图、零件图、剖视图和局部放大图等能清楚地表达设备结构的情况下。设备上的某些结构可在装配图上简化为单线(粗实线)表示,如图 8-30 所示的塔设备中的塔盘,当浮阀、泡罩较多时也可用中心线表示或不表示。列管式换热器中的折流板、挡板、拉杆、定距管、膨胀节等的单线示意画法如图 8-31 所示。

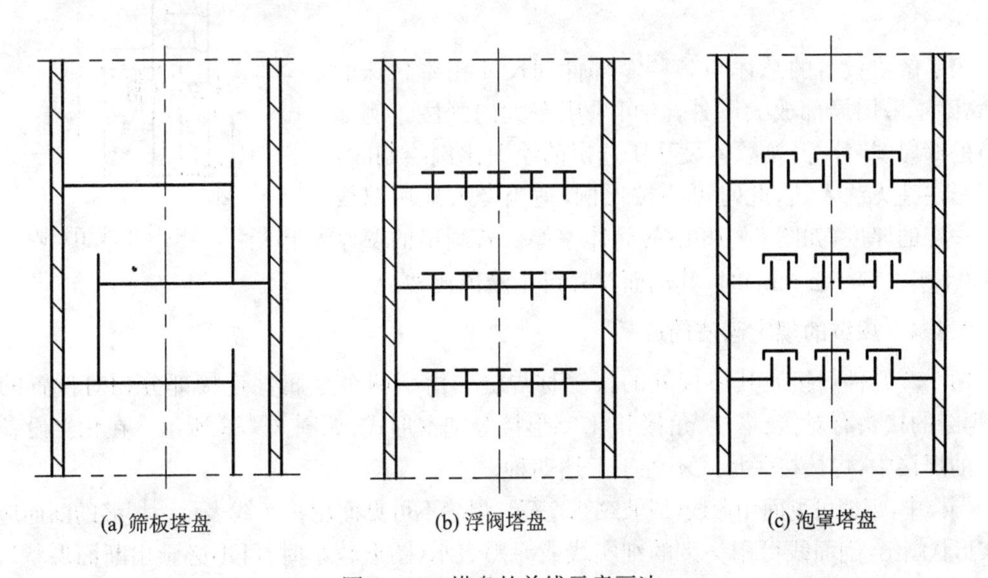

图 8-30 塔盘的单线示意画法

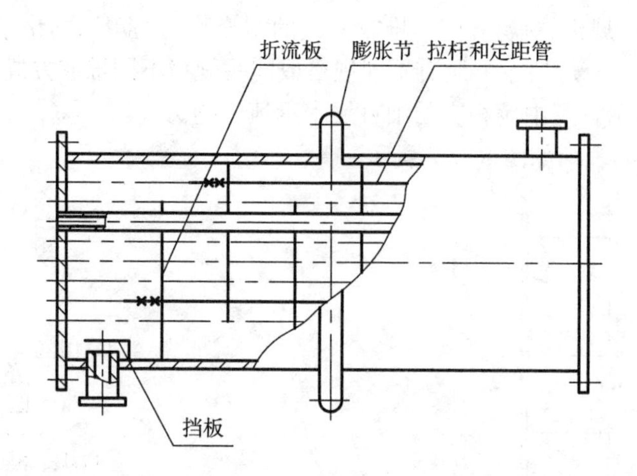

图 8-31 折流板等的单线示意图

当设备采用断开或分段(层)画法后,为了读图的方便,可按较大的缩小比例,在图幅的适当位置,用单线(粗实线)示意画出设备的大体完整形状和各部分的相对位置,并标注总高(长)、管口定位尺寸和标高等尺寸,如图 8-32 所示。

5. 细部结构的表达方法和夸大画法

由于设备总体与某些零部件的大小相差悬殊,按总体尺寸所选定的绘图比例往往无法在基本视图上表达清楚某些细部结构,如设备中的焊接结构,所以常采用局部放大图(俗称节点图)表达。图 8-18 中的局部放大图为带补强圈的人孔焊接结构的局部放大图,其画法和标注与机械图相同。

在化工设备图中,必要时还可采用几个视图表达同一细部结构。

为了解决设备的总体与某些零部件间尺寸相差悬殊的矛盾,除了采用局部放大图外,还可采用夸大的画法。例如设备的壁厚、垫片等,按总体尺寸所选定的绘图比例绘制时,其投影往往无法表达,此时可不按比例,适当夸大地用双线画出一定的厚度,如图 8-18 中的筒体壁厚。若画出的壁厚过小(小于或等于 2 mm)时,其剖面符号可用涂色代替。

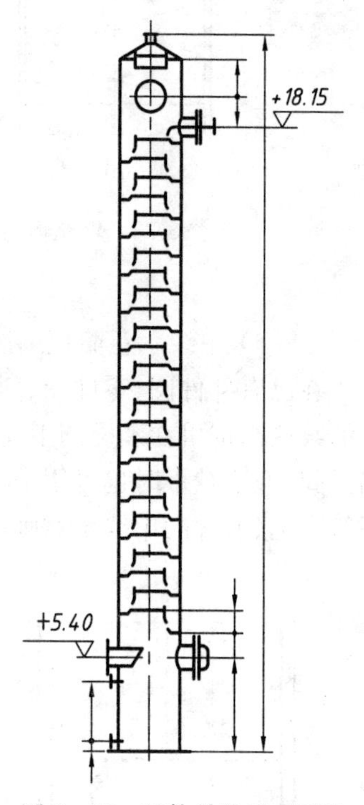

图 8-32 整体单线示意画法

8.8.4 焊缝的规定画法简介

两个金属件焊接后其熔接处的接缝称焊缝。由于两个金属件连接部分相对位置的不同,焊缝的接头有对接、搭接、角接和 T 字形接等基本形式,如图 8-33 所示。在化工设备零部件的焊接中,焊接接头形式不外乎上述四种。

图样中,焊缝可见面用栅线(或波纹线)表示,焊缝不可见面用粗实线表示。焊缝的断面应按真实形状画出,剖面线可用交叉的细实线或涂黑表示(图形较小时,可不必画出断面形状),如图 8-34(a)所示。不连续焊缝的画法如图 8-34(b)所示。图 8-34(c)为焊缝的一种简化画法。

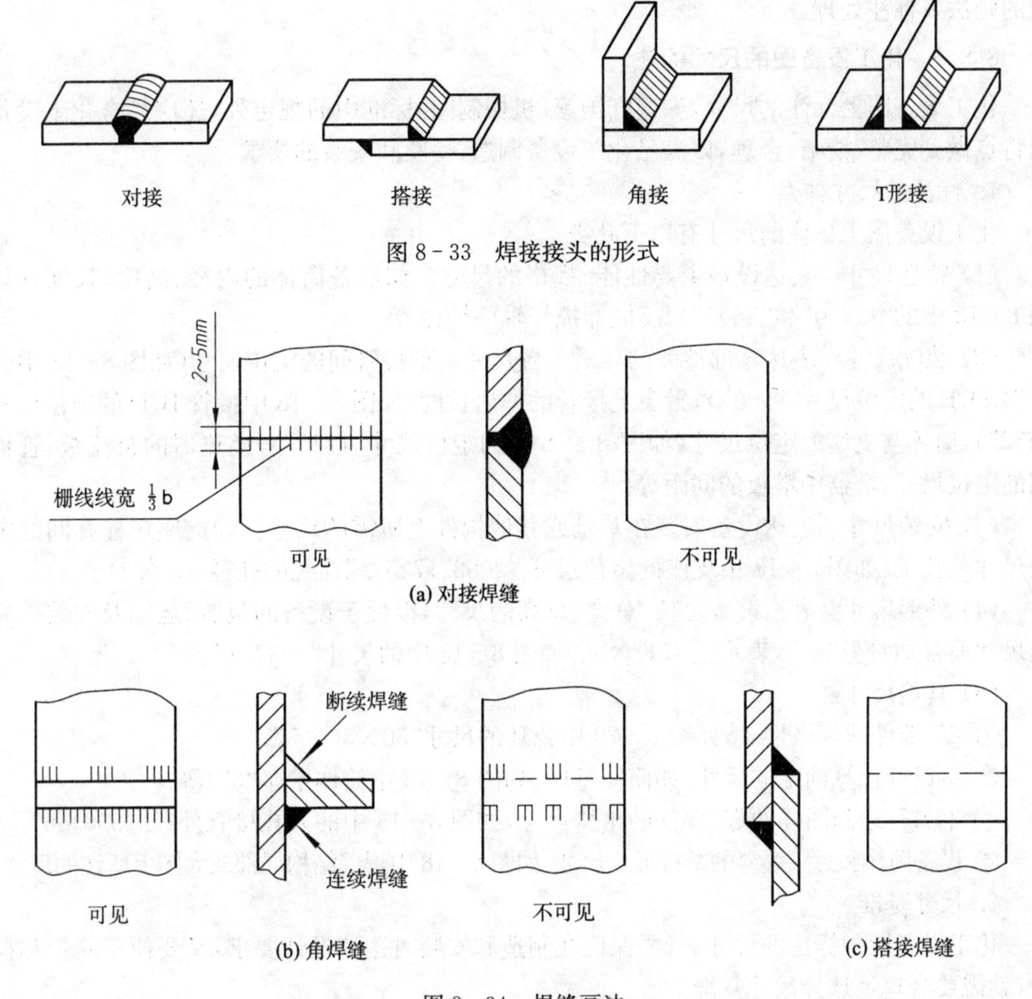

图 8-33 焊接接头的形式

图 8-34 焊缝画法

根据国家标准《焊缝符号表示法》(GB/T 324—1988)的规定，为了简化图样，焊缝一般只采用标准所规定的焊缝符号标注即可。

若要了解焊缝的基本符号、焊缝辅助符号、焊缝补充符号、焊缝坡口的基本形式及尺寸、焊接方法、代号及标注方法可参考有关标准和书籍。

对于化工设备图中的焊缝：

(1) 对于Ⅰ类压力容器及其他常压、低压设备，一般可直接在其剖视图中的焊缝处画出焊缝的横断面形状并涂黑，在技术数据表的“设计数据表”中的“规范”栏内填写“GB 150—1998《钢制压力容器》”，在“焊条型号”栏内填写“按 JB/T 4709—2000 规定”(即《钢制压力容器焊接规程》)，在“焊接规程”栏内填写“按 JB/T 4709—2000 规定”，例见图 8-18。有关规范和规程的知识请读者自己参阅标准。

(2) 化工设备上重要的或非标准形式的焊缝，可用局部放大的断面图(节点图)表达其结构形状，并标注尺寸，如图 8-18 中筒体、人孔和加强板焊接的局部放大图。

对于Ⅱ、Ⅲ类容器，一般应画出筒体与封头、筒体(或封头)与补强圈及开孔、筒体与管板、筒体与裙座等焊缝节点的局部放大图。其余焊缝可按Ⅰ类压力容器及常压、低压设备焊缝的画法及标注处理。

8.8.5 化工设备图的尺寸标注

化工设备图上标注的尺寸,除遵守国家《机械制图》标准中的规定外,还应结合化工设备的特点做到完整、清晰、合理,以满足化工设备制造、检验和安装的要求。

1. 标注的尺寸种类

化工设备图上标注的尺寸有以下几类。

(1) 特性尺寸　表达设备主要性能、规格的尺寸。如设备筒体的内径、高度(长度)(如图 8-18 中的“ϕ1600”和“2600”),反应器搅拌轴的轴径等。

(2) 装配尺寸　表达零部件间的相对位置尺寸。如接管间的定位尺寸(如图 8-18 中管口 B、D、E 的定位尺寸“ϕ900”),封头上接管的伸出长度(如图 8-18 中接管 B、D 的定位尺寸“482”),筒体与支座的定位尺寸(如图 8-18 中的定位尺寸“1725”),换热器的折流板、管板间的定位尺寸,塔器中塔板的间距等。

(3) 安装尺寸　表达设备安装在基础或其他构件上所需的尺寸。如支座螺栓孔间的定位尺寸及孔径(如图 8-18 中支座的定位尺寸 ϕ2062、1725,螺栓孔的孔径 3×ϕ22)。

(4) 外形尺寸　表达设备总长、总宽、总高的尺寸,以便于设备的包装、运输及安装。外形尺寸前常加符号“～”,表示近似的含义,如图 8-18 中的尺寸“～3754”。

(5) 其他尺寸:

① 零、部件的规格尺寸,如图 8-28 中瓷环的尺寸“50×50×5”;

② 由设计计算确定的尺寸,如筒体壁厚(如图 8-18 中筒体壁厚“6”)等;

③ 不另行绘制图样的零、部件的结构尺寸,如图 8-18 中的人孔接管外径“ϕ530×6”;

④ 设备筒体和封头焊缝的结构形式尺寸,如图 8-18 中焊缝结构局部放大图上所注的尺寸。

2. 尺寸基准

化工设备图中标注的尺寸,既要保证在制造和安装时达到设计要求,又要便于测量和检验,就需要合理地选择尺寸基准。

尺寸标注基准一般从设计要求的结构基准面开始。常用的化工设备图尺寸标注基准如图 8-35 所示。

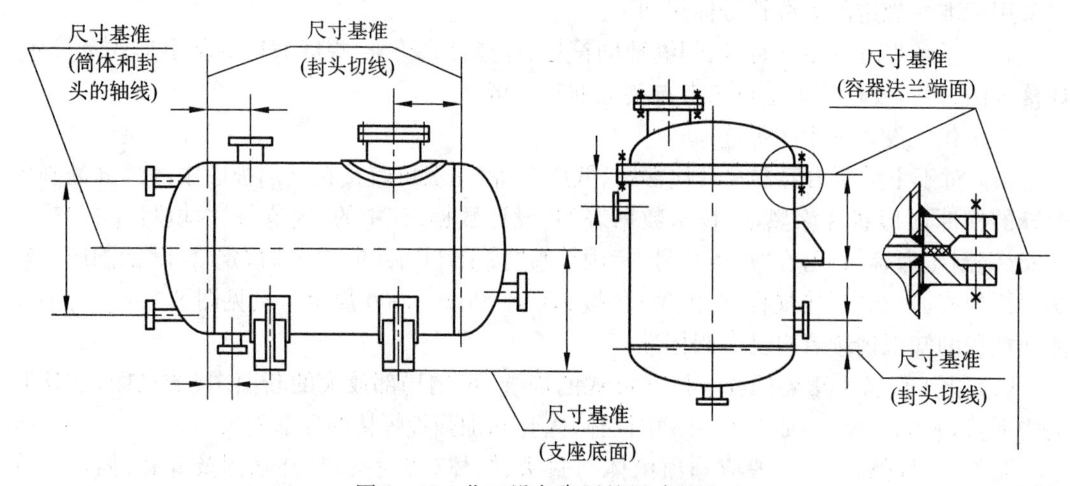

图 8-35　化工设备常用的尺寸基准

(1) 设备筒体和封头的轴线；

(2) 封头的切线，即法兰直边与椭圆的切线；

(3) 设备容器法兰的端面；

(4) 设备支座的底面。

3. 常见典型结构的尺寸注法

1) 筒体

筒体一般应注出内径(若用无缝钢管作筒体时，则注外径)、壁厚和高度(或长度)，例见图 8-18。

2) 封头

封头一般应标注壁厚 δ 和直边高度 h_1，如图 8-18 中的封头，壁厚 δ 为 6，直边高度 h_1 为 25。

3) 接管

接管为无缝钢管时，在图上一般不予标注，而在"明细栏"的"名称"栏中注明外径×壁厚；如图 8-18"明细栏"中序号为"2"的名称为"接管 $\phi25\times3.5$ $L=153$"，其中 153 为接管的长度。接管为卷焊钢管时，则在图上标注内径和壁厚。

设备上接管伸出长度的标注方法如图 8-36所示。从图 8-36 中可见：

接管轴线与筒体轴线垂直相交(或垂直交叉)时，接管伸出长度是指管法兰密封面到筒体轴线的距离，在图上不必标注，而注写在"管口表"栏的"设备中心线至法兰面距离"栏内。

接管轴线与封头轴线相平行时，接管伸出长度应标注管法兰密封面到封头切线的距离。

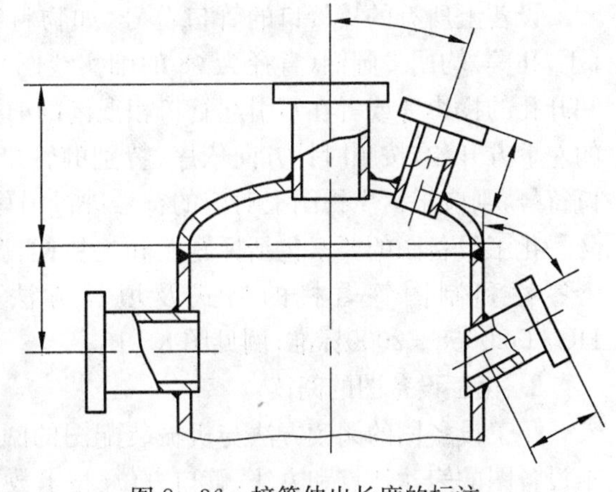

图 8-36 接管伸出长度的标注

接管轴线与筒体轴线非垂直相交(或非垂直交叉)和接管轴线与封头轴线非平行时，接管的伸出长度应分别标注管法兰密封面与筒体和封头外表面交点间的距离。

除在"管口表"的"设备中心线至法兰面距离"栏中已注明的外，未注明的管口伸出长度均应标注，例见图 8-18。

4) 夹套

图 8-37 为夹套的尺寸标注方法。通常注出夹套筒体的内径 D_p、夹套壁厚 S_1，弯边圆角半径及弯边角度等。

5) 填充物

图 8-28 表示了填充物的尺寸标注方法。注出堆放方法和规格尺寸，"50×50×5"表示瓷环直径×高×壁厚尺寸。

8.8.6 化工设备图的绘制和阅读

1. 化工设备图的绘制

化工设备图的绘制方法与机械装配图的绘制方法类似，但需加以说明。参见第 8.6 节。

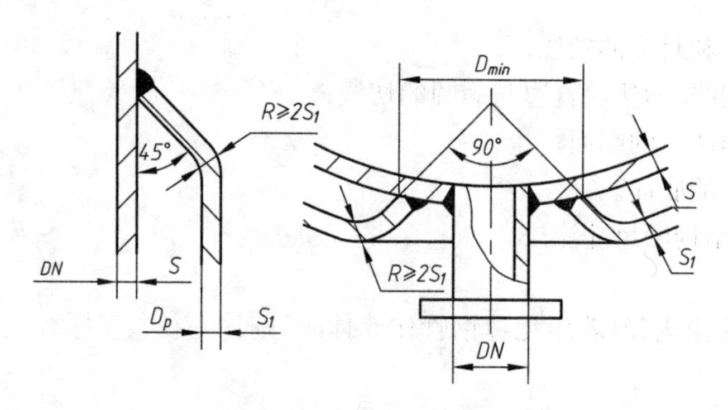

图 8 - 37 夹套的尺寸标注

管口符号以大写的英文字母表示。常用的管口符号如手孔、液面计、人孔、压力计口和温度计口分别用字母 H、LG、M、PI 和 TE 表示。规格、用途及连接面形式不同的管口,均应单独编写管口符号。同一用途、规格的管口以下标 1,2,3…表示,如图 8 - 18 中的 LG_1、LG_2、LG_3 和 LG_4 所示。

设备上所有的接管口的管口符号(如物料进、出管口,仪表管口等)和开孔(如视镜、人(手)孔等)均用带圆圈(直径为 ϕ8 的细实线圆)的大写拉丁字母表示,管口符号标注在管口和开孔的投影旁或者在不引起管口相混淆的前提下标注在管口的中心线上。一般从主视图的左下方开始,按顺时针方向依序(特别的管口字母除外)注写管口符号。其他视图上的管口符号,则应根据主视图上对应的符号进行编写。

化工设备图的要素包括标题栏和主签栏、质量及盖章栏、明细栏、设计数据表、管口表、会签栏和制图签署栏的格式及填写方法可参阅《化工设备设计文件编制规定》HG/T 20668—2000标准,例见图 8 - 18。

2. 化工设备图的阅读

化工设备图的阅读方法与机械装配图的阅读方法类似,参见第 8.7 节。但必须注意化工设备图的表达特点和方法,管口方位、技术数据和技术要求等与机械装配图不同的方面。

复习思考题

8 - 1 装配图的作用是什么?

8 - 2 装配图有哪些规定画法?

8 - 3 装配图应标注哪些尺寸及各有什么作用?

8 - 4 试述绘制和阅读装配图的步骤。

8 - 5 由装配图拆画零件图时,怎样想象零件的完整形状?

8 - 6 化工设备在结构上有哪些共同的特点?

8 - 7 固定管板换热器一般由哪些零部件组成?

8 - 8 试分析绘制化工设备图时一般所采用的基本视图的名称及其配置情况。

8 - 9 试述多次旋转表达方法的基本概念及用途。

8 - 10 试述化工设备图中所采用的各种简化画法。

8 - 11 采用哪些表达方法来表达化工设备上开孔和管口的轴向、周向方位和装配关系?

8 - 12 试述化工设备图中常用的尺寸基准。

8 - 13 试述化工设备图中筒体和接管的尺寸注法。

9 计算机绘图

AutoCAD 是一种功能强大的在微机上使用的绘图软件，广泛应用于建筑、机械、电子、航天、化工、造船、轻纺、服装、地理等各个领域。它具有 Windows 风格的标准用户界面，有极强的二维绘图功能，可以迅速、准确地绘制和修改两维及三维图形，并标注尺寸。它的辅助绘图功能使工作变得灵活而简单，并嵌有 Visual Lisp 语言和 ObjectARX 环境，可通过编程实现分析计算和参数化绘图。它提供了多种定制工具，方便用户按自己的需要开发新的菜单、工具条、应用程序和文件，使软件用户化；也可以通过各种标准的图形和图像格式文件与其他软件交换图形数据信息；还可以与外部数据库连接，实现对外部数据库的操作。

9.1 基本操作

9.1.1 AutoCAD 的用户界面

双击桌面上 AutoCAD 2017 图标，即可启动 AutoCAD。启动后，新建图纸→选择“AutoCAD”经典工作空间，即得如图 9－1 所示的用户界面。

AutoCAD 的用户界面主要包括：图形窗口、命令窗口、十字光标、菜单栏、工具栏、模型与布局选项卡、状态栏等，如图 9－1 所示。其界面可根据需要予以设定。

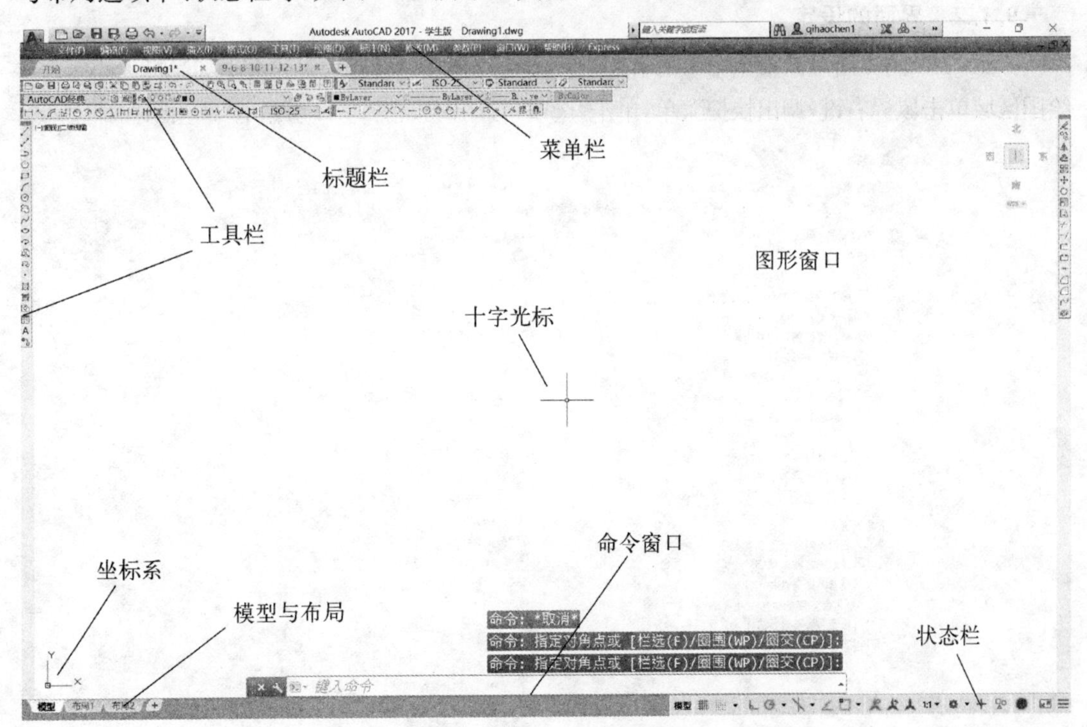

图 9－1 AutoCAD 用户界面

图形窗口是指在标题栏下的大片空白区域,是显示、编辑图形的区域。

命令窗口是输入命令和参数的区域,也是显示命令提示的区域,其大小可以调整,默认状态是三行。

要想查看当前 AutoCAD 的进程,可用 F2 键打开文本窗口。用 F2 键可以在图形窗口和文本窗口之间切换。

十字光标用于定位和选择对象,十字线的方向与当前用户坐标系的 X 轴、Y 轴方向一致,移动鼠标时十字光标跟随着在绘图区中移动,并显示当前光标的位置。

菜单栏用于调用命令和打开对话框。它包含下拉菜单和级联菜单。用鼠标左键点击下拉菜单标题时,会在标题下出现菜单项,可点击某个菜单项来执行命令;某些菜单项后面有一小三角,把光标放在该菜单项上就会自动显示子菜单,这类菜单叫级联菜单,它包含了进一步的选项。如果选择的菜单项后面有"...",就会打开 AutoCAD 的某个对话框。对话框可以更直观地执行命令。

AutoCAD 2017 还提供了六种快捷菜单,它加快了命令的执行。可以在绘图区域、命令窗口、对话框、工具栏、状态栏、模型及布局选项卡位置单击鼠标右键后显示,快捷菜单中的选项会随系统的状态不同而自动调整。

工具栏有固定、浮动两种形式,系统默认的为浮动的工具栏。它提供了除输入命令和选取菜单以外的另一种调用命令的方法,当鼠标在图标上移动时,在图标的右下角会显示出相应的命令名。把光标放在抓条上,将工具栏拖到绘图区,就成为浮动形式,而且出现标题。若要将浮动工具栏设定为固定,可单击图标 (见状态栏右侧)予以设定。

状态栏显示十字光标的坐标值和工作状态信息,它有 10 个按钮:捕捉、栅格、正交、极轴、对象捕捉、对象追踪、DUCS、DYN、线宽、模型。熟练地使用这些状态工具可大大加快作图的速度。

9.1.2　界面的设定

AutoCAD 的界面可以根据个人的喜好进行改动,比如背景颜色、字体大小和光标大小等。在绘图区域单击鼠标右键,调出快捷菜单,单击"选项"后,出现如图 9-2 所示的"选项"对话框。

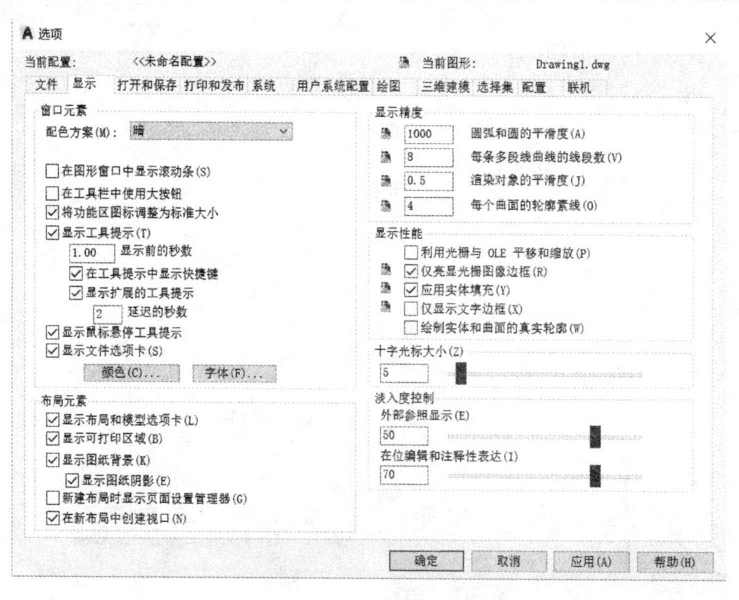

图 9-2　选项对话框

1. 颜色

点击“显示”选项按钮后点击“颜色”按钮，即进入“颜色选项”对话框，从“窗口元素”列表中选择“统一背景”，然后在“颜色”下拉列表中选择“白色”，单击“应用并关闭”，图形窗口的背景颜色即改为白色。命令窗口的背景颜色、命令行文字及光标的颜色均可用同样的方法予以修改。

2. 字体

单击“字体”按钮，在“命令行窗口字体”对话框中，可进行字体和字号的设定，点击“应用并关闭”按钮即可。

3. 光标

默认状态下十字光标的大小为 5(指光标大小与屏幕大小的百分比)，可输入数字“100”或拖动十字光标至最大，光标将扩大到全屏幕。

4. 调用工具栏对话框

较快的方法是：在任一工具图标上单击鼠标右键，弹出工具栏快捷菜单，选择要打开的工具栏(图 9-3)。按住工具栏抓手，可将工具栏拖放到窗口的任何位置。

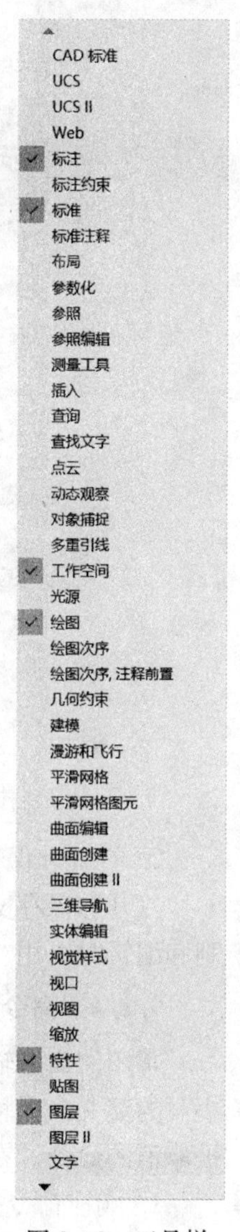

图 9-3 工具栏

有的工具栏图标右下角有小三角，此为弹出工具栏。移动光标到其位置，按住鼠标左键会弹出一系列的相关图标，按住鼠标左键不放，将光标移到其中任一个图标上然后松手，被选中的图标就会成为当前图标。点击该图标，则执行相应的命令。

9.1.3 图形文件管理

1. 创建新图形

创建新图形有三种方法：输入 NEW(或 QNEW)命令，点击菜单：文件→新建，点击“标准”工具栏中的图标 。

输入命令后系统打开“选择样板”对话框，如图 9-4 所示。

AutoCAD 提供了许多标准的样板文件保存在 AutoCAD 目录下的 Template 子目录下，文件格式为“.dwt”。样板文件对绘制不同图形所需的基本设置进行了定义。创建新图形时选择一种样板文件为原型文件，可使新图形具有与样板文件相同的设置。

在样板文件中有英制和公制两个默认样板：分别为 acad.dwt 和 acadiso.dwt。通常可用 acadiso.dwt 样板绘制图形，其默认设置为：图纸幅面为 420×297 毫米，尺寸精度为万分之一毫米，角度单位和精度分别为度和整数，且以逆时针方向为正向。

输入 STARTUP 命令，变量的值可设置为 0 或 1，此变量控制在创建新图形时是否显示“创建新图形对话框”。

在“创建新图形”对话框选择以公制为绘图单位后，点击“从草图开始”按钮 ，单击确定，即以默认的 acadiso.dwt 样板文件进入绘图环境。

点击“使用样板”按钮 后可选择样板文件来方便地完成特定的绘图环境设定。

点击“使用向导”按钮 ，可使用系统提供的向导来设置绘图环境。

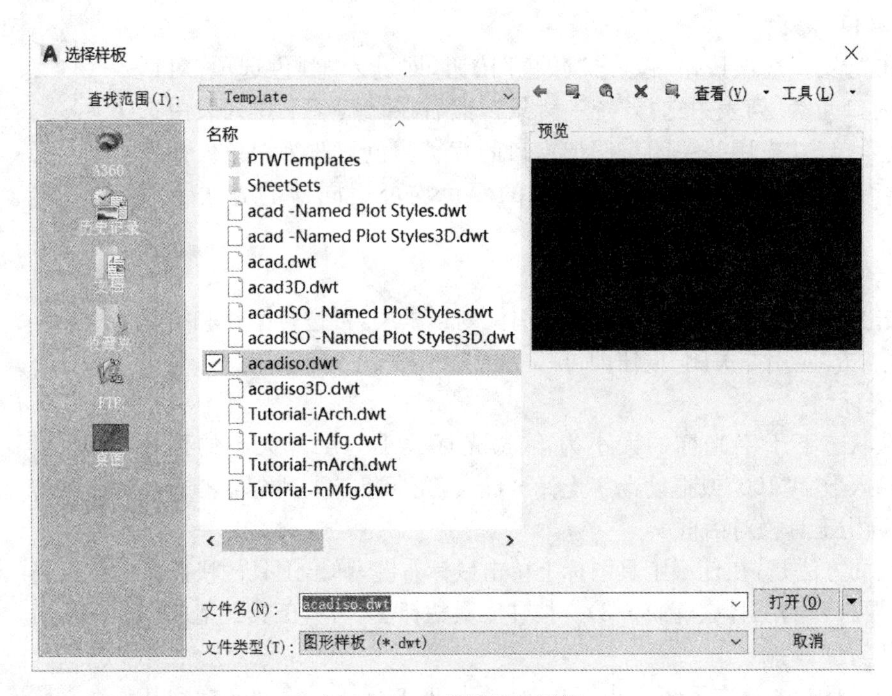

图 9－4　选择样板对话框

2. 打开和保存文件

打开和保存文件的方法与 Windows 的一般操作基本相同。建议当结束一个文件的绘制和编辑时可用“另存为”(SAVE AS)以同名文件保存。

9.1.4　命令和数据输入

常用的命令输入可以通过菜单、工具图标和在命令窗口中由键盘直接输入命令(大写或小写的英文命令均可)三种方法来执行。也可用回车或空格键来重复执行上一个已完成或被取消的命令。在命令执行的任何时刻,都可以用 Esc 键来取消命令的执行。

1. 响应命令提示

在执行用户输入的命令时,都会在命令窗口中显示 AutoCAD 的各种信息和提示。

(1) 提示中以“:”结束时,要求用户输入相应的参数、符号和命令。若输入错误,系统会重新提示。

(2) 提示内容用“或”分为两部分,前面部分为默认的响应项,可直接响应;后面部分用“[ ]”括住,为备选项。

(3) “[ ]”中有若干功能选项,用符号“/”隔开,输入选项中的大写字符(或用小写字符)。

(4) 提示项尾的“＜ ＞”中给出的默认项或参数,可直接用回车选择该项。

2. 数据输入方法

绘图时,经常要输入一些点,如线段的端点、圆的圆心、圆弧的圆心及其端点等。

用 AutoCAD 绘图时,可用鼠标在屏幕上拾取点或通过键盘输入点的坐标。绘制二维平面图形时,若通过键盘输入点的坐标,可根据图形特点选用直角坐标或相对坐标。

(1) 绝对直角坐标输入　输入格式为“X,Y”,表示输入点相对于原点(0,0)的水平距离为 X,垂直距离为 Y。

(2) 相对直角坐标输入 输入格式为“@X,Y”,表示输入点相对于前一点的水平距离为 X,垂直距离为 Y。

(3) 绝对极坐标输入 输入格式为“$r<\theta$”,表示输入点相对于坐标原点(0, 0)距离为 r,与 X 轴正方向的夹角为 θ。

(4) 相对极坐标输入 输入格式为“@$r<\theta$”,表示输入点相对于前一点的距离为 r,与 X 轴正方向的夹角为 θ。

AutoCAD 还提供了一些点的其他精确定位方法,将在本章后面予以介绍。

9.1.5 图形设置

1. 绘图单位设置

在 AutoCAD 中,要根据项目的要求决定使用何种单位制及精度。在开始作新图时,可在“创建新图形”对话框的“使用向导”中完成设置,也可在绘图过程中输入“DDUNITS”命令或单击菜单:“格式→单位…”,在弹出的“图形单位”对话框中按需予以设置。

2. 图形界限设置

图形界限取决于要绘制对象的尺寸范围、图形四周的说明文字和图形比例系数等。一般情况下,按与实际对象 1∶1 的比例画图比较方便。可根据对象的尺寸和图形四周的说明文字来设置图形界限,在图形最终输出时再设置适当的比例系数。当然需事先考虑文字字高、符号大小、线型比例,使其与输出的图幅大小相适应。可输入“LIMITS”命令或点击菜单:格式→图形界限来加以设定。

【例 9-1】 欲将某化工设备的图形按 1∶10 的比例输出到 420×594 的 A2 图纸上,试设置图形界限。

将图纸幅面的长宽和比例系数相乘,得 420×10=4 200,594×10=5 940,即图形界限是(0,0)到(4 200,5 940)。命令的执行过程如下:

命令:limits
重新设置模型空间界限:
指定左下角点或[开(ON)/关(OFF)]<0.0000,0.0000>:(回车即选择尖括号中的默认数值)
指定右上角点 <420.0000,297.0000>:4200,5940
说明:命令行出现的“开(ON)”指打开边界检查功能,超出边界的输入点将被拒绝。

9.2 绘制图形

AutoCAD 的大部分绘图命令可以通过点击“绘图”工具栏中的图标来实现,如图 9-5 所示。也可从“绘图”菜单中选取相应命令或直接输入命令来绘制点、直线、圆等基本图形。

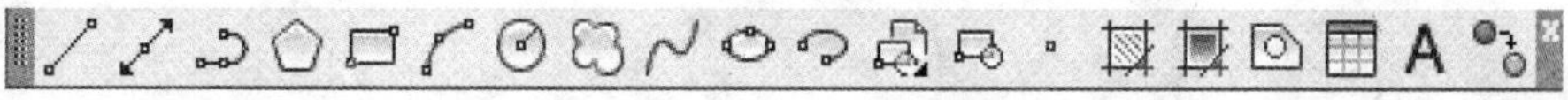

图 9-5 “绘图”工具栏

9.2.1 基本作图命令

1. 画直线(LINE)

画直线命令可以画出一条线段,也可以依照命令提示不断地输入下一点坐标,画出连续的多条线段,直到用回车键或空格键退出画线命令。

【例 9-2】 绘制如图 9-6 所示平面图形。

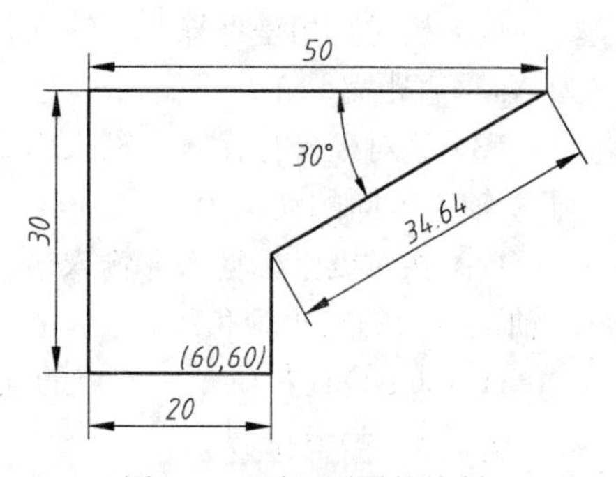

图 9-6　平面图形的绘制

命令:line

指定第一点:60,60

指定下一点或[放弃(U)]:40,60(也可输入@-20,0 或@20<180)

指定下一点或[放弃(U)]:40,90(也可输入@0,30 或@30<90)

指定下一点或[闭合(C)/放弃(U)]:90,90(也可输入@50,0 或@50<0)

指定下一点或[闭合(C)/放弃(U)]:@34.64<210

指定下一点或[闭合(C)/放弃(U)]:c

LINE 命令的选项说明:

(1) 放弃(UNDO)　该选项取消最近一点的绘制。

(2) 闭合(CLOSE)　用于输入本次使用 LINE 命令时输入的第一个点,即可以使本次使用 LINE 命令输入的直线段构成闭合的环。

在执行 LINE 命令的开始,在命令提示“指定第一点:”时按回车键,可从刚画完的线段的端点开始画新线。

2. 画圆(CIRCLE)

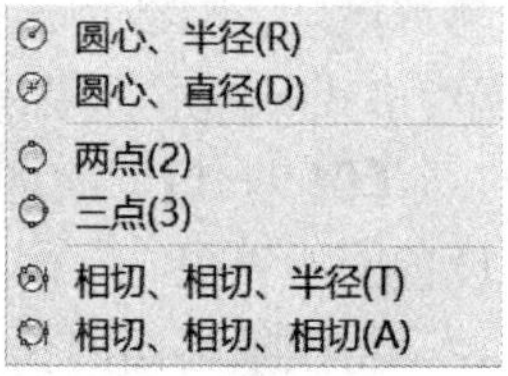

绘制圆有六种方法,图 9-7 所示的为“绘图→圆”的子菜单。

圆心、半径(R)
圆心、直径(D)
两点(2)
三点(3)
相切、相切、半径(T)
相切、相切、相切(A)

图 9-7　“绘图→圆”子菜单

(1) 圆心、半径或直径画圆,如图 9-8(a)和图 9-8(b)所示。

命令:circle 指定圆的圆心或[三点(3P)/两点(2P)/相切、相切、半径(T)]:(输入圆心)

指定圆的半径或[直径(D)]<16>:(输入半径,或输入 D 后回车再指定直径,则为圆心、直径画法)

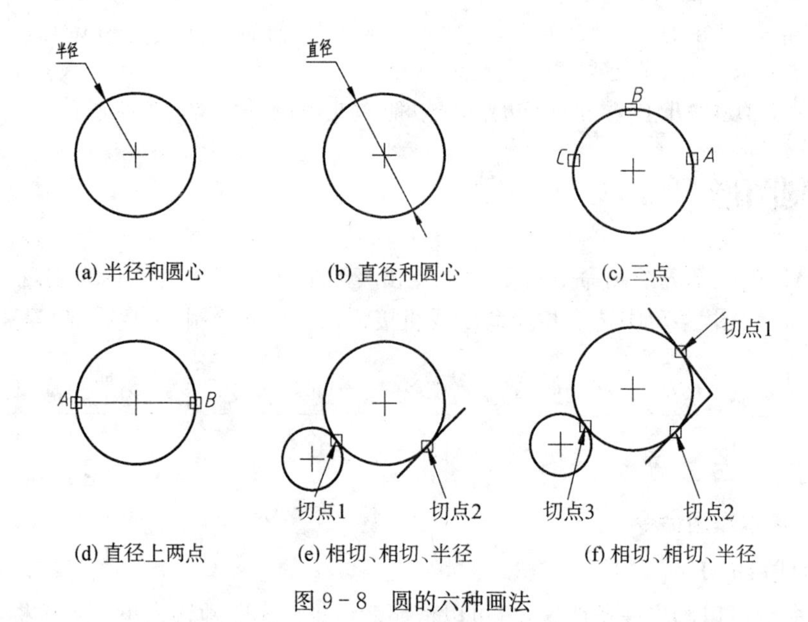

图 9-8　圆的六种画法

(2) 用直径上的两端点或圆上的三点画圆，分别如图 9－8(d)和图 9－8(c)所示。

命令：circle 指定圆的圆心或［三点(3P)/两点(2P)/相切、相切、半径(T)］：2p

指定圆直径的第一个端点：(输入直径上的第一个端点)

指定圆直径的第二个端点：(：输入直径上的第二个端点)

过圆上三点画圆的方法与“两点”相似。

(3) 相切、相切、半径画圆，如图 9－8(e)所示。其作图过程为：

命令：circle

指定圆的圆心或［三点(3P)/两点(2P)/相切、相切、半径(T)］：t (或输入 ttr)

指定对象与圆的第一个切点：(拾取小圆上靠近切点 1 处的一点)

指定对象与圆的第二个切点：(拾取小圆上靠近切点 2 处的一点)

指定圆的半径 ＜40.0000＞：8.2242 (尖括号中的 40 为测量值，8.2242 为输入值)

(4) 相切、相切、相切画圆，如图 9－8(f)所示。其作图过程与相切、相切、半径画圆类似。

3. 画圆弧(ARC)

生成圆弧的方法有很多，图 9－9 所示的为“绘图→圆弧”的子菜单。

图 9－9 “绘图→圆弧”子菜单

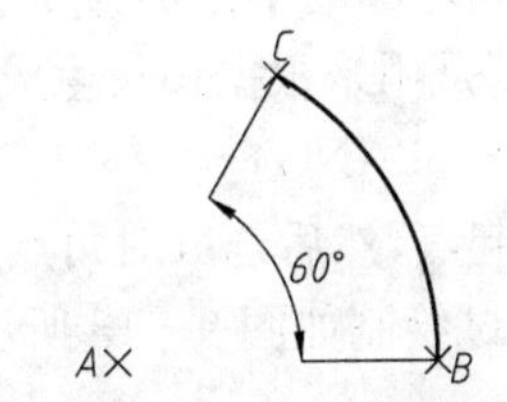

图 9－10 绘制圆弧示例

【例 9－3】 要绘制如图 9－10 所示的圆弧，点 A(50, 100)为弧心、B(150, 100)为起点、角度为 60°。可以采用“起点、圆心、角度”来绘制。

命令：arc

指定圆弧的起点或［圆心(CE)］：150,100 (指定 B 点)

指定圆弧的第二点或［圆心(CE)/端点(EN)］：CE

指定圆弧的圆心：50,100 (指定 A 点)

指定圆弧的端点或［角度(A)/弦长(L)］：A

指定包含角：60

图 9－9 所示子菜单中的角度是指圆心角，长度是指圆弧的弦长，方向是指圆弧起点的切线方向。在画圆弧时，要注意角度和弦长的正负，默认情况下是以逆时针方向为正。

4. 画多段线(PLINE)

多段线命令可绘制具有任意宽度的由直线和圆弧所组成的图形。

【例 9－4】 绘制如图 9－11 所示的箭头。

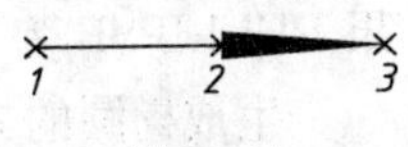

图 9－11 绘制多段线示例

命令：pline

指定起点：(输入点 1)

当前线宽为 0.0000 (当前线宽为 0.0000 是系统的默认值，输出时线宽并非为

0 mm)

指定下一个点或[圆弧(A)/半宽(H)/长度(L)/放弃(U)/宽度(W)]:(输入点 2)

指定下一点或[圆弧(A)/闭合(C)/半宽(H)/长度(L)/放弃(U)/宽度(W)]:w

指定起点宽度 <0.0000>:2 (箭尾宽)

指定端点宽度 <2.0000>:0 (箭头宽)

指定下一点或[圆弧(A)/闭合(C)/半宽(H)/长度(L)/放弃(U)/宽度(W)]:(输入点 3,回车)

在提示中可以根据自己的要求调用相应的选项。用此命令绘制的具有任意宽度的由直线和圆弧所组成的任意形状的图形是一个对象。

5. 画正多边形(POLYGON)

用 POLYGON 命令可绘制边数在 3～1 024 之间的正多边形。它是一个对象,而不是与边数相同的独立对象。

【例 9-5】 试绘制如图 9-12(a)所示的正六边形。

命令:polygon 输入边的数目 <4>:6

指定正多边形的中心点或[边(E)]:(输入圆心)

输入选项[内接于圆(I)/外切于圆(C)] <I>:(回车,默认内接于圆的方式画多边形)

指定圆的半径:60

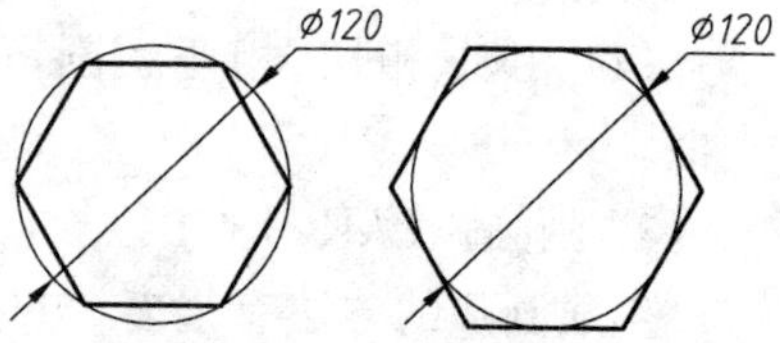

(a) 内接正多边形　(b) 外切正多边形

图 9-12　绘制正多边示例

当选择"外切于圆(C)"时,画出的正六边形如图 9-12(b)所示,此时指定圆的半径仍为 60。

选项"边(E)"是用来根据边长生成多边形。

6. 画矩形(RECTANG)

先选择一个起点,然后选取对角点生成矩形。

【例 9-6】 试绘制如图 9-13 所示的图形。

命令:rectang

当前矩形模式:　圆角=4.0000

指定第一个角点或[倒角(C)/标高(E)/圆角(F)/厚度(T)/宽度(W)]:f

指定矩形的圆角半径 <4.0000>:3

指定第一个角点或[倒角(C)/标高(E)/圆角(F)/厚度(T)/宽度(W)]:(输入左下角一点)

指定另一个角点或[面积(A)/尺寸(D)/旋转(R)]:@30,17

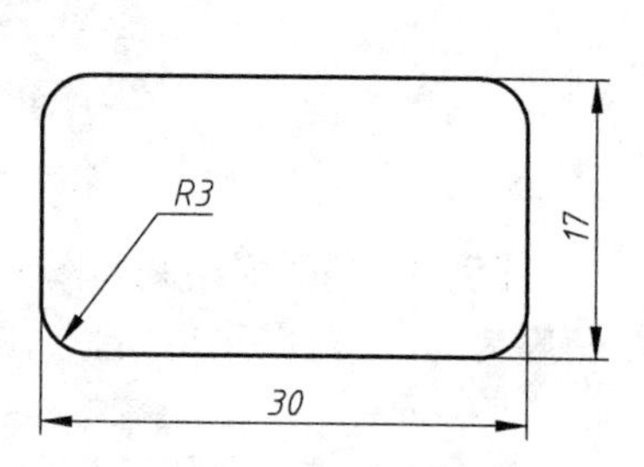

图 9-13　绘制矩形示例

在此命令中,选项"倒角(C)"为设置倒角距离;"标高(E)"设置高度;"圆角(F)"为设置倒圆角半径;"厚度(T)"为设置矩形厚度;"宽度(W)"为设置线的宽度。

由此命令绘制的图形是一个对象。

7. 画椭圆(ELLIPSE)

ELLIPSE 命令可生成椭圆和椭圆弧。系统变量 PELLIPSE 用来控制椭圆的类型。如果 PELLIPSE 设为 0,生成的椭圆是真正的椭圆;如果 PELLIPSE 为 1,则将用多段线逼近法绘制椭圆。

生成椭圆的方法有三种,图 9-14 为"绘图→椭圆"的子菜单。

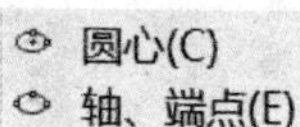

图 9-14　绘图→椭圆子菜单

【例 9-7】 试绘制如图 9-15 所示的图形。

命令:ellipse

指定椭圆的轴端点或［圆弧(A)/中心点(C)］:c
指定椭圆的中心点:(输入C点)
指定轴的端点:(输入A点)
指定另一条半轴长度或［旋转(R)］:(输入B点)

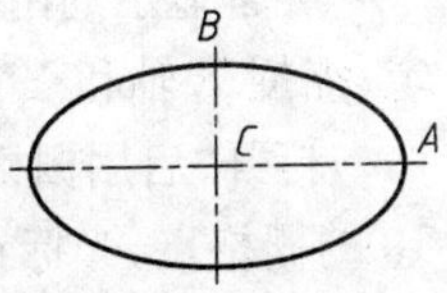

在此命令中,选项"圆弧(A)"可用来绘制椭圆弧。

图9-15　绘制椭圆示例

当绘制圆、圆弧和椭圆时,使用菜单输入命令较为方便。

8. 画样条曲线(SPLINE)

SPLINE命令是一种通过空间一系列给定点生成光顺曲线的命令。此命令可绘制工程图样中的波浪线。

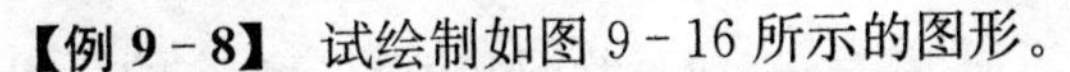
【例9-8】 试绘制如图9-16所示的图形。

命令:spline
指定第一个点或［对象(O)］:(输入A点)
指定下一点:(输入B点)
指定下一点或［闭合(C)/拟合公差(F)］<起点切向>:(输入C点)
指定下一点或［闭合(C)/拟合公差(F)］<起点切向>:(输入D点)
指定切向:(回车)

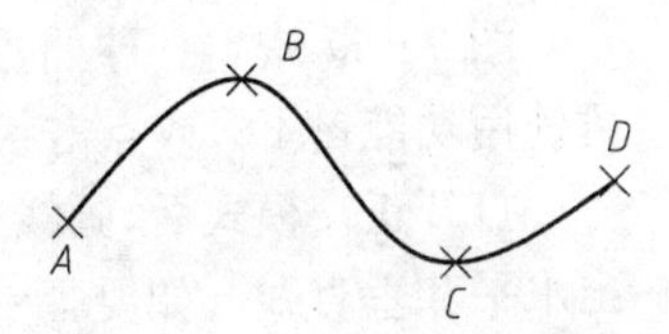

图9-16　绘制样条曲线示例

在此命令中,选项"起点切向"和"端点切向"可以控制样条曲线在起点和终点的切向。

9.2.2　常用辅助状态和工具

作图时,确定点位置最快的方法是在屏幕上拾取点。为了方便精确定点,AutoCAD提供了一些点的精确定位工具。

1. 捕捉和正交模式

1) 捕捉(栅格捕捉)

输入命令"DDRMODES"或使用菜单"工具→绘图设置"或在状态栏的"捕捉"、"栅格"等按钮处单击鼠标右键,选择"设置"项,可打开如图9-17所示的"草图设置"对话框。

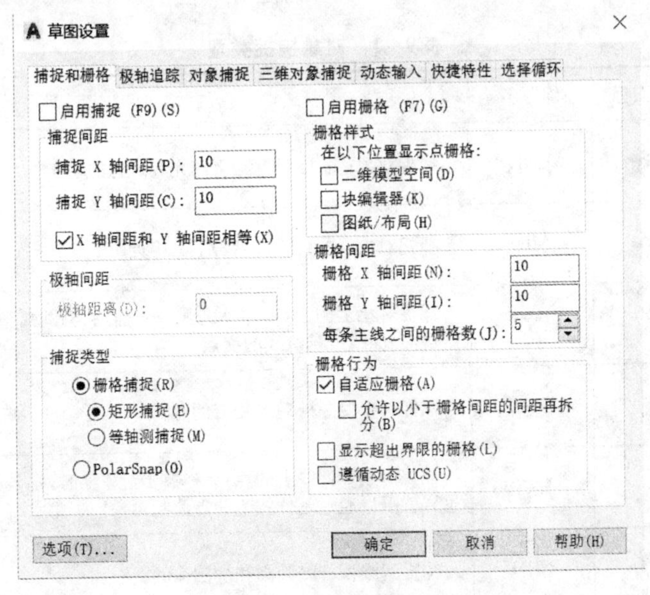

图9-17　草图设置对话框

屏幕显示的由纵横点阵构成的可见网格称作栅格。栅格 X 轴和 Y 轴的间距可按需设定;捕捉 X 轴和 Y 轴的间距一般设置为与栅格 X 轴和 Y 轴的间距一样,如图 9－17 所示。

打开“启用栅格”和打开“启用捕捉”后再按下“确定”按钮,则光标在绘图区显示间距为 10 的栅格点,光标在捕捉间距为 10 的栅格点上跳跃式移动。这种方法称为栅格捕捉,简称捕捉。

打开和关闭“捕捉”和“栅格”方法还有:

捕捉:按功能键 F9,或按下状态栏的“捕捉”按钮。

栅格:输入命令“GRID”,或按功能键 F7,或按下状态栏的“栅格”按钮。

2) 正交模式

图 9－17 中,打开“捕捉类型”中的“矩形捕捉”后,在执行绘图和编辑等命令的过程中,可使用功能键 F8,或点击状态栏的“正交”按钮打开或关闭正交模式。

打开正交模式后,画线或移动对象时只能沿水平或垂直方向移动光标,因此能快速地画出水平和垂直线。如要画一条直线,在拾取一点后先移动光标以给定画线的方向,然后输入线段的长度,回车后即得所需长度的线条。

2. 对象捕捉

在绘图过程中用鼠标定位虽然方便,但拾取对象上的某些特征点,如圆心、切点、交点等时则不够精确,使用对象捕捉功能则可以精确地捕捉对象上的这些特征点。对象捕捉可以应用到屏幕上可见的对象上,包括被锁定的图层上的对象、浮动视口的边界、实体和多段线线段。但是不能捕捉已被关闭或冻结的图层上的对象。

1) 对象捕捉类型

“对象捕捉”工具栏如图 9－18 所示,对象捕捉的类型及功能如表 9－1 所示。

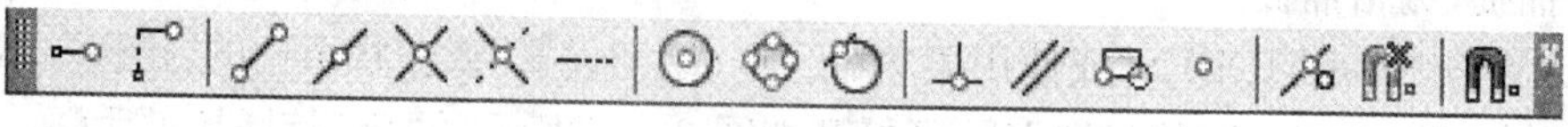

图 9－18 “对象捕捉”工具栏

表 9－1 对象捕捉类型

目标点	工具图标	缩写名	功能和说明
端点		END	捕捉对象(直线或圆弧)上离光标最近的端点
中点		MID	捕捉对象(如直线或圆弧)上的中点
交点		INT	捕捉对象上的交点,包括圆弧、圆、椭圆、椭圆弧、直线、多线、多段线、射线、样条曲线或构造线的交点
外观交点		APP	捕捉两个对象外观上相交的点
延伸点		EXT	捕捉对象延伸线上的点,光标位于对象上时,将显示一条临时的延伸线,这样就可以通过延伸线上的点绘制对象
圆心		CEN	捕捉到圆弧、圆、椭圆和椭圆弧的圆心

续 表

目标点	工具图标	缩写名	功 能 和 说 明
象限点		QUA	捕捉到圆弧、圆或椭圆的象限点(即0°、90°、180°、270°点)
切点		TAN	捕捉到圆或圆弧上的切点。切点与指定的第一点连接可以构造出对象的切线
垂足		PER	捕捉到与圆弧、圆、椭圆、椭圆弧、直线、多线、多段线、射线、实体、样条曲线或构造线正交的点,也可以捕捉到对象的外观延伸上的垂足
平行		PAR	画好直线的起点,将光标移到要平行的直线上停留一会,出现"//"标记,然后移动光标使光标与起点的连线与先前停留的直线方向平行时,会显示一条虚线辅助线,拾取需要的点即绘制一条与停靠直线平行的直线
插入点		INS	捕捉到块、形、文字、属性或属性定义的插入点
节点		NOD	捕捉到单独绘制的点对象,也可以捕捉到由定距等分和定数等分命令在对象上产生的点对象
最近点		NEA	捕捉对象上距离十字光标中心最近的点

2) 对象捕捉

只要在AutoCAD命令行提示要求输入一个点时,就可以使用下面方法激活对象捕捉模式。

(1) 单点对象捕捉

① 按住Shift键,在绘图区域中单击右键,此时显示对象捕捉快捷菜单,从中选择一种对象捕捉。

② 打开对象捕捉工具栏,如图9-18所示。当命令要求或需要指定对象上的特定点时,从工具栏中选择一种对象捕捉,然后选择捕捉点。

③ 直接在命令行中键入相应的捕捉命令。例如,在需要指定点时,键入CEN就表示捕捉圆心。

上述三种方法均为临时打开对象捕捉模式,捕捉了一个点后,对象捕捉模式自动关闭。

(2) 启用对象捕捉

启用对象捕捉功能,所设置的多种捕捉模式在对象捕捉功能打开期间将始终起作用,只要被要求指定一个点时,就自动应用相应的对象捕捉模式,直到关闭对象捕捉功能。

启用对象捕捉的步骤如下:

① 从"工具"菜单中选择"绘图设置"命令。打开"绘图设置"对话框,点击"对象捕捉"按钮,如图9-19所示。

在状态栏上的"对象捕捉"按钮上单击鼠标右键,选择"设置"项也可以显示如图9-19所示的对话框。

② 勾选"启用对象捕捉"选项,即打开对象捕捉模式。根据需要选择对象捕捉类型。

③ 点击"确定"按钮。所设置的对象捕捉将一直持续生效。

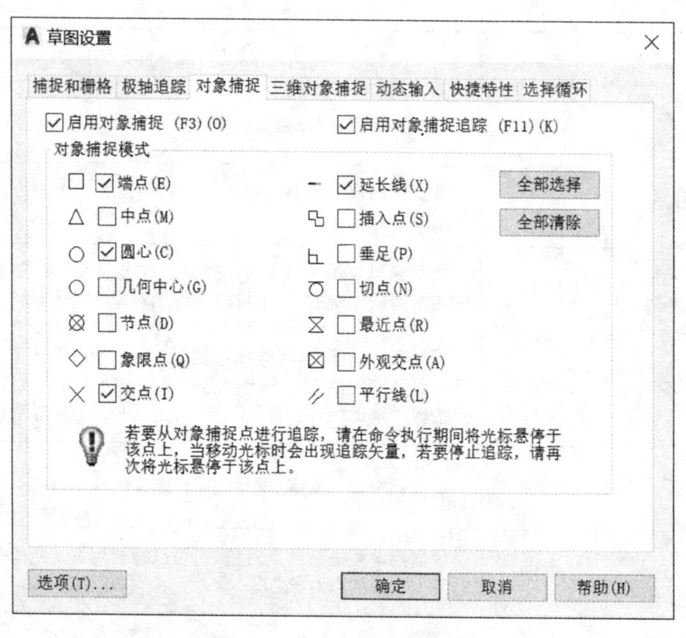

图 9-19　草图设置对话框的"对象捕捉"选项

如果同时选择了多个对象捕捉类型，当捕捉靶框移近对象时，可能会同时存在几个捕捉点，此时按 Tab 键可在这些捕捉点之间切换。打开和关闭"对象捕捉"的方法还可输入命令"OSNAP"，或使用功能键 F3，或状态栏上的"对象捕捉"按钮。

点击该对话框中的"选项"按钮，在弹出的"选项"对话框中可设定自动捕捉标记的颜色和大小。

3. 自动追踪设置

自动追踪可以按特定的角度或与其他对象的指定关系来确定点的位置。若打开自动追踪模式，AutoCAD 会显示临时的追踪矢量来指示位置和角度以便于创建对象。

自动追踪包含两种追踪方式：极轴追踪和对象捕捉追踪。

1) 极轴追踪

极轴追踪按事先给定的角度增量来对绘制对象的临时路径进行追踪。设置步骤如下：

(1) 在状态栏上的"极轴"按钮上单击右键，选择"设置"后弹出如图 9-20 所示的对话框。勾选"启用极轴追踪"选项，即打开极轴追踪模式。

(2) 在"增量角"下拉列表中选择一个递增角。如果列表中没有所需的角度，可以单击"新建"按钮，在"附加角"下的角度框中输入新角度值。但这些角只能追踪一次，为非递增角。

(3) 在"极轴角测量"中选择：

选项"绝对"是相对于当前坐标系测量极轴角。选项"相对上一段"是相对于上一个绘制的对象测量极轴角。

例如，如果需要画一条与 X 轴成 30°角的直线，可以设置极轴角增量为 30°。那么绘图时移动十字光标到与 X 轴的夹角接近 0°、30°、60°等 30°角的倍数时，AutoCAD 将显示一条追踪路径和提示角度。此时单击鼠标，则可以确保所画的直线与 X 轴的夹角为提示角度。

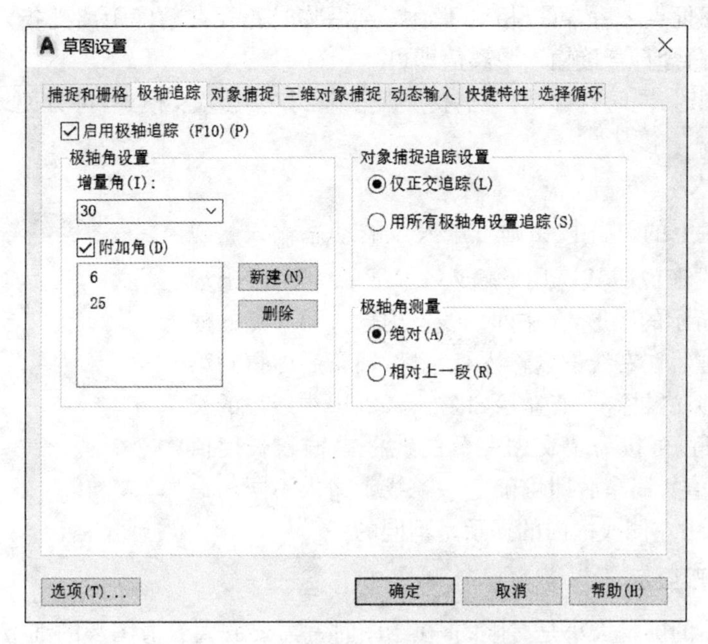

图 9-20 草图设置对话框的“极轴追踪”

注意:不能同时打开“正交”模式和“极轴”模式。“正交”模式打开时,AutoCAD 会关闭“极轴”模式。而打开“极轴”模式,AutoCAD 会关闭“正交”模式。

2) 对象捕捉追踪

对象捕捉追踪是按与对象的某种特定关系沿着由对象捕捉点确定的临时路径进行追踪。

设置步骤如下:

(1) 打开“对象捕捉”。

(2) 在“草图设置”对话框的“对象捕捉”选项上,勾选“启用对象捕捉追踪”选项。

(3) 在“极轴追踪”选项中选择“启用极轴追踪”选项,如图 9-20 所示。

(4) 在“对象捕捉追踪设置”框中选择下面两个选项之一:

① 仅正交追踪:将显示相对于追踪点的 0°、90°、180°和 270°方向上的追踪路径。

② 用所有极轴角设置追踪:相对于追踪点显示极轴追踪角的捕捉追踪路径。

(5) 点击“确定”按钮完成设置。

设置并启用了对象捕捉追踪后在绘图和编辑图形时移动光标到一个对象捕捉点,不要单击该点,只是暂时停顿即可临时获取该点,此即追踪点。获取该点后将显示一个小加号(+)。此时在绘图路径上移动光标,相对于该点的水平、垂直或极轴临时路径会显示出来。

如图 9-21 中,欲找 B 和 C 两直线延长线的交点 A,应同时打开“对象捕捉”“极轴”和“对象追踪”模式,此时移动光标到 B 点,停留一会以获取该点;接着移动光标到 C 点,停留一会以获取 C 点;再移动光标到 A 点处,出现水平、垂直的两条临时对齐路径时,在 A 处单击一下即得到 A 点。

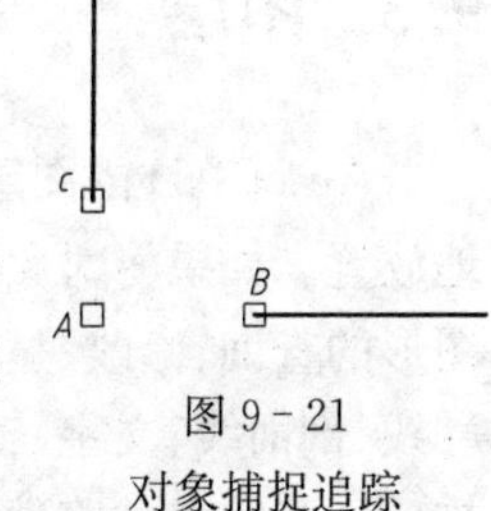

图 9-21 对象捕捉追踪

获取对象捕捉点之后,可以相对于追踪点沿临时路径在精确距离处指定点。即在显示对齐路径后,在命令行直接输入距离值即可。

绘制三视图时,同时打开"对象捕捉""极轴"和"对象追踪"模式,可方便地实现视图长对正和高平齐。

4. 动态输入

打开状态栏上的 按钮则可进入点的动态输入。现通过画一条直线来说明其应用。输入 LINE 命令后会出现如图 9-22(a)所示的图形,在中间一线框内输入第一点的横坐标,按下","键后在右线框内输入纵坐标,回车后即得到第一点的坐标。移动鼠标,动态显示如图 9-22(b)中线段的长及与 X 轴的夹角,可按需要在图左侧的线框内输入长度值(不能改变角度值),回车后即可确定一条线。输入不同的命令,图 9-22(a)中左侧线框内的提示是不同的。

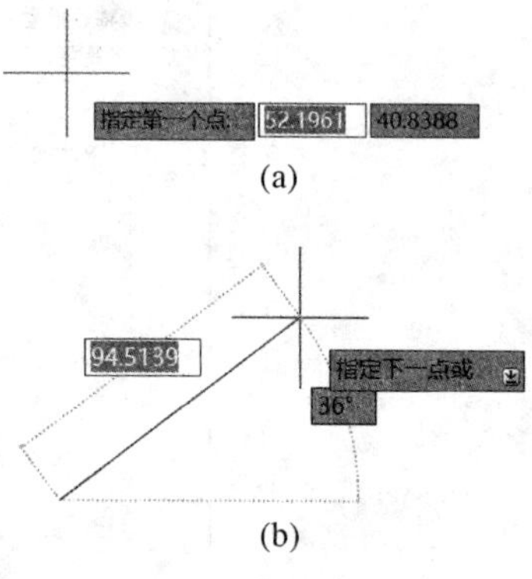

图 9-22 动态输入

9.2.3 图形显示

由于显示器的屏幕大小是有限的,在绘图时常需要放大看清图形的细节。AutoCAD 可以通过图形缩放来满足这个要求,在屏幕上显示图形所需的大小,但不改变图形的真实大小。在"标准"工具栏上包含有常用的图形缩放命令工具图标,下面分别予以介绍。

(1) 实时缩放命令(ZOOM/REALTIME)(工具图标:)

通过移动鼠标动态改变图形的放大倍数。要放大图形,将鼠标一直向上拖;要缩小图形,将鼠标一直向下拖;要退出实时缩放,可按鼠标右键,从弹出的快捷菜单中选取"退出"。

(2) 窗口缩放命令(ZOOM/WINDOW)(工具图标:)

用于缩放显示指定位置和大小的矩形窗口(拾取一点再向右侧拖动光标至所需位置后拾取一点所建立的一个矩形窗口)内的区域。并将此区域充满整个屏幕。

(3) 缩放上一个命令(ZOOM/PREVIOUS)(工具图标:)

恢复到前一个显示方式。最多可恢复到前 10 次。

更多的图形缩放命令的使用可打开"缩放"工具栏。

(4) 实时平移命令(PAN)(工具图标:)

Pan 命令用于在图形窗口中移动对象位置,不改变图形的显示大小。该命令并非真正移动图形,而是移动图形窗口。

9.3 图层

AutoCAD 的图层是用来组织图形的最有效工具之一,它类似透明的电子纸一层挨一层地放置。如果将对象分类放置在不同的图层上,每层具有一定的颜色、线型和线宽,将方便图形的查询、修改、显示及打印。例如对于零件图,为区分粗实线、中心线、细实线、虚线、尺寸线、剖面线、文字、辅助线等,可设 8 个图层,每层画一种图线,最后将所有图层重叠一起就构成一张完整的零件图。AutoCAD 利用图层特性管理器来建立新层、修改已有图层的特性及管理图层。

9.3.1 图层特性管理器的使用

输入 LAYER 命令或点击菜单栏中"格式→图层"或点击图层工具栏中的按钮 (图 9-25),可以打开图层特性管理器对话框,见图 9-23。

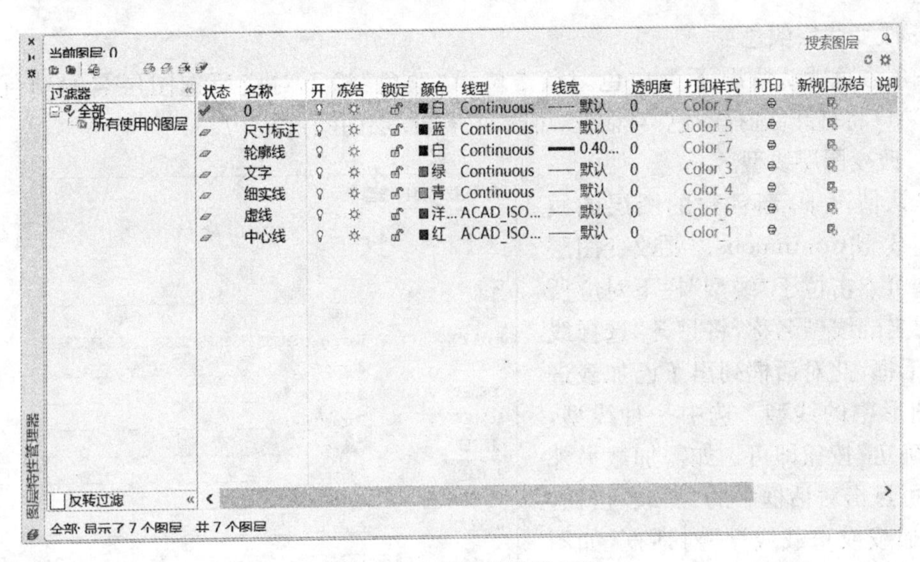

图 9-23 图层特性管理器

1. 创建新图层

点击对话框中按钮 将创建新的图层。在"名称"栏下输入所需的新层名。输入的层名中不可含有通配符(如 * 和!)、空格,也不能重名。若需更改层名,选择该图层使其高亮显示,点击图层名,键入新图层名。系统默认的图层为 0 层,不能改名。

2. 设置当前层

选择一个图层,点击对话框中按钮 ,就可将该层设置为当前层,并在"状态"栏中显示 。

3. 删除图层

选择一个或多个图层,点击对话框中按钮 即可。但不能删除包含有对象的图层、Defpoints(定义点层)和 0 层。

以上操作也可在列表框中单击鼠标右键,由弹出的快捷菜单进行。

4. 打开/关闭图层

如果要改变图形的可见性,可点击位于"开"栏下对应于所选图层名的灯泡图标。此图标用于设置图层的打开或关闭,图层为打开状态时灯泡为黄色;点击灯泡图标,灯泡变成蓝色,图层即被关闭,此时该图层上的所有对象不会在屏幕上显示,也不会被打印输出。但这些对象仍在图形中,在刷新图形时还会计算它们。

5. 在所有视口解冻/冻结图层

位于"在所有视口冻结"栏下方对应的太阳图标用于解冻/冻结图层。图层为解冻状态时图标为太阳;点击所选图层的太阳图标,图标变成雪花状,图层即被冻结,此图层上的所有对象将不会在屏幕上显示,也不会被打印输出,在刷新图形时也不计算它们。

6. 锁定/解锁图层

位于“锁定”栏下对应的锁形图标用于设置图层的锁定/解锁。点击所选图层的锁形图标,开锁变成闭锁,图层即被锁定。已锁定的图层上的对象仍然可见,但是不能进行编辑。

7. 改变图层颜色

图层颜色默认情况下为白色。点击位于“颜色”栏下对应所选图层名的颜色图标,AutoCAD 将打开“选择颜色”对话框,可改变所选图层的颜色。

8. 改变图层线型

默认情况下,新创建的图层的线型为连续型 Continuous。要改变图层的线型可点击位于“线型”栏下对应所选图层名的线型名称,将打开“选择线型”对话框,此对话框列出了已加载进当前图形中的线型。选中一种线型,点击“确定”按钮即可。如需加载另外线型,可点击对话框中的“加载”按钮,显示“加载或重载线型”对话框,如图 9-24所示。

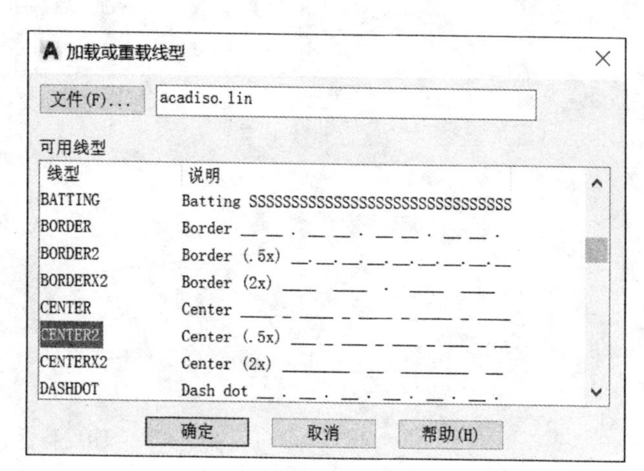

图 9-24 “加载或重载线型”对话框

若在 A3 图纸上按 1∶1 比例绘图时建议虚线用 Hidden2(或 Dashed2),点画线用 Center2,双点画线用 Phantom2 较为合适。

9. 改变图层线宽

点击位于“线宽”栏下对应所选图层名的线宽图标,显示“线宽”对话框。从对话框的下拉列表中选择适当的线宽值(作为练习,建议可见轮廓线线宽取 0.6,其他线宽为 0.3),点击“确定”按钮后即可改变图层的线宽。

若要显示屏幕上图形对象的线宽,可按下状态栏上的“线宽”按钮。

10. 图层打印样式

系统默认的打印样式为颜色相关打印样式,即以对象的颜色来设定输出时颜色、线型和线宽。

11. 设置图层是否打印

默认情况下,新创建的图层都是可打印的。如果需要的话,可点击位于“打印”栏下对应所选图层的打印图标,以确定该图层是否打印。

12. 线型比例(LTSCALE)

命令:ltscale

输入新线型比例因子 <1.0000>:

线型定义中非连续线(如点画线、虚线)的划线与间隔的长度是根据绘图单位来设置的,不同的单位使划线与间隔的长度比例各不相同,所以 AutoCAD 提供一种调整线型比例的方法,用 LTSCALE 命令来改变划线与间隔的长度,使线型与绘图单位一致。

9.3.2 图层和特性工具栏

为了使查看和修改对象特性的操作更方便、快捷。AutoCAD 提供了一个“图层”和“特性”工具栏，如图 9－25 所示。对象的许多特性可通过“特性”工具栏来查看或修改。

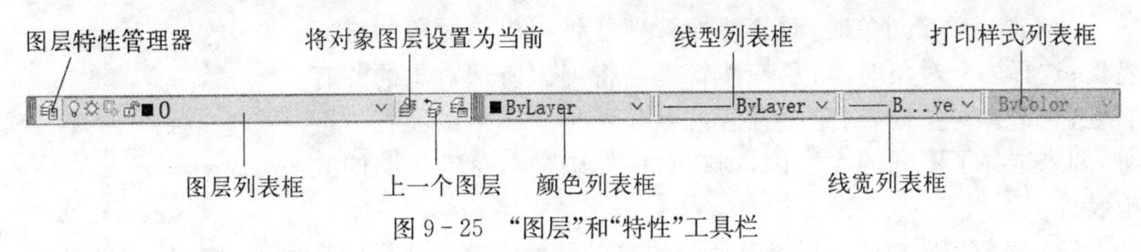

图 9－25 “图层”和“特性”工具栏

1. 图层列表

在“图层”工具栏的“图层列表框”中，只需点击代表图层状态特性的图标：打开/关闭 、冻结/解冻 、锁定/解锁 ，就可以改变对象所在图层的状态。在图层列表中单击某图层名，可将该图层设置为当前层。

2. 将对象图层设置为当前层

点击“把对象的图层设置为当前”按钮 ，然后选择欲改变图层设置为当前层的对象。就可将该对象所在图层定义为当前层。或拾取一个对象后点击按钮 ，则新图层即为所选择对象的图层。

3. 恢复上一个图层

单击“上一个图层”按钮 ，可放弃已对图层设置(例如颜色或线型)做的修改。但不放弃重命名、删除图层、添加图层的修改。

4. 设置对象的特性

“特性”工具栏可用来设置对象的颜色、线型、线宽等。在颜色列表框、线型列表框、线宽列表框的下拉列表框中，选择一种颜色、线型或线宽，则系统将直接采用这种颜色、线型或线宽绘图，而与在“图层特性管理器”设定的同名的当前层的颜色、线型或线宽无关。

选择其中的 ByLayer(随层)，则在本层中所绘制的对象的颜色、线型、线宽和打印样式都将继承由“图层特性管理器”所设定的图层的特性。

选择其中的 ByBlock(随块)，则块内的对象采用插入层的颜色、线型、线宽。

特别要指出：将同一种颜色、线型或线宽的对象绘制在的同一图层上，采用 ByLayer 颜色、线型或线宽绘图，将方便图形的查询、修改、显示及打印。

9.3.3 对象特性管理器

AutoCAD 的对象特性管理器是一个表格式的窗口，它是查看和修改对象特性的主要途径之一。

输入命令“PROPERTIES”或点击菜单栏中“修改→特性”或点击“标准”工具栏中的图标 或在任何时候按 Ctrl＋1 组合键来打开“特性”对话框，如图 9－26 所示。

“特性”对话框，也称作对象特性管理器，对话框中的内容即为所选对象的特性。根据所选择对象的不同，表格中的内容也将不同。

对象特性管理器的特点如下：

(1) 对象特性管理器提供了“选择对象”按钮 和“快速选择”按钮 ，可以方便地建立供编辑用的选择集。

(2) 选择单个对象时，对象特性管理器将列出该对象的全部特性；选择多个对象时，对象特性管理器将列出所选对象的共有特性；未选择对象时，对象特性管理器显示整个图形的特性。例如，如果选择了不同的 5 个圆，则在对话框中显示这 5 个圆的共有特性。

(3) 对象特性管理器可修改所选对象的特性。首先选择欲修改的对象，然后可使用下面的方法之一修改对象：

① 输入一个新值。

② 从下拉列表中选择一个值或在对话框中修改特性值。

③ 用“拾取”按钮改变点的坐标值。

图 9-26　“特性”对话框

如选择一个圆，在特性管理器的“半径”栏中输入新半径值，回车后圆的半径则被修改，也改变了图形窗口中圆的大小。

9.3.4　特性匹配

用特性匹配(MATCHPROP)命令可将对象的特性(如颜色、线型和线宽等)赋予其他的对象。其操作过程为：

(1) 输入“MATCHPROP” 命令或点击菜单栏中“标准→特性匹配”或点击“标准”工具栏中的图标 。

(2) 选择要匹配的对象作为源对象。

(3) 选择要修改的对象为目标对象。

9.4　常用编辑命令

与手工绘图相比，AutoCAD 突出的优点就是图形修改和增减非常方便。AutoCAD2017 提供了强大的图形编辑功能，用户可以用它来灵活方便地修改、编辑图形。图 9-27 所示为修改(MODIFY)工具栏，其中常用图标对应的命令说明如表 9-2 所示。

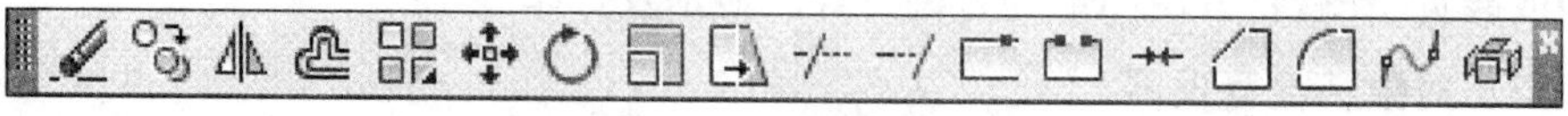

图 9-27　修改工具栏

9.4.1　建立对象选择集

当输入 AutoCAD 的图形编辑命令后要求用户“选择对象”，这些要编辑的对象必须包括在对象选择集中，选中的对象将以虚线醒目显示。此时光标显示为拾取框(即光标中间的小正方形)，它的大小可以在“选项”对话框的“选择”选项卡中修改。

表 9-2 常用修改命令说明

名称	图标	命令	功能
删除		ERASE	删除选中的对象
复制		COPY	多重复制选定的对象
镜像		MIRROR	对选中的对象进行镜像复制
偏移		OFFSET	生成与指定图形对象等距的新图形对象
阵列		ARRAY	将指定的图形对象进行矩形或环行排列的复制
移动		MOVE	平移图形对象,改变图形对象的真实位置
旋转		ROTATE	绕旋转中心旋转图形对象
比例缩放		SCALE	将选定的对象按指定的比例进行 X 和 Y 方向的等比例缩放
拉伸		STRETCH	将所选定的对象向指定的方向、按指定的长度拉长或缩短
修剪		TRIM	在指定边界后,可连续地选择对象并进行剪切
延伸		EXTEND	在指定边界后,可连续地选择不封闭的对象延长到与边界相交
打断		BREAK	切掉对象的一部分或将对象切断成两个
倒角		CHAMFER	对两条直线边倒棱角
圆角		FILLET	按指定的半径在直线、圆弧、圆之间倒圆角,也可对多段线倒圆角
分解		EXPLODE	将组合对象,如多段线、块等分解为多个对象,以便于进行修改和编辑

选择对象可以一次选一个对象或多个对象。现介绍常用的对象选择方式:

(1) 直接拾取对象:将拾取框直接放到欲选择的对象上,单击鼠标即选择了该对象。

(2) W(WINDOW):窗口选取方式,拾取一点再向右侧拖动光标至所需位置后拾取一点来建立一个矩形窗口,位于窗口内的全部对象被选中。

(3) C(CROSSING):窗交选取(或称交叉窗口选)方式,拾取一点再向左侧拖动光标至所需位置后拾取一点来建立一个矩形窗口,窗口内的对象及与矩形四边相交的对象都被选中。

(4) L(LAST):选择作图过程中最后生成的对象。

(5) ALL:选择图中除冻结或加锁层以外的全部对象。

(6) P(PREVIOUS):选择上一次生成的选择集。

(7) U(UNDO):放弃前一次选择操作。

回车后即结束建立选择集的过程。

注意:

(1) 在建立选择集时,可以选用比较简便的方法多选择一些对象,然后按下 Shift 键并单击选中的对象,可将被选中的对象从选择集中移去。

(2) 推荐使用直接拾取对象、窗口选取(W)、窗交选取(C)三种常用的选择方式。

(3) 窗口选取和窗交选取方式为系统默认的选择方式,在提示“选择对象”时可不必输入 W 或 C。

这种先输入命令后选择对象的方式称为“先执行后选择”模式。也可用直接拾取对象、窗口选取和窗交选取方式先建立对象选择集,此时被选中的对象带有蓝颜色小方块,然后再输入命令来完成编辑过程,这种方式称为“先选择后执行”模式,是系统默认的模式。

9.4.2 常用的编辑命令

1. 删除(ERASE)与恢复(OOPS)命令

ERASE 命令可将所选的对象全部删除。使用 ERASE 命令,有时可能会将一些有用的对象删除,此时可用 OOPS 命令来恢复最后一次被删除的对象。

2. 放弃(UNDO)和重做(REDO)命令

UNDO 命令用于取消刚执行完的命令结果,可连续使用。但不能取消诸如 PLOT、SAVE、OPEN、NEW 或 COPYCLIP 等要做读、写数据的命令操作。REDO 命令是重做 UNDO 命令所放弃的操作。UNDO 命令和 REDO 命令都可以在命令行中输入,也可单击标准工具栏的图标 (UNDO)和 (REDO)。

3. 复制(COPY)命令

COPY 命令用来多重复制所选定的对象,例见图 9-28)。

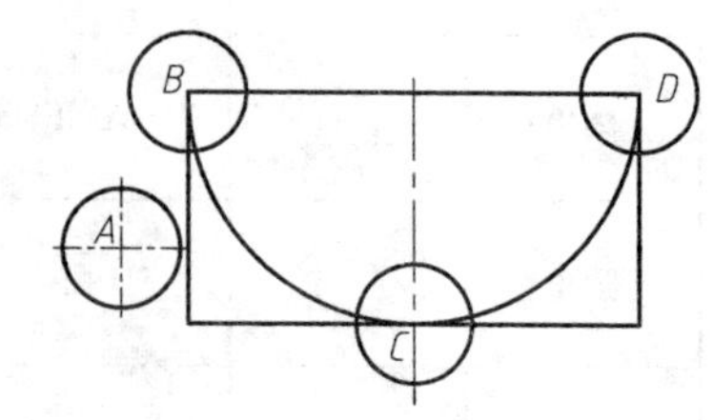

图 9-28　复制命令示例

命令:copy

选择对象:找到 1 个(建立选择集,选图 9-28 中圆心为 A 的圆)

选择对象:(回车结束选择对象)

指定基点或[位移(D)]＜位移＞:　指定第二个点或＜使用第一个点作为位移＞:拾取 A 点(A 点为基点)

指定第二个点或[退出(E)/放弃(U)]＜退出＞:拾取 B 点(B 点为目标点)

指定第二个点或[退出(E)/放弃(U)]＜退出＞:拾取 C 点(C 点为目标点)

指定第二个点或[退出(E)/放弃(U)]＜退出＞:拾取 D 点(D 点为目标点)

注意:此命令与“修改”菜单中的“复制”功能相同,仅仅只能在同一个文件中执行。而与另一文件间的信息交换可使用“标准”工具栏上的按钮 ,此复制按钮的功能与“编辑”菜单中的“复制”相同。

4. 镜像(MIRROR)命令

MIRROR 命令可生成原对象的轴对称图形，该轴称为镜像线，镜像时可删去原图形，也可保留原图形(称为镜像复制)，例见图 9-29。

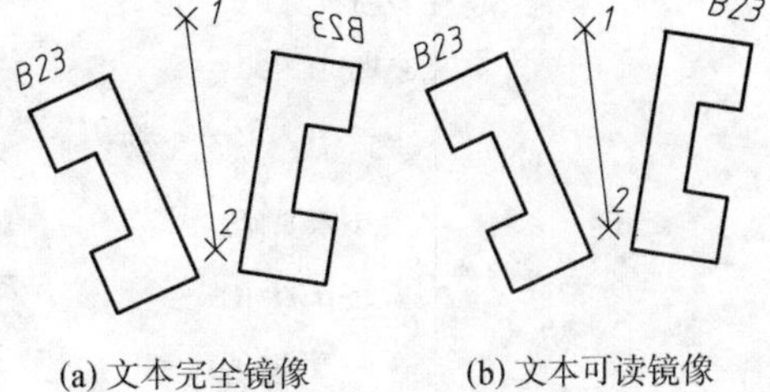

(a) 文本完全镜像　(b) 文本可读镜像

图 9-29　镜像命令示例

命令:mirror

选择对象:指定对角点:找到 9 个(建立选择集，选图 9-29(a)左侧部分)

选择对象:(回车结束选择对象)

指定镜像线的第一点:拾取 1 点　指定镜像线的第二点:拾取 2 点

要删除源对象吗? [是(Y)/否(N)] <N>:回车(N 即不删除源对象，如图 9-29(a)所示)

注意:在图 9-29(a)中文本做了完全镜像，不便阅读。把系统变量 MIRRTEXT 的值设置为 0(OFF)，则镜像后文本仍然可读，如图 9-29(b)所示。

5. 偏移(OFFSET)命令

OFFSET 命令可按指定的距离生成与指定图形对象(如直线、圆、圆弧、多段线)的等距曲线或平行线，例见图 9-30。

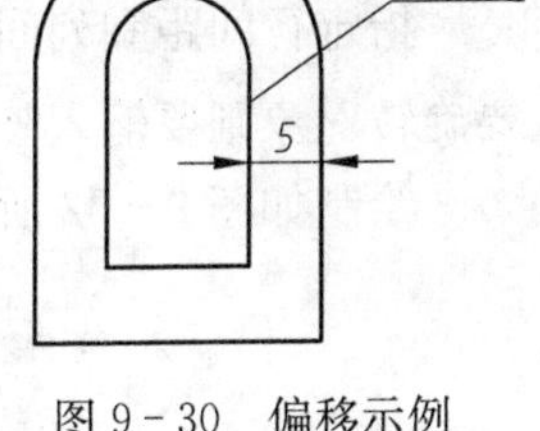

图 9-30　偏移示例

命令:offset

当前设置:删除源=否　图层=源　OFFSETGAPTYPE=0

指定偏移距离或 [通过(T)/删除(E)/图层(L)] <3>:5(输入偏移的距离为 5 后回车，若输入 T 则以指定通过点方式偏移)

选择要偏移的对象，或 [退出(E)/放弃(U)] <退出>:(选择源对象)

指定要偏移的那一侧上的点，或 [退出(E)/多个(M)/放弃(U)] <退出>:(拾取 A 点，指定在 A 点所在的那一侧画等距线，偏移线已作出)

选择要偏移的对象，或 [退出(E)/放弃(U)] <退出>:(回车结束)

6. 阵列(ARRAY)命令

ARRAY 命令可对选定的对象作矩形阵列和环形阵列的复制，例分别见图 9-31 和图 9-32。

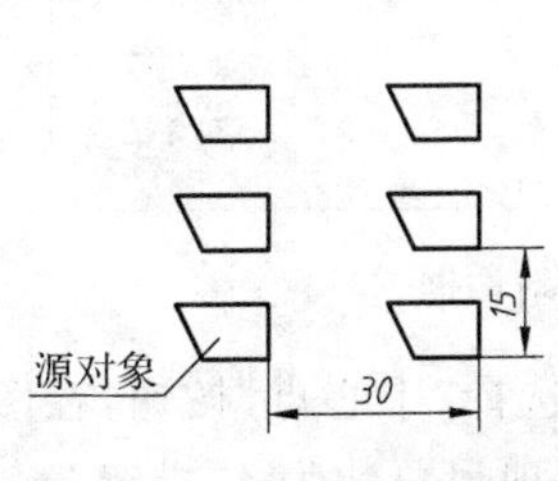

图 9-31　矩形阵列示例

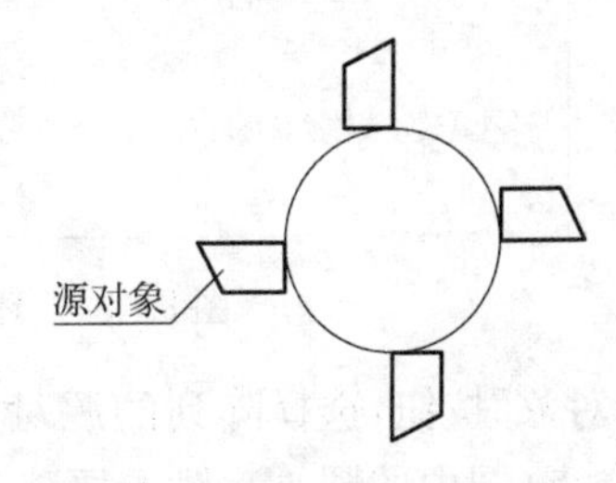

图 9-32　环形阵列示例

输入 ARRAY 命令，弹出“阵列”对话框(注:在 2017 版本需要输入 ARRAYCLASSIC 命令，才会弹出“阵列”对话框)。绘制如图 9-31 所示的图形可用矩形阵列，参数设置如图 9-33所示。

按下“选择对象”按钮，选择阵列的源对象；指定阵列的行数为 3，列数为 2；输入阵列的行间距 15，列间距 30。

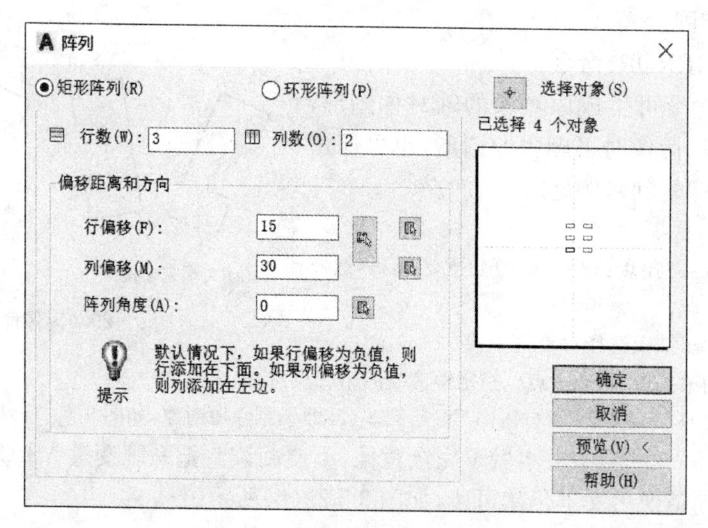

图 9－33　矩形"阵列"对话框

指定行间距和列间距时也可按下按钮 在图形屏幕上指定间距；在阵列的同时若需要旋转对象则要输入阵列角度；点击"预览"按钮可预览阵列的效果。

绘制如图 9－32 所示的图形可用环形阵列，参数设置如图 9－34 所示。

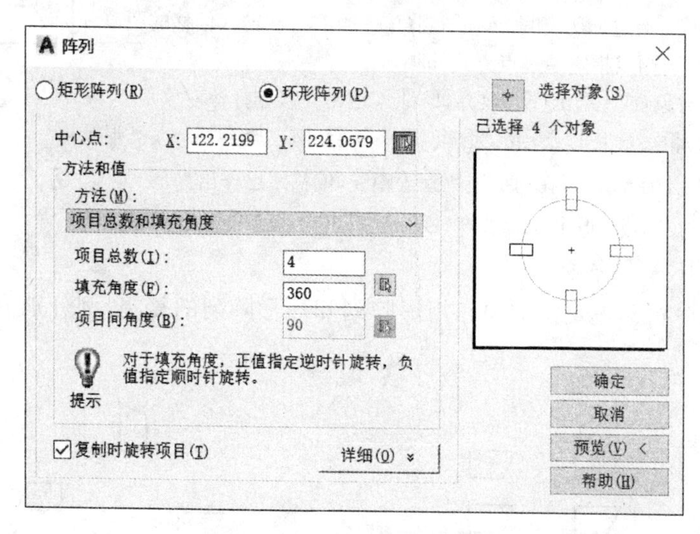

图 9－34　环形"阵列"对话框

按下"选择对象"按钮，选择阵列的源对象，单击选择"中心点"按钮，在图形屏幕上拾取环形阵列的中心点(图中的圆心)；输入要阵列复制的项目总数为 4，指定 360°的填充角度进行环形阵列，并选上"复制时旋转项目"；点击"预览"按钮可预览阵列的效果。

7. 移动(MOVE)命令

MOVE 命令用于平移指定的对象，改变图形对象的真实位置。

命令：move

选择对象：(用各种方法选对象后回车)

指定基点或［位移(D)］＜位移＞：拾取一个基点

指定第二个点或 ＜使用第一个点作为位移＞:(输入第 2 点或回车使基点的坐标值作为位移量)

8. 旋转(ROTATE)命令

ROTATE 命令用于绕旋转中心旋转选定的对象。

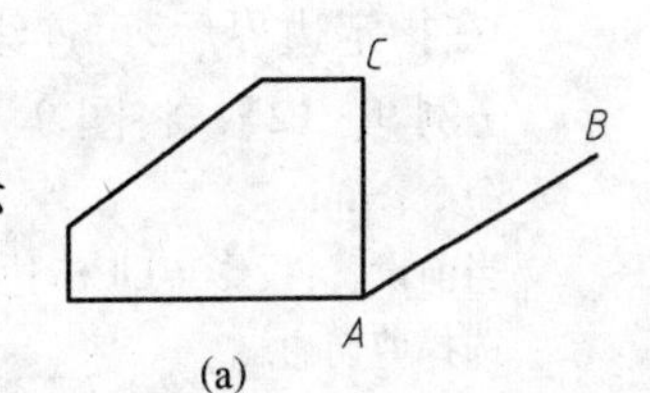

(a)

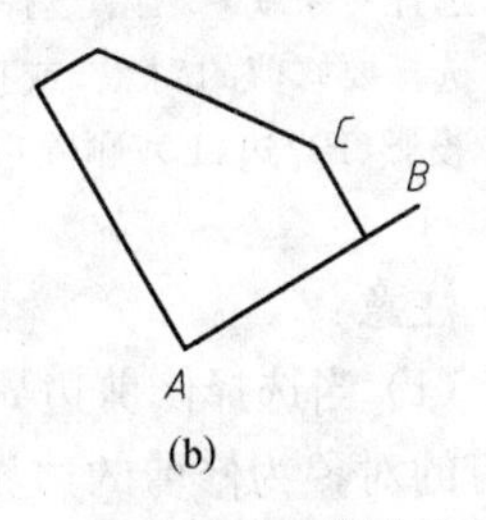

(b)

图 9-35 旋转示例

【例 9-9】 将图 9-35(a)所示图形旋转为图 9-35(b)所示的图形。

命令:rotate

UCS 当前的正角方向: ANGDIR=逆时针 ANGBASE=0

选择对象:(选择图 10-34(a)所示的对象,除直线 AB 外)

指定基点:(拾取 A 点)

指定旋转角度,或[复制(C)/参照(R)]＜0＞: R(若已知旋转角度则可输入角度值后回车,要注意角度的正负)

指定参照角 ＜0＞: (拾取 A 点)

指定第二点:(拾取 C 点,拾取 A 点和 C 点是表示以直线 AC 作为旋转角度的参照起始边)

指定新角度或[点(P)]＜0＞:(拾取 B 点,即得图 9-35(b))

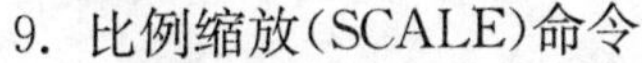

9. 比例缩放(SCALE)命令

SCALE 命令可将选定的对象按指定的比例进行 X、Y 方向的等比例缩放。此命令可用于绘制局部放大图。

【例 9-10】 按比例因子 2 放大图形。

命令:scale

选择对象:(选择要放大的图形对象)

指定基点:(拾取一点为基准点,即不动点)

指定比例因子或[参照(R)]:2(输入比例因子)

结果图形放大了 2 倍。在指定比例因子时也可按参照方式(R)来确定实际比例因子。

注意:所选择的基点不同,缩放后的图形在图形文件中的位置不同。若要在 X 或 Y 方向单向缩放图形,可打开正交模式,使用拉伸(STRETCH)命令,其工具图标为 。

10. 延伸(EXTEND)命令

EXTEND 命令可在指定边界后,连续地选择不封闭的对象(如直线、圆弧、多段线等)延伸到与边界相交。

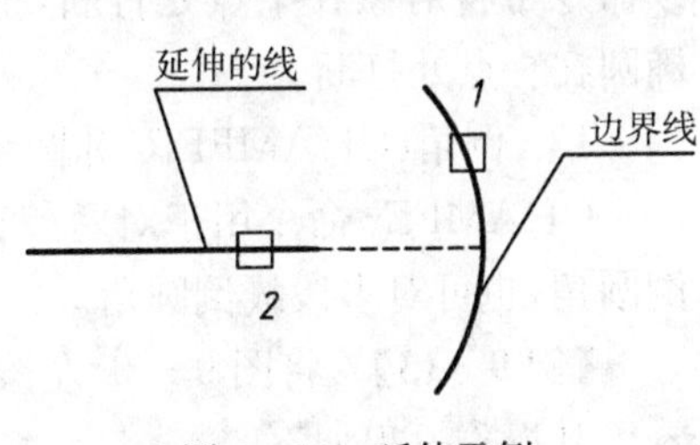

图 9-36 延伸示例

【例 9-11】 将图 9-36 的直线延伸至边界线。

命令:extend

当前设置:投影=UCS,边=无

选择边界的边...

选择对象或 ＜全部选择＞:(拾取点 1,所选择的对象为延伸的边界线)

选择对象:(回车,可连续选取边界线,不想继续选择则回车结束对象选择)

选择要延伸的对象,或按住 Shift 键选择要修剪的对象,或[栏选(F)/窗交(C)/投影(P)/边(E)/放弃(U)]:(拾取点 2 后回车)

注意:当选择延伸边界时回车,即响应"＜全部选择＞",则选择图中所有的对象为延伸的边界线,同时又是被延伸的对象。

11. 修剪(TRIM)命令

在指定边界后,可连续地选择对象进行剪切。

【例 9－12】 将图 9－37(a)变成修剪后的图 9－37(b)。

命令:trim

当前设置:投影＝UCS,边＝无

选择剪切边...

选择对象或 ＜全部选择＞:(选择直线 L1、L2、L3 和 L4 为修剪的边界)

选择要修剪的对象,或按住 Shift 键选择要延伸的对象,或[栏选(F)/窗交(C)/投影(P)/边(E)/删除(R)/放弃(U)]:拾取 1、2、3、4 点后回车,其结果如图 9－37(b)。

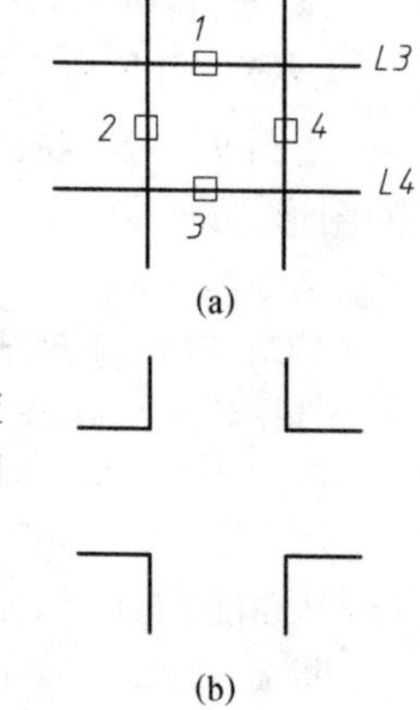

图 9－37　修剪示例

注意:

(1) 当选择修剪边界时回车,即响应"＜全部选择＞",则选择图中所有的对象为修剪的边界线同时又是被修剪的对象。

(2) 选择修剪对象时,拾取点应在被修剪的一侧。

(3) 在"选择要修剪的对象……或 [投影(P)/边(E)/放弃(U)]:"提示下输入 E 后则选择延伸修剪模式,可延长边界以便修剪。

建议:用窗口选等建立选择集的方法来选择多个被剪对象,以提高效率。

12. 打断(BREAK)命令

切掉对象的一部分或将对象切断成两个,例见图 9－38。

命令:break

选择对象:(拾取直线 L1 上的点 1)

指定第二个打断点 或 [第一点(F)]:(拾取直线 L1 上的点 2)

其结果如图 9－38 中的上图所示。在"指定第二个打断点 或 [第一点(F)]"时用符号@来响应,此时对象在 1 点处被分为两个对象,如图 9－38 中的下图所示。

注意:对于圆,从第一断开点逆时针方向到第二断开点的部分将被切掉。不能将圆、椭圆在一点处打断。

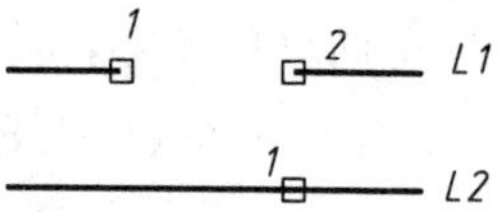

AutoCAD 2017 另有一"打断于点"命令,其工具图标为 。该命令可将对象在某点处打断,把对象分成两个对象,但不能将圆、椭圆在一点处打断。

图 9－38　打断示例

13. 倒角(CHAMFER)和圆角(FILLET)命令

CHAMFEr 命令用于对两条直线边倒棱角。Fillet 按指定的半径在直线、圆弧、圆之间倒圆角,也可对多段线倒圆角。

【例 9－13】 将图 9－39 左图画成图 9－39 右图所示的图形。

其操作过程如下:

命令:chamfer

("不修剪"模式) 当前倒角距离 1 ＝1.0000,距离 2 ＝ 3.0000

选择第一条直线或 [放弃(U)/多段线(P)/距离(D)/角度(A)/修剪(T)/方式(E)/多个(M)]:d (设置倒角距离)

指定第一个倒角距离 ＜1.0000＞:2

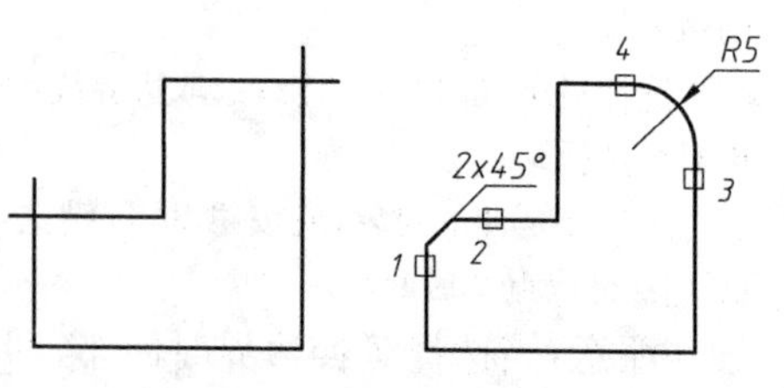

图 9－39　倒角和圆角示例

指定第二个倒角距离 ＜1.0000＞:2

选择第一条直线或 [放弃(U)/多段线(P)/距离(D)/角度(A)/修剪(T)/方式(E)/多个(M)]:t

输入修剪模式选项 [修剪(T)/不修剪(N)] ＜不修剪＞:t(将“不修剪”模式设置成“修剪”模式)

选择第一条直线或 [放弃(U)/多段线(P)/距离(D)/角度(A)/修剪(T)/方式(E)/多个(M)]:(拾取1点)

选择第二条直线,或按住 Shift 键选择要应用角点的直线:(拾取 2 点)

命令:fillet

当前设置:模式 = 修剪,半径 = 3.0000

选择第一个对象或 [放弃(U)/多段线(P)/半径(R)/修剪(T)/多个(M)]:r

指定圆角半径 ＜5.0000＞:5

选择第一个对象或 [放弃(U)/多段线(P)/半径(R)/修剪(T)/多个(M)]:(拾取 3 点)

选择第二个对象,或按住 Shift 键选择要应用角点的对象:(拾取 4 点)

说明:

(1) 将圆角半径和倒角距离设为 0,在修剪模式下可迅速地将多余的线去掉。

(2) 对平行的直线、射线或构造线,执行 FILLET 命令时,可不管当前所设定的半径,AutoCAD 会自动计算两平行线的距离来确定圆角半径,并从第一线段的端点制作圆角。

(3) 当圆角和倒角的两个对象具有相同的图层,颜色、线型和线宽时,创建后的圆角其特性也相同。否则创建后的圆角具有当前层的颜色、线型和线宽。

14. 多段线编辑(PEDIT)命令

PEDIT 命令用于编辑两维多段线、三维多段线和三维网格。输入命令的方法是:输入“PEDIT”或点击菜单中“修改→多段线”或点击“修改Ⅱ”工具栏中的图标 。

【例 9-14】 将图 9-40 中由 LINE 命令绘成的(a)图编辑为宽为 1.5 mm 的多段线的(b)图。

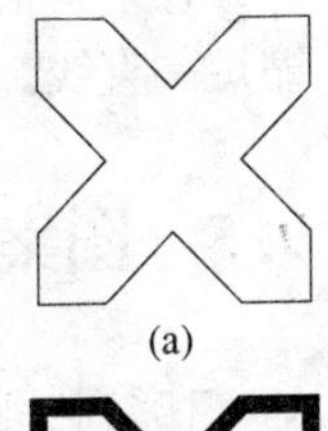

(a)

(b)

图 9-40 多段线编辑示例

命令:pedit 选择多段线或 [多条(M)]:(拾取图 9-40 上图中的任一条直线)

选定的对象不是多段线

是否将其转换为多段线? ＜Y＞ (回车将拾取的线转换为多段线)

输入选项 [闭合(C)/合并(J)/宽度(W)/编辑顶点(E)/拟合(F)/样条曲线(S)/非曲线化(D)/线型生成(L)/放弃(U)]:j (选“合并”选项)

选择对象:指定对角点:找到 16 个 (窗选所有对象)

选择对象:(回车,16 条线已组合成一条多段线)

15 条线段已添加到多段线

输入选项 [打开(O)/合并(J)/宽度(W)/编辑顶点(E)/拟合(F)/样条曲线(S)/非曲线化(D)/线型生成(L)/放弃(U)]:w (选多段线的线宽)

指定所有线段的新宽度:1.5 (宽度为 1.5,回车后即生成下图)

输入选项 [打开(O)/合并(J)/宽度(W)/编辑顶点(E)/拟合(F)/样条曲线(S)/非曲线化(D)/线型生成(L)/放弃(U)]:(回车退出)

PEDIT 编辑命令中各选项的更多信息参见帮助和有关的书籍。

9.4.3 用夹点进行编辑

1. 夹点的概念

夹点就是对象的一些特征点,不同的对象具有不同的特征点,见图 9-41。用光标拾取对象,该对象就进入选择集,并显示该对象上颜色默认为蓝色的小正方形的夹点,此夹点称

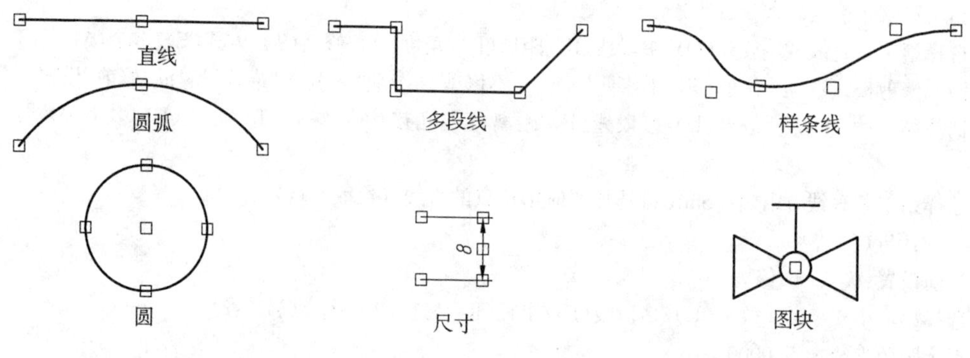

图 9－41　对象的夹点

为温点。单击此温点,温点变成热点,其默认的颜色为红色。

2. 使用夹点编辑

当温点变成热点时则选择集进入了夹点编辑状态。它可以完成 STRETCH(拉伸)、MOVE(移动)、ROTATE(旋转)、SCALE(缩放)、MIRROR(镜像)、COPY(复制)六种编辑模式操作。

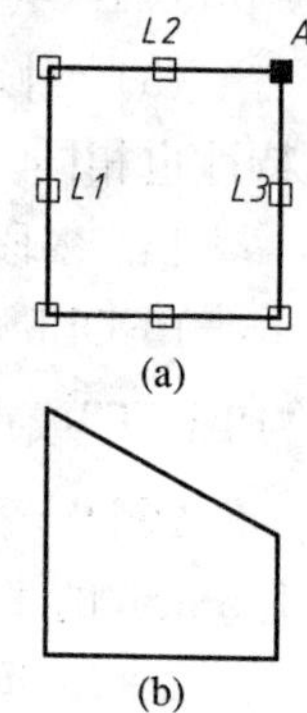

图 9－42
夹点编辑示例

【例 9－15】 如图 9－42 所示,用夹点编辑将(a)图变成(b)图。

(1) 拾取线 L1、L2 和 L3,线上出现温点。

(2) 打开正交模式,拾取温点 A,使温点 A 变成热点(此时即进入夹点编辑默认的拉伸模式),并向下拖动光标至所需位置后拾取一点,对象即被拉伸为如图 9－42 中的下图。

在某些情况下,使用夹点编辑的方法编辑对象比较方便快捷,例如拉长或缩短一直线。夹点编辑操作的更多信息参见“帮助”和有关的书籍。

9.5　图案填充

在绘制剖视图和断面图时,在剖面区域内要填充剖面符号。

使用 AutoCAD 的图案填充功能可以将预定义的图案填充到一个图形区域中。为了管理方便建议使用专门的层来管理填充图案。

9.5.1　填充操作

图案填充操作步骤如下:

(1) 输入“BHATCH”命令或使用菜单“绘图→图案填充…”或点击“绘图”工具栏中的按钮 [按钮图标] 后,弹出如图 9－43 所示的“图案填充和渐变色”对话框。

(2) 在“图案”下拉列表中选择填充图案样式,如选 ANSI31 样式。

(3) 指定填充边界的确定方式。点击“添加:拾取点”按钮,或“添加:选择对象”按钮后将临时关闭对话框。

(4) 回到图形界面,指定填充区域后回车返回到对话框。

(5) 点击“预览”按钮,观看填充效果。若不满意,按 ESC 键结束预览,再回到对话框中进行修改。

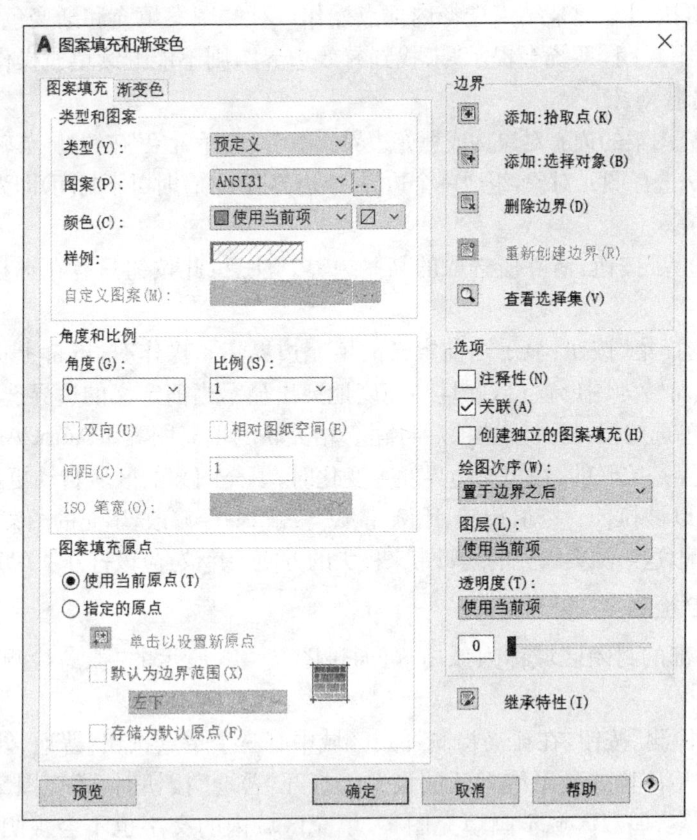

图 9-43 “图案填充和渐变色”对话框

(6) 修改后点击“确定”按钮,完成填充图案操作。

9.5.2 选择图案类型

图案的类型有“预定义”“用户定义”和“自定义”三种。选择常用的“预定义”图案可点击“图案”的下拉列表。欲更加直观地选择图案,可点击“图案”下拉列表右旁的按钮 ... ,在弹出的“填充图案选项板”对话框中加以选择。

如果要定义一个与选择的图案不同角度与间距的填充图案,可按以下步骤:

(1) 在“比例”框中输入数值,可放大或缩小图案间距,其默认值为 1。

(2) 在“角度”框中输入图案倾斜的角度值,默认情况下角度为 0 度(对于 ANSI31 图案样式,角度设为“0”,填充后的剖面线与水平线倾斜 45°)。

(3) 点击“继承特性”按钮,选择一个已有的填充图案,将它作为当前填充的图案样式,后续填充的图案特性将继承该图案的特性。

9.5.3 设置填充边界

定义填充的边界可点击“添加:拾取点”或 “添加:选择对象”按钮。

(1) 添加:拾取点

单击“添加:拾取点”按钮后将暂时关闭“图案填充和渐变色”对话框,而转到图形窗口,在命令行提示:“拾取内部点或 [选择对象(S)/删除边界(B)]:”下时,在欲填充的封闭区域内的任意位置单击鼠标左键,以虚线表示所选择的可填充区域。然后,依次选择下一个填充区域,不想继续可按回车键来结束选择内部点操作,返回“图案填充和渐变色”对话框。

若区域边界不封闭,系统会提示“未找到有效边界”,则不能继续填充操作。

(2) 添加:选择对象

通过指定填充图案的边界对象构成填充边界。单击“选择对象”按钮,屏幕转到图形窗口,用构造选择集的方法选择图元对象,组成一个边界,该边界区域(有时可不封闭)即为填充区域。

此外:

(1) “删除边界”按钮:清除所选取的某些边界。注意:此按钮只有在选择填充边界后才可使用。

(2) “查看选择集”按钮:显示当前定义的填充边界集。操作时,屏幕上将暂时隐去边界图案填充对话框而转为图形窗口,并且高亮度地突出显示当前定义的边界选择集。

(3) “关联”单选按钮:打开该选项后将建立相关联的填充图案。AutoCAD 默认的图案填充区域与填充边界是关联的,在填充边界发生变化时,填充图案的区域自动更新。一个填充图案的边界对象可以被拉伸、移动、旋转、比例、镜像等编辑命令修改,填充的图案可自动调整与修改后的边界相匹配,这给图案填充的编辑带来极大的方便。建议:应该打开 “关联”单选按钮。

9.5.4 孤岛检测

填充区域内部的封闭区域称为孤岛,可通过图 9 - 43 所示的“孤岛检测”按钮来设置填充格式。

打开 “孤岛检测”按钮,在孤岛检测样式区域中有三个单选按钮:普通、外部和忽略。

“普通”孤岛检测样式是系统默认的设置。打开“普通”按钮时,填充图案从外向内按奇数区域画填充图案,偶数区域不画填充图案,填充区域内的文字也不会被阴影线穿过,保持其易读性。打开“外部”按钮时,仅画最外层区域的填充图案。打开“忽略”按钮时,将忽略其内部结构,所指定的区域均被画上填充图案。

这三种孤岛检测样式不能同时打开,只能根据需要选择一种。若关闭“孤岛检测”按钮,则孤岛检测样式不能设定。

9.5.5 编辑填充图案

可以通过输入“HATCHEDIT”命令或点击菜单:“修改→图案填充→对象→图案填充”来进行编辑修改。较快的方法是:双击所要编辑的图案填充,弹出与上述“图案填充和渐变色”对话框几乎相同的“图案填充编辑”对话框。

在“图案填充编辑”对话框中可修改填充的图案、角度、间距、边界等有关内容。

9.6 文字注释

AutoCAD 具有很强的文字处理功能,提供了符合国际标准的汉字和西文字体。用文字来注写说明、标题、技术要求等内容时先要建立符合国际标准的文字样式。

9.6.1 建立文字样式

图形的文字样式用于确定字体名称、字符的高度及放置方式等参数的组合。AutoCAD 的默认文字样式为 Standard,可以建立多个样式,但只有一个为当前样式。输入“Style”命令或点击菜单:“格式→文字样式”后弹出如图 9 - 44 所示的“文字样式”对话框。

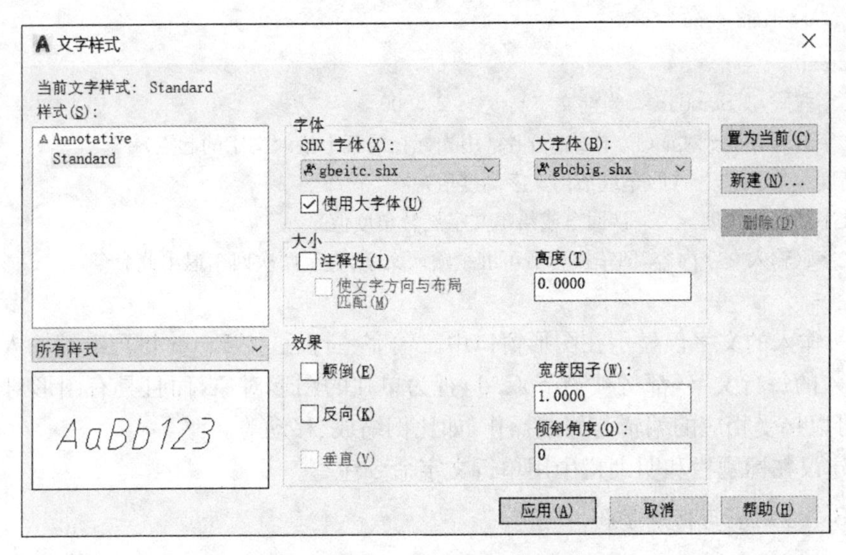

图 9-44　“文字样式”对话框

(1) 选择字体样式:系统默认的文字样式是 Standard,其使用的字体是 txt.shx。用此种文字样式不仅不能书写汉字,而且字体也不符合国标要求。

能书写汉字,且字体也符合国标要求的文字样式的设定如图 9-43 所示。此处可不改变文字样式名 Standard,打开“使用大字体”,在“SHX 字体”下拉列表中选择 gbeitc.shx,然后再在“大字体”下拉列表中选择 gbcbig.shx。其中字体 gbeitc.shx 为符号国标规定的斜体西文和斜体阿拉伯数字字体(优先使用,也可选择符合国际标准的 gbenor.shx 字体(正体));字体 gbcbig.shx 为符合国际标准的正体工程汉字字体。

(2) 字体高度:高度的默认设置为 0,每次执行注写文字命令时命令行都会提示用户指定文字高度,即文字高度可随时按需要变动;高度设为非 0 时文字高度则不可更改,在文字命令执行过程中不再提示“指定高度:”。建议高度为默认设置,这有利于注写文字及设定尺寸标注样式中文字的高度。

文字高度可参照 CAD 国标的规定,一般在 A2～A4 图纸中书写技术要求等内容时字高为 5 mm;在 A0～A1 图纸中则分别是 7 mm。如果图纸输出时以缩小比例系数输出,文字高度应设为:输出后图纸上的字高×比例。

(3) 效果:宽度比例即为字符的宽高比,上述所设定的字体样式已经考虑到宽度比例,仍按默认的比例 1 设定。倾斜角为相对于 90°而言,上述所设定的字体样式已经考虑倾斜角。

颠倒、反向、垂直等效果可在预览框观看效果,根据需要选用。

点击“应用”按钮后文字样式 Standard 即为当前使用样式。

(4) 新建文字样式:若要新建一个文字样式可按“新建”按钮,弹出“建立文字样式”对话框,输入新样式名后点击“确定”按钮,再以上述方法加以设定。

9.6.2　注写单行文字(DTEXT)

按设定的文字样式,在指定位置一行一行地注写文字,一般用于书写小篇幅的文字。

可输入“DTEXT”(或 TEXT)或点击菜单:“绘图→文字→单行文字”或点击“文字”工具

栏中按钮 来输入命令。

命令:dtext

当前文字样式: Standard 当前文字高度: 2.5000

指定文字的起点或[对正(J)/样式(S)]:(用光标在屏幕上拾取文字的起点)

指定高度 <2.5000>:(回车或给出文字高度值)

指定文字的旋转角度 <0>:(回车或给出文字旋转角度值)

输入文字:(输入文字内容,回车换行后可继续输入文字,直至两次回车退出此命令)

说明:

(1) 所输入的文字仅显示在图形窗口中。输完一行后,按 Enter 键可继续输入下一行文字。所输入的每行文字,都将被 AutoCAD 视为单独的图形对象,而且具有图形对象的一切特性,还可以接受相应的编辑与修改操作,如比例缩放、移动等。

(2) 建议在标题栏和明细栏中用单行文字命令注写。

9.6.3 控制码与特殊字符

有些特殊的字符,如文字加上画线或者下画线、直径符号、正负公差符号、表示角度度数的小圆圈等不能从键盘直接输入,必须在 AutoCAD 所提供的特殊字符与控制码下完成。

特殊字符表示为两个百分符号(％％),各控制码如下所列:

输入％％o A　　结果为 $\overline{A}$,即注写文字的上画线;

输入％％u A　　结果为 $\underline{A}$,即注写文字的下画线;

输入 30％％d　　结果为 30°,即注写一个表示"度数"的小圆圈;

输入 30％％p 0.01　　结果为 30±0.01,即注写"正负"公差符号;

输入％％c 30　　结果为 ϕ30,即注写表示圆直径的专用字符;

输入％％％　　结果为％,即注写一个"百分"符号;

输入％％nnn　　注写由 nnn 的 ASCII 代码对应的特殊符号。

在命令提示"输入文字"时,输入上述附加有控制码的字符串时,屏幕上将显示其结果。

9.6.4 注写段落文字

用"文字格式"编辑器(或称多行文字编辑器)注写段落文字。

输入"MTEXT"或点击菜单:"绘图→文字→多行文字"或点击"绘图"工具栏中按钮 来输入命令。

输入 MTEXT 命令后,将提示指定一个矩形区域的两个对角点,该矩形区域将用于容纳段落文本。指定后即显示"文字格式"编辑器对话框,如图 9-45 所示。

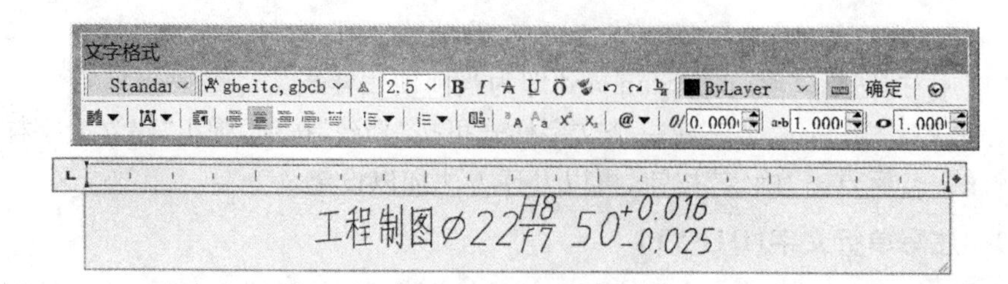

图 9-45 "文字格式"编辑器

说明：

(1) 指定一个矩形区域的两个对角点，该范围只限定文字行宽，不限制行数。

(2) 多行文字编辑器类似于 Word 的字处理程序，可方便地输入文字，输入的文本最后将出现在前面指定的矩形区域中，文本超过区域指定的宽度会自动换行。可使用不同的字体、字体样式、字符格式、特殊字符、幂、堆叠、大小写等。而且 Word 的很多功能在此有效，如选择文字、单击鼠标右键弹出光标菜单等。

(3) “插入字段”按钮 ：可将. txt 和. rtf 文件(<16KB)输入到多行文字编辑器。

(4) “符号”按钮 @▾ ：用于插入常用的直径、度数、正负、平方、立方等符号，“其他”选项可插入其他符号。

(5) “堆叠”按钮 ：用于注写分数、指数和上下偏差。

【例 9-16】 试注写图 9-45 中的文字和符号。

进入“文本格式”编辑器后的操作过程是：输入“工程制图”→点击“符号”按钮 @▾ →选择“直径”(或输入%%C)→输入“H8/f7”→用鼠标选取“H8/f7”→点击“堆叠”按钮→输入“50+0.016^-0.025”→用鼠标选取“+0.016^-0.025”→点击“堆叠”按钮→点击“确定”按钮。由此，在图形窗口中得到如图 9-45 中所示的文字和符号。

9.6.5 编辑和修改文字

如果需要修改图形中的文字内容，可以使用 AutoCAD 的文字修改功能。DDEDIT 命令用于修改文字内容，对象特性管理器可用于修改文字的插入点、样式、对齐方式、字符大小和文字内容。

1. 文字修改(DDEDIT)命令

输入“DDEDIT”命令 或点击菜单：“修改→对象→文字→编辑”或点击“文字”工具栏中按钮 后提示选择对象。

如果所选择的修改文字是用 DTEXT(或 TEXT)命令建立的，将弹出具有颜色的、显示文本内容的一个文本框。在文本框中单击鼠标左键后修改或编辑文本内容，再按下 Enter 键即可完成操作；对所选择的修改文字是用 MTEXT 建立的，则弹出“文字格式”编辑器，可在此进行修改和编辑。

也可在所要修改的对象上双击鼠标左键后在弹出的文本框或“文字格式”编辑器中修改和编辑文字。

2. 对象特性管理器(PROPERTIES)

点击“标准”工具栏中按钮 ，弹出“特性”对话框，选择欲修改的文字。如需修改的文字是用“DTEXT”命令建立的文字，可直接在“内容”栏的右边框中修改；若修改用“MTEXT”命令建立的文字，可点击“文字”选项中“内容”栏右边框中弹出的按钮 ，然后在弹出的“文字格式”编辑器进行修改和编辑。

9.7 尺寸标注

尺寸标注是工程制图中的一项重要内容，它描述了机械图、建筑图等各类图形对象各部分的大小和相对位置关系。AutoCAD 配备了一套完整的尺寸标注系统,采用半自动方式,按系统的测量值进行标注。它提供了多种标注尺寸及设置标注格式的方法,可以方便快速地为图形创建一套符合工业标准的尺寸标注。

9.7.1　尺寸标注基础知识

AutoCAD 的尺寸标注与我国工程制图标准类似,由尺寸界线、标注文字、尺寸线和箭头四个基本元素组成,如图 9－46 所示。

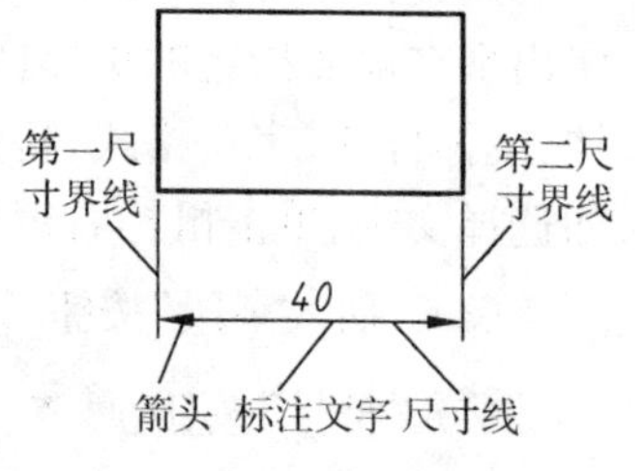

图 9－46　标注的基本组成

标注内容包括尺寸数值、有关符号和文字及单位等内容,一般沿尺寸线放置。AutoCAD 可以自动计算并标出尺寸测量值,因此要求在标注尺寸前必须精确地构造图形。

尺寸标注的步骤如下:

(1) 设立"尺寸标注"图层作为尺寸标注的专用图层,使之与图形的其他信息分开。

(2) 建立符合国标的标注样式。通过"标注样式管理器"对话框设置尺寸线、尺寸界线、尺寸终端符号、比例因子、尺寸格式、尺寸数字字高、尺寸单位、尺寸精度、公差等。

(3) 充分利用对象捕捉功能和实时缩放显示功能,利用各种标注命令进行标注。

9.7.2　标注样式的设定

若以公制单位绘图,AutoCAD 默认的标注样式是 ISO－25。

考虑到实际应用的复杂性和多样性,AutoCAD 提供了设置标注样式的方法,可以创建既符合国标又满足不同应用领域的标准或规定的标注样式。

将某一零件图形按 1∶2 的比例输出到 420×297 的 A3 图纸上,此时的图形界限应为 840×594。现介绍建立其基本的标注样式的方法。

输入"DDIM"命令或点击菜单:"标注→标注样式"或点击"标注"工具栏中按钮或点击"样式"工具栏中按钮后,弹出如图 9－47 所示的"标注样式管理器"。需将系统默认标注样式 ISO－25 进行修改。点击"修改"按钮后,弹出如图 9－48 所示的"修改标注样式:ISO－25" 对话框。共有七个选项按钮,即"线""符号和箭头""文字""调整""主单位""换算单位"和"公差"。下面分别予以介绍:

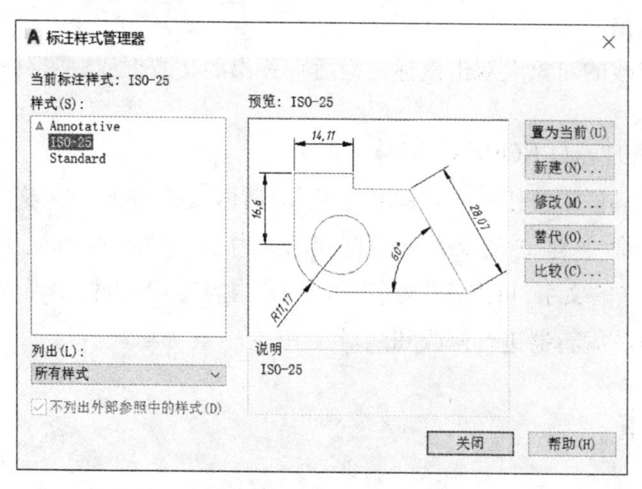

图 9－47　"标注样式管理器"对话框

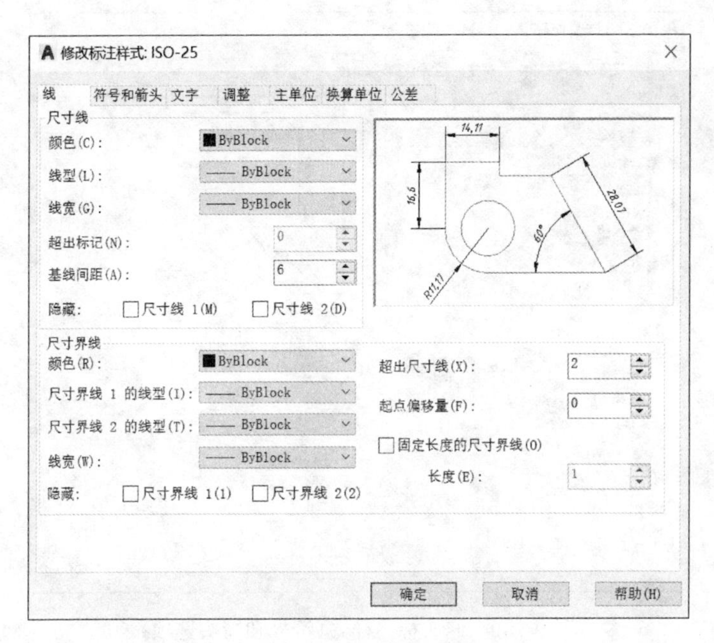

图 9-48 修改标注样式(直线选项)

1. “线”选项

该选项主要是设置尺寸和尺寸界线的有关参数。

尺寸线和尺寸界线的颜色、线宽和线型均按默认设置“ByBlock”。当尺寸标注在“尺寸标注”图层时,则输出时继承尺寸图层的特性。

基线间距决定了基线标注两条尺寸线之间的间距,该距离应大于标注文字的高度,否则将导致基线标注文字与尺寸线重叠。系统的默认设置为 3.75。

设置尺寸线和尺寸界线均打开,则绘图时和输出后均可见。

尺寸界线超出尺寸线的长度,在任何图幅上可设置为 2～5 mm,系统的默认设置为 1.25。

尺寸界线的起点偏移量应设为 0,系统的默认设置为 0.625。

2. “符号和箭头”选项

点击“符号和箭头”按钮后,弹出如图 9-49 所示的对话框。

尺寸线和引线终端的形式的默认设置是实心闭合箭头,这是我们所需要的。若要改变形式可点击下拉列表选择。

箭头的大小在 A2～A4 图纸上设为 3.5 mm,而在 A0 和 A1 图纸上设为 5 mm。箭头的大小的默认设置为 2.5 mm。

通过“圆心标记” ⊙ 命令可给圆或圆弧标注一个记号。若不需要“圆心标记”则可不设定。

3. “文字”选项

点击“文字”按钮后,弹出如图 9-50 所示的对话框。

1) 文字样式

按默认设置 Standard,其设定方法在 9.6.1 节已经介绍,字体为 gbeitc.shx+gbcbig.

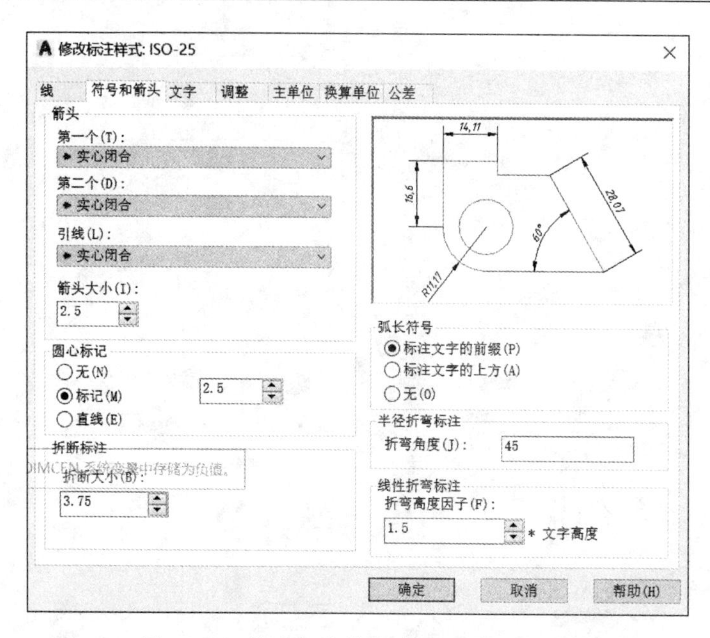

图 9-49　修改标注样式(符号和箭头选项)

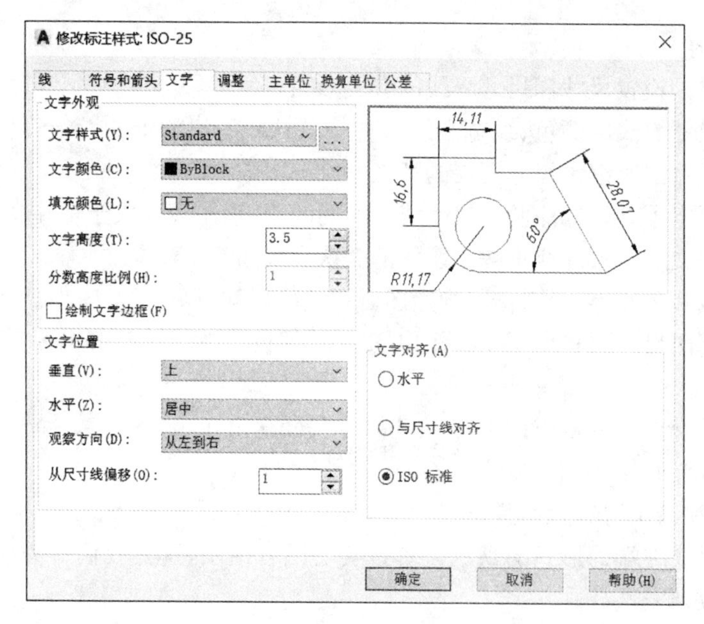

图 9-50　修改标注样式(文字选项)

shx。若需即时设定时,可单击列表框右边的按钮 ... ,在弹出的“文字样式”对话框中进行设置文字样式的操作。

2) 文字颜色

按默认设置 ByBlock,其含义与尺寸线和尺寸界线颜色设置为 ByBlock 相同。一般情况下尺寸线、尺寸界线和文字的线宽是一样的。

3) 文字高度

文字高度(即尺寸数字的高度)对 A2-A4 图纸设定为 3.5,若为 A0、A1 图纸应设定为

5。如果文字样式中设置了文字高度，则此处设定无效。

4）文字位置

该选项用来设定标注文字相对于尺寸线和尺寸界线的位置。

(1) 垂直：设置文字沿尺寸线垂直方向的放置方式，可以有置中（放在尺寸线的中间）、上方（放在尺寸线的上面，系统的默认设置）、外部（放在距离标注定义点最远的尺寸线一侧）、JIS（按照日本工业标准（JIS）放置）。

(2) 水平：设置标注文字沿尺寸线平行方向的放置方式。置中（把标注文字沿尺寸线放在两条尺寸界线中间，系统的默认设置）、第一条尺寸界线（沿尺寸线与第一条尺寸界线左对正排列标注文字）、第一条尺寸界线上方（沿第一条尺寸界线放置文字或把文字放在第一条尺寸界线之上）等等。各种格式的样例可在预览区中预览，以决定是否选用。

(3) 从尺寸线偏移：设置文字与尺寸线的间距。此处设置为1（通常设定为1～1.5，默认设置为 0.625）

5）文字对齐

一般选用"与尺寸线对齐"，即文字始终沿尺寸线平行方向放置或"ISO 标准"对齐方式。

4. "调整"选项

点击"调整"按钮后，弹出如图 9－51 所示的对话框。该选项用来调整尺寸界线、箭头、标注文字以及引线相互间的位置关系。

图 9－51 修改标注样式（调整选项）

1）调整选项

要充分理解"如果尺寸界线之间没有足够的空间放置文字和箭头，那么首先从尺寸界线中移出："这句话的含义。

系统的默认设置为"文字或箭头（最佳效果）"，所标注的文字或箭头自动调整移动至尺寸界线的内侧或外侧。

若选上“箭头”,则当尺寸界线之间不能同时足够放下文字和箭头时,移出箭头而文字放在尺寸界线内。

“文字”“文字和箭头”“文字始终保持在尺寸界线之间”和“若不能放在尺寸界线内,则消除箭头”选项的含义可作类似的理解,最后一个选项可以分别与前五个选项一起使用。

调整后的标注文字将不在默认位置,此时可以通过“文字位置”选项来设定它们的放置方式。

2) 标注特征比例

全局比例影响输出后整个尺寸标注中文字高度、箭头大小尺寸、偏移量和间距等外观特征,按照本例要求“使用全局比例”应设置为“2”(默认设置为 1)。

选定“按布局或图纸空间缩放标注”选项后,AutoCAD 将根据当前模型空间视口和图纸空间的比例确定比例因子。

3) 文字位置和优化

图示设置为系统的默认设置,其他选项的含义可在实践中加以理解或参看系统“帮助”主题。

5. “主单位”选项

点击“主单位”按钮后,弹出如图 9-52 的对话框。

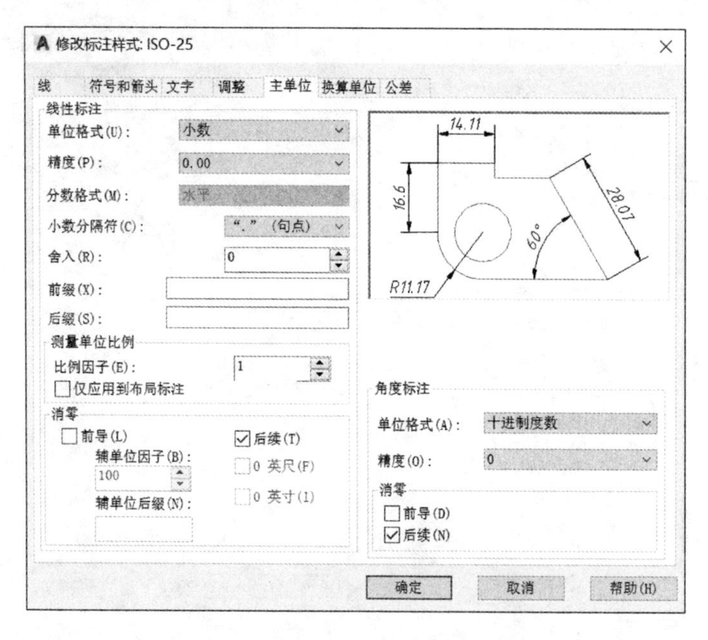

图 9-52　修改标注样式(主单位选项)

图中的“线性标注”选项中的“精度”的默认设置为“0.00”现改为“0”。“角度标注”选项中的“后续”选项的默认设置为关闭,现设定为“打开”。

“测量单位比例”中的“比例因子”的设定将影响输出后尺寸数值的大小,其概念与“调整”选项中“标注特征比例”概念是不同的。

根据题意,本图的图形界线为 840×594,绘图时是以 1∶1 绘图的。因此,此处的“比例因子”应为“1”。它也是系统的默认设置。

如果选中“仅应用到布局标注”复选项，则 AutoCAD 仅将线性比例因子应用到布局标注中。

图中其他的设置均为默认设置。

6. “换算单位”选项

点击“换算单位”按钮后，弹出如图 9-53 所示的对话框。

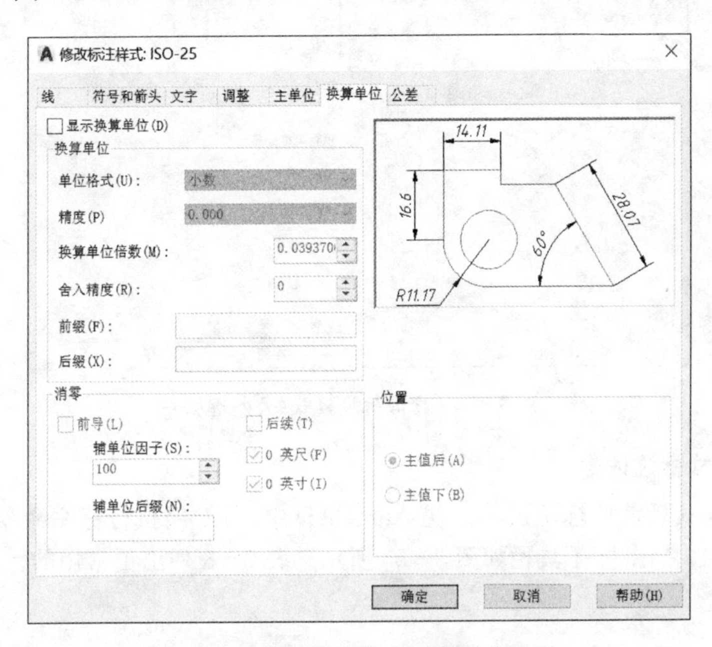

图 9-53　修改标注样式(换算单位选项)

该选项用于设置换算单位的格式和精度，可以将一种单位转换到另一个测量系统中的标注单位。通常在以英制单位的尺寸标注与以公制单位的尺寸标注之间相互转换尺寸，换算后的值显示在旁边的方括号中。

注意：只有选中了“显示换算单位”选项后，才能设置换算单位。

对于本例按图示的默认设置。

7. “公差”选项

点击“公差”按钮后，弹出如图 9-54 所示的对话框。

AutoCAD 提供五种公差方式，即“无”“对称”“极限偏差”“极限尺寸”和“基本尺寸”五种。

在尺寸标注样式中设定公差，将影响用此种样式标注的所有的尺寸。建议：设置尺寸标注样式时不设定公差，即按默认的设置“无”。标注公差时可使用“特性”对话框加注公差的上、下偏差值，或在标注尺寸时使用标注命令中的“多行文字(M)”选项予以标注。

在图样的尺寸标注中，设定一种标注样式是不够的。可按“新建”按钮后在弹出的“创建新标注样式”对话框中确定“新样式名”、“基础样式”和“用于”何种标注后，按“确定”按钮后，在弹出的“新建标注样式”对话框中按前述所介绍的步骤来设定若干种新的样式。

新建的标注样式将出现在“样式”列表中。

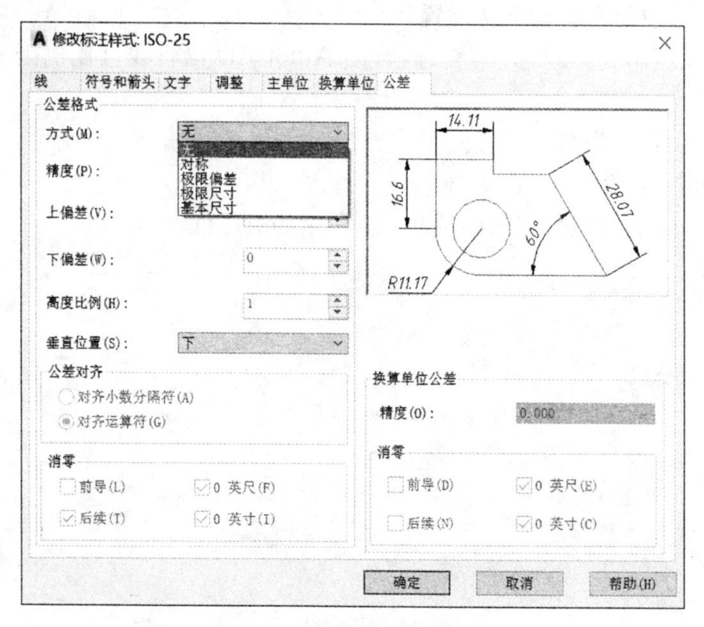

图 9－54　修改标注样式(公差选项)

9.7.3　尺寸标注命令

设定标注样式后就可标注尺寸。在 AutoCAD 中,有专门执行标注命令的“标注”菜单及“标注”工具栏。“标注”工具栏如图 9－55 所示。表 9－3 列出了常用的标注命令、图标及简要的说明。

图 9－55　“标注”工具栏

表 9－3　常用标注命令说明

标注名称	图标	命　令	功　　能
线性		DIMLINEAR	测量和标注横平、垂直的两点间的距离
对齐		DIMALIGNED	测量和标注倾斜位置的对象两点间的距离
坐标		DIMORDINATE	测量和标注图形任意一点的 X 或 Y 坐标值
直径		DIMDIAMETER	测量和标注圆弧的直径尺寸
半径		DIMRADIUS	测量和标注圆的半径尺寸
角度		DIMANGULAR	测量和标注两条直线间的夹角、一段弧的圆心角或三点之间的角度
快速		QDIM	快速进行一系列标注

续 表

标注名称	图标	命 令	功 能
基线		DIMBASELINE	标注具有共同的第一尺寸界线，测量值是从相同的基准线测量得出的尺寸
连续		DIMCONTINUE	标注中的所有标注共享一条尺寸线，使用上一个标注的第二尺寸界线作为后面连续标注的第一尺寸界线
快速引线		QLEADER	通过引线注释指明各部位的名称、材料以及形位公差等信息。注释可以是文字、块和特征控制边框
形位公差		TOLERANCE	标注对象的形状、轮廓、方向、位置和跳动的偏差
圆心标记		DIMCENTER	给予圆或圆弧的圆心一个记号

现举例说明尺寸标注的方法，标注尺寸时要充分利用捕捉功能。

【例 9－17】 标注如图 9－56 所示的尺寸。

命令：dimlinear

指定第一条尺寸界线原点或 ＜选择对象＞：(拾取 A 点)

指定第一条尺寸界线原点或 ＜选择对象＞：(拾取 B 点)

指定尺寸线位置或[多行文字(M)/文字(T)/角度(A)/水平(H)/垂直(V)/旋转(R)]：(移动鼠标确定尺寸线的位置后拾取一点)

标注文字 ＝ 17 (显示标注结果)

命令：dimaligned

指定第一条尺寸界线原点或 ＜选择对象＞：(拾取 B 点)

指定第二条尺寸界线原点：(拾取 C 点)

指定尺寸线位置或[多行文字(M)/文字(T)/角度(A)]：(移动鼠标确定尺寸线的位置后拾取一点)

标注文字 ＝ 20 (显示标注结果)

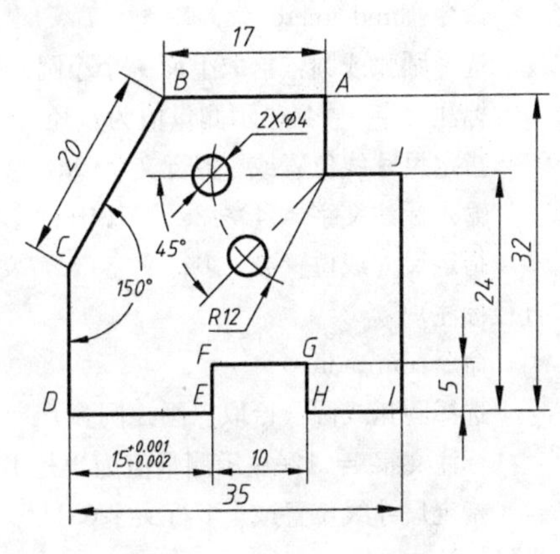

图 9－56 尺寸标注例 1

线段 CD 的标注与线段 AB 的标注方法相同。

命令：dimlinear

指定第一条尺寸界线原点或 ＜选择对象＞：(拾取 D 点)

指定第二条尺寸界线原点：(拾取 E 点)

指定尺寸线位置或[多行文字(M)/文字(T)/角度(A)/水平(H)/垂直(V)/旋转(R)]：m(回车后弹出“文字格式”对话框，按书 8.6.4 节介绍的方法注写上下偏差)

指定尺寸线位置或[多行文字(M)/文字(T)/角度(A)/水平(H)/垂直(V)/旋转(R)]：(移动鼠标确定尺寸线的位置后拾取一点)

标注文字 ＝ 15(在命令窗口中仅显示 15，在图形窗口中完整显示所要的尺寸标注)

命令：dimcontinue

指定第二条尺寸界线原点或 [放弃(U)/选择(S)] ＜选择＞：(自动以上一次标注 DE 段的右尺寸界线为第一尺寸界线，拾取 H 点后回车)

标注文字 ＝ 10(显示尺寸标注为 10)

(线段DI和HG的标注与线段AB的标注方法相同。)

命令:dimbaseline

指定第二条尺寸界线原点或[放弃(U)/选择(S)]<选择>:s(选择基准界线)

选择基准标注:(拾取HG段的下面尺寸界线)

指定第二条尺寸界线原点或[放弃(U)/选择(S)]<选择>:(拾取J点)

标注文字 = 24(显示尺寸为24的标注)

指定第二条尺寸界线原点或[放弃(U)/选择(S)]<选择>:(拾取A点)

标注文字 = 32(显示尺寸32的标注)

指定第二条尺寸界线原点或[放弃(U)/选择(S)]<选择>:(回车退出)

命令:dimangular

选择圆弧、圆、直线或<指定顶点>:(拾取直线CB)

选择第二条直线:(拾取直线CD)

指定标注弧线位置或[多行文字(M)/文字(T)/角度(A)]:(移动鼠标至合适的位置后拾取一点)

标注文字 = 150 (显示角度标注)

(45°角度的标注方法与上相同。)

命令:dimdiameter

选择圆弧或圆:(拾取上面一个小圆)

标注文字 = 4(显示测量值为直径4)

指定尺寸线位置或[多行文字(M)/文字(T)/角度(A)]:t

输入标注文字<4>:2x%%c4 (回车)

指定尺寸线位置或[多行文字(M)/文字(T)/角度(A)]:(移动鼠标至合适的位置拾取一点后即显示直径标注)

命令:dimradius

选择圆弧或圆:(拾取点画线圆弧)

标注文字 = 12(显示测量值为半径12)

指定尺寸线位置或[多行文字(M)/文字(T)/角度(A)]:(移动鼠标至合适的位置拾取一点后即显示半径标注)

线性标注(DIMLINEAR)是一种常用的标注,选项"多行文字(M)"和"文字(T)"在上例中有所使用,选项"角度(A)"是改变尺寸数字与尺寸线的角度,"旋转(R)"是改变尺寸界线和尺寸线的夹角。

上例中其他未涉及的选项含义和应用请参看"帮助"和有关的书籍。

【例9-18】 标注如图9-57所示的尺寸。

用"线性"标注命令标注尺寸ϕ20和ϕ10,其中加注符号ϕ时需用"文字(T)"选项。下面说明图中的其他标注。

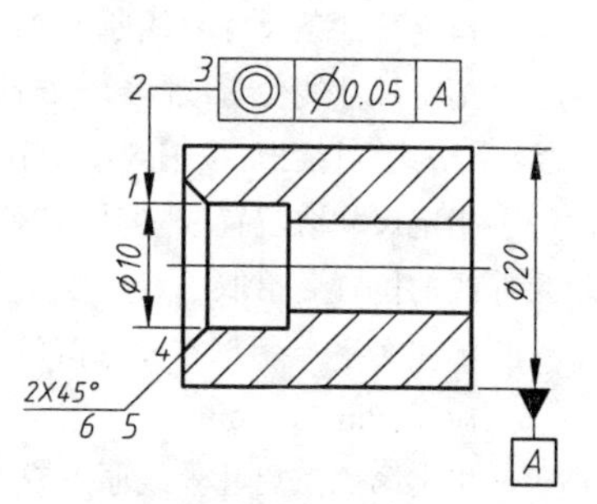

图9-57 尺寸标注例2

命令:qleader

指定第一个引线点或[设置(S)]<设置>:(回车后弹出如图9-58所示的引线设置对话框,选上"多行文字"选项;点击"引线和箭头"按钮,在"箭头"选项卡的下拉列表中选择"无",在"角度约束"选项卡中"第一段"的下拉列表选择45°,其他按默认的设置设定;点击"附着"按钮,选择"最后一行加下划线";点击"确定"按钮)

指定第一个引线点或[设置(S)]<设置>:(拾取点4)

指定下一点：(拾取点 5)

指定下一点：(拾取点 6)

指定文字宽度 ＜0＞：(回车)

输入注释文字的第一行 ＜多行文字(M)＞：2x45%%d

输入注释文字的下一行：(回车后即注写完毕)

命令：qleader

指定第一个引线点或［设置(S)］＜设置＞：(回车后弹出如图 9－58 所示的“引线设置”对话框，选上“公差”后，点击“引线和箭头”按钮，按默认的设置设定，点击“确定”按钮)

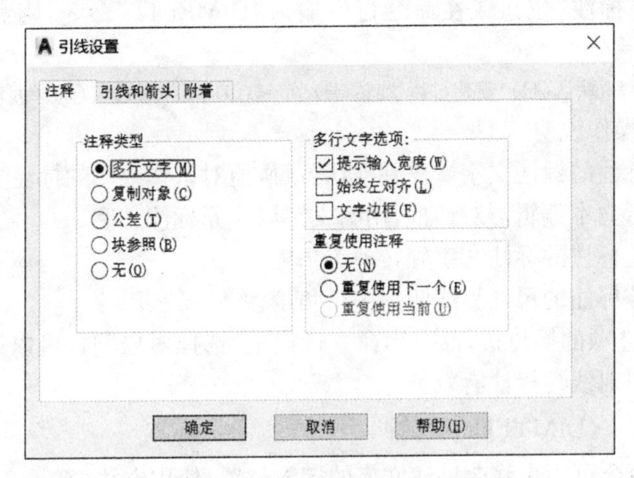

图 9－58 “引线设置”对话框

指定第一个引线点或［设置(S)］＜设置＞：(拾取点 1)

指定下一点：(拾取点 2 即得带箭头的一条垂直线，此时若按“Esc”键退出命令后可得一个箭头)

指定下一点：(拾取 3 点后即得一条水平的指引线并弹出如图 9－59 所示的“形位公差”对话框，按图 9－59所示设置后按“确定”按钮即可)

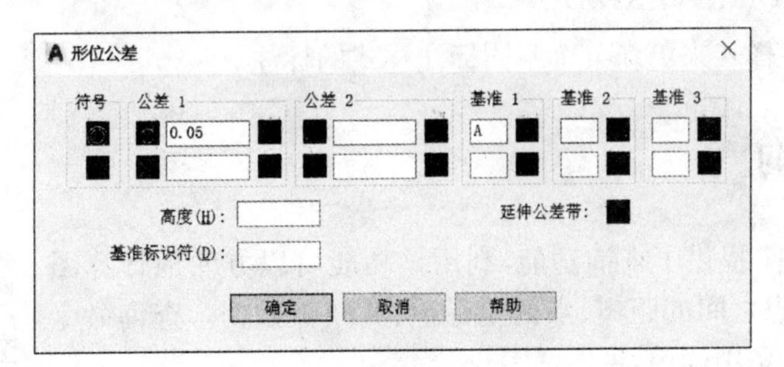

图 9－59 “形位公差”对话框

下面介绍尺寸“2×45°”的注写过程。

注意：用 QLEADER 命令注写时，引线和注释是两个有关联而又独立的对象。注释文字(或形位公差)与引线是附着与被附着的关系，附着点即为引线的最后一个端点。移动引线时注释文字不移动，但移动文字(或形位公差)时，引线端点随之移动。

9.7.4 尺寸标注的编辑

当标注的布局不合理时，会影响到图形表达信息的准确性，应对标注进行局部调整。如编辑标注文字、移动尺寸线和尺寸界线的位置以及修改标注的颜色、线型等外部特征。

1. 使用对象特性管理器

启动对象特性管理器,“特性”对话框可以同时修改一个或多个标注,修改的内容包括标注的外部特征、标注文字内容、公差以及该标注使用的标注样式等。

2. 使用“标注”工具栏

在 AutoCAD 2017 的“标注”工具栏中有三个编辑和修改标注的按钮。

1) 编辑标注(DIMEDIT)

(1) 点击“编辑标注”按钮或在命令行中输入“DIMEDIT”命令,则命令行显示下面的提示:

输入标注编辑类型[默认(H)/新建(N)/旋转(R)/倾斜(O)]<默认>:(选择编辑选项)

(2) 各选项的操作说明

默认:将选定标注的标注文字恢复到默认位置,但对未作改动的标注不起作用。

新建:弹出多行文本编辑器对话框,用新文字取代原标注文字。

旋转:将所选定标注的标注文字旋转一个角度。

倾斜:将所选定标注的尺寸界线倾斜一个角度。

(3) 在对各个选项的操作过程中,当命令行提示“选择对象”时,可以选择一个或多个标注,但“倾斜”选项只对线性标注有效。

2) 编辑标注文字(DIMTEDIT)

DIMTEDIT 命令可用来修改标注文字的摆放位置,使用方法如下:

(1) 点击“编辑标注文字”按钮或输入“DIMTEDIT”命令后,命令行提示:

选择标注:

指定标注文字的新位置或[左(L)/右(R)/中心(C)/默认(H)/角度(A)]:(用鼠标拾取一个新位置)

(2) 根据命令行提示选择上面的选项可将文字位置放在左、右、中心、默认等处。

3) 标注更新(DIMOVERRIDE)

使用当前标注样式来更新某个不同标注样式的标注。

9.8 对象查询

AutoCAD 2017 提供了查询功能,利用该功能可以方便地计算图形对象的面积、两点之间的距离、点的坐标值、时间等数据。查询命令可以从“查询”工具条中调用,见图 9-60。

图 9-60 查询工具栏

9.8.1 求距离(DIST)

DIST 命令用于求指定的两个点之间的距离以及有关的角度。启动命令的方法是:输入“DIST”或点击菜单:“工具→查询→距离”或单击“查询”工具栏中的图标。

命令:dist 指定第一点:(输入一点,如输入 10,10)

指定第二点:(输入一点,如输入 30,40)

距离 = 36,*XY* 平面中的倾角 = 56, 与 *XY* 平面的夹角 = 0

X 增量 = 20, *Y* 增量 = 30, *Z* 增量 = 0

上面的结果说明：点(10,10)与点(30,40)之间的距离是36，这两点的连线与 X 轴正方向的夹角为56°，与 XY 平面的夹角为0°，这两点在 X、Y、Z 方向的坐标差分别为20、30、0。

9.8.2　求面积(AREA)

AREA 命令可用于：

(1) 在指定三点或更多点之后，求出它们所围成封闭多边形的面积和周长；

(2) 在指定对象后，可求出该对象的面积和周长；

(3) 在加模式下，把求出的面积加入到总面积中；

(4) 在减模式下，把求出的面积从总面积中减去。

启动命令的方法是：输入“AREA”或点击菜单：“工具→查询→面域”或点击“查询”工具栏中的图标 。

【例9-19】 求如图9-61所示的阴影部分面积。

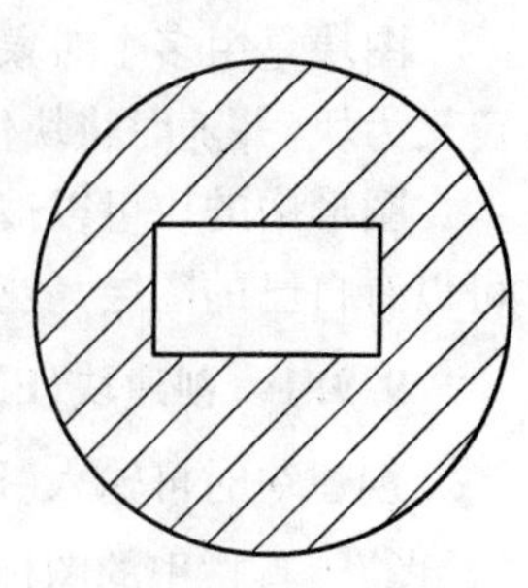

图9-61　求面积

命令：area

指定第一个角点或[对象(O)/加(A)/减(S)]：a(回车)

指定第一个角点或[对象(O)/减(S)]：o(回车)

(“加”模式) 选择对象：(拾取圆) 面积 ＝ 853.2622，圆周长 ＝ 103.5491

总面积 ＝ 853.2622

(“加”模式) 选择对象：(回车)

指定第一个角点或[对象(O)/减(S)]：s

指定第一个角点或[对象(O)/加(A)]：o(矩形为多段线，故选择o，若不是多段线，应拾取矩形的四个顶点)

(“减”模式) 选择对象：(拾取矩形)

面积 ＝ 134.8147，周长 ＝ 48.4500

总面积 ＝ 718.4475

(“减”模式) 选择对象：(回车)

其结果：圆的面积＝853.2622，圆周长 ＝ 103.5491；矩形面积 ＝ 134.8147，周长 ＝ 48.4500；阴影部分面积 ＝ 718.4475。

9.8.3　列表显示指定对象的数据(LIST)

LIST 命令用于以列表的形式显示描述所指定对象特性的有关数据。

启动命令的方法是：输入“LIST”或点击菜单：“工具→查询→列表显示”或点击“查询”工具栏中的图标 。

其命令提示为：

命令：list

选择对象：(选取对象)

注意：执行 LIST 命令后所显示的信息，取决于对象的类型，它包括对象的名称、对象在图中的位置、对象所在的图层和对象的颜色等。除了对象的基本参数外，由它们导出的扩充数据也被列出。

9.8.4　显示点的坐标(ID)

ID 命令是在指定点后显示该点的坐标值。启动命令的方法是：输入“ID”或点击菜单：“工具→查询→定位点”或点击“查询”工具栏中的图标 。

注意：使用 ID 命令取得点位的坐标后，AutoCAD 即把这个点作为最后生成的点，在后续命令中,当提示要求输入一个点时输入@即可调用该点。

8.8.5 状态显示(STATUS)

使用STATUS命令,可以显示当前图形中的对象数量,绘图范围(包括设置的绘图界限、实际的绘图范围、当前屏幕显示的范围)以及各种绘图模式和某些绘图参数的设置,说明当前图形的状态。启动命令的方法是:输入“STATUS”或点击菜单:“工具→查询→状态”。

输入STATUS命令后,系统将切换到文本窗口,显示当前图形的状态。

9.9 图块与属性

图块是由多个对象组成并赋予块名的一个整体,AutoCAD可以把一些重复使用的图形定义为块,并随时将块作为单个对象插入到当前图形中的指定位置。

图形中的块可以被移动、旋转、删除和复制,还可以给它定义属性。组成块的各个对象可以有自己的图层、线型、颜色等特性。

9.9.1 创建块(BMAKE)

创建块时可输入“BMAKE(或BLOCK)”命令或点击菜单:“绘图→块→创建”或点击“绘图”工具栏中的图标 。

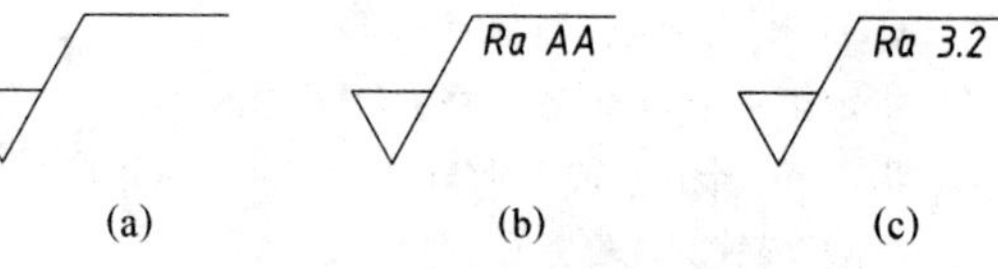

图9-62 带有属性的表面粗糙度块

下面以图9-62(c)所示的表面粗糙度符号为例来说明创建带有属性的块的步骤。

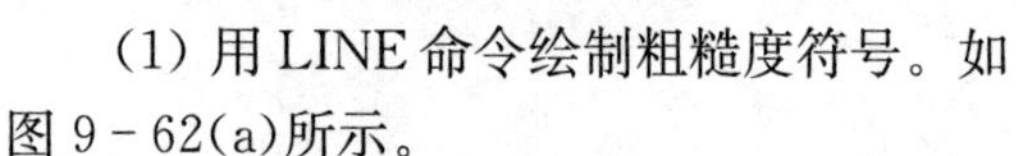

(1) 用LINE命令绘制粗糙度符号。如图9-62(a)所示。

(2) 定义属性。属性是特定的包含在块定义中的文字对象,可以存储与之关联的块的说明信息。此处属性是指可变动的*Ra*数值。

输入“ATTDEF”命令或点击菜单:“绘图→块→定义属性”后弹出如图9-63所示的“属性定义”对话框。

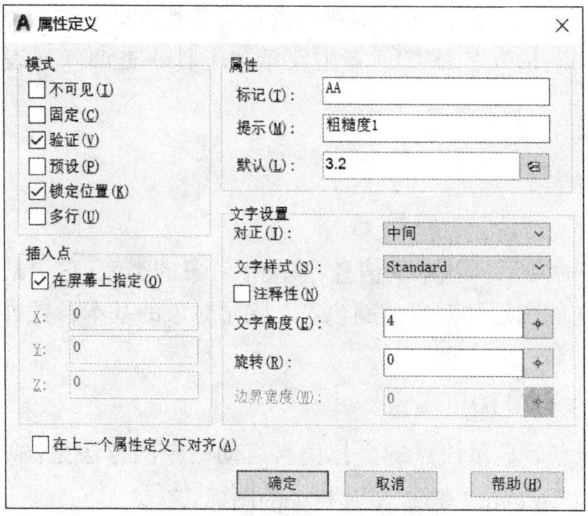

属性定义
模式
不可见(I)
固定(C)
验证(V)
预设(P)
锁定位置(K)
多行(U)
属性
标记(T): AA
提示(M): 粗糙度1
默认(L): 3.2
插入点
在屏幕上指定(O)
X: 0
Y: 0
Z: 0
文字设置
对正(J): 中间
文字样式(S): Standard
注释性(N)
文字高度(E): 4
旋转(R): 0
边界宽度(W): 0
在上一个属性定义下对齐(A)
确定 取消 帮助(H)

图9-63 “属性定义”对话框

说明：

① 验证：指定属性为变量属性，插入与该属性关联的块时，AutoCAD 会提示“验证属性值”。

② 标记：此框不能为空，在此框中键入文字如 AA，它将作为粗糙度数值的标记显示在图形中。

③ 提示：输入属性定义的提示信息，如“粗糙度 1”。如果此输入框中为空，则将标记框中的内容作为提示信息。

④ 值：在此框中输入 3.2，该数值将作为属性定义的默认值。

⑤ 在“插入点”框中指定属性定义的位置，可以直接键入插入点的坐标值，通常选择“在屏幕上指定”插入位置。

⑥ 属性字符的对正方式选“中心对齐”、文字样式应使用前面介绍的文字样式，即 Standard，高度为 4 及旋转角度为 0。

⑦ 点击“确定”按钮，在屏幕上拾取合适的插入点后则所创建属性的标记出现在图形中，如图 9－62(b)所示。

(3) 创建块的操作步骤

输入 BMAKE 命令，弹出如图 9－64 所示的“块定义”对话框。

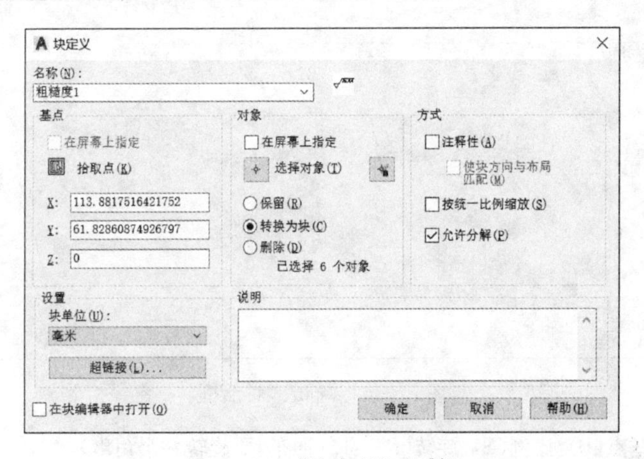

图 9－64　“块定义”对话框

① 输入块定义的名称“粗糙度 1”。

② 点击“拾取点”按钮在屏幕上捕捉粗糙度符号下方的尖端点为插入点。

③ 点击“选择对象”按钮，对话框暂时关闭，用构造选择集的方式选择构成粗糙度块的对象，包括属性。完成后按 Enter 键，重新显示对话框，并提示已选择 4 个对象。

④ 选择“转换为块”，即创建后所选择的对象组合成块。

⑤ “说明”框中可写入说明文字。如块特征的提示信息，这将有助于以后在 AutoCAD 设计中心中显示标识和查找该块。

⑥ 选择“允许分解”，这将有助于使用“分解”(Explode)命令分解原块后重定义块。

⑦ 点击“确定”按钮，完成带有属性的块定义，如图 9－62(c)中所示。

注意：

(1) 块定义是十分灵活的，一个块中可以包含不同图层上的对象。如果创建块定义时，组成块的对象在0图层上，并且对象的颜色、线型和线宽设置为ByLayer(随层)，则将该块插入到当前图层时，AutoCAD将指定该块各个特性与当前图层的基本特性一致。如果将组成块对象的颜色、线型或线宽设置为ByBlock(随块)，则插入此块时，组成块的对象的特性将与当前图层的特性一致。

(2) 用BMAKE和BLOCK命令创建的块为内部块，只能在当前图中直接调用。若要将此图块插入到其他文件中，则应先保存文件后再使用AutoCAD“设计中心”予以插入。

9.9.2　插入块(INSERT)

将建立的块按指定位置插入到当前图形中，并且可以改变块的比例和旋转角度。启动命令的方法是：输入“INSERT”或点击菜单：“插入→块”或点击“绘图”工具栏中图标 。

【例9-20】 将前面创建的块“粗糙度1”和“粗糙度2”插入到图9-65所示的图中。

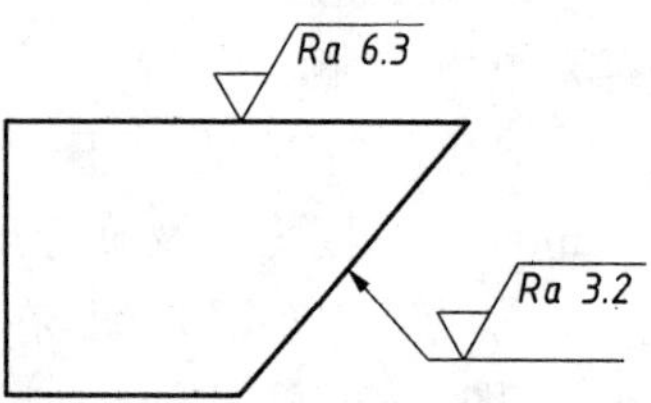

图9-65　粗糙度块的插入

先介绍块“粗糙度2”的插入。

命令：insert(弹出如图9-66所示的“插入”对话框，在“名称”栏中选择“粗糙度2”，点击“确定”按钮后按命令窗口中的提示操作)

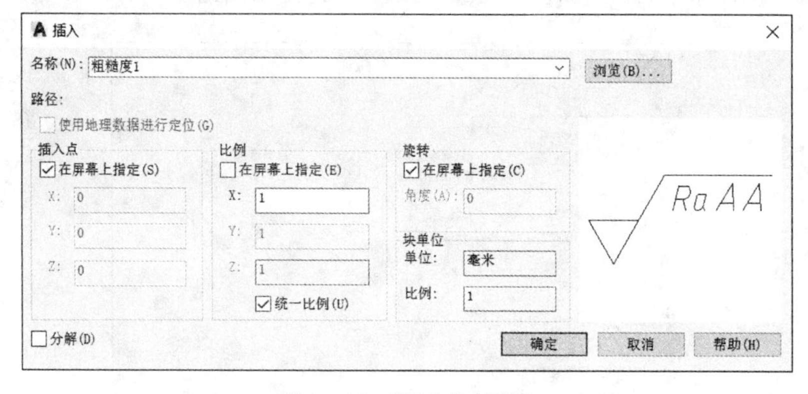

图9-66　“插入”对话框

指定插入点或[基点(B)/比例(S)/旋转(R)]:R (回车，要旋转一个角度)

指定旋转角度 <0>:45(回车，块旋转45°)

指定插入点或[基点(B)/比例(S)/旋转(R)]:(用最近点(NEA)命令捕捉拾取一插入点)

输入属性值

粗糙度2 <6.3>:3.2(回车)

验证属性值

粗糙度2 <3.2>:(回车后即插入了Ra值为3.2的粗糙度符号)

说明：

(1) 一般应选择在“在屏幕上指定”插入点和在屏幕上指定“旋转角度”。

(2) “缩放比例”可在“在屏幕上指定”或在对话框中设定，选择“统一比例”和“*X*”为1是指定插入块与原块的比例因子为1，包括*X*,*Y*比例。“缩放比例”的确定应与图形界限的设定相联系。

(3) 如果要将块作为分离对象而非一个整体插入，则可以选中“分解”复选项。

块“粗糙度 1 ”的插入步骤与块“粗糙度 2 ”一样。

9.9.3 编辑属性和块

1. 增强属性编辑器

输入“EATTEDIT”命令或点击菜单:“修改→对象→属性→单个”或点击“修改Ⅱ”工具栏中图标 或双击要编辑的块后,将弹出“增强属性编辑器”对话框。

在对话框中可修改属性值、属性文字的特性和文字样式等。

2. 块的重定义

对于已插入的块若需要修改时,可以使用原有块的名称重新定义块来实现。重定义块后,图形中所有对该块的引用将立即被更新,而且重定义操作对以前和将来的块引用都有影响。

操作步骤如下:

(1) 使用分解(EXPLODE)命令分解图块。

(2) 修改块中的对象。

(3) 使用 BMAKE 命令,对编辑过的块重新以同名定义,其他步骤同 8.9.1 节。

9.10 图形输出

工程图纸的输出是设计工作的一个重要环节。在 AutoCAD 2017 中打印输出,应先将所使用的打印输出设备配置好。图形既可在模型空间也可在布局中打印输出。

下面简要介绍在模型空间中的打印输出。输入“PLOT”命令或点击菜单:“文件→打印”或点击“标准”工具栏中的图标 后,弹出“打印-模型”对话框,点击对话框右下角按钮 后,其界面如图 9-67 所示。

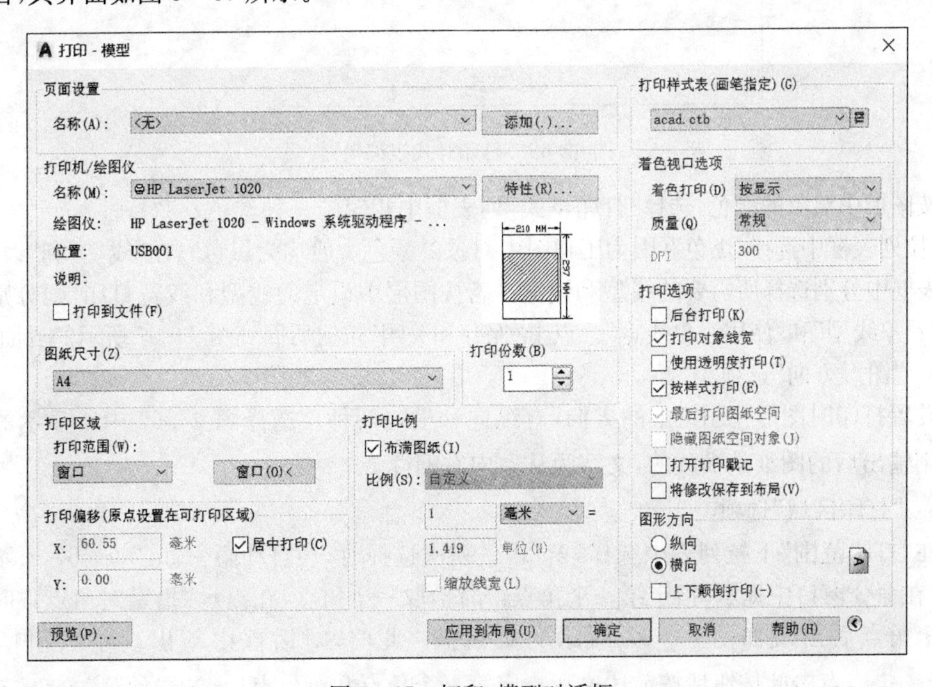

图 9-67 打印-模型对话框

对话框中的内容及功能简要说明如下：

1. “打印机/绘图仪”选项

用于指定当前已配置的系统打印机。

2. “打印样式表”选项

在下拉列表中选择“acad. ctb”打印样式，这种样式即为“颜色相关打印样式”，其格式为“. ctb”。点击下拉列表框右侧按钮 后，弹出“打印样式表编辑器”对话框，点击“格式视图”按钮后的对话框如图 9 - 68 所示。

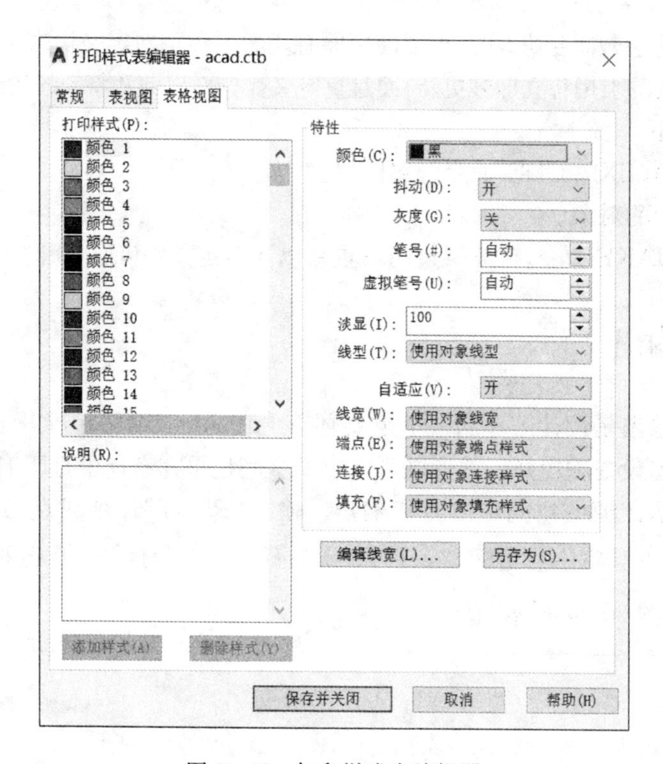

图 9 - 68　打印样式表编辑器

按图形中对象的颜色，选择“打印格式”列表框中相应的一种颜色，在“特性”选项中的“颜色”下拉列表框中选择“黑色”(因为工程图中对象的颜色一般均为黑色)；在“线型”和“线宽”下拉列表框中分别选择所需要的线型和线宽。若按图层中设定的线型和线宽打印，则分别选择“使用对象线型”和“使用对象线宽”。点击“保存和关闭”按钮后回到图 9 - 67 所示的界面。

3. “图形方向”选项

设置打印时图形在图纸上的方向，有纵向和横向两种。选择图 9 - 67 中所显示的图标 ，则输出后的图纸是横放的，文字为从左向右阅读。

4. “打印区域”选项

在“打印范围”下拉列表中选择“窗口”。初次选择时，会自动隐去如图 9 - 67 所示的对话框，在命令窗口中提示“指定第一个角点：”时拾取一个角点，在提示“指定对角点：”时拾取另一个角点后出现如图 9 - 67 所示的对话框。此时，对话框中新出现了“窗口”按钮 ，点击此按钮后按前述过程指定第一个角点和对角点后点击“预览”按钮，其预览的结果即为输出后的结果。然后再点击“确定”按钮后进行图纸的打印。

“打印-模型”对话框的其他选项请参阅“帮助”和有关书籍。

9.11 零件图绘制举例

下面举例说明零件图的一般绘制步骤。

【例 9-21】 图 9-69 所示是一个法兰盘的零件图,要求输出在 A4(297×210)图纸上。

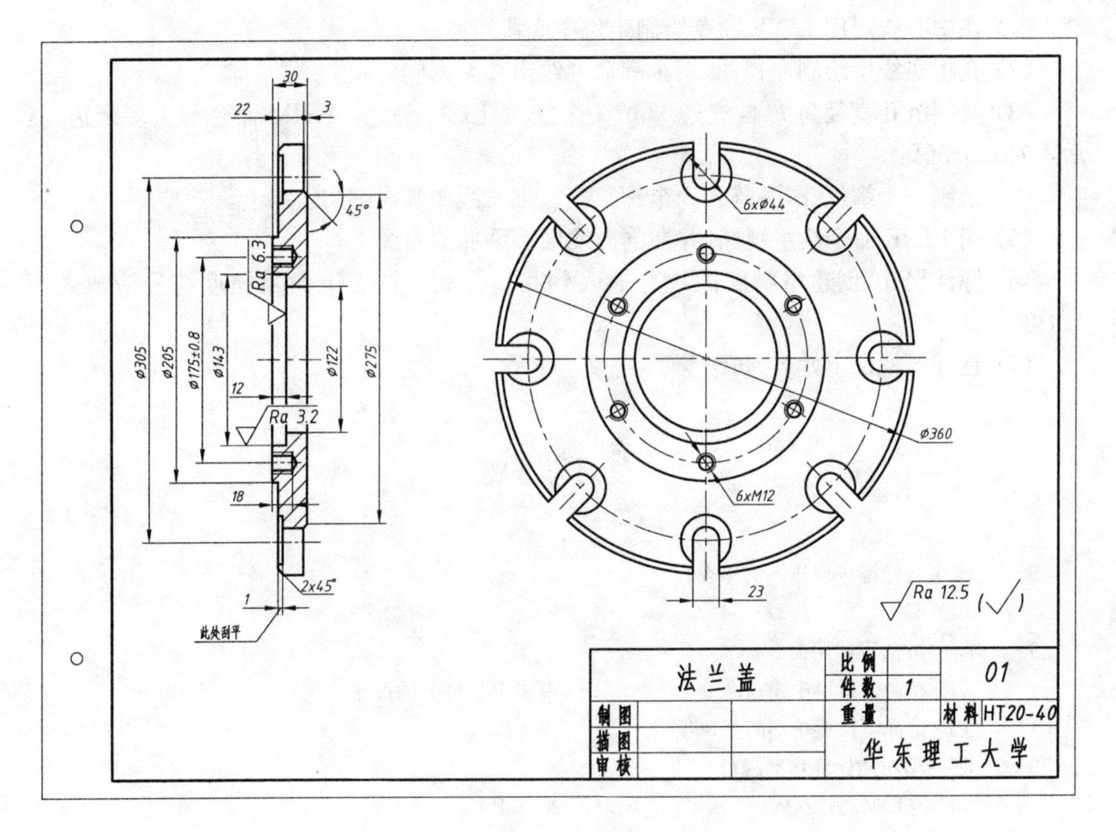

图 9-69 法兰盘零件图的绘制

9.11.1 图形的基本设置

(1) 创建 Acadiso. dwt 新图形。

(2) 使用 DDUNITS 命令设置图形单位、尺寸精度等。本图形精度设为整数。

(3) 使用 LIMITS 命令设置图形界限,作图比例为 1∶3,要输出于 A4 图纸,该法兰零件图形界限应设为 891×630;并用 Zoom→All 命令使屏幕显示全部图形范围。

(4) 使用 LAYER 命令设置适当数量的图层(包含设置线型、颜色和线宽等)。按粗实线、细实线、中心线、尺寸线、剖面线、文字等名称设定图层。

(5) 使用 STYLE 命令设置文本字体样式。字体设为 gbeitc. shx+ gbcbig. shx,文字字高为默认值 0。

(6) 使用 DIMSTYLE 设置几种常用的尺寸标注样式。设定文字高度为 3.5,箭头大小为3.5,“调整”选项中的“标注特征比例”选项中的“使用全局比例”设为3。

(7) 绘制图框和标题栏,本图形中标题栏的大小应为(150×3,40×3)=450×120,标题栏中的文字高度要适当。

(8) 将图形以.dwt格式存为样板文件,以便用此图形设置绘制另一新图。此即为以1∶3输出的A4样板图,然后在该样板图上绘制法兰盘零件图后以.dwg格式保存为图形文件。

9.11.2 法兰盘的绘制

(1) 在中心线层用LINE命令绘制定位中心线。

(2) 在粗实线层绘制左视图,用画圆命令绘出一系列同心圆。

(3) 绘制沉孔直径为ϕ44,槽宽23的一个法兰孔,并用修剪TRIM命令剪去多余边,然后阵列8个沉孔。

(4) 绘制一个螺纹孔,并阵列6个螺纹孔。细实线要画在细实线层上。

(5) 用LINE命令绘主视图,并在剖面线层上添加剖面线。

(6) 标注尺寸,创建粗糙度图块并插入到相应位置。图右上角粗糙度符号应放大至1.4倍。

(7) 在标题栏加上姓名、班级等。

复习思考题

9-1 哪个功能键可以进入文本窗口?

(1) F1　(2) F4　(3) F3　(4) F2

9-2 哪些方法可调用命令?

(1) 在命令窗口中输入命令　(2) 单击工具栏上的按钮

(3) 选择下拉菜单中的菜单项　(4) 以上均可

9-3 哪一项功能让你移动视口?

(1) ZOOM/窗口(W)　(2) 平移PAN

(3) ZOOM/范围(E)　(4) ZOOM /全部(A)

9-4 如对不同图层上的两个对象作倒棱角(Chamfer),则新生成的棱边位于:

(1) 0层　(2) 当前层

(3) 选取第一对象所在层　(4) 另一对象所在层

9-5 注写文字2×45°,可以输入以下内容:

(1) 2×45%%C　(2) 2×45%%D

(3) 2×45%%P　(4) 2×45%%O

9-6 在“图形单位”(DDUNITS)对话框中,0度设为东。角度测量为逆时针方向,90度角将在:

(1) 北　(2) 南　(3) 西　(4) 东

9-7 如果系统变量PELLIPSE设为0,那么:

(1) 生成多段线表示的椭圆　(2) 生成填充的图形对象

(3) 生成真正的椭圆

9-8 使用一次复制命令可复制:

（1）一个对象　　　　　　　　　　　　（2）两个对象

（3）多个对象　　　　　　　　　　　　（4）以上均可

9-9　已知图形中有一个直径为 200 的圆，需作直径分别为 160、120、80 的三个圆，可使用的最快作图命令是：

（1）阵列　　　　（2）偏移　　　　（3）复制

9-10　快速保证两视图长对正和高平齐的操作方式是：

（1）启用“捕捉”模式　　　　　　　　（2）启用“对象捕捉”模式

（3）启用“极轴”模式　　　　　　　　（4）同时启用“对象捕捉”、“对象追踪”和“极轴”模式

9-11　在“对象捕捉”模式打开时：

（1）可使用单点捕捉　　　　　　　　（2）不可使用单点捕捉

9-12　欲改变对象的实际大小，应选用命令：

（1）缩放(ZOOM)　　　　（2）比例缩放(SCALE)　　　　（3）平移(PAN)

9-13　矩形阵列中的行距和列距是指什么距离？行距为负值时，复制的对象排列在源对象的哪一边？列距为负值时，复制的对象排列在源对象的哪一边？

9-14　当你偶然错把图形画在其他图层上，如果不删除和重画，怎样纠正你的错误？

9-15　以尺寸$\dfrac{6\times\phi 10}{\text{沉孔}\ \phi 20\ \text{深}\ 5}$为例说明快速引线标注的设置及步骤。

9-16　详述标注尺寸 $\phi 150g6\begin{pmatrix}-0.014\\-0.039\end{pmatrix}$的步骤。

9-17　使用公制样板图 Acadiso.dwt，按图示尺寸绘制题图 9-17 图所示的平面图形，要求按需设置图层及层的特性。

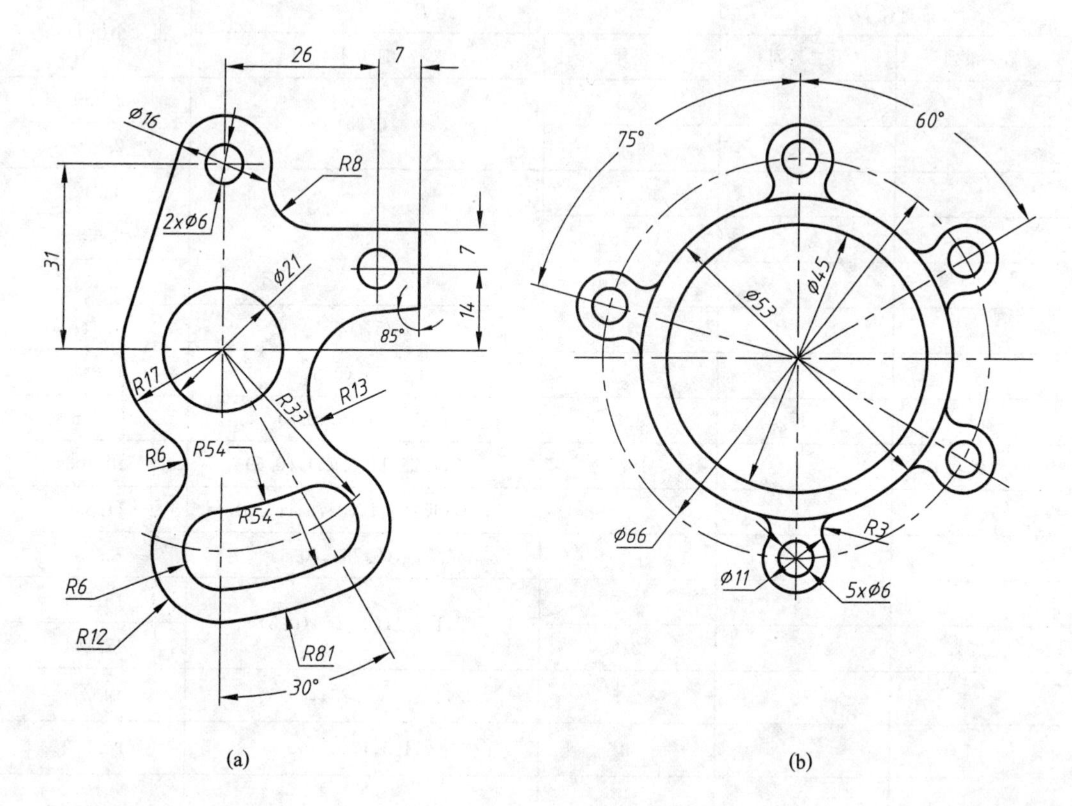

(a)　　　　　　　　　　　　　　　　(b)

题图 9-17

附表A 螺 纹

普通螺纹(摘自 GB/T 193—2003、GB/T 196—2003)

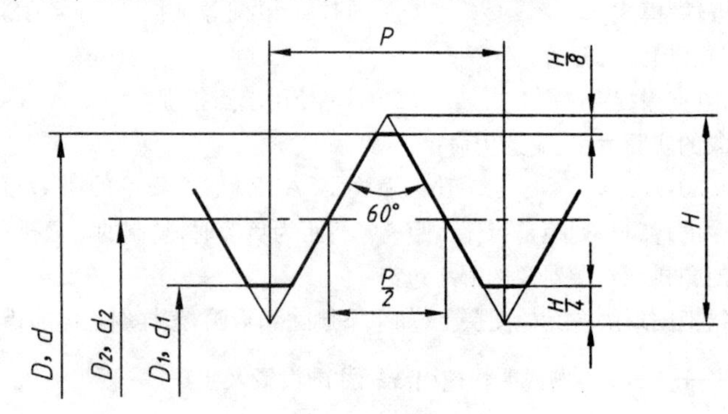

标记示例:普通螺纹公称直径 10 mm,顶径公差带代号 5*g*,中径公差带代号 6*g*

M10—5*g*6*g*

表 A-1 直径与螺距系列、基本尺寸 mm

公称直径 D,d		螺距 P		粗牙小径 D_1,d_1
第一系列	第二系列	粗牙	细 牙	
3		0.5	0.35	2.459
	3.5	(0.6)		2.850
4		0.7	0.5	3.242
	4.5	(0.75)		3.688
5		0.8		4.134
6		1	0.75,(0.5)	4.917
8		1.25	1,0.75,(0.5)	6.647
10		1.5	1.25,1,0.75,(0.5)	8.376
12		1.75	1.5,1.25,1,(0.75),(0.5)	10.106
	14	2	1.5,(1.25),1,(0.75),(0.5)	11.835
16		2	1.5,1,(0.75),(0.5)	13.835
	18	2.5	2,1.5,1,(0.75),(0.5)	15.294
20		2.5		17.294
	22	2.5	2,1.5,1,(0.75),(0.5)	19.294
24		3	2,1.5,1,(0.75)	20.752
	27	3	3,2,1.5,1,(0.75)	23.752

续　表

公称直径 D,d		螺　距 P		粗牙小径 D_1,d_1
第一系列	第二系列	粗牙	细牙	
30		3.5	(3),2,1.5,1,(0.75)	26.211
	33	3.5	(3),2,1.5,(1),(0.75)	29.211
36		4	3,2,1.5,(1)	31.670
	39	4		34.670
42		4.5	(4),3,2,1.5,(1)	37.129
	45	4.5		40.129
48		5		42.587
	52	5		46.587
56		5.5	4,3,2,1.5,(1)	50.046

注:(1) 优先选用第一系列,括号内尺寸尽可能不用。第三系列未列入。
(2) 中径 D_2、d_2 未列入。

表A-2　细牙普通螺纹螺距与小径的关系　　mm

螺距 P	小径 D_1,d_1	螺距 P	小径 D_1,d_1	螺距 P	小径 D_1,d_1
0.35	$d-1+0.621$	1	$d-2+0.918$	2	$d-3+0.835$
0.5	$d-1+0.459$	1.25	$d-2+0.647$	3	$d-4+0.752$
0.75	$d-1+0.188$	1.5	$d-2+0.376$	4	$d-5+0.670$

梯形螺纹(摘自GB/T 5796.2—2005)

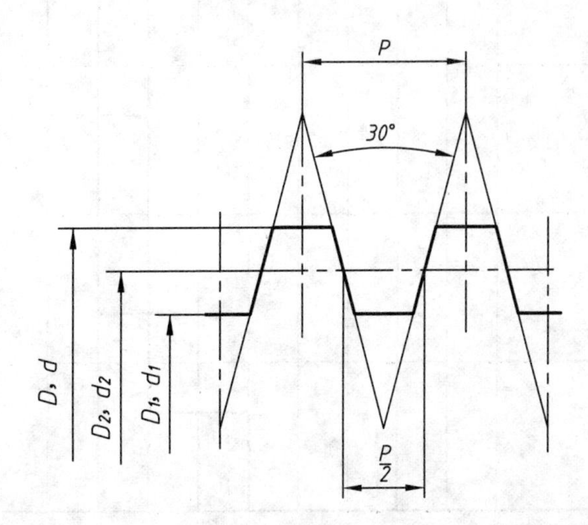

标记示例: 梯形螺纹公称直径40 mm,螺距7 mm,单线:$T_r40\times7$

梯形螺纹公称直径40 mm,导程14 mm,螺距7 mm,左旋(LH):$T_r40\times14(P7)LH$

表 A-3　直径与螺距系列　　　　mm

公称直径 D,d		螺　距 P														
第一系列	第二系列	20	18	16	14	12	10	9	8	7	6	5	4	3	2	1.5
8																1.5
	9														2	1.5
10															2	1.5
	11													3	2	
12														3	2	
	14													3	2	
16													4		2	
	18												4		2	
20													4		2	
	22								8			5		3		
24									8			5		3		
	26								8			5		3		
28									8			5		3		
	30						10				6			3		
32							10				6			3		
	34						10				6			3		
36							10				6			3		
	38						10			7				3		
40							10			7				3		
	42						10			7				3		
44						12				7				3		
	46					12			8					3		
48						12			8					3		
	50					12			8					3		
52						12			8					3		
	55				14			9						3		
60					14			9						3		
	65			16			10						4			
70				16			10						4			

注:(1) 优先选用第一系列直径。
(2) 螺距优先选用粗黑框内的。

非螺纹密封的管螺纹(摘自 GB/T 7307—2001)

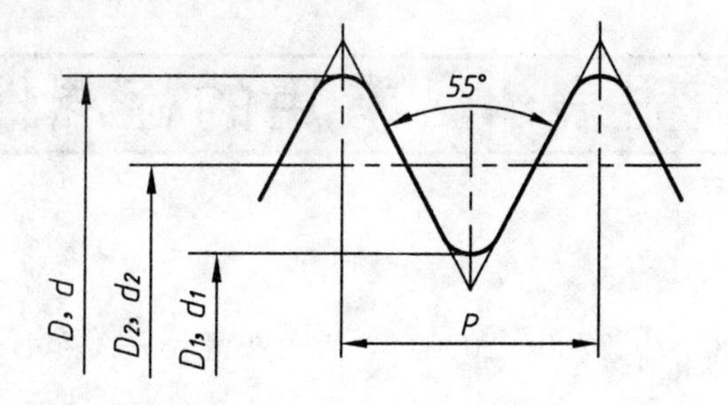

标记示例:

$1\frac{1}{2}$左旋内螺纹 G $1\frac{1}{2}$LH(右旋不标);

$1\frac{1}{2}$A 级外螺纹 G $1\frac{1}{2}$A;

螺纹副(A 级内螺纹与 B 级外螺纹):

G $1\frac{1}{2}$/G $1\frac{1}{2}$B

表 A-4 基本尺寸 mm

尺寸代号	每25.4 mm 中的牙数 n	螺 距 P	螺纹直径	
			大径 D,d	小径 D_1,d_1
1/8	28	0.907	9.728	8.566
1/4	19	1.337	13.157	11.445
3/8	14	1.337	16.662	14.950
1/2	14	1.814	20.955	18.631
5/8	14	1.814	22.911	20.587
3/4	14	1.814	26.441	24.117
7/8	14	1.814	30.201	27.877
1	11	2.309	33.249	30.291
$1\frac{1}{3}$	11	2.309	37.897	34.939
$1\frac{1}{4}$	11	2.309	41.910	38.952
$1\frac{1}{2}$	11	2.309	47.803	44.845
$1\frac{3}{4}$	11	2.309	53.746	50.788
2	11	2.309	59.614	56.656
$1\frac{1}{4}$	11	2.309	65.710	62.752
$2\frac{1}{2}$	11	2.309	75.184	72.226
$2\frac{3}{4}$	11	2.309	81.534	78.576
3	11	2.309	87.884	84.926

附表 B　常用的标准件

螺栓

六角头螺栓—C 级(GB/T 5780—2000)　六角头螺栓—A 和 B 级(GB/T 5782—2000)

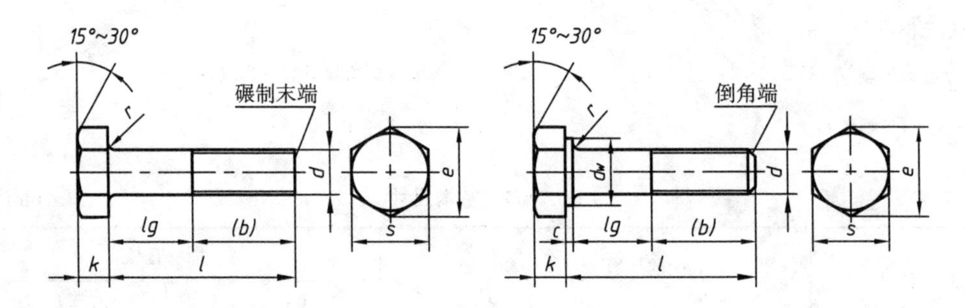

标记示例：

螺纹规格 d=M12、公称长度 l=80 mm、性能等级为 4.8 级，不经表面处理、C 级的六角头螺栓：

　　螺栓　GB/T 5780　M12×80

表 B-1　　mm

螺纹规格 d			M5	M6	M8	M10	M12	M16	M20	M24	M30	M36
b 参考	$l\leqslant 125$		16	18	22	26	30	38	46	54	66	—
	$125<l\leqslant 200$		22	24	28	32	36	44	52	60	72	84
	$l>200$		35	37	41	45	49	57	65	73	85	97
c			0.5	0.5	0.6	0.6	0.6	0.8	0.8	0.8	0.8	0.8
d_w	产品等级	A	6.88	8.88	11.63	14.63	16.63	22.49	28.19	33.61	—	—
		B、C	6.74	8.74	11.47	14.47	16.47	22	27.7	33.25	42.75	51.11
e	产品等级	A	8.79	11.05	14.38	17.77	20.03	26.75	33.53	39.98	—	—
		B、C	8.63	10.89	14.20	17.59	19.85	26.17	32.95	39.55	50.85	60.79
k 公称			3.5	4	5.3	6.4	7.5	10	12.5	15	18.7	22.5
r			0.2	0.25	0.4	0.4	0.6	0.6	0.8	0.8	1	1
s 公称			8	10	13	16	18	24	30	36	46	55
l(商品规格范围)			25～50	30～60	40～80	45～100	50～120	65～160	80～200	90～240	110～300	140～360
l 系列			25,30,35,40,45,50,55,60,65,70,80,90,100,110,120,130,140,150,160,180,200,220,240,260,280,300,320,340,360									

注：(1) A 级用于 $d\leqslant 24$ 和 $l\leqslant 10d$ 或 $\leqslant 150$ 的螺栓；

　　B 级用于 $d>24$ 和 $l>10d$ 或 >150 的螺栓。

(2) 螺纹规格 d 范围：GB/T 5780 为 M5～M64；GB/T 5782 为 M1.6～M64。

(3) 公称长度范围 GB/T 5780 为 25～500；GB/T 5782 为 12～500。

双头螺柱

$b_m=1d$(GB/T 897—1988)　　$b_m=1.25d$(GB/T 898—1988)

$b_m=1.5d$(GB/T 899—1988)　　$b_m=2d$(GB/T 900—1988)

A 型　　B 型

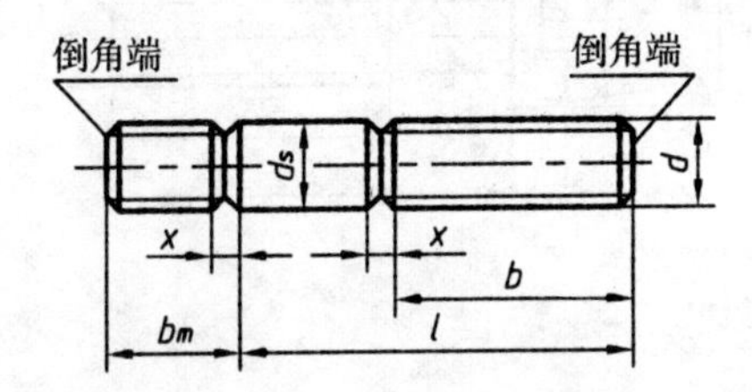

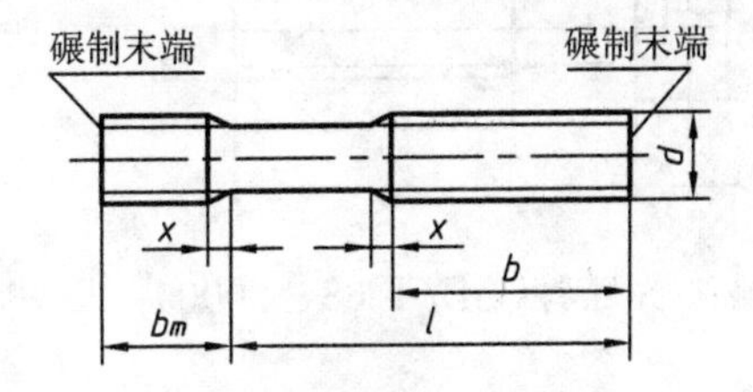

标记示例：

两端均为粗牙普通螺纹、$d=10$ mm、$l=50$ mm、性能等级为 4.8 级、B型、$b_m=1d$：

螺柱　GB/T 897　M10×50

旋入机体一端为粗牙普通螺纹、旋螺母一端为螺距 1 的细牙普通螺纹、$d=10$ mm、$l=50$ mm、性能等级为 4.8 级、A 型、$b_m=1d$：

螺柱　GB/T 897　AM10－M10×1×50

表 B－2　　mm

螺纹规格		M5	M6	M8	M10	M12	M16	M20	M24	M30	M36
b_m（公称）	GB/T 897	5	6	8	10	12	16	20	24	30	36
	GB/T 898	6	8	10	12	15	20	25	30	38	45
	GB/T 899	8	10	12	15	18	24	30	36	45	54
	GB/T 900	10	12	16	20	24	32	40	48	60	72
d_s(max)		5	6	8	10	12	16	20	24	30	36
x(max)		2.5P									
$\frac{l}{b}$		$\frac{16\sim22}{10}$	$\frac{20\sim22}{10}$	$\frac{20\sim22}{12}$	$\frac{25\sim28}{14}$	$\frac{25\sim30}{16}$	$\frac{30\sim38}{20}$	$\frac{35\sim40}{25}$	$\frac{45\sim50}{30}$	$\frac{60\sim65}{40}$	$\frac{65\sim75}{45}$
		$\frac{25\sim50}{16}$	$\frac{25\sim30}{14}$	$\frac{25\sim30}{16}$	$\frac{30\sim38}{16}$	$\frac{32\sim40}{20}$	$\frac{40\sim55}{30}$	$\frac{45\sim65}{35}$	$\frac{55\sim75}{45}$	$\frac{70\sim90}{50}$	$\frac{80\sim110}{60}$
			$\frac{32\sim75}{18}$	$\frac{32\sim90}{22}$	$\frac{40\sim120}{26}$	$\frac{45\sim120}{30}$	$\frac{60\sim120}{38}$	$\frac{70\sim120}{46}$	$\frac{80\sim120}{54}$	$\frac{95\sim120}{60}$	$\frac{120}{78}$
					$\frac{130}{32}$	$\frac{130\sim180}{36}$	$\frac{130\sim200}{44}$	$\frac{130\sim200}{52}$	$\frac{130\sim200}{60}$	$\frac{130\sim200}{72}$	$\frac{130\sim200}{84}$
										$\frac{210\sim250}{85}$	$\frac{210\sim300}{91}$
l系列		16,(18),20,(22),25,(28),30,(32),35,(38),40,45,50,(55),60,(65),70,(75),80,(85),90,(95),100,110,120,130,140,150,160,170,180,190,200,210,220,230,240,250,260,280,300									

注：P 是粗牙螺纹的螺距。

螺钉

开槽圆柱头螺钉(GB/T 65—2008)

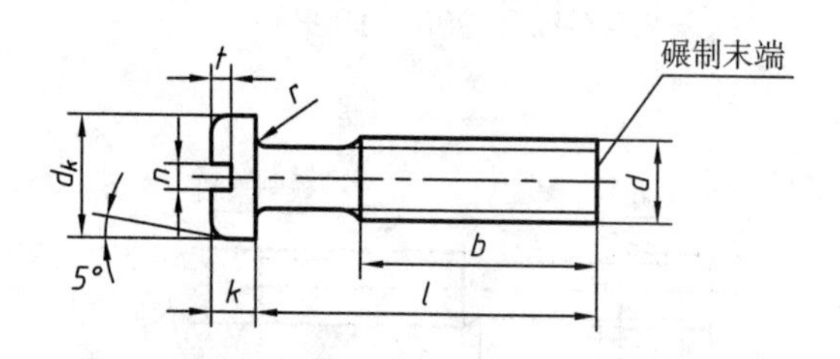

开槽盘头螺钉(GB/T 67—2008)

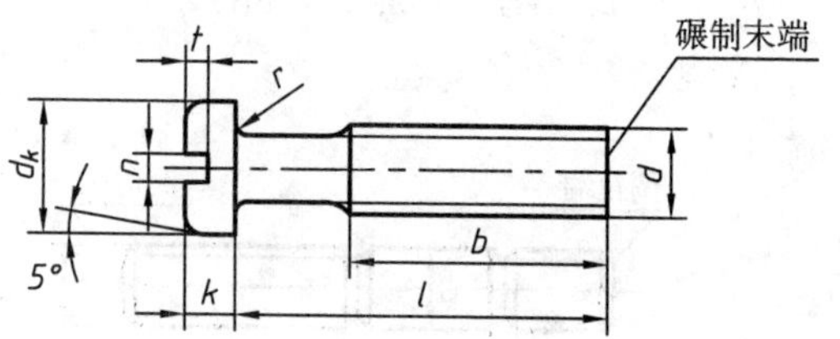

开槽沉头螺钉(GB/T 68—2000)

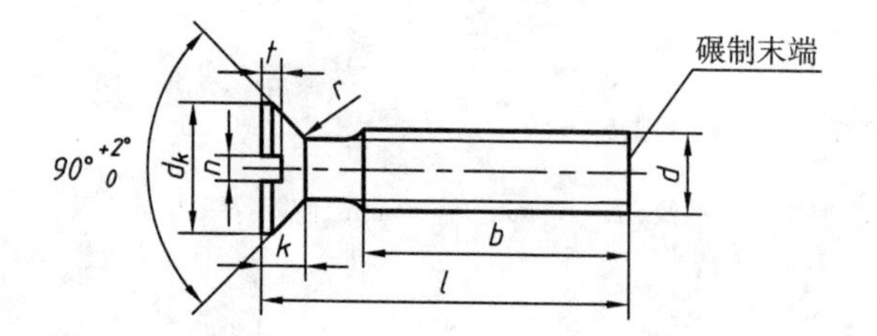

标记示例:

螺纹规格 d=M5、公称长度 l=20 mm、性能等级为 4.8 级,不经表面处理的 A 级开槽圆柱头螺钉:

螺钉 GB/T 65 M5×20

表 B-3

mm

螺纹规格 d		M1.6	M2	M2.5	M3	M4	M5	M6	M8	M10
P(螺距)		0.35	0.4	0.45	0.5	0.7	0.8	1	1.25	1.5
b		25	25	25	25	38	38	38	38	38
n		0.4	0.5	0.6	0.8	1.2	1.2	1.6	2	2.5
GB/T 65	d_k	3	4.25	5	6	7	8.5	10	13	16
	k	0.2	0.8	1.4	2.0	2.6	3.3	3.9	5	6
	r	0.1	0.1	0.1	0.1	0.2	0.2	0.25	0.4	0.4
	t	0.8	0.85	0.9	1.0	1.1	1.3	1.6	2	2.4
	公称长度 l	2～16	2.5～20	3～25	4～30	5～40	6～50	8～60	10～80	12～80
GB/T 67	d_k	3.2	4	5	5.6	8	9.5	12	16	20
	k	1	1.3	1.5	1.8	2.4	3	3.6	4.8	6
	r	0.1	0.1	0.1	0.1	0.2	0.2	0.25	0.4	0.4
	t	0.35	0.5	0.6	0.7	1	1.2	1.4	1.9	2.4
	公称长度 l	2～16	2.5～20	3～25	4～30	5～40	6～50	8～60	10～80	12～80
GB/T 68	d_k	3.6	4.4	5.5	6.3	9.4	10.4	12.6	17.3	20
	k	1	1.2	1.5	1.65	2.7	2.7	3.3	4.66	5
	r	0.4	0.5	0.6	0.8	1	1.3	1.5	2	2.5
	t	0.5	0.6	0.75	0.85	1.3	1.4	1.6	2.3	2.6
	公称长度 l	2.5～16	3～20	4～25	5～30	6～40	8～50	8～60	10～80	12～80
l 系列		2,2.5,3,4,5,6,8,10,12,(14),16,20,25,30,35,40,45,50,(55),60,(65),70,(75),80								

内六角圆柱头螺钉(GB/T 70.1—2008)

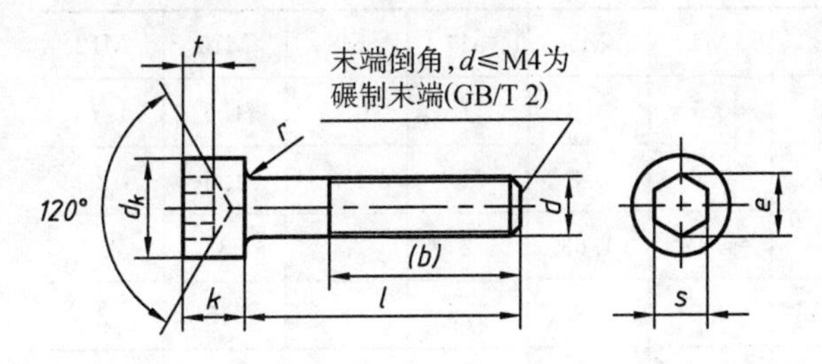

标记示例：

螺纹规格 d=M5、公称长度 l=20 mm、性能等级为8.8级，表面氧化的内六角圆柱头螺钉：

螺钉　GB/T 70.1　M5×20

表 B-4　　mm

螺纹规格 d	M3	M4	M5	M6	M8	M10	M12	M14	M16	M20
P(螺距)	0.5	0.7	0.8	1	1.25	1.5	1.75	2	2	2.5
b参考	18	20	22	24	28	32	36	40	44	52
d_k	5.5	7	8.5	10	13	16	18	21	24	30
k	3	4	5	6	8	10	12	14	16	20
r	0.1	0.2	0.2	0.25	0.4	0.4	0.6	0.6	0.6	0.8
t	1.3	2	2.5	3	4	5	6	7	8	10
s	2.5	3	4	5	6	8	10	12	14	17
e	2.87	3.44	4.58	5.72	6.86	9.15	11.43	13.72	16.00	19.44
公称长度 l	5～30	6～40	8～50	10～60	12～80	16～100	20～120	25～140	25～160	30～200
l≤表中数值时，制出全螺纹	20	25	25	30	35	40	45	55	55	65
l系列	2.5,3,4,5,6,8,10,12,16,20,25,30,35,40,45,50,55,6,65,70,80,90,100,110,120,130,140,150,160,180,200									

开槽锥端紧定螺钉(GB/T 71—1985)　开槽平端紧定螺钉(GB/T 73—1981)　开槽长圆柱端紧定螺钉(GB/T 75—1985)

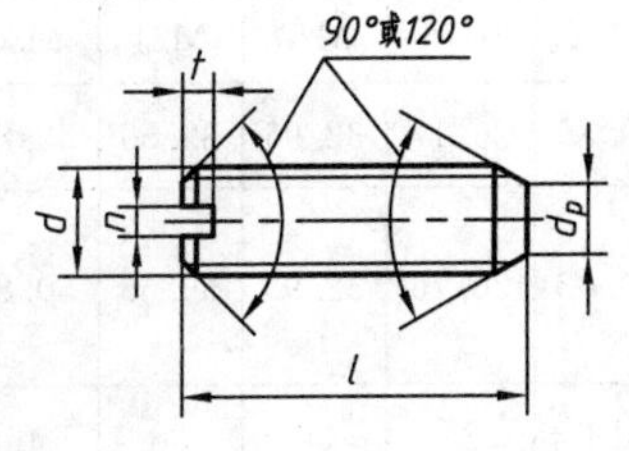

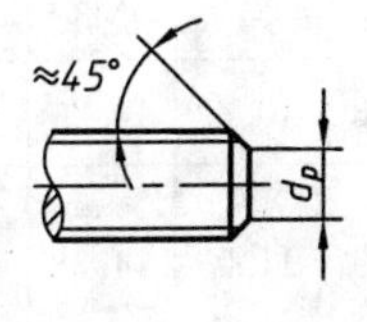

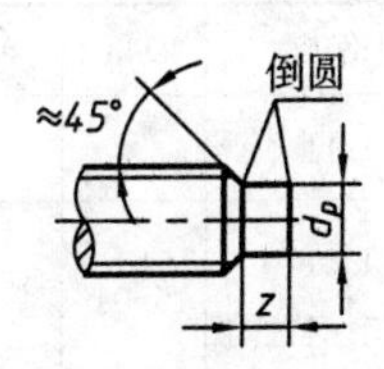

标记示例：

螺纹规格 d=M5、公称长度 l=12 mm、性能等级为14H级、表面氧化的开槽长圆柱端紧定螺钉：

螺钉　GB/T 75　M5×12

表 B-5

mm

螺纹规格 d		M1.6	M2	M2.5	M3	M4	M5	M6	M8	M10	M12
P(螺距)		0.35	0.4	0.45	0.5	0.7	0.8	1	1.25	1.5	1.75
n		0.25	0.25	0.4	0.4	0.6	0.8	1	1.2	1.6	2
t		0.74	0.84	0.95	1.05	1.42	1.63	2	2.5	3	3.6
d_t		0.16	0.2	0.25	0.3	0.4	0.5	1.5	2	2.5	3
d_p		0.8	1	1.5	2	2.5	3.5	4	5.5	7	8.5
z		1.05	1.25	1.25	1.75	2.25	2.75	3.25	4.3	5.3	6.3
l	GB/T 71	2~8	3~10	3~12	4~16	6~20	8~25	8~30	10~40	12~50	14~60
	GB/T 73	2~8	2~10	2.5~12	3~16	4~20	5~25	5~30	8~40	10~50	12~60
	GB/T 75	2.5~8	3~10	4~12	5~16	6~20	8~25	8~30	10~40	12~50	14~60
l 系列		2,2.5,3,4,5,6,8,10,12,(14),16,20,25,30,35,40,45,50,(55),60									

螺母

六角螺母—C级 (GB/T 41—2000)　　Ⅰ型六角螺母—A级和B级 (GB/T 6170—2000)　　六角薄螺母—C级 (GB/T 6172.1—2000)

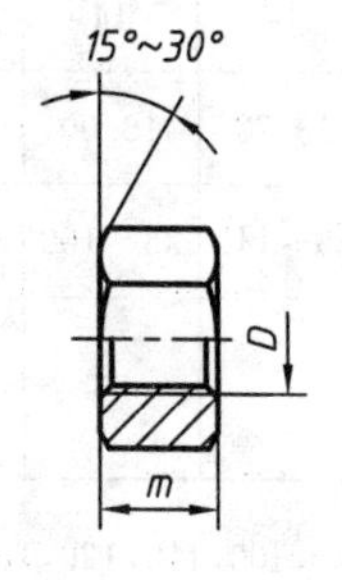

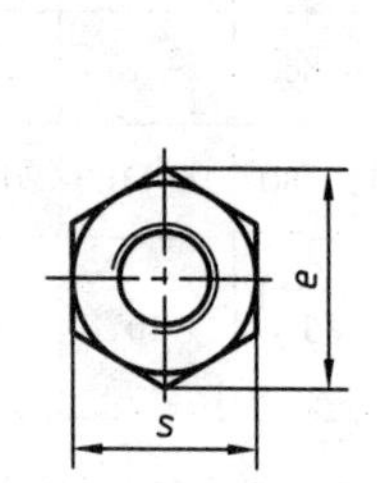

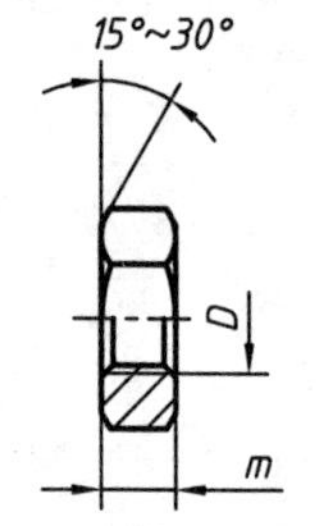

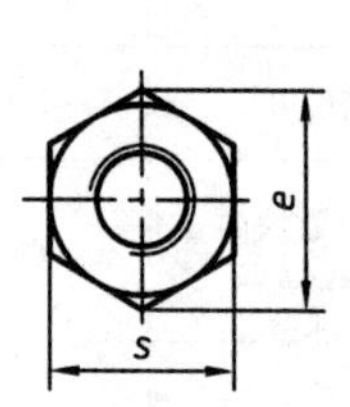

标记示例:

螺纹规格 D=M12、性能等级为5级、不经表面处理、C级的六角螺母:

　　螺母　GB/T 41　M12

螺纹规格 D=M12、性能等级为8级、不经表面处理、A级的Ⅰ型六角螺母:

　　螺母　GB/T 6170　M12

表 B-6

mm

螺纹规格 D		M3	M4	M5	M6	M8	M10	M12	M16	M20	M24	M30	M36
e	GB/T 41			8.63	10.89	14.20	17.59	19.85	26.17	32.95	39.55	50.85	60.79
	GB/T 6170 GB/T 6172.1	6.01	7.66	8.79	11.05	14.38	17.77	20.03	26.75	32.95	39.55	50.85	60.79
s	GB/T 41			8	10	13	16	18	24	30	36	46	55
	GB/T 6170 GB/T 6172.1	5.5	7	8	10	13	16	18	24	30	36	46	55

续　表

螺纹规格 D		M3	M4	M5	M6	M8	M10	M12	M16	M20	M24	M30	M36
m	GB/T 41			5.6	6.1	7.9	9.5	12.2	15.9	18.7	22.3	26.4	31.5
	GB/T 6170	2.4	3.2	4.7	5.2	6.8	8.4	10.8	14.8	18	21.5	25.6	31
	GB/T 6172.1	1.8	2.2	2.7	3.2	4	5	6	8	10	12	15	18

注：A级用于 $D\leqslant16$；B级用于 $D>16$。

垫圈

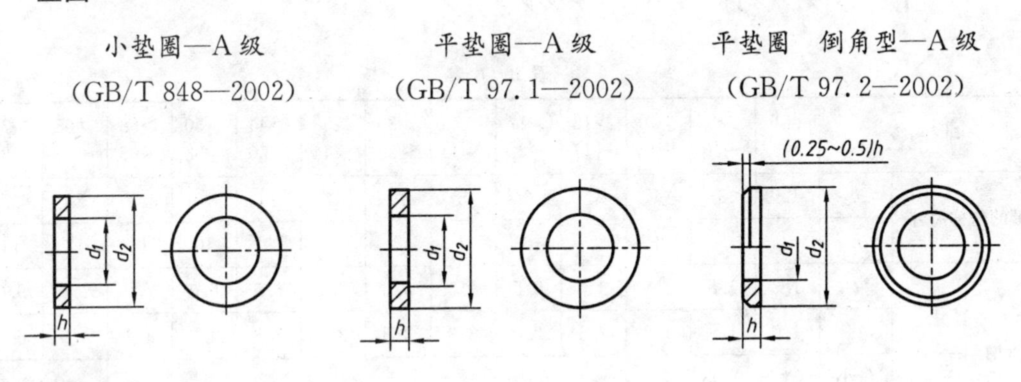

标记示例：

小系列、规格 8 mm、性能等级为 140HV 级，不经表面处理的平垫圈：　垫圈　GB/T 848　8

标准系列、规格 8 mm、性能等级为 140HV 级，不经表面处理的平垫圈：　垫圈　GB/T 97.1　8

标准系列、规格 8 mm、性能等级为 140HV 级，不经表面处理的倒角型平垫圈：　垫圈　GB/T 97.2　8

表 B－7　　mm

公称尺寸（螺纹规格 d）		1.6	2	2.5	3	4	5	6	8	10	12	14	16	20	24	30	36
d_1	GB/T 848	1.7	2.2	2.7	3.2	4.3	5.3	6.4	8.4	10.5	13	15	17	21	25	31	37
	GB/T 97.1	1.7	2.2	2.7	3.2	4.3	5.3	6.4	8.4	10.5	13	15	17	21	25	31	37
	GB/T 97.2						5.3	6.4	8.4	10.5	13	15	17	21	25	31	37
d_2	GB/T 848	3.5	4.5	5	6	8	9	11	15	18	20	24	28	34	39	50	60
	GB/T 97.1	4	5	6	7	9	10	12	16	20	24	28	30	37	44	56	66
	GB/T 97.2						10	12	16	20	24	28	30	37	44	56	66
h	GB/T 848	0.3	0.3	0.5	0.5	0.5	1	1.6	1.6	1.6	2	2.5	2.5	3	4	4	5
	GB/T 97.1	0.3	0.3	0.5	0.5	0.8	1	1.6	1.6	2	2.5	2.5	3	3	4	4	5
	GB/T 97.2						1	1.6	1.6	2	2.5	2.5	3	3	4	4	5

键

平键和键槽的剖面尺寸(GB/T 1095—2003)

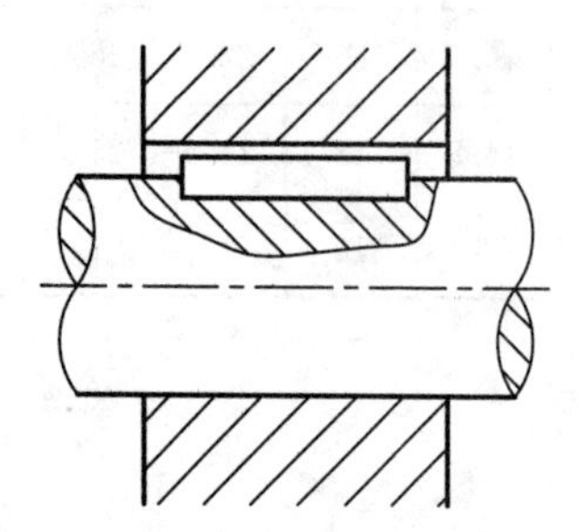

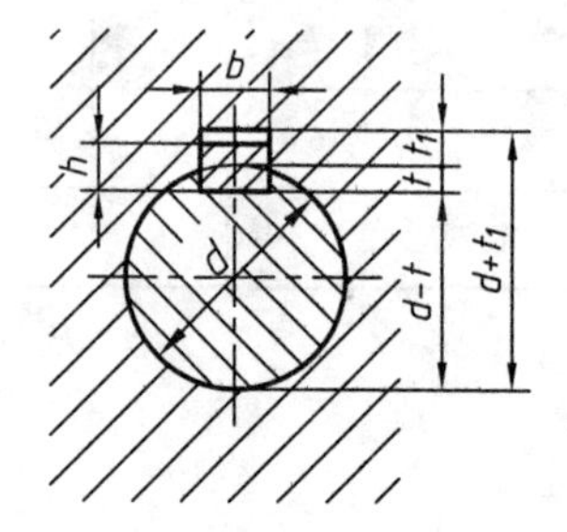

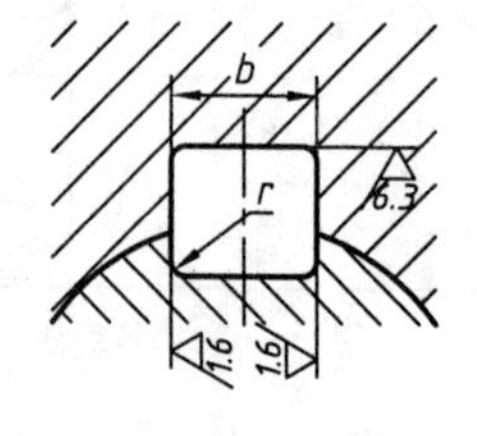

表 B-8

mm

轴径 d			自 6~8	>8~10	>10~12	>12~17	>17~22	>22~30	>30~38	>38~44	>44~50	>50~58	>58~65	>65~75	>75~85
键的公称尺寸		b	2	3	4	5	6	8	10	12	14	16	18	20	22
		h	2	3	4	5	6	7	8	8	9	10	11	12	14
键槽	深度	t	1.2	1.8	2.5	3.0	3.5	4.0	5.0	5.0	5.5	6.0	7.0	7.5	9.0
		t_1	1.0	1.4	1.8	2.3	2.8	3.3	3.3	3.3	3.8	4.3	4.4	4.9	5.4
	半径 r	最小	0.08			0.16			0.25					0.40	
		最大	0.16			0.25			0.40					0.60	

普通平键的型式尺寸(GB/T 1096—2003)

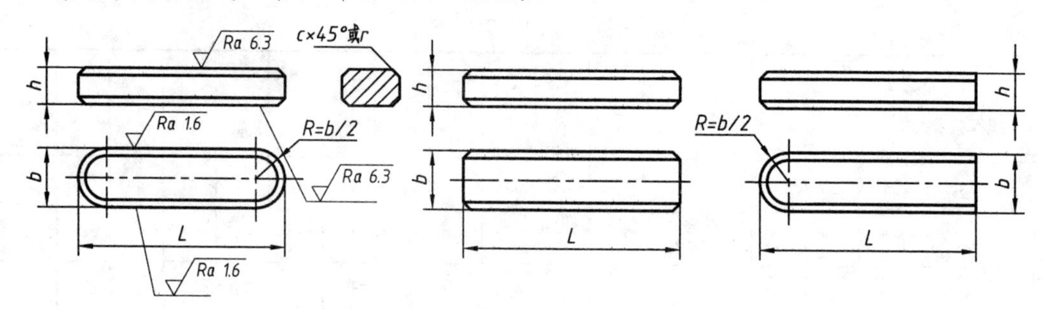

标记示例:

圆头普通平键(A 型)、b=18 mm、h=11 mm、L=100 mm:　GB/T 1096　键 18×11×100

方头普通平键(B 型)、b=18 mm、h=11 mm、L=100 mm:　GB/T 1096　键 B18×11×100

单圆头普通平键(C 型)、b=18 mm、h=11 mm、L=100 mm:　GB/T 1096　键 C18×11×100

表 B-9

mm

b	2	3	4	5	6	8	10	12	14	16	18	20	22	25
h	2	3	4	5	6	7	8	8	9	10	11	12	14	14
c 或 r	0.16~0.25			0.25~0.40			0.40~0.60					0.60~0.80		
l	6~20	6~36	8~45	10~56	14~70	18~90	22~110	28~140	36~160	45~180	50~200	56~220	63~250	70~280
l 系列	6,8,10,12,14,16,18,20,22,25,28,32,36,40,45,50,63,70,80,90,100,110,125,140,160,180,200,220,250,280													

销

圆柱销(GB/T 119.1—2000)——不淬硬钢和奥氏体不锈钢

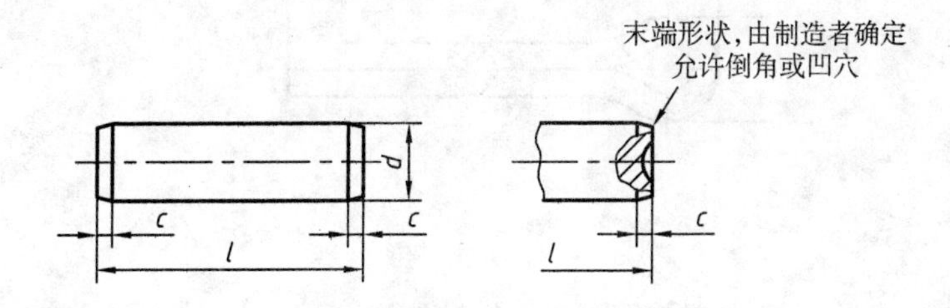

标记示例：

公称直径 d=6 mm、公差为 m6、公称长度 l=30 mm、材料为钢、不经淬火、不经表面处理：

销　GB/T 119.1　$6m6\times30$

表 B-10　　　　mm

d	4	5	6	8	10	12	16	20	26	30	40	50
$c\approx$	0.63	0.80	1.2	1.6	2.0	2.5	3.0	3.5	4.0	5.0	6.3	8.0
l	8～40	10～50	12～60	14～80	18～95	22～140	26～180	35～200	50～200	60～200	80～200	95～200
l 系列	6,8,10,12,14,16,18,20,22,24,26,28,30,32,35,40,50,55,60,65,70,75,80,85,90,95,100,120,140,160,180,200											

圆锥销(GB/T 117—2000)

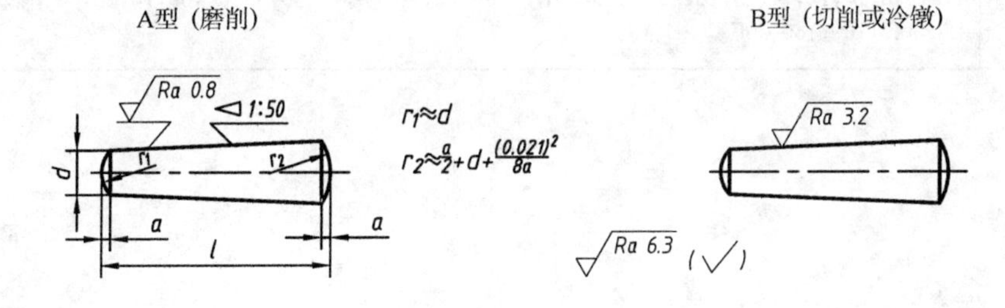

标记示例：

公称直径 d=10 mm、长度 l=60 mm、材料为 35 钢、热处理硬度 28～38HRC、表面氧化处理、A 型：

销　GB/T 117　10×60

表 B-11　　　　mm

d	4	5	6	8	10	12	16	20	26	30	40	50
$a\approx$	0.5	6.3	0.8	1	1.2	1.6	2	2.5	3	4	5	6.3
l	14～55	18～90	22～90	22～120	26～160	32～180	40～200	45～200	50～200	55～200	60～200	65～200
L 系列	14,16,18,20,22,24,26,28,30,32,35,40,50,55,60,65,70,75,80,85,90,95,100,120,140,160,180,200											

开口销(GB/T 91—2000)

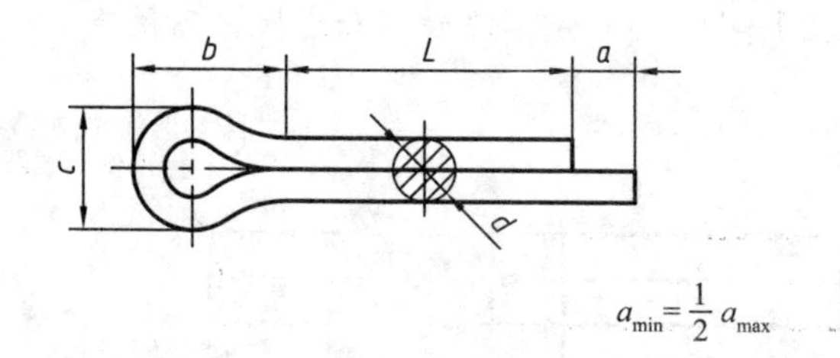

标记示例：

公称直径 d=5 mm、长度 l=50 mm、材料为低碳钢、不经表面处理：

销　GB/T 91　5×50

表 B-12　　mm

d	公称	0.6	0.8	1	1.2	1.6	2	2.5	3.2	4	5	6.3	8	10	13
	max	0.5	0.7	0.9	1.0	1.4	1.8	2.3	2.9	3.7	4.6	5.9	7.3	9.5	12.4
	min	0.4	0.6	0.8	0.9	1.3	1.7	2.1	2.7	3.5	4.4	5.7	7.3	9.3	12.1
c	max	1	1.4	1.8	2	2.8	3.6	4.6	5.8	7.4	9.2	11.8	15	19	24.8
	min	0.9	1.2	1.6	1.7	2.4	3.2	4	5.1	6.5	8	10.3	13.1	16.6	21.7
$b\approx$		2	2.4	3	3	3.2	4	5	6.4	8	10	12.6	16	20	26
a max		1.6	1.6	1.6	2.5	2.5	2.5	2.5	3.2	4	4	4	4	6.3	6.3
l(商品规格范围)		4～12	5～16	6～20	8～26	8～32	10～40	12～50	14～65	18～80	22～100	30～120	40～160	45～200	70～200
l系列		4,5,6,8,10,12,14,16,18,20,22,24,26,28,30,32,36,40,45,50,55,60,65,70,75,80,85,90,95,100,120,140,160,180,200